电子信息科学与工程类专业规划教材

U0210409

移 动 通 信

李兆玉　何　维　戴翠琴　编著

电子工业出版社
Publishing House of Electronics Industry
北京·BEIJING

内 容 简 介

本书详细地讲述了移动通信的基本原理、基本技术和典型应用系统，全部内容分为 7 章。第 1 章主要介绍移动通信的基本特点以及发展历程，移动通信的基本原理及其组网技术；第 2 章主要介绍移动信道的传播特性和信道模型；第 3 章主要介绍移动通信常用的抗衰落技术；在前面三章的基础上，结合全球移动通信发展的主流技术，在第 4～6 章分别介绍 GSM、WCDMA、LTE 移动通信系统；最后，第 7 章对 5G 的发展和未来天空地一体化网络研究的一些热点做了介绍。每章开头有学习指导，章后有习题和思考题，以促进学生主动思考和对知识的融会贯通。

本书力求将移动通信的基础理论和应用系统相结合，内容由浅入深，打造一本全面、简洁、实用的教学用书，可作为高等院校信息与通信工程专业的教材，也可供相关工程技术人员参考。

图书在版编目（CIP）数据

移动通信 / 李兆玉，何维，戴翠琴编著. —北京：电子工业出版社，2017.3

电子信息科学与工程类专业规划教材

ISBN 978-7-121-30892-5

I. ①移… II. ①李… ②何… ③戴… III. ①移动通信－通信技术－高等学校－教材 IV. ①TN929.5

中国版本图书馆 CIP 数据核字（2017）第 022098 号

策划编辑：竺南直
责任编辑：竺南直
印　　刷：北京虎彩文化传播有限公司
装　　订：北京虎彩文化传播有限公司
出版发行：电子工业出版社
　　　　　北京市海淀区万寿路 173 信箱　　邮编：100036
开　　本：787×1 092　1/16　印张：22　字数：563.2 千字
版　　次：2017 年 3 月第 1 版
印　　次：2025 年 1 月第13次印刷
定　　价：49.00 元

凡所购买电子工业出版社图书有缺损问题，请向购买书店调换。若书店售缺，请与本社发行部联系，联系及邮购电话：（010）88254888，88258888。

质量投诉请发邮件至 zlts@phei.com.cn，盗版侵权举报请发邮件至 dbqq@phei.com.cn。

本书咨询联系方式：davidzhu@phei.com.cn。

前　言

自 20 世纪 90 年代以来，移动通信在全球取得了突飞猛进的发展：从模拟移动通信系统到数字移动通信系统，从语音业务为主到数据业务为主，从支持互联网浏览的低速数据业务到支持移动视频的高速数据业务，进而支持"多业务多技术融合"。移动通信改变着人们的生活，影响着社会的发展。

随着移动通信的发展，各种新技术、新标准相继问世，2G、3G、4G 移动通信技术全面普及，5G 的标准也正在酝酿。社会需求是大学人才培养的导向，教材作为人才培养的重要基础，需要不断跟踪技术发展，与时俱进。为了适应信息与通信工程学科的长足发展，更好地实现专业人才的培养目标，作者综合考虑目前通信专业人才的培养需求和社会需求，编写了《移动通信》一书。

与同类书籍相比，本书内容选编与写作特色如下：

① **浓缩经典**。对电波传播、抗衰落技术、组网技术等移动通信原理的经典理论进行精简，避免复杂的数学分析过程，尽量用图表突出重点。

② **抓典型，把握技术主流**。结合移动通信网的发展，对全球移动通信发展的主流技术 GSM（GPRS）→WCDMA（HSDPA/HSUPA）→LTE 进行较为详实地介绍，如系统结构、无线信道、物理层过程、关键技术、基本流程等。

③ **立足学生本位，力争易教易学**。本书立足于从学生角度进行编写，让教师易教学生易学。每章开头有学习指导，结束有习题和思考题，以帮助读者巩固所学知识，启发深入思考。

本书分为原理篇和系统篇，其中原理篇包括第 1～3 章：第 1 章是移动通信概述，主要介绍移动通信的基本特点以及发展历程，移动通信的基本原理及其组网技术；第 2～3 章分别介绍移动通信的传播特性和信道模型，分集、信道编码、扩频等抗衰落技术。原理篇重点阐述移动通信系统涉及的各种原理与技术，并着重指出各种技术在实际系统应用中受到的限制及各种技术在不同信道中的性能对比，为后续系统应用奠定理论基础。系统篇由第 4～6 章构成，对全球移动通信发展的主流技术，即 3GPP 演进路线：GSM 移动通信系统→WCDMA 移动通信系统→LTE 移动通信系统，解释如何将原理篇中的相关技术应用到实际系统中，从而让读者对蜂窝移动通信系统的整体有一个明确的概念，并了解蜂窝移动通信系统中的各种网络结构和关键技术。第 7 章，介绍目前 5G 移动通信系统的发展状况、研究成果和未来天空地一体化网络发展趋势。

本书第 1、3、5 章由李兆玉编写；第 4、6 章由何维编写；第 2、7 章由戴翠琴编写。在本书的编写过程中，重庆邮电大学的李方伟教授给予了关怀和鼓励，"无线通信"课程群的田增山教授、朱江老师、张海波老师和龙垦老师提供了支持与帮助，研究生万晋京、叶宗刚和唐青青等参与了图表绘制和习题收集整理工作。本书的出版得到了重庆邮电大学教材建设项目的资助和支持，在此表示感谢！

由于作者才疏学浅，书中难免会出现一些错误和不妥之处，敬请提出宝贵意见和具体改正意见，以便进一步修改完善。

目　　录

第1章 移动通信概述

学习重点和要求

本章主要介绍移动通信原理及其应用的基本概念，内容包括移动通信的特点及其工作频段，移动通信的发展历程及发展趋势；介绍移动通信的基本技术：信源编码、信道编码和调制。重点介绍移动通信蜂窝组网的原理及其网络结构，包括多址接入技术、频率复用和蜂窝小区、多信道共用技术、网络结构和控制。要求：

- 掌握移动通信的概念及其特点；
- 了解移动通信的应用系统；
- 了解蜂窝移动通信的发展历程及发展趋势；
- 理解移动通信的基本技术；
- 掌握移动通信的组网技术。

1.1 移动通信特点

无线通信(Wireless Communication)是利用电磁波信号可以在自由空间中传播的特性进行信息交换的一种通信方式，最早的无线通信出现在前工业化时期。1865 年麦克斯韦提出了麦克斯韦方程组的电磁理论；1888 年赫兹用实验证实了电磁波的存在；直到 1901 年 12 月，马可尼在加拿大纽芬兰市的圣约翰斯港通过风筝牵引的天线，成功地接收到普耳杜电台发来的电报，完成了自英国到加拿大，横越大西洋的无线电通信实验。马可尼的成功在世界各地引起巨大的轰动，并推动无线电通信走向了全面实用的阶段。信息通信领域中，近些年发展最快、应用最广的就是无线通信技术，而在移动中实现的无线通信就称为移动通信。

具体而言，移动通信就是指通信双方至少有一方是处于运动中进行信息交换的通信方式。对于移动性的认识主要体现在以下两个方面。

- 终端移动性：网络接通的是某个终端设备，然后再找到所要通话者；
- 个人移动性：用户与设备终端分离，引出了个人移动性的概念，网络接通的是个人而不是单纯意义上的终端。

移动通信与固定通信相比，具有下列主要特点：

（1）移动通信的传输信道必须使用无线电波传输

这种传播媒质允许通信中的用户可以在一定范围内自由活动，其位置不受束缚，不过无线电波的传播特性一般要受到诸多因素的影响。

移动通信的运行环境十分复杂，电波不仅会随着传播距离的增加而发生弥散损耗，并且会受到地形、地物的遮蔽而发生"阴影效应"；而且信号经过多点反射，会从多条路径到达接收地点，这种多径信号的幅度、相位和到达时间都不一样，它们相互叠加会产生"多径效应"，导致电平衰落和时延扩展。图 1-1 为电波的多径传播示意图。

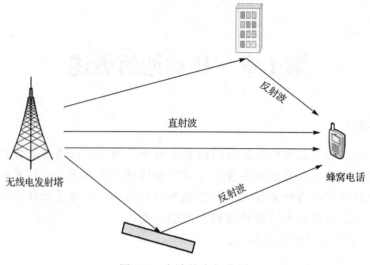

图 1-1　电波的多径传播

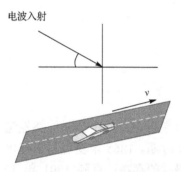

图 1-2　多普勒频移效应

　　移动通信常常在快速移动中进行,这不仅会引起多普勒频移,产生随机调频,而且会使得电波传输特性发生快速的随机起伏,严重影响通信质量。故移动通信系统需根据移动信道的特性,进行合理的设计。多普勒频移效应如图 1-2 所示。

　　(2)移动通信是在复杂的干扰环境中运行的

　　移动通信除去一些常见的外部干扰,如天电干扰、工业干扰和信道噪声外,在系统和系统之间还会产生干扰。因为在移动通信系统中,除了基站有多部收发信机在同一地点工作外,常常还有多个用户终端在同一地点工作,这些移动终端之间会产生干扰。归纳起来主要干扰有邻道干扰、互调干扰、同频道干扰、多址干扰,以及近地无用的强信号压制远端有用的弱信号的现象,即"远近效应"等。因此,在移动通信系统中,如何对抗和减少这些有害干扰的影响是至关重要的。为此,发展了一系列新技术,如扩频技术、信道编码与交织技术、信道均衡技术、分集技术、锁相技术、信道估计技术、信号检测技术和智能天线技术等来对抗干扰。

　　(3)移动通信业务量的需求与日俱增,而频率资源非常有限

　　一般认为,无线电波的频率是相当宽而用不完的,但实际上移动通信的频率资源非常有限。首先,移动通信业务一般只能工作在 3GHz 以下的频段,即使在这些频段内,也有广播、电视、导航、定位、军事、科学实验室、医疗卫生等业务占用了大部分频率资源;其次,爱立信公司最新发布的《移动市场报告》显示,2015 年的全球移动用户数将超过世界人口总数,并且每年还在高速增长;再次,人们对移动通信的业务需求越来越多样和丰富,已不满足于简单的话音和短信,移动通信业务还在向高速数据传输、多媒体业务等发展,而这些高速数据传输、多媒体业务将需要比话音业务大得多的带宽。为了解决这一矛盾,除了开辟新的频段、缩小频道间隔之外,研究各种有效利用频率技术和新的体制是移动通信面临的重要课题。

　　(4)移动通信系统的网络结构和管理多样灵活

　　整个移动通信系统的网络结构复杂多样,组网方式分为小容量大区制和大容量小区制两大

类；网络要实现无缝覆盖，还要实现与其他网络（市话网、卫星通信网、数据网）的互联互通。为此，移动通信网络必须具有很强的管理和控制功能，诸如用户的位置登记和定位，通信（呼叫）链路的建立和拆除，信道的分配和管理；通信的计费、鉴权、安全和保密等。在蜂窝移动通信网中，由若干小区组成一个区群，每个小区均设基站，区群内的用户使用不同信道，移动台从一个小区进入另一个小区时，需进行频道切换。此外，移动台从一个蜂窝网业务区进入另一个蜂窝网业务区时，被访蜂窝网也能为外来用户提供服务，这种过程称为漫游。

（5）移动通信终端必须适合在移动环境中满足多种应用要求

一般移动通信终端长期处于不固定位置状态，这就要求移动台具有很强的适应能力。此外，还要求移动台性能稳定可靠、携带方便、设备体积小、重量轻和省电等。同时尽量使用户操作方便，适应新业务、新技术的发展，以满足不同人群的使用。目前常用的手机操作系统有 Windows mobile（微软 Windows 操作系统的手机版本）、iPhone OS（苹果开发的 iPhone 手机操作系统 iOS）、Symbian（诺基亚手机使用的操作系统）、Android（Google 开发的手机开源操作系统）等。

（6）移动通信传输效果涉及的因素众多

移动通信传输质量的好坏不仅受传输和应用环境的影响，还与移动通信系统所采用的传输频段、工作方式、多址技术、组网方式等有密切关系。

1.2　常用移动通信系统

实现移动通信功能的通信系统就是移动通信系统，移动通信应用于不同场合时，系统的类型也不同。已经发展成熟的常用移动通信系统有如下几类。

1．蜂窝移动通信系统

早期的移动通信系统采用大区制，即在其覆盖区域中心采用高架天线、设置大功率基站，将信号发送到覆盖半径为 30km～50km 的地区，但是这种大区制的系统容量小。20 世纪 70 年代中期，随着民用移动通信用户数量的增加，业务范围的扩大，有限的频谱供给与可用频道数要求递增之间的矛盾日益尖锐。为了更有效地利用有限的频谱资源，美国贝尔实验室将频率再用技术应用在移动通信中，提出了在移动通信发展史上具有里程碑意义的小区制、蜂窝组网的理论，它为蜂窝移动通信系统在全球的广泛应用开辟了道路。

蜂窝移动通信的发展已经经历了四代，目前是移动通信中最大和最主要的网络系统。世界各国都建立了蜂窝移动通信，实现不同容量、质量、数据速率和业务的移动通信，并实现跨区、跨国乃至全球的漫游业务和网络管理。

20 世纪 80 年代，在美国和中国等国家和地区使用先进移动系统（AMPS），在欧洲和中国等国家和地区使用全接入通信系统（TACS）和扩展式全接入通信系统（ETACS）等 FDMA 模拟蜂窝移动通信网络系统。

20 世纪 90 年代，主要在欧洲各国和我国等国家和地区使用全球移动通信系统（GSM）等 TDMA/FDMA 数字蜂窝移动通信网络系统。

20 世纪 90 年代，主要在美国、韩国和我国等国家和地区使用窄带 CDMA 数字蜂窝移动通信网络系统。

尽管基于话音业务的 2G 系统，如 GSM 和窄带 CDMA 数字蜂窝移动通信系统已经足以满足人们对话音移动通信的要求，但是随着人们对数据通信业务的需求日益增高，特别是 Internet 的发展大大推动了对数据业务的需求。在不改变 2G 系统的条件下，适当增加一些网络和适合数据业务的协议，使系统升级为 2.5G 可以较高效率地传送数据业务。但是 2.5G 系统没有从根本上解决无线信道传输速率低的问题，采用 3G 技术标准（cdma2000、WCDMA 和 TD-SCDMA）的 3G 才能基本满足人们对快速传输数据业务的需求，并且进一步向更高速率的 E3G/4G 演进。共演进线路如图 1-3 所示。

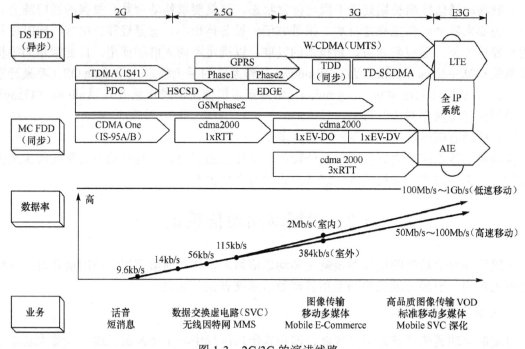

图 1-3　2G/3G 的演进线路

2．无线市话系统

无线市话系统采用先进的微蜂窝技术（通信距离一般在几百米范围内）将用户端（即无线市话手机）以无线的方式接入本地电话网，使传统意义上的固定电话不再固定在某个位置。无线市话采用先进的数字技术，能提供高质量的传输和通话音质，保密性能好，安全可靠。其次，无线市话业务处理能力强，系统完全建成后，能提供固定电话所具有的各种功能。另外，无线市话能支持一定速率的数据传输业务，且充分利用了现有固定电话网资源，无需重复投资建网。商用的无线市话系统有：日本邮政部的个人便携电话系统 PHS；中国电信和中国网通的个人接入系统 PAS（即"小灵通"系统）；欧洲推出的泛欧数字无绳电话系统（DECT）。

3．集群移动通信系统

集群移动通信是 20 世纪 70 年代发展起来的一种较经济、较灵活的移动通信系统，集群通信是指系统可用信道可为系统中全体用户共用，具有自动选择信道功能，资源共享、费用分担、信道设备共用的多用途、高效能的无线调度通信系统。集群通信经历了从简单对讲系统到单基站小系统，再到大容量多区域系统的发展历程，后来经历了从模拟集群到数字集群的飞跃。

集群通信系统从运营方式上可分为专用集群系统和共用集群系统。专用集群系统是仅供某个行业或某个部门内部使用的无线调度指挥通信系统，系统的投资、建设、运营维护等均由行业或部门内部承担，早期的集群系统大多属于这一类型。共用集群系统是指物理网络由专业的电信运营企业负责投资、建设和运营维护，供社会各个有需求的行业、部门或单位共同使用的集群通信系统，它具有资源利用率高、单位成本低廉、网络覆盖和运营质量好、可持续发展能力强、用户业务可自行管理等诸多优点，是集群通信运营体制的发展方向。

例如，美国 Motorola 公司的数字集群通信系统，在中国的一些政府部门、公安部门、企业部门和交通部门等得到了应用。在交通方面，北京轻轨、天津轻轨、广州地铁、天津地铁、上海地铁、新长铁路和九广铁路都使用了这个系统。中国铁通公司已在沈阳、长春和重庆三个城市建成"一讯通"数字集群商用试验网络，拟在全国建立以电话和数据传输为主的，生产调度用的公用调度集群网。中国 1993 年 8 月宣布开放 800MHz 集群移动电话经营业务。我国 800MHz 集群业务频段为 806～821MHz 和 851～866MHz，共 600 个无线信道。

4．卫星移动通信系统

卫星移动通信通过在空中的卫星的通信转发器来接收和放大陆海空用户发来的信号（上行链路），并以其他频率转发出去，为陆海空用户接收信号提供无线通路（下行链路），从而实现陆海空的固定和移动用户间的通信。它一般包括三部分：通信卫星，由一颗或多颗卫星组成；地面站，包括系统控制中心和若干个信关站（即把公共电话交换网和移动用户连接起来的中转站）；移动用户通信终端，包括车载、舰载、机载终端和手持机。卫星移动通信系统可利用地球静止轨道卫星或中、低轨道卫星作为中继站，实现区域乃至全球范围的移动通信，所以具有不受陆海空位置条件限制、受地物影响很小、频率资源充足、通信容量大、覆盖面积广的特点，适合洲际越洋、军事、应急、干线和多媒体通信。卫星移动通信系统分为如下几种。

（1）同步轨道卫星移动通信系统

同步轨道即高轨道（HEO）卫星移动通信系统，又称为静止轨道（GEO）卫星移动通信系统，通常轨道高度距地面 36000km，其频段大多数使用 6/4GHz，上行链路用 5.925～6.425GHz，下行线路用 3.7～4.2GHz，由于通信卫星的业务量日益拥挤，又开发使用了 14/11GHz 频段。通过在高地球轨道上安排 3 颗相隔 120°和地球同步旋转的通信卫星，就可实现除两极以外的全球覆盖。同步轨道卫星移动系统的优点是与地球同步，少量卫星即可实现全球覆盖又可实现区域覆盖；其缺点是由于轨道高、上下行传输路径长会造成信号衰减和时延很大，同时制造和运行成本也比较高。同步轨道卫星移动通信系统主要用于陆海空的移动交通工具的通信，目前使用的系统主要有：国际卫星移动组织的 INMARSAT 系统，澳大利亚的 MSAT 系统、北美的 MSS 系统和亚太地区的 APMT 系统，其中 INMARSAT、MSAT 和 MSS 系统都不支持手机工作，而 APMT 系统能支持手机工作。目前，同步轨道卫星通信系统主要用于 VSAT 系统、电视信号转发等，较少用于个人通信。

（2）中轨道卫星移动通信系统

中轨道（MEO）卫星移动通信的轨道高度距地约为 10000 km 左右，典型的系统是奥德赛(Odysesy)系统和中圆轨道(ICO)系统。

Odysesy系统由美国和加拿大 Teleglobe 提出,该系统与陆地移动网和公共网络相结合,为用户提供话音,数据和传真服务。系统采用 12 颗卫星均匀分布在三个轨道平面上,整个星座可覆盖全球。移动频段为 1600/2500MHz,地面频段为 Ka 波段,2300 通道/卫星。地面段系统由分布在全球的 7 个地面站和广域通信互连网组成。系统采用中轨设计方案,卫星可视仰角高,可保证通信链路不受高山、建筑、树木等阻挡而中断。

ICO 系统由 INMARSAT 提出,该系统和 Odyssey 系统相似,同样采用中轨道方案。ICO系统由位于两个平面上的距地球一万多千米的 10 颗卫星加 2 颗备用星组成全球覆盖。通过地面 12 个卫星接续枢纽站(SAN),经过转接口设备与公众网(如电话网、数据网及公众移动网)相连,提供电话、三类传真及 2.4kb/s 数据业务。移动系统频段为 2000/2200MHz,地面频段为 C/Ka 波段,每颗卫星的通道数为 4500。系统与陆地通信网的结合可为用户提供数字话音、报文传送、寻呼以及传真和数据通信业务。ICO 系统的手机类似 GSM 手机,能双模工作:一种在卫星移动系统下工作,一种在地面公众移动网中工作;这样可以使用户很方便地随时转换制式,从而更经济有效地使用。

(3)低轨道卫星移动通信系统

低轨道(LEO)卫星移动通信系统的轨道高度在 500~2000km,由十几颗至几十颗小型卫星组成,分若干个轨道,每个轨道上有若干颗卫星,绕地球在经度上距离相等的若干个轨道面旋转,作为移动通信中继站,对地面形成无线蜂窝覆盖,把整个地球表面都覆盖在内,可提供电话、传真、数据、寻呼及无线电定位等业务。

卫星移动通信系统主要用于支持位于地面移动通信网服务区以外的移动通信业务。还用来为地面通信网未能覆盖的农村和边远地区提供基本的通信业务,这些业务都是语言和低速数据的业务,为此要求地面终端轻便和低成本。

由于低轨道的高度较低,信号衰减和时延很小,对终端等效全向辐射功率和接收机品质因数要求较低,使用户终端变得轻便并降低了成本,还能获得最有效的频率复用,卫星的研制周期短,费用低,能一箭多星发射,实现全球覆盖,这些都是低轨道卫星移动通信系统的优点。

卫星绕地球一周约需 2h,形成的覆盖小区中地区表面移动很快。当小区移过移动用户时,也有"越区切换"问题,不同的是陆地蜂窝式移动通信系统是移动用户移动通过固定的小区,而低轨道卫星移动通信系统是快速移动的小区通过较慢速移动的用户。在低轨道上运行的卫星,由于距离地面高度变化,每颗卫星的覆盖面积也变化,从而造成有些区域出现盲区或发生重叠。低轨系统通常是只对全球或某一维度范围内地区的连续覆盖,需要卫星数目较多,空间段投资大。低轨系统很难用于仅对某个国家的区域性服务系统,这些是低轨系统的缺点。

中、低轨系统在卫星移动通信的发展过程中已成为主流,如表 1-1 所示。

表 1-1　中、低轨卫星移动通信系统实例

系统名称	轨道高度（km）	卫星数目	服务日起	主要公司
铱（Iridium）	765	66	1998 年	Motorola
全球星（Globalsat）	1389	48	1998 年	Qualcomm
轨道通信（Orbcomm）	785	28	1998 年	OSC
中轨系统（ICO）	10354	10	2000 年	Inmarsat

5. 无线局域网

随着无线通信技术的广泛应用，传统局域网络已经越来越不能满足人们对灵活的组网方式的需要和终端自由联网的要求。于是无线局域网（Wireless Local Area Network，WLAN）应运而生，且发展迅速。无线局域网是无线通信技术与计算机技术相结合的产物，是"最后一百米"的固定无线接入解决方案，是实现移动计算机网络的关键技术之一。从专业上讲，WLAN 利用无线多址信道的一种有效方法来支持计算机之间的通信，实现通信的移动化、个性化和多媒体应用。通俗地说，WLAN 就是在不采用传统缆线的同时，提供以太网或者令牌网络的功能。WLAN 的通信距离，在室外环境最远为 300m，在室内为 100m 以内。WLAN 最典型的应用就是基于 IEEE 802.11 系列标准的 WiFi 技术，部分标准如表 1-2 所示。

表 1-2 IEEE 802.11 部分标准

	802.11a	802.11b	802.11g	802.11n	802.11ac
工作频率	5.8GHz	2.4GHz	2.4GHz	2.4 & 5GHz	5GHz
传输速率	54Mb/s	11Mb/s	54Mb/s	150Mb/s	800Mb/s
时间	1999 年	1999 年	2003 年	2009 年	2013 年

其中 802.11b 在消费类电子设备中最受欢迎，部分原因是因为其成本较低，但是很快就被运行速度更快的 802.11g 所代替。802.11g 保留了向后兼容性，使得现有的硬件也能支持，不需要更新，同时改进了一些旧的缺点。802.11n 是第一次尝试使用 5GHz 频段，修订版还推出了首款采用 MIMO 天线，以获得更高的并行吞吐，根据天线的连接数，速度理论上可以达到高达 450Mb/s。目前为止最快的 WiFi 版本是 802.11ac，在 5GHz 频段运行，它大幅提高了数据传输的速度，其速度最高能达到 1Gb/s。

1.3 蜂窝移动通信的发展历程

蜂窝移动通信是当今通信领域内最为活跃和发展最为迅速的领域之一，也是 21 世纪对人类的生活和社会发展将有重大影响的科学技术领域之一。现代移动通信技术的发展始于 20 世纪 20 年代，到目前为止，蜂窝移动通信（后面简称移动通信）的发展大致分为以下 7 个阶段。

1. 第一阶段（20 世纪 20～40 年代）

这个阶段是专用移动通信的起步阶段。在这一阶段，在几个短波频段上开发出了一些专用移动通信系统，其代表是美国底特律市警察使用的车载无线电系统，工作频率为 2MHz，到 20 世纪 40 年代提高到 30～40MHz。这一阶段的特点是为专用系统开发，工作频率较低。

2. 第二阶段（20 世纪 40 年代中期～60 年代初期）

这个阶段公用移动通信业务开始问世，1946 年，根据美国联邦通信委员会（FCC）的计划，美国贝尔公司在圣路易斯城建立了世界上第一个共用汽车电话网，称为"城市系统"。当时系统使用 3 个频道，间隔为 120kHz，通信方式为单工。随后，前西德（1950 年）、法国（1956 年）、英国（1959 年）等国相继研制了公用移动电话系统。美国贝尔实验室解决了人工交换系统的接续问题。这一阶段的特点是从专用移动网向公用移动网过渡，人工接续，网络容量较小。

3．第三阶段（20 世纪 60 年代中期～70 年代中期）

这个阶段是大区制蜂窝移动通信起步阶段。美国推出了改进型移动电话业务（IMTS）系统，使用 150MHz 和 450MHz 频段，采用大区制、中小容量实现了无线频道自动选择并能够自动接续到公用电话网。前西德也推出了同等技术水平的 B 网。这一阶段特点是采用大区制、中小容量，使用 450MHz 频段，实现了自动选频与自动接续。

4．第四阶段（20 世纪 70 年代中期～80 年代中期）

这个阶段是移动通信蓬勃发展阶段，即小区制蜂窝网阶段，也称为第一代（1G）蜂窝移动通信网络系统。1978 年底，美国贝尔实验室成功研制先进移动电话系统（AMPS），建成了蜂窝状移动通信网，大大提高了系统容量。1983 年，AMPS 首次在芝加哥投入商用；同年 12 月，在华盛顿也开始启用；之后，服务区域在美国逐渐扩大，到 1985 年 3 月扩展到 47 个地区，约 10 万移动用户。其他工业化国家也相继开发出蜂窝式公用移动通信网。日本于 1979 年推出 800MHz 汽车电话系统（HAMTS），在东京、大阪、神户等地投入商用。前西德于 1984 年完成 C 网，频段为 450MHz。英国在 1985 年开发出全接入通信系统（TACS），首先在伦敦投入使用，继而覆盖了英国全境，频段为 900MHz。法国开发出 450MHz 的 450 系统。加拿大推出 450MHz 移动电话系统（MTS）。瑞典等北欧四国于 1980 年开发出 NMT-450 移动通信网，并投入使用，频段为 450 MHz。这一阶段的特点如下：

- 随着大规模集成电路的发展、微处理器技术日趋成熟以及计算机技术的迅猛发展，这使通信设备的小型化、微型化成为现实，为大型通信网的管理与控制提供了技术手段。
- 随着用户迅猛增加，大区制能提供的容量很快饱和。贝尔实验室在 20 世纪 70 年代提出蜂窝网概念，采用频率再用技术和小区制建立蜂窝网，解决了公用移动通信系统要求容量大与频率资源有限的矛盾，形成移动通信新体制。
- 采用频分多址（FDMA）的多址接入技术。

5．第五阶段（20 世纪 80 年代中期～90 年代末）

这一阶段是数字移动通信系统发展和成熟阶段，即第二代（2G）蜂窝移动通信网发展和成熟阶段。虽然第一代蜂窝移动通信网络系统取得了很大成功，但也暴露了以下一些问题：

- 模拟蜂窝系统体制混杂，不能实现国际漫游，仅欧洲邮电管理委员会（CEPT）的 16 个成员国就使用了 7 种不同制式的蜂窝系统。
- 模拟系统频谱利用率低，网络用户容量受限，在用户密度很大的城市，系统扩容十分困难，不能满足日益增长的移动用户需求。
- 不能提供数据业务，业务种类受限以及通话易被窃听等。
- 移动设备复杂、价格高，手机体积大、电池供电时间短。

为克服第一代蜂窝移动通信网的局限性，20 世纪 80 年代中期到 90 年代中期，世界上一些国家开发出数字化的第二代（2G）蜂窝移动通信网络系统。TDMA/FDMA 系统的典型代表是欧洲的 GSM、日本的 PDC、北美的 D-AMPS（IS-54，目前使用的是 IS-136）；CDMA 系统的典型代表是美国的 IS-95A/B。

6. 第六阶段（20 世纪 90 年代末开始）

这个阶段是第三代（3G）移动通信技术发展和应用阶段。3G 的标准化工作实际上是由 3GPP（3th Generation Partner Project，第三代伙伴计划）和 3GPP2 两个标准化组织来推动和实施的。

3GPP 成立于 1998 年 12 月，由欧洲的 ETSI（European Telecommunications Standards Institute）、日本 ARIB（Association of Radio Industries and Businesses）、韩国 TTA（Telecommunications Technology Association）和美国的 T1 等组成。采用欧洲和日本提出的 WCDMA 技术，构筑新的无线接入网络，在核心网交换侧则在现有的 GSM 移动交换网络基础上平滑演进，提供更加多样化的业务。

1999 年 1 月，3GPP2 也正式成立，由美国的 TIA(Telecommunications Industry Association)、日本 ARIB、韩国 TTA 等组成。无线接入技术以 cdma2000 和 UWC-136(Universal Wireless Communications-136)为标准，cdma2000 这一技术在很大程度上采用了高通公司的专利，其核心网采用 ANSI/IS-41。

1999 年 11 月 5 日在芬兰赫尔辛基召开的 ITU TG8/1 第 18 次会议上最终确定了 3 类共 5 种技术标准作为第三代移动通信的基础，其中 WCDMA、cdma2000 和 TD-SCDMA 是 3G 的主流标准，3G 移动通信网络系统是在 2G 的基础上平稳过渡、演进形成的，它们的增强和演进路线如图 1-4 和图 1-5 所示。这一阶段的特点是：

- 全球统一系统标准和频谱规划，以实现全球普及和全球无缝漫游的目的。
- 3G 网络系统具有支持从话音到分组数据的多媒体业务，特别是 Internet 业务的能力。
- 具有高数据速率，在快速移动环境下，最高速率达 144kb/s，在室外到室内或步行环境下，最高速率达 384kb/s，在室内环境下，最高速率达 2Mb/s。
- 3G 的 3 种主流技术标准均采用了 CDMA 技术，CDMA 系统具有高频谱效率、高服务质量、高保密性和低成本的优点。

第三代（3G）移动通信系统也称为 IMT-2000，使用 2000MHz 频段的无线电频率，主要是大力发展综合通信业务和宽带多媒体通信，建立一个无缝立体覆盖全球通信网络，数据通信最高速率为 2Mb/s。

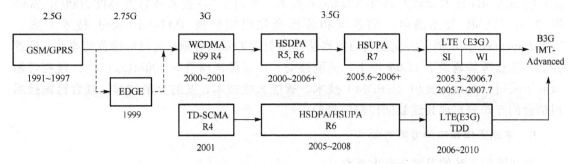

图 1-4　WCDMA 和 TD-SCDMA 增强和演进路线示意图

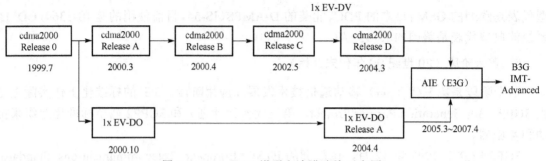

图 1-5　cdma2000 增强和演进路线示意图

7. 第七阶段（21 世纪初开始）

以 CDMA 技术为特点的第三代移动通信系统（3G）的迅猛发展为客户提供了较为丰富的数据业务体验，并且随着通信技术的发展，其增强型版本 HSDPA 和 HSUPA 在 3GPP 完成了其标准化工作，而 EV-DO 也在 3GPP2 完成了其标准化工作，进而为用户提供更为高速的下行和上行数据业务传输能力。但是，为用户提供更大带宽、更高数据率的通信服务，是社会经济与市场发展的需求，移动通信与宽带无线接入技术也在不断地发展和融合，即宽带接入移动化和移动通信宽带化。移动 WiMAX 技术首先得到了迅速的发展。为了应对 WiMAX 标准的市场竞争，确保今后更长时间内的竞争力，3GPP 于 2005 年 3 月正式启动了空中技术的长期演进（LTE，Long Term Evolution）项目，3GPP2 也启动了类似超移动宽带的 AIE 项目。

LTE 项目的目标是以 OFDM 和 MIMO 为主要技术基础，开发出满足更低传输时延、提供更高用户传输速率、增加容量和覆盖、减少运营费用、优化网络架构、采用更大载波带宽，并优化分组数据域传输的移动通信标准。由于 LTE 采用了全新的技术，在 20MHz 的载波宽带情况下，当终端采用 2 天线接收，下行传输峰值速率应满足 100Mb/s 的设计目标；当终端采用 1 天线接收，上行传输峰值速率应满足 50Mb/s 的设计目标。

3GPP 的基本思想是采用以 B3G 或 4G 为新的传输技术和网络技术来发展 LTE，使用 3G 频段实现宽带无线接入市场。2004 年 12 月，3GPP 雅典会议决定由 3GPP RAN 工作组负责开展 LTE 研究，计划于 2006 年 6 月完成，2007 年 6 月推出。全球移动设备供应商协会（GSA）最新发布的报告显示，截至 2015 年 4 月 9 日，全球共部署了 393 张 LTE 商用网络，覆盖 128 个国家。

对 B3G/4G 技术的研究从 20 世纪 3G 技术完成标准化之时就开始了。2006 年，ITU-R 正式将 B3G/4G 技术命名为 IMT-Advanced 技术（相对于 3G 技术命名为 IMT-2000）。2008 年 2 月 ITU-R 发出通函，向各国和各标准化组织征集 IMT-Advanced 技术方案。IMT-Advanced 技术需要实现更高的数据速率和更大的系统容量，其目标峰值速率为：低速移动、热点覆盖场景下 1Gb/s 以上；高速移动、广域覆盖场景下 100Mb/s 以上。现在普遍倾向于采用正交频分复用（OFDM）技术、智能天线技术、发射分集技术、联合检测技术相结合的方式来实现高速数据传输的目的。

8. 移动通信系统的发展方向

移动通信系统的发展方向主要有：

● 宽带化。

- 分组化。从传统的电路交换技术逐步转向以分组为基础特别是以 IP 为基础的网络是发展的必然，IP 协议将成为电信网的主导通信协议。
- 核心网络综合化，接入网络多样化。
- 信息个人化是 21 世纪初信息业进一步发展的主要驱动力之一，而移动 IP 技术正是实现未来信息个人化的重要技术手段。
- 应用导向：网络将从以技术为中心转向以应用为中心。未来市场的竞争焦点不在网络技术本身，而是应用的开发。
- 网络结构分层化：在业务控制分离的基础上，网络呼叫控制和核心交换传送网的进一步分离，使网络结构趋于分为业务应用层、控制层以及由核心网和接入网组成的网络层。

可以预想，移动通信系统将朝着高传输速率方向发展，未来移动通信系统将提供全球性优质服务，真正实现人类通信的最高目标——个人通信"即 5W"：用各种可能的通信网络技术实现任何人（Whoever）在任何地方（Wherever）、任何时间（Whenever）可以同任何人（Whomever）进行任何形式（Whatever）的消息交换。

1.4 移动通信系统频段的使用

国际电联 ITU 定义 3000GHz 以下的电磁频谱为无线电磁波的频谱，具体划分见表 1-3。无线电频谱资源是一个国家重要的战略性资源，不是取之不尽、用之不竭的公共资源，其有限性日益凸显。人类对无线电频谱资源的需求急剧膨胀，各种无线电技术与应用的竞争也愈加激烈，使得无线电频谱资源的稀缺程度不断加大。为了有效使用有限频率资源，对频率的分配和使用必须服从国际标准化组织和国内有关部门的统一管理，否则将会造成互相干扰或频率资源的浪费。

表 1-3 无线电磁波的频谱划分

带号	频带名称	频率范围	波段名称	波长范围
−1	至低频（TLF）	0.03～0.3Hz	至长波或千兆米波	10000～1000 兆米（Mm）
0	至低频（TLF）	0.3～3Hz	至长波或百兆米波	1000～100 兆米（Mm）
1	极低频（ELF）	3～30Hz	极长波	100～10 兆米（Mm）
2	超低频（SLF）	30～300Hz	超长波	10～1 兆米（Mm）
3	特低频（ULF）	300～3000Hz	特长波	1000～100 千米（km）
4	甚低频（VLF）	3～30kHz	甚长波	100～10 千米（km）
5	低频（LF）	30～300kHz	长波	10～1 千米（km）
6	中频（MF）	300～3000kHz	中波	1000～100 米（m）
7	高频（HF）	3～30MHz	短波	100～10 米（m）
8	甚高频（VHF）	30～300MHz	米波	10～1 米（m）
9	特高频（UHF）	300～3000MHz	分米波	10～1 分米（dm）
10	超高频（SHF）	3～30GHz	厘米波	10～1 厘米（dm）
11	极高频（EHF）	30～3000GHz	毫米波	10～1 毫米（mm）
12	至高频（THF）	300～3000GHz	丝米波或亚毫米波	10～1 丝米（dmm）

由于电磁波传播特性所限，移动通信工作频段一般在 3GHz 以下，具体确定主要考虑下面几个方面的因素：

- 电波的传播特性；
- 环境噪声及干扰情况；

- 服务区域范围、地形和障碍物尺寸；
- 设备小型化；
- 与已开发频段的协调和兼容性。

国际无线电咨询委员会 CCIR 规定，陆地上移动通信的主要频段（MHz）划分为 29.7～47、47～50、54～68、68～78.88、72.5～87、90～100、138～144、148～149.9、150.5～156.7625、156.8375～174、174～233、233～328.6、335.4～339.9、406.1～430、444～470、470～960、1427～1525、1668.4～1690、1700～2690、3500～4200、4400～5000。

根据国际标准，1980 年，我国规定了移动通信的频段（MHz），具体为 29.7～48.5、64.3～72.5、72.5～74.6、75.4～76、138～149.5、150.05～159.7625、156.8375～167、223～235、335.4～399.9、406～420、450～470、550～606、798～960、1429～1535、1668.4～2690、4400～4990。

原邮电部根据国家无线电委员会规定现阶段取 160MHz 频段、450MHz 频段、900MHz 频段、1800MHz 频段为移动通信工作频段，如表 1-4 所示。另外，800MHz 频段中的 806MHz～821MHz 和 851MHz～866MHz 分配给集群移动通信。

表 1-4　我国陆地移动通信的主要频率范围

移动通信频段	移动台发和基站收	基站发和移动台收
160 MHz 频段	138MHz～149.9MHz	150.05MHz～167MHz
450MHz 频段	403MHz～420MHz	450MHz～470MHz
900MHz 频段（GSM 系统）	890MHz～915MHz	935MHz～960MHz
1800MHz 频段（GSM 系统）	1710MHz～1755MHz	1805MHz～1850MHz
1900MHz 频段	1865MHz～1880MHz	1945MHz～1960MHz
800MHz（IS-95 CDMA 系统）	825MHz～835MHz	870MHz～880MHz

随着第三代移动通信的迅速发展，国际电信联盟对第三代移动通信系统 IMT-2000 共划分了 230MHz 谱宽，即上行 1885～2025MHz、下行 2110～2200MHz。其中，陆地频段为 170 MHz；移动卫星业务（MSS）划分了 60MHz 频谱，即 1980～2010MHz（地对空）和 2170～2200MHz（空对地）。上下行频带不对称，主要考虑可用双频 FDD 方式和单频 TDD 方式。此规划已在 WRC1992 上通过。2000 年在 WRC 2000 大会上，在 WRC 1992 基础上又批准了 519MHz 新附加频段，即 806～960MHz、1710～1885MHz、2500～2690MHz。

（1）WCDMA FDD 模式使用频谱
- 上行为 1920～1980MHz，下行为 2110～2170MHz。
- 美洲地区：上行为 1850～1910MHz，下行为 1930～1990MHz。
- 3GPP 并不排斥使用其他频段。

（2）WCDMA TDD 模式使用频谱
- 上/下行 1900～1920MHz 和 2010～2025MHz。
- 美洲地区：上下行 1850～1910MHz 和 1930～1990MHz。
- 美洲地区：上下行 1910～1930MHz。
- 3GPP 并不排斥使用其他频段。

cdma2000 只有 FDD 方式，工作频段分为 13 个频段级别（Band Class），其中 Band Class 6 为 IMT-2000 规定的 1920～1980MHz/2110～2180MHz 频段。

根据国际电信联盟有关 IMT-2000 频率划分和技术标准，结合我国无线电频率划分规定和无线电频谱实际使用情况，国家信息产业部于 2002 年 10 月正式通过了中国 3G 频谱规划方案，规定如下。

（1）核心工作频段

① 频分双工（FDD）方式：1920～1980MHz/2110～2170MHz，共 120MHz。

② 时分双工（TDD）方式：1880～1920MHz/2010～2025MHz，共 55MHz。

（2）扩展工作频段

① 频分双工（FDD）方式：1755～1785MHz/1850～1880MHz，共 60MHz。

② 时分双工（TDD）方式：2300～2400MHz，共 100MHz；与无线电定位业务共用，均为主要业务。

（3）卫星移动通信系统工作频段：1980～2010MHz/2170～2200MHz。

目前已规划给公众移动通信系统的工作频段有：825～835MHz/870～880MHz、885～915MHz/930～960MHz 和 1710～1755MHz/1805～1850MHz 频段，同时规划为 3G FDD 方式的扩展频段，上、下行频率使用方式不变。已分给中国移动公司和中国联通公司的频段继续为 GSM 和 CDMA 公众移动通信系统使用。

我国为了发展民族工业，在 3G 频谱划分上，大力向 TD-SCDMA 政策倾斜，给 TD-SCDMA 分配了 155MHz 频谱，其中有 55MHz 核心频谱和 100MHz 扩展频段频谱。而给 WCDMA 和 cdma2000 新分配了 180MHz 频谱，即 120MHz 的核心频段频谱和 60MHz 的扩展频段频谱。对于 FDD 方式来说，由于收发对称所以频谱只有一半，即对 WCDMA 和 CDMA2000 来说，对称频谱共有 90MHz。TD-SCDMA 的占用带宽最小，单载波时只有 1.6MHz，而 WCDMA 单载波占用带宽为 5MHz，CDMA2000 为 $N \times 1.25$MHz（对 3G，$N=3$）。TD-SCDMA 在频率资源方面占有绝对的优势。图 1-6 是我国大陆陆地移动通信 2G 频谱使用和 3G 新增频谱情况。

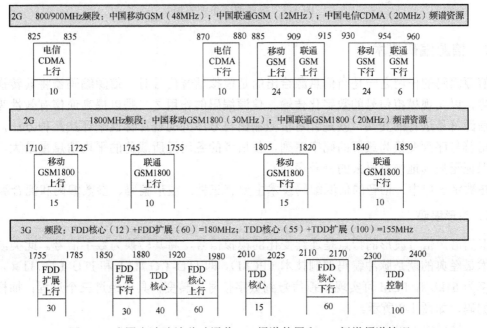

图 1-6　我国大陆陆地移动通信 2G 频谱使用和 3G 新增频谱情况

2007 年 NGMN（下一代移动网络）董事会已经批准发布有关移动运营商对于频谱分配建议的《下一代网络频谱需求白皮书》。该白皮书提出希望国际电联为移动通信业务开放更多频谱，以达到无处不在的覆盖并满足未来的用户需求；提出要实现国际电联的全球移动社会的理想，需要使用 1GHz 以下的一致性频谱，同时开放更高频段的重要频谱（最好是 3.4～4.2GHz）；重点建议频谱管制部门能够在 470～806/862MHz 频段给移动通信业务分配至少 120MHz 的带宽。中国移动积极参与了该白皮书的讨论和制定，强调 470～806/862MHz 频段对移动运营商降低覆盖成本、减小网络对环境影响以及促进通信行业良性发展的重要性。

1.5　移动通信基本技术

移动通信系统是在数字通信系统模型（如图 1-7 所示）基础上构建的，当信道采用无线电时就可实现最简单的点对点无线通信；当采用多址接入技术可实现点对多点无线通信；当采用频率再用技术，解决广播、寻呼、切换、安全等问题时就可实现多点对多点的移动通信。

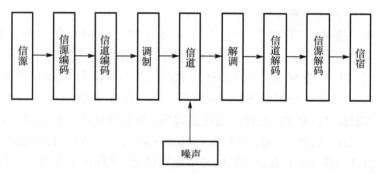

图 1-7　数字通信系统模型

1.5.1　信源编码技术

信源编码的作用之一是当信息源给出的是模拟话音信号时，信源编码器将其转换成数字信号，以实现模拟信号的数字化传输。信源编码的作用之二是以提高通信有效性为目的而对信源符号进行的变换，就是针对信源输出符号序列的统计特性来寻找某种方法，把信源输出符号序列变换为最短的码字序列，使后者的各码元所载荷的平均信息量最大，同时又能保证无失真地恢复原来的符号序列。

在数字通信中，话音的信源编码技术主要有三种：波形编码、参数编码和混合编码。

1. 波形编码

根据语声信号波形的特点是连续变化的模拟信号，将其转换为数字信号。此类波形编码技术最经典的就是脉冲编码调制技术（PCM），即 ITU-T G.711A 和 ITU-T G.711μ，其编码速率为 64kb/s。PCM 可实现模拟信号到数字信号的转变，具体经过三个过程：抽样、量化和编码，如图 1-8 所示。

（1）抽样(Sampling)

抽样是把模拟信号以其信号带宽 2 倍以上的频率提取样值，变为在时间轴上离散的抽样信号的过程。例如，话音信号带宽被限制在 $0.3\sim3.4kHz$ 内，用 8kHz 的抽样频率（f_s），就可获得能取代原来连续话音信号的抽样信号。

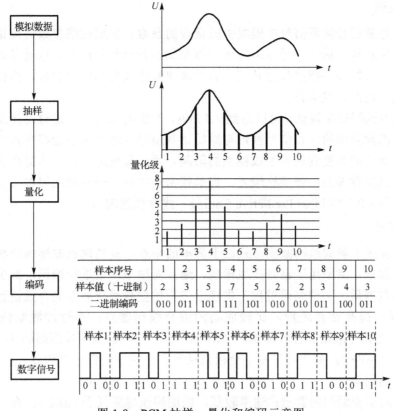

图 1-8　PCM 抽样、量化和编码示意图

（2）量化（Quantizing）

抽样信号虽然是时间轴上离散的信号，但仍然是模拟信号，其样值在一定的取值范围内，可有无限多个值。显然，对无限个样值一一给出数字码组来对应是不可能的。为了实现以数字码表示样值，必须采用"四舍五入"的方法把样值分级"取整"，使一定取值范围内的样值由无限多个值变为有限个值。这一过程称为量化。

量化后的抽样信号与量化前的抽样信号相比较，当然有所失真，且不再是模拟信号。这种量化失真在接收端还原模拟信号时表现为噪声，并称为量化噪声。量化噪声的大小取决于把样值分级"取整"的方式，分的级数越多，即量化级差或间隔越小，量化噪声也越小。

（3）编码（Coding）

量化后的抽样信号在一定的取值范围内仅有有限个可取的样值，且信号正、负幅度分布的对称性使正、负样值的个数相等，正、负向的量化级对称分布。若将有限个量化样值的绝对值从小到大依次排列，并对应地依次赋予一个十进制数字代码（例如，赋予样值 0 的十进制数字代码为 0），在码前以"+"、"-"号为前缀，来区分样值的正、负，则量化后的抽样信号就转化为按抽样时序排列的一串十进制数字码流，即十进制数字信号。简单高效的数据系统是二进制码系统，因此，应将十进制数字代码变换成二进制编码。根据十进制数字代码的总个数，可以确定所需二进制编码的位数，即字长。这种把量化的抽样信号变换成给定字长的二进制码流的过程称为编码。

2．参数编码

参数编码是从话音波形信号中提取生成话音的参数，使用这些参数通过话音生成模型重构出话音，使重构的话音信号尽可能地保持原始话音信号的语意。也就是说，参数编码是把话音信号产生的数字模型作为基础，然后求出数字模型的模型参数，再按照这些参数还原数字模型，进而合成话音。

参数编码的编码速率较低，可以达到 2.4 kb/s，产生的话音信号是通过建立的数字模型还原出来的，因此重构的话音信号波形与原始话音信号的波形可能会存在较大的区别、失真会比较大。而且因为受到话音生成模型的限制，增加数据速率也无法提高合成话音的质量。不过，虽然参数编码的音质比较差，但是保密性很好，一直被应用在军事上。典型的参数编码方法是 LPC（Linear Predictive Coding，线性预测编码）。

3．混合编码

混合编码克服了参数编码激励形式过于简单的缺点，成功地将波形编码和参数编码两者的优点结合起来，激励用了话音产生模型，通过对模型参数进行编码，减少被编码对象的动态范围和数据量，又使编码过程产生接近与原始型号话音波形的合成话音，保留说话人的自然特征，提高话音质量。比较成功的混合编码器有：多脉冲激励线性预测编码（MPLPC）、规则脉冲激励线性预测编码（RPELPC）、码激励线性预测编码（CELP），以及多带激励编码（MBE），前 3 种是基于全极点话音产生模型的混合编码器，MBE 是基于正弦模型的混合编码器。

移动通信对话音编码的要求：速率较低，纯编码速率应低于 16Kb/s；在一定编码速率下，音质应尽量可能高；编码时延应较短，控制在几十毫秒以内；算法复杂程度适中，易于大规模集成；在强噪声环境中，算法应具有较好的抗误码性能，以保持较好的话音质量。综合考虑上述要求，移动通信系统一般采用混合编码。

GSM 系统话音编码器是采用线性预测编码-长期预测编码-规则脉冲激励编码器（LPC-LTP-RPE 编码器）。其中 LPC+LTP 为声码器，RPE 为波形编码器，再通过复用器混合完成模拟话音信号的数字编码，每话音信道的编码速率为 13kb/s，话音质量 MOS 接近或达到 3.6。

WCDMA 系统话音编码器是采用自适应多速率话音编码(AMR)，核心思想是根据空中接口上/下行信号质量的变化情况来调整上下行话音编码模式，实现自动话音速率切换功能。AMR 可提供 8 种话音速率：12.2kb/s，10.2kb/s，7.95kb/s，7.40kb/s，6.70kb/s，5.90kb/s，5.15kb/s，4.75kb/s。其中，12.2kb/s 编码与 GSM-EFR 兼容；7.40kb/s 编码与美国标准 IS-641（US-TDMA speech codec）兼容；6.70kb/s 编码与小灵通的 PDC-EFR 兼容。可以看到，由于 AMR 话音算法与目前各种主流移动通信系统的编码兼容，所以非常利于设计多模终端。

1.5.2　信道编码技术

数字信号在信道传输时，由于噪声、衰落以及人为干扰等，将会引起差错。为了减少差错，信道编码器对传输的信息码元按一定的规则加入保护成分（监督元），组成所谓"抗干扰编码"。接收端的信道译码器按一定规则进行解码，从解码过程中发现错误或纠正错误，从而提高通信系统抗干扰能力，实现可靠通信。

针对无线环境的恶劣性对接收信号的错误率有很大影响，采用信道编码技术是移动通信中提高系统传输数据可靠性的有效方法，使接收机能够检测和纠正传输媒介带来的信号误差。在第二代移动通信系统中应用卷积码和交织，对保证话音和低速数据业务的业务质量取得了很好的效果。第三代系统与第二代相比，需要提供的业务种类大大增加，对信道编码有更高的要求。

在第二代移动通信系统中，GSM 与 IS-95 CDMA 中主要采用卷积码、Fire 码以及卷积与 RS 的级联码。在第三代移动通信系统中，采用的信道编码类型主要有两种：卷积码和Turbo 码。

在未来移动通信系统中，卷积编码仍可以作为实时话音业务的一种候选方案，而 Turbo码仍可以作为非实时高速数据业务的一种候选方案。研究表明，LDPC 码可以通过增加码字长度，同时采用优化的译码实现，其性能要好于 Turbo 码，所以它也是可能应用于未来移动通信系统的非实时高速数据业务的信道编码候选方案。

Turbo 码，又称并行级联卷积码（PCCC），是由 C.Berrou 等在 ICC'93 会议上提出的。它巧妙地将卷积码和随机交织器结合在一起，实现了随机编码的思想。同时，采用软输出迭代译码来逼近最大似然译码。Turbo 码的发现，标志着信道编码理论与技术的研究进入了一个崭新的阶段，结束了长期将信道截止速率作为实际容量的历史。

LDPC 码（Low-Density Parity-Check Codes）即低密度校验码，是 Gallager 于 1963 年提出的。研究表明，利用置信传播算法，LDPC 码能够以较低的硬件复杂度实现接近香农极限的译码性能。人们认识到 LDPC 码所具有的优越性能及其巨大的实用价值，所以继Turbo 码之后，LDPC 码成为近年来编码理论界的又一研究热点。

Turbo 码是应用在 UMTS 系统中的新的纠错编码技术。其纠错性能优于卷积编码，但是解码复杂度较高且编码时延较大，适用于对时延要求不高但速率较高的数据业务。另外，Turbo 码的理论分析困难。至今尚未有对 Turbo 码译码器误码率的完整理论分析和估计，一般通过仿真模拟其性能。

LDPC 码相对于 Turbo 码来说，有以下优点：

- LDPC 码的译码算法，是一种基于稀疏矩阵的并行迭代译码算法，运算量要低于Turbo 码译码算法，并且由于结构并行的特点，在硬件实现上比较容易。因此在大容量通信应用中，LDPC 码更具有优势。
- LDPC 码的码率可以任意构造，有更大的灵活性。而 Turbo 码只能通过打孔来达到高码率，这样打孔图案的选择就需要十分慎重的考虑，否则会造成性能上较大的损失。
- LDPC 码具有更低的错误平层，可以应用于无线通信、深空通信以及磁盘存储工业等对误码率要求更加苛刻的场合。而 Turbo 码的错误平层在 10 量级上，应用于类似场合中，一般需要和外码级联才能达到要求。
- LDPC 码是 20 个世纪六十年代发明的，现在，在理论和概念上不再有什么秘密，因此在知识产权和专利上不再有麻烦。

在 Shannon 理论的指导下，随着移动通信技术和信道编码技术的发展，不断涌现出性能更接近 Shannon 极限的编码方法应用于移动通信系统中，提高移动通信中数据传输的有效性和可靠性。

1.5.3　调制技术

调制技术是把基带信号变换成传输信号的技术，模拟信号经过抽样、量化、编码后的基带信号以二进制数字信号"1"或"0"控制高频载波的参数（振幅、频率和相位），使这些参数随基带信号而变化。调制技术可以分为模拟调制和数字调制两类。模拟调制包括调幅（AM）、调频（FM）、调相（PM）等技术；数字调制的基本类型分为振幅键控（ASK）、频移键控（FSK）和相移键控（PSK）3 种，另外，还有许多由基本调制类型改进或综合而获得的新型调制技术。

对数字移动通信而言，采用数字调制技术将一串比特流的信息嵌入一个无线电磁波中，从而在空中发送出去。通过调制完成：

● 频谱搬移：在大气层中，音频范围（200～3400Hz）的低频信号传输将急剧衰减，而较高频率范围的信号可以传播到很远的距离。为了采用无线传送方式，将这些音频信号调制到高频段去匹配无线信道。

● 电磁波的频率与天线尺寸匹配：一般天线尺寸为电磁信号的 1/4 波长为佳，调制可以将频带变换为更高的频率，从而减小天线的尺寸。

● 在高频段易于实现信道复用：将多路信号互不干扰地安排在同一物理信道中传输。

由于移动通信信道带宽有限，干扰和噪声影响大，存在多径衰落和多普勒效应，所以对于移动通信采用的调制技术应满足以下条件：

● 抗干扰性能要强；

● 要尽可能地提高频谱利用率；

● 带外辐射要小，对相邻的信道信号干扰较小；

● 在占用频带宽的情况下，单位频谱所容纳的用户数要尽可能多；

● 同频复用的距离小；

● 能提供较高的传输速率，使用方便，成本低。

目前数字移动通信系统的调制技术主要有两大类：

① 线性调制技术。主要包括 PSK、QPSK、DQPSK、OK-QPSK、π /4-DQPSK 和多电平 PSK 等调制方式。由于这类调制技术产生的信号包络不恒定，所以发射端要求功率放大器的线性度较高，这种要求在设备制造中会增大难度和成本，但是这类调制方式可获得较高的频谱利用率。

② 恒定包络（连续相位）调制技术。主要包括 MSK、GMSK、GFSK 和 TFM 等调制方式。这类调制技术的优点是已调信号具有恒定包络，对放大设备没有线性要求，但频谱利用率通常低于线性调制技术。

提高频谱利用率是提高通信容量的重要措施，是人们规划和设计通信系统的焦点。在 20 世纪 80 年代初期，人们在选用数字调制技术时，大多把注意力集中于恒定包络数字调制方式（如泛欧 GSM 蜂窝移动通信系统采用 GMSK）。但在 20 世纪 80 年代中期以后，人们却着重采用 QPSK 之类的线性数字调制（如美国的 IS-95 CDMA 蜂窝移动通信系统采用 QPSK 和 O-QPSK，WCDMA 和 TD-SCDMA 蜂窝移动通信系统采用 BPSK 和 QPSK）。另一种获得迅速发展的数字调制技术是振幅和相位联合调制（QAM）技术，目前，16QAM、64QAM 已在 HSDPA 和 LTE 通信中获得成功应用。

以往，人们认为多进制 QAM 信号的特征不适于在移动环境中进行传输，近几年，随着研究工作的深入，人们提出了不少改进方案。如根据移动信道特性的状况可自适应地改变 QAM 的进制数，即改变信道传输速率，从而构成变速率 QAM（VR-QAM）；为减少码间干扰和时延扩展的影响，把将要传输的高速数据流划分成若干个子数据流（每个子数据流具有低得多的传输速率），并且用这些子数据流去调制若干个载波，从而形成多载波 QAM（MC-QAM）等。

在移动通信系统开发研制中，正交频分多址接入技术（OFDMA）是最具有竞争力的多址方式，该技术的基本原理是将高速串行数据变换成多路相对低速的并行数据并对不同的载波进行调制。各个载波能够根据不同的信道状况选择不同的调制方式（比如 BPSK、QPSK、8PSK、16QAM、64QAM 等），以频谱利用率和误码率之间的最佳平衡为实现原则。例如，为了保证系统的可靠性，很多通信系统都倾向于选择 BPSK 或 QPSK 调制，以确保在信道最坏条件下的信噪比要求，但是这两种调制方式的频谱效率很低。OFDMA 技术由于使用了自适应调制，可根据信道条件选择不同的调制方式。比如在信道质量差的情况下，采用 BPSK 等低阶调制技术；而在终端靠近基站时，信道条件一般会比较好，调制方式就可以由 BPSK（频谱效率 1b/s/Hz）转化成 16QAM～64QAM（频谱效率 4b/s/Hz～6b/s/Hz），整个系统的频谱利用率就会得到大幅度的提高。

1.5.4　移动通信电波传播特性的研究

如图 1-7 数字通信系统模型所示，经过信源编码、信道编码和调制后，用电磁波承载信号实现了最简单的点对点无线通信。电磁波传输的介质——无线信道的特性是影响接收端信号的重要因素。所以移动通信信道的传播特性对移动通信技术的研究、规划和设计也十分重要，历来是人们非常关心的研究课题。在移动信道中，发送到接收机的信号会受到传播环境中地形、地物的影响而产生绕射、反射或散射，因而形成多径传播。多径传播会使接收端的合成信号在幅度、相位和到达时间上发生随机变化，严重地降低了接收信号的传输质量，这就是所谓的多径衰落。此外，自由空间传播所引起的扩散损耗以及阴影效应所引起的慢衰落，也会影响所需信号的传输质量。

研究移动信道的传播特性，首先要弄清移动信道的传播规律和各种物理现象的机理以及这些现象对信号传输所产生的不良影响，进而研究消除各种不良影响的对策。为了给通信系统的规划和设计提供依据，人们通常通过理论分析或根据实测数据进行统计分析，来总结和建立有普遍性的数学模型，利用这些模型，可以估算一些传播环境中的传播损耗和其他有关的传播参数。

理论分析方法通常用射线表示电磁波束的传播，在确定收发天线的高度、位置和周围环境的具体特征后，根据直射、折射、反射、散射、透射等波动现象用电磁波理论计算电波传播的路径损耗及有关的信道参数。

实测分析方法是在典型的传播环境中进行现场测试，并利用计算机对大量实测数据进行统计分析，以建立预测模型，进行传播预测。

无论是哪种分析方法得到的结果，在进行信道预测时，其准确度都与预测环境的具体特征有关。由于移动通信的传播环境十分复杂，有城市、乡村、山区、森林、室外、室内、海上和空中等，因而难以用一种甚至几种模型来表征各种不同地区的传播特性。通常，每种预测模型都是根据某一特定传播环境总结出来的，都有局限性，选用时应注意适用范围。

随着移动通信的发展，通信区域的覆盖方法正在由小区制向微小区、微微小区扩展（包括室内小区）。小区半径越小，小区传播环境的特殊性越突出，越难以用统一的传播模型来进行信道预测。近年来，人们对室内传播特性的研究进行了大量的工作。

1.6　蜂窝移动通信的组网技术

实现点对点无线通信，再采用多址接入技术、频率再用技术，解决广播、寻呼、切换、安全等问题时就可实现多点对多点的蜂窝移动通信。如何将移动通信系统中的各个独立的功能实体组成一个协同工作的移动通信网络，涉及的技术问题包括：

（1）对于基站给定的无线资源，多个移动台如何共享使用，即采用什么多址接入技术，使得有限的资源能传输更大容量的信息。

（2）由于传播损耗的存在，基站和移动台之间的通信距离是有限的。为了使用户在某一服务区的任何位置都能接入网络，需要在该服务区内设置多少基站？这是频率复用和蜂窝组网技术要解决的问题。

（3）对于给定的频率资源，如何在这些基站之间进行信道分配以满足用户容量的要求？这是多信道共用技术解决的问题。

（4）移动通信网络结构复杂，包括的功能实体众多，为了让各功能实体协同有效地工作，实体间通信应遵循相应的接口协议标准。

（5）携带移动台的用户在随机移动中，如何将呼叫接续到被叫移动台？用户在通信状态下跨越小区移动，如何保持通信的连续不中断？这是移动性管理要解决的问题。

1.6.1　多址接入技术

通信系统是以信道来区分通信对象的，每个信道只容纳一个用户进行通话，许多同时通话的用户以不同的信道加以区分，这样多个信道就叫多址。多址接入技术是指移动通信系统中，使所有的用户共享有限的无线资源，实现不同用户不同地点同时通信，并尽可能减少干扰。

多址接入技术从原理上看与信号多路复用是一样的，实质上都属于信号的正交划分与设计技术。不同点是多路复用的目的是区别多个通路，通常是在基带和中频上实现；而多址接入技术是区分不同的用户地址，通常需要利用射频频段辐射的电磁波来寻找动态的用户地址，同时为了实现多址信号之间互不干扰，信号之间必须满足正交特性。无线电信号可以表达为时间、频率和码型的函数，即

$$s(c,f,t) = c(t)s(f,t)$$

其中，$c(t)$是码型函数，$s(f,t)$是时间 t 和频率 f 的函数。

根据这个函数要求各信号特征彼此独立(或者正交)，也即任意两个信号之间互相关函数为 0（或接近于 0），可以得到三种基本的多址接入技术，如图 1-9 所示。

- 频分多址（FDMA）：$\int_{F_i} s_i(f,t)s_j(f,t)\mathrm{d}f = \begin{cases} 1, & i=j \\ 0, & i \neq j \end{cases}$，物理意义：频域里频道相互不重叠；

- 时分多址(TDMA)：$\int_{T_i} s_i(f,t)s_j(f,t)\mathrm{d}t = \begin{cases} 1, & i=j \\ 0, & i \neq j \end{cases}$，物理意义：时域里时隙相互不重叠；

- 码分多址（CDMA）：$\int_{T} c_i(t)c_j(t)\mathrm{d}t = \begin{cases} 1, & i=j \\ 0, & i \neq j \end{cases}$，物理意义：码型域里码型 C_i 相互不重叠。

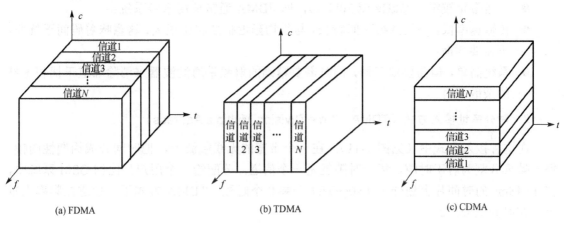

图 1-9   三种基本的多址接入技术

目前移动通信中应用的多址方式有：频分多址(FDMA)、时分多址（TDMA）、码分多址（CDMA）、空分多址（SDMA）以及它们的混合应用方式，如 FDMA/TDMA、FDMA/CDMA 等。

1. 频分多址接入方式（FDMA，Frequency Division Multiple Address）

FDMA 对给定的频率资源规划出多个载波，通常是等间隔划分频段方式实现，一个载频对应一个物理通道。在模拟移动通信系统中，信道带宽通常等于传输一路模拟话音所需的带宽，如 TACS 和 AMPS 的信道带宽分别为 25kHz 和 30kHz。为了保证相邻信道之间不产生明显干扰，在用户信道之间，一般要设保护频带以确保频道之间相互正交。

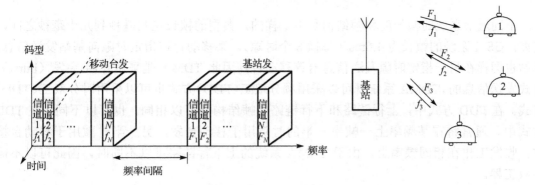

图 1-10   FDMA 多址接入

在单纯的 FDMA 系统中，通常采用频分双工（FDD，Frequency devide duplex）的方式来实现双工通信，即移动台发送频率 f 和基站发送频率 F 是不同的。一般而言，下行信道占有较高的频带，上行信道占有较低的频带，如图 1-10 所示。为了使得同一部电台的收发之间不产生干扰，收发频率间隔 $|f-F|$ 必须大于一定的数值，如 AMPS 使用 800MHz 频段，TACS 工作在 900MHz，收发频率间隔设置为 45MHz。

FDMA 技术的特点如下：

- 每个频道只传送一路电话，一旦给移动台分配了频道，移动台和基站同时连续不断发射；
- 信道带宽较窄（25kHz 或 30kHz），即 FDMA 通常使用窄带系统；
- 传输速率低。码元持续时间较长，与平均延迟扩展相比很大，这意味着码间干扰低，不需要均衡；
- 系统简单，但需要双工器，同时需要精确的射频带通滤波器来消除邻道干扰和基站的杂散辐射。

2. 时分多址接入方式（TDMA，Time Division Multiple Address）

在这种接入方式中（见图 1-11），在一个带宽的无线载波上，把时间分成周期性的帧，每一帧再分割为若干时隙，每一时隙就是一个信道，分配给一个用户。比如 GSM 系统中，在 4.615ms 的时间片上划分了 TS0～TS7 一共 8 个时隙。TDMA 方式下，信道在频率上重合，在时间上分离。

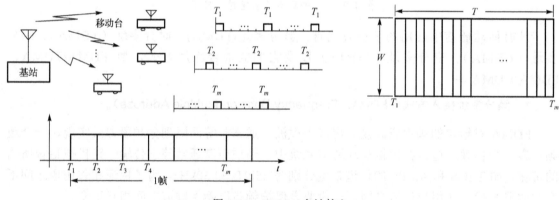

图 1-11　TDMA 多址接入

不同通信系统的帧长度和帧结构是不一样的，典型的帧长在几毫秒到几十毫秒之间，例如：GSM 系统的帧长为 4.6ms（每帧 8 个时隙）。某移动台在指定时隙向基站发送信息，基站也同样在另一指定时隙发送信息给该移动台，因此 TDMA 是采用存储-突发（burst）方式发送信息的。TDMA 系统既可以采用频分双工（FDD）方式也可以采用时分双工（TDD）方式。在 FDD 方式中，上行链路和下行链路的帧结构既可以相同，也可以不同。在 TDD 方式中，通常将在某频率上一帧中一半的时隙用于移动台发，另一半时隙用于移动台接收；收发工作在相同频率上。由于 TDMA 系统的上下行链路可以不同时，因此可以不需要双工器。

同步和定时是 TDMA 系统正常工作的前提，具体就是要求：位同步、时隙同步、帧同步、系统同步（网同步）。位同步有三种方法：专门的信道传输、插入业务信道中传输、从数字信号中提取，移动通信要迅速准确地从突发信息中提取位同步信息，只可能采用前两者。帧同步和时隙同步可在每帧和每时隙前面分别设置一个同步码作为同步信息，此类同步建立的要求是：建立时间短、错误捕获概率小、同步保持时间长和失步概率小。系统同步有两种方法：主从同步法和独立时钟同步法。

TDMA 的技术特点如下：

- 多用户共享一个载波频率，时隙数取决于有效带宽和调制技术等；
- 数据分组发送，不连续发送，需开关；
- 由于速率较高，往往需要采用均衡器；
- 系统开销大，包括保护时隙、同步时隙等；
- 采用时隙重新分配的方法，为用户提高所需要的带宽。

3. 码分多址接入方式（CDMA，Code Division Multiple Access）

在这种接入方式中，通过不同的码序列来划分物理信道，比如 IS-95 系统中，基站用 64 阶的 walsh 码作为下行信道，移动终端用 PN 长码作为上行信道。如图 1-12 所示，在 CDMA 方式下，信道在时间和频率上重合，在码字上分离。基站可以复用频率和时间，利用码字的相关特性（walsh 码的正交性或 PN 序列的自相关性）消除干扰，因此 CDMA 方式可以大幅提高频率利用率，这是 3G 三个主流标准采用 CDMA 的一个重要原因。在 CDMA 系统中，码不但可以区分信道，还可以区分基站或用户，区分基站或用户的码统称为扰码。

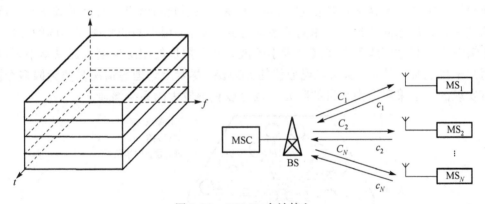

图 1-12　CDMA 多址接入

CDMA 系统为每个用户分配了各自特定的地址码，无论从频域还是时域来看，各用户的信号都是混杂在一起的，因为这些地址码具有准正交性，接收端唯有使用完全一致的本地地址码才能够解调信号（相关检测技术）。CDMA 系统存在着两个重要的问题：

① 多址干扰：CDMA 系统是一个干扰限制性系统。CDMA 网中不同的用户之间是准正交的，即扩频码集之间具有非零互相关性，因此各用户之间存在着干扰，这种干扰叫多址干扰。FDMA 与 TDMA 蜂窝系统的共道干扰和 CDMA 蜂窝系统的多址干扰都是系统本身存在的内部干扰。因此地址码的设计直接影响 CDMA 系统的性能，为提高抗干扰能力，地址码要用伪随机码（又称为伪随机（Pseudo-Noise）序列）。

② 远近效应：强信号对弱信号有着明显的抑制作用，会使弱信号的接收性能很差甚至

无法通信。由于 CDMA 系统中的用户共享同一传输频道，所以"远-近"效应将更为明显。克服"远-近"效应的办法是功率控制技术：调整各用户的发送功率，使得所有用户到达基站的电平都相等，该电平只需要刚好满足信噪比要求即可（即减小了对其他用户的干扰）。

与 FDMA 和 TDMA 相比，CDMA 又具有许多独特的优点，其中一部分是扩频通信系统所固有的，另一部分则是由软切换和功率控制等技术所带来的。

- CDMA 系统的许多用户共享同一频率；
- 通信容量大；
- 软容量特性；
- 由于信号被扩展在一较宽频谱上，所以可减小多径衰落；
- 在 CDMA 系统中，信道数据速率很高，采用分集接收最大比合并技术，可获得最佳的抗多径衰落效果；
- 软切换和有效的宏分集；
- 低信号功率谱密度。

在现实的通信系统中，很少采用单一的多址方式，往往是两个或多个多址方式的组合。比如 GSM 的多址方式是 FDMA/TDMA；WCDMA 的多址方式是 FDMA/CDMA；TD-SCDMA 的多址方式是 FDMA/TDMA/CDMA。

4．空分多址（SDMA，Space Division Multiple Access）

空分多址方式就是通过空间的分割来区分不同的用户，如图 1-13 所示。在移动通信中，能实现空间分割的基本技术就是自适应阵列天线，在不同的用户方向上形成不同的波束。不同的波束可采用相同的频率和相同的多址方式，也可采用不同的频率和不同的多址方式。在极限情况下，自适应阵列天线具有极小的波束和无限快的跟踪速度，提供本小区内不受其他用户干扰的唯一信道，从而实现最佳的 SDMA。尽管上述理想情况需要无限多个阵元，是不可实现的，但采用适当数目的阵元，也可以获得较大的系统增益。

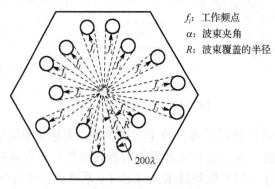

f_i：工作频点
α：波束夹角
R：波束覆盖的半径

图 1-13　SDMA 多址接入

在蜂窝系统中，反向链路设计比较困难，主要原因有两个。

第一，基站完全控制了在前向链路上所有发射信号的功率。但是，由于每一用户和基站间无线传播路径的不同，从每一用户单元出来的发射功率动态控制困难。

第二，发射受到用户单元电池能量的限制，因此也限制了反向链路上对功率的控制程度。而当采用 SDMA 方式时，即通过空间过滤用户信号的方法，则每一用户的反向链路将得到改善，并且花销更少的功率。

若将这种自适应阵列天线用于为每一用户搜索其多个多径分量，并以最理想的方式组合它们，从而收集出所有的有效信息能量，可有效地克服多径干扰和同信道干扰；若将这种自适应阵列天线反向控制用户的空间辐射能量，将改善用户的反相链路，并且需要更小的发送功率。

5. 正交频分多址接入方式（OFDMA，Orthogonal Frequency Division Multiple Access）

OFDMA 是 OFDM 技术的演进，OFDM 是一种调制方式，而 OFDMA 是一种多址接入技术。OFDMA 多址接入系统将传输带宽划分成正交的互不重叠的一系列子载波集，将不同的子载波集分配给不同的用户实现多址。OFDMA 系统可动态地把可用带宽资源分配给需要的用户，很容易实现系统资源的优化利用。由于不同用户占用互不重叠的子载波集，在理想同步情况下，系统无多址干扰 MAI。图 1-14 给出了 OFDMA 系统的原理示意图。其中，灰色、白色以及深灰色时频栅格代表不同的子载波集，它们在频带上是互不重叠的，并分别分配给不同用户。OFDMA 方案可以看作将总资源（时间、带宽）在频率上进行分割，实现多用户接入系统。

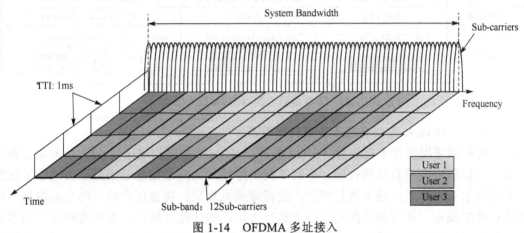

图 1-14　OFDMA 多址接入

蜂窝移动通信系统演进的目标是构建出高速率、低时延、分组优化的无线接入系统。为达到上述目标，多址方案的选择应该考虑在复杂度合理的情况下，提供更高的数据速率和频谱利用率。由于 OFDM 能够很好地对抗无线传输环境中的频率选择性衰落，可以获得很高的频谱利用率，OFDM 非常适用于无线宽带信道下的高速传输。通过给不同的用户分配子载波，OFDMA 提供了天然的多址方式。由于用户间信道衰落的独立性，可以利用联合子载波分配带来的多用户分集增益提高性能，达到服务质量（QoS）要求。然而，为了降低成本，在用户设备（UE）端通常使用低成本的功率放大器，OFDM 中较高的峰值平均功率比（PAPR）将降低 UE 的功率利用率，降低上行链路的覆盖能力。由于单载波频分复用（SC-FDMA）具有较低的 PAPR，所以 OFDMA 和 SC-FDMA 最终被 3GPP LTE 采纳为下行/上行的多址方案。

6. 非正交多址接入方式（NOMA，Non-Orthogonal Multiple Access）

移动通信技术发展到今天，频谱资源也变得越来越紧张了。同时，为了满足飞速增长的移动业务需求，人们已经开始在寻找既能满足用户体验需求又能提高频谱效率的新的移动通信技术。在这种背景下，人们提出了非正交多址技术（NOMA）。非正交多址技术的基本思想是在发送端采用非正交发送，主动引入干扰信息，在接收端通过串行干扰删除（SIC）接收机实现正确解调。虽然，采用 SIC 技术的接收机复杂度有一定的提高，但是可以很好地提高频谱效率。用提高接收机的复杂度来换取频谱效率，这就是 NOMA 技术的本质。

　　NOMA 的子信道传输依然采用正交频分复用（OFDM）技术，子信道之间是正交的，互不干扰，但是一个子信道上不再只分配给一个用户，而是多个用户共享。同一子信道上不同用户之间是非正交传输，这样就会产生用户间干扰问题，这也就是在接收端要采用 SIC 技术进行多用户检测的目的。在发送端，对同一子信道上的不同用户采用功率复用技术进行发送，不同用户的信号功率按照相关的算法进行分配，这样到达接收端每个用户的信号功率都不一样。SIC 接收机再根据不同户用信号功率大小按照一定的顺序进行干扰消除，实现正确解调，同时也达到了区分用户的目的，如图 1-15 所示。

通信系统	3G	3.9G/4G	5G
多址方式	Non-orthgonal(CDMA)	Orthogonal(OFDMA)	Non-orthogonal with SIC(NOMA)
信号波形	Single carrier	OFDM (or DFT-s-OFDM)	OFDM (or DFT-s-OFDM)
自适应技术	Fast TPC	AMC	AMC+Power allocation
频谱图	Non-orthogonal assisted by power control 	Orthogonal between users 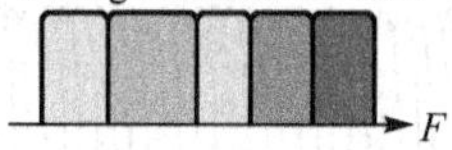	Superposition & power allocation 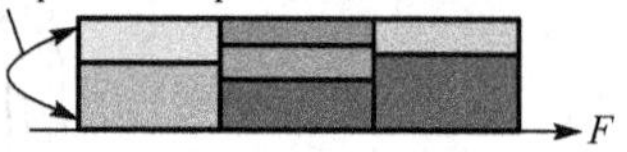

图 1-15　下行链路中的 NOMA 技术原理

总的来说，NOMA 主要有以下 3 个技术特点。

（1）接收端采用串行干扰删除（SIC）技术。NOMA 在接收端采用 SIC 技术来消除干扰，可以很好地提高接收机的性能。串行干扰消除技术的基本思想是采用逐级消除干扰策略，在接收信号中对用户逐个进行判决，进行幅度恢复后，将该用户信号产生的多址干扰从接收信号中减去，并对剩下的用户再次进行判决，如此循环操作，直至消除所有的多址干扰。与正交传输相比，采用 SIC 技术的 NOMA 的接收机比较复杂，而 NOMA 技术的关键就是能否设计出复杂的 SIC 接收机。随着未来几年芯片处理能力的提升，相信这一问题将会得到解决。

（2）发送端采用功率复用技术。不同于其他的多址方案，NOMA 首次采用了功率域复用技术。功率复用技术在其他几种传统的多址方案没有被充分利用，其不同于简单的功率控制，而是由基站遵循相关的算法来进行功率分配。在发送端中，对不同的用户分配不同的发射功率，从而提高系统的吞吐率。另一方面，NOMA 在功率域叠加多个用户，在接收端，SIC 接收机可以根据不同的功率区分不同的用户。

（3）不依赖用户反馈信道状态信息（CSI）。在现实的蜂窝网中，因为流动性、反馈处理延迟等一些原因，通常用户并不能根据网络环境的变化反馈出实时有效的网络状态信息。虽然在目前，有很多技术已经不再那么依赖用户反馈信息就可以获得稳定的性能增益，但是采用了 SIC 技术的 NOMA 方案可以更好地适应这种情况，即 NOMA 技术可以在高速移动场景下获得更好的性能，并能组建更好的移动节点回程链路。

从上面的描述中我们也可以看出，NOMA 虽然是一种新的技术，但是也融合了一些 3G 和 4G 的技术和思想。例如，OFDM 是在 4G 中用到的，而 SIC 最初是在 3G 中用到的。那么与传统的 CDMA（3G）和 OFDM（4G）相比，NOMA 的性能又有哪些优势呢？

3G 的多址技术采用的是直序扩频码分多址（CDMA）技术，采用非正交发送，所有用户共享一个信道，在接收端采用 RAKE 接收机。非正交传输有一个很严重的问题，就是远近效应，在 3G 中，人们采用功率控制技术在发送端对距离小区中心比较近的用户进行功率限制，保证在到达接收端每个用户的功率相当。4G 的多址技术采用的是基于 OFDM 的正交频分多址（OFDMA）技术，不同用户之间采用正交传输，所以远近效应不是那么明显，功率控制也不再是必需的了。在链路自适应技术上，4G 采用了自适应编码（AMC）技术，可以根据链路状态信息自动调整调制编码方式，从而给用户提供最佳的传输速度，但是在一定程度上要依赖用户反馈的链路状态信息。

与 CDMA 和 OFDMA 相比，NOMA 子信道之间采用正交传输，不会存在与 3G 一样明显的远近效应问题，多址干扰（MAI）问题也没那么严重；由于可以不依赖用户反馈的 CSI 信息，在采用 AMC 和功率复用技术后，应对各种多变的链路状态更加自如，即使在高速移动的环境下，依然可以提供很好的速率；同一子信道上可以由多个用户共享，与 4G 相比，在保证传输速度的同时，可以提高频谱效率，这也是最重要的一点。

虽然 5G 的具体技术标准目前还没有制定，但是从国际的一些主要研究组织发布的研究状况来看，频谱效率将是 5G 重点关注的一个方向。从这一点来看，既能满足移动业务速率需求又能提高频谱效率的非正交多址技术（NOMA）很可能将被 5G 采用为新的多址技术。

7. 工作方式

了解移动通信系统的多址接入技术后，再看看基站（BS）和移动台（MS）之间交换信息的方式，即工作方式。如果基站（BS）和移动台（MS）双方可以同时进行收信和发信，这种工作方式称为双工；如果通信双方收信和发信只能交替进行，这种工作方式称为单工，对讲机是一个典型单工通信的例子。

（1）频分双工（FDD，Frequency Division Duplex）

通信双方收信和发信同时进行，但收信和发信分别占用两个不同的频率。FDD 需要使用成对的频率资源，对于只有单天线的移动终端来说，需要一个天线双工器来实现收发的倒换操作。目前，大多数蜂窝移动通信系统都选择 FDD 方式。

以 GSM9000 系统为例，如图 1-16 所示，MS 发送频率 890+0.2nMHz，BS 发送频率 935+0.2nMHz，其中 n 的取值为 1～124 之间的整数。在 FDD 系统中，有一个普遍的规律，就是 MS 的发射频率低于 BS 的发射频率。MS 发射频率低，电波传播损耗小，有利于补偿上下行功率不平衡的问题，延长 MS 的待机时间。

（2）时分双工（TDD，Time Division Duplex）

通信双方收信和发信同时进行，收信和发信使用相同频率不同时隙。使用 TDD 的典型系统是 TD-SCDMA。

在 TDD 系统中，MS 和 BS 通信采用相同的频率，为了避免收发信之间的相互冲突与干扰，选择收信与发信在不同时刻进行的方式，在信道上设计特殊的时隙结构，一些时隙用于上行信道，一些时隙用于下行信道。图 1-17 是 TD-SCDMA 的 TDD 时隙结构。

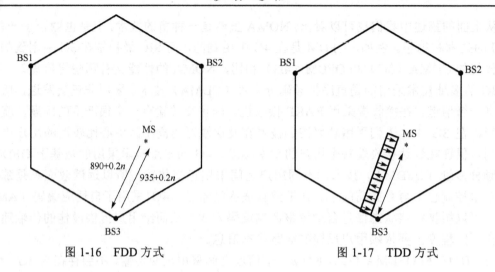

图 1-16　FDD 方式　　　　　图 1-17　TDD 方式

FDD 和 TDD 这两种工作方式都有各自的特点：

- TDD 可灵活配置频率，使用 FDD 系统不易使用的零散频段；但为避免与其他无线系统之间的干扰，TDD 需预留较大的保护带，影响整体频谱利用效率。
- TDD 可以通过调整上下行时隙转换点，改变上下行时隙比例，可很好地支持非对称业务。
- TDD 系统收发信道同频，无法进行干扰隔离，速度越快，衰落变换频率越高，衰落深度越深；相当于混合行驶，容易撞车，因此必须要求移动速度不能太高。
- TDD 接收上/下行数据时，不需收发隔离器，只需一个开关即可，降低设备的复杂度。
- 由于 TDD 方式的时间资源分别分给了上行和下行，因此 TDD 方式的发射时间大约只有 FDD 的一半，如果 TDD 要发送和 FDD 同样多的数据，就要增大 TDD 的发送功率。
- TDD 系统上行受限，因此 TDD 基站的覆盖范围明显小于 FDD 基站。
- FDD 模式的特点是在分离（上下行频率间隔 45MHz、190MHz 等）的两个对称频率信道上，系统进行接收和传送，用保护频段来分离接收和传送信道。相当于分道行驶，比较顺畅，所以 FDD 速度会更快。

1.6.2　频率复用和蜂窝小区

频率复用和蜂窝小区的设计是与移动通信网的区域覆盖和容量需求紧密相连的。早期的移动通信系统采用的是大区覆盖，但随着移动通信的发展，这种网络设计已远远不能满足需求了。因而以蜂窝小区、频率复用为代表的移动通信网的设计方案有效地解决了频率资源有限和用户容量的矛盾问题。

一般来说，移动通信网的区域覆盖方式可分为两类：一类是小容量的大区制；另一类是大容量的小区制。

（1）小容量的大区制

大区制是指通过一个基站覆盖整个服务区，为了增大单个基站的服务区域，天线架设要高（约几十米甚至几百米），发射功率要大（一般为 50～200W），这种大区制基站的覆盖半径通常可达 30～50km。如图 1-18 所示，大区制的网络结构简单、成本低，但系统的频道数量有限，使得可容纳的用户数不能满足增加的需要。

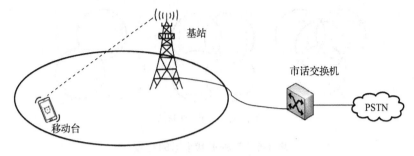

图 1-18 大区制移动通信示意图

这种大区制只能保证移动台可以接收到基站的信号。反过来，当移动台发射时，由于受到自身发射功率的限制，就无法保障通信了。解决这个问题，可以在服务区内设若干分集接收点与基站相连，利用分集接收来保证上行链路的通信质量。也可以在基站采用全向辐射天线和定向接收天线，从而改善上行链路的通信条件。大区制只能适用于小容量的通信网，如用户数在 1000 以下的工矿区或专业部门，是发展专用移动通信网可选用的制式。

（2）大容量的小区制

因为超短波电波传播距离有限，离开一定的距离可以重复使用频率，使频率资源可以充分利用。**小区制**就是利用这种频率复用技术，把整个服务区域划分为若干小区，一个基站覆盖一个小区，负责本区域移动通信的联络和控制。小区制移动通信系统的频率复用和覆盖有两种：带状服务覆盖区和面状服务覆盖区。带状服务覆盖区，带状网主要用于覆盖公路、铁路、海岸等，如图 1-19 所示。基站天线若用定向天线，覆盖区形状呈扁圆形；基站天线若用全向辐射，覆盖区形状呈圆形。下面重点介绍面状服务覆盖区，即蜂窝小区。

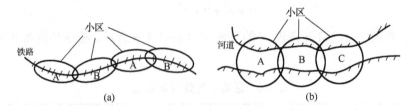

图 1-19 带状网

1. 蜂窝小区

基站若采用全向天线，其覆盖区理论上是圆形，为了不留空隙地覆盖整个平面，圆形覆盖区必定交叠，因此实际的有效覆盖区是多边形。根据交叠情况不同，其理论的几何形状有三种：正三角形、正方形和正六边形，如图 1-20 所示。在辐射半径 r 相同的条件下，计算出这三种形状小区的邻区距离、小区面积、交叠区面积如表 1-5 所示。

由表 1-5 可见，在服务区面积一定的情况下，正六边形小区的形状最接近于全向的基站天线和自由空间传播的全向辐射模式，即最接近理想的圆形，用这种形状覆盖整个服务区所需的基站数量最少最经济，因此把类似蜂窝的六边形小区简称蜂窝小区，这种小区制的移动通信网也称为蜂窝网。

实际上，由于无线系统覆盖区的地形地貌不同，无线电波传播环境不同，产生的电波的长期衰落和短期衰落不同，一个小区的实际无线覆盖是一个不规则的形状。

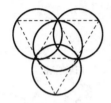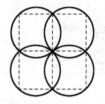

图 1-20　小区的形状

表 1-5　三种形状小区的比较

小区形状	正三角形	正方形	正六边形
邻区距离	r	r	r
小区面积	$1.3r^2$	$2r^2$	$2.6r^2$
交叠区面积	$1.2\pi r^2$	$0.73\pi r^2$	$0.35\pi r^2$

2. 区群

为了减小同频干扰，提高系统性能，相邻小区不能使用相同的频道。为了保证同频小区之间有足够的距离，一个小区相邻的若干个小区都不能使用与之相同的频道。这些不同频道的小区组成一个区群，只有不同区群的对应小区才能进行频率复用。

区群的组成应满足两个条件：

● 区群之间可以邻接，且无空隙、无重叠地进行覆盖；

● 邻接之后的区群应保证各个相邻同信道小区之间的距离相等。

同时满足上述两个条件的区群形状与区群内的小区数不是任意的。可以证明，组成区群的小区数应满足下式：

$$N = i^2 + ij + j^2 \tag{1-1}$$

式中，i, j 为正整数。由此可计算出 N 的可能取值如表 1-6 所示，相应的区群形状如图 1-21 所示。

表 1-6　区群小区数 N 的取值

j ＼ i	0	1	2	3	4
1	1	3	7	13	21
2	4	7	12	19	28
3	9	13	19	27	37
4	16	21	28	37	48

$N=3, j=1$　$N=4, j=2$　$N=7, j=2$　$N=9, j=3$　…
　$i=1$　　　$i=0$　　　$i=1$　　　$i=0$　　…

图 1-21　区群的组成

由图可看出 N 越大，意味着同频小区间距离越远，同频干扰越小；N 越小，意味着一个系统中可有更多的区群，频谱利用率高，有更多的容量。从提高频谱利用率的角度，在保持满意的通信质量的前提下，N 应取最小值为好。蜂窝移动通信系统中，N 的典型值为 1、3、4、7，AMPS 系统取 $N=7$；GSM 系统取 $N=3$ 或 4；CDMA 系统取 $N=1$。

假设考虑一个共有 S 个可用信道的双向信道的蜂窝系统，如果每个小区都分配 K 个信道（$K<S$），并且 S 个信道在 N 个小区中分为各不相同的、各自独立的信道组，而且每个信道组有相同的信道数目，那么可用的无线信道总数为：

$$S = K \times N$$

共同使用全部可用频率的 N 个小区组成的区群在系统中共同复制了 M 次，则信道的总数 C，可以作为容量的一个度量：

$$C = M \times K \times N = M \times S$$

如果 N 减小而小区的总数目保持不变，则需要更多的区群来覆盖给定的范围，从而可获得更大的容量。N 的值表现了移动台或基站可以承受的干扰（主要体现在由于频率复用所带来的同频干扰）。而影响同频干扰的主要是同频再用距离，因为电磁波的传播损耗是随距离的增加而增大的，同频干扰也必然随距离增加而减少。

3．同频小区的距离

区群内小区数不同的情况下，可用下面的方法来确定同频小区的位置和距离。如图 1-22 所示，自某一小区 A 出发，先沿边的垂线方向跨 j 个小区，再逆时针（或顺时针）旋转 60°跨 i 个小区，这样就可以到达另一相邻区群的同频小区。在正六边形的六个方向上，可以找到六个相邻同频小区，所有 A 小区之间的距离都相等。

设小区的覆盖半径（即正六边形外接圆的半径）为 r，则从图 1-22 可推算出同频小区中心之间的距离（即频率复用距离）为 D。

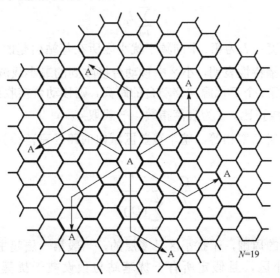

图 1-22　同频小区的确定

以 $N=7$ 为例说明同频距离的计算方法。在一个小区中心或相邻小区中心作两条与小区的边界垂直的直线，其夹角为 120°，此两条直线分别连接到最近的两个同频小区中心，其长度分别为 I 和 J，如图 1-23 所示。

于是同频距离为

$$D^2 = I^2 + J^2 - 2IJ\cos 120° = I^2 + IJ + J^2 \qquad (1\text{-}2)$$

令 $I = 2iH$，$J = 2jH$，其中，H 为小区中心到边的距离，即

$$H = \frac{\sqrt{3}}{2}R$$

其中，R 是小区的半径。这样，就有

$$I = \sqrt{3}iR \qquad J = \sqrt{3}jR$$

所以

$$D = \sqrt{3N}R \qquad (1\text{-}3)$$

其中，

$$N = i^2 + ij + j^2$$

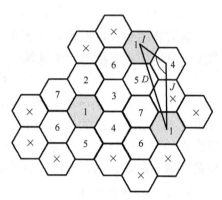

图 1-23　N=7 频率复用设计示例图

区群包含的小区个数 N 也可称为频率复用因子，因此 N 值大时，频率复用距离 D 就大，但频率利用率就降低（因为它需要 N 个不同的频点组）；反之，N 小，则 D 小，频率利用率高，但可能会造成较大的同频干扰。

4．同频干扰

假定小区的大小相同，移动台的接收功率门限按小区的大小调节。若设 L 为同频干扰小区数，则移动台的接收载波干扰比可表示为：

$$\frac{C}{I} = \frac{C}{\sum\limits_{l=1}^{L} I_l} \qquad (1\text{-}4)$$

式中，C 是最小载波强度；I_l 为第 l 个同频干扰小区所在基站引起的干扰功率。

移动无线信道的传播特性表明，小区中移动台接收到的最小载波强度 C 与小区半径的 R^{-n} 成正比。再设 D_l 是第 l 个干扰源与移动台的距离，则移动台接收到的来自第 l 个干扰小区的载波功率与 $(D_l)^{-n}$ 成正比。n 为衰落指数，一般取 4。

如果每个基站的发射功率相等，整个覆盖区域内的路径衰落指数也相同，则移动台的载干比可近似表示为：

$$\frac{C}{I} = \frac{R^{-n}}{\sum\limits_{l=1}^{L} (D_l)^{-n}} \qquad (1\text{-}5)$$

通常在被干扰小区的周围，干扰小区是多层的，一般第一层起主要作用，故 L=6。现仅仅考虑第一层干扰小区，且假定所有干扰基站与预设被干扰基站间的距离相等，即 $D = D_l$，则载干比简化为

$$\frac{C}{I} = \frac{(D/R)^n}{6} = \frac{(\sqrt{3N})^n}{6} = \frac{Q^n}{6} \qquad (1\text{-}6)$$

上式表明了载干比和小区簇的关系。式中的 Q 为同频复用比例，即同频干扰因子。

一般模拟移动系统要求 $C/I > 18dB$，假设 n 取值为 4，根据式子可得出，N 最小为 6.49，故一般取簇 N 的最小值为 7。在数字移动通信系统中，$C/I = 7 \sim 10dB$，所以可以采用较小的 N 值，如 GSM 系统一般取 3 或 4。

5. 蜂窝系统容量

通信系统的容量可以用不同的方法表征。在点对点通信系统中，可用信道效率（给定频段中所提供的最大信道数目）来度量；对于蜂窝系统，由于存在频率复用，信道效率不再合适，改用每小区的可用信道数（ch/cell）来度量。通常衡量系统容量的指标是无线容量：

$$n = \frac{B_t}{B_c N} \tag{1-7}$$

式中，B_t 是分配给系统的总带宽，B_c 是信道带宽；N 是频率复用因子。

（1）FDMA 蜂窝系统的通信容量

对于 FDMA 系统，关键是看其频率复用因子 N 为多少，根据式（1-6）可得：

$$N = \sqrt{\frac{2}{3} \times \frac{C}{I}} \tag{1-8}$$

一般采用 FDMA 的模拟移动系统要求 $C/I > 18dB$，再根据分配给系统的总带宽和信道带宽就可估算 FDMA 系统容量：

$$n = \frac{B_t}{B_c \sqrt{\frac{2}{3} \times \frac{C}{I}}} \tag{1-9}$$

（2）TDMA 蜂窝系统的通信容量

与 FDMA 系统一样，也可估算 TDMA 的系统容量：

$$n = \frac{B_t}{B_c' \sqrt{\frac{2}{3} \times \frac{C}{I}}} \tag{1-10}$$

若 TDMA 的实际频道带宽为 B_c，每一频道包含 m 个时隙，B_c' 就为等效带宽，则 $B_c' = \frac{B_c}{m}$。

尽管 TDMA 系统在每一频道上可以分成 m 个时隙作为 m 个信道使用，但是不能由此而说其等效信道总数比 FDMA 系统的信道总数增大 m 倍。因为，话音编码速率确定后，传输一路话音所需要的频带也是确定的。TDMA 系统在一个频道上用 m 个时隙传输 m 路话音，它所占用的频道宽度必然比 FDMA 系统传输一路话音所需要的频道宽度大 m 倍。从原理上说，在系统总频段相同的条件下，数字 TDMA 系统的等效信道总数和数字 FDMA 系统的信道总数是一样的。如果二者所要求的载干比（C/I）也是相同的话，则二者的通信容量也是一样的。

例如，设通信系统的总频段为 96kHz，各路数字话音速率为 16kb/s，传输一路话音需要的带宽为 16kHz。采用 FDMA 方式时，可划分的频道（即信道）总数为 96/16=6。采用

TDMA 方式时，如每个频道分 3 个时隙，则所需频道宽度为 3×16=48kHz，因而只能把总频段划分为 2 个频道，即等效信道总数也是 2×3=6。

由于 TDMA 系统中采用了数字技术，系统的抗干扰能力更强，因此所要求的载干比（C/I）要比 FDMA 系统小，所以 TDMA 系统的系统容量大于 FDMA 系统。

（3）CDMA 蜂窝系统的通信容量

以上分析可知，FDMA 和 TDMA 系统的容量除了受到载干比（C/I）的限制外，更主要的是受带宽限制。而 CDMA 系统中，同频率可在多个小区内重复使用，所要求的载干比（C/I）小于 1，其容量和质量之间可做权衡取舍。因此，CDMA 系统的容量是一种软容量，其大小主要是受干扰限制的，即对于 CDMA 系统，干扰的减少将导致容量的线性增加。根据理论分析，CDMA 蜂窝系统与模拟蜂窝系统或 TDMA 数字蜂窝系统相比具有更大的通信容量（即 CDMA 移动网比模拟网大 20 倍。实际要比模拟网大 10 倍，比 GSM 要大 4～5 倍）。

一般扩频通信系统（即暂不考虑蜂窝网络的特点）的载干比可以表示为：

$$\frac{C}{I} = \frac{R_b E_b}{I_0 W} = \frac{E_b/I_0}{W/R_b} \tag{1-11}$$

式中，E_b 是消息的一比特能量；R_b 是信息的比特率；I_0 是干扰的功率谱密度（每赫干扰功率）；W 是总频段宽度（在这里 W 也是 CDMA 信号所占的频谱宽度，即扩频带宽）；(E_b/I_0) 类似于通常所谓的归一化信噪比 (E_b/N_0)，其取值决定于系统对误码率或话音质量的要求，并与系统的调制方式和编码方案有关；(W/R_b) 是系统的扩频因子，即系统的处理增益。

n 个用户共用一个无线频道，每一用户的信号都受到其他 $n-1$ 个用户的信号干扰。若到达一接收机的信号强度和各个干扰强度都一样，则载干比为：

$$\frac{C}{I} = \frac{1}{n-1} \Rightarrow n = \frac{W/R_b}{E_b/I_0} + 1 \text{（信道/小区）} \tag{1-12}$$

可见：在误比特率一定的条件下，降低热噪声功率，减小归一化信噪比，增大系统的处理增益都将有利于提高系统容量。实际系统中，还需对以上公式进行修正。

① 话音激活技术提高系统容量

人类对话的特征是不连续的，对话的激活期（占空比 d）通常只有 35%左右。利用话音激活技术，使通信中的用户有话音才发射信号，没有话音就停止发射信号，那么任一用户在话音发生停顿时，所有其他通信中的用户都会因为背景干扰减小而受益。这就是说，话音停顿可以使背景干扰减小 65%，能提高系统容量到 1/0.35=2.86 倍。

② 利用扇区划分提高系统容量

在 CDMA 蜂窝系统中采用有向天线进行分区能明显地提高系统容量。比如，用 120°的定向天线把小区分成三个扇区，可以把背景干扰减少到原值的 1/3，因而可以提高容量 3 倍。由于相邻天线覆盖区之间有重叠，一般能提高到 2.55 倍左右，令 G 为扇区分区系数。FDMA 蜂窝系统和 TDMA 蜂窝系统利用扇形分区同样可以减小来自共道小区的共道干扰，从而减小共道再用距离，以提高系统容量。但是，达不到像 CDMA 蜂窝系统那样，分成三个扇区系统容量就会增大约 3 倍的效果。

③ 频率复用对系统容量的影响

不考虑邻近小区的干扰时，一个小区允许同时工作的用户数约为 $n=1/(C/I)$，在考虑邻近小区的干扰并且采用功率控制时，这种用户数降低为 $n=0.6/(C/I)$，即后者是前者乘以 0.6。这结果说明 CDMA 蜂窝系统和其他蜂窝系统类似，也存在一种信道再用效率 $F=0.6$。

综合考虑上述因素后，CDMA 蜂窝系统的通信容量由式（1-12）推导为：

$$n = \left[1 + \left(\frac{W/R_b}{E_b/I_0}\right) \cdot \frac{1}{d}\right] \cdot G \cdot F \quad （信道/小区） \tag{1-13}$$

（4）几种蜂窝系统容量的比较

给定一个窄带码分系统的频谱带宽 1.25MHz，比较三种多址接入方式下的系统容量：

① 模拟 FDMA 系统（AMPS）

总频段宽度 B_t=1.25MHz；

频道间隔 B_c=30kHz；

信道数目 $1.25 \times 10^6/（30 \times 10^3）$ =41.7；

每区群小区数 N=7；

通信容量 n=41.7/7=6（信道/小区）。

② 数字 TDMA 系统（GSM）

总频段宽度 B_t= 1.25MHz；

频道间隔 B_c=200kHz；

每载频时隙数 m=8；

信道数目 $8 \times 1.25 \times 10^6/（200 \times 10^3）$ =50；

每区群小区数 N=4；

通信容量 n=50/4=12.5（信道/小区）。

③ 数字 CDMA 系统

总频段宽度 B_t=W=1.25MHz；

话音编码速率 R_b=9.6kb/s，归一化信噪比 E_b/N_0=7dB；

话音占空比 d=0.35；

扇形分区系数 G=2.55；

信道复用效率 F=0.6；

通信容量 $n = \left[1 + \left(\dfrac{1.25 \times 10^6}{9.6 \times 10^3} \Big/ 10^{0.7}\right) \cdot \dfrac{1}{0.35}\right] \times 2.55 \times 0.6 = 115$（信道/小区）。

以 n 表示通信容量，三种系统的比较结果可以写成

$$n_{(CDMA)} = 16n_{(FDMA)} = 9n_{(TDMA)}$$

需要说明的是，以上的比较中 CDMA 系统容量是理论值，即是在假设 CDMA 系统的功率控制是理想的条件下得出的。这在实际当中显然是做不到的。为此实际的 CDMA 系统的容量比理论值有所下降，其下降多少将随着其功率控制精度的高低而变化。当前比较普遍的看法是，CDMA 蜂窝系统的容量是模拟 FDMA 系统的 8～10 倍。

6. 提高蜂窝系统容量的方法

在每个蜂窝小区中，基站可以设置在小区的中心，用全向天线形成圆形覆盖区，这就是所谓的"中心激励"方式，如图 1-24(a)所示；基站也可以设置在正六边形小区间隔的三

个顶点上，每个基站采用三副 120°扇形辐射的定向天线，分别覆盖三个相邻小区的各三分之一区域，每个小区由三副 120°扇形天线分三个扇区共同覆盖，这就是所谓的"顶点激励"方式，如图 1-24(b)所示。

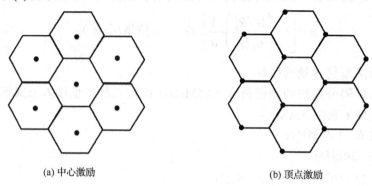

(a) 中心激励　　　　　　　　　　　　(b) 顶点激励

图 1-24　两种激励方式

顶点激励方式的基站采用 120°的定向天线后，所接收的同频干扰功率仅为中心激励采用全向天线时的 1/3，因此可以减少系统的同频干扰。另外，在不同地点采用多副定向天线可消除小区内障碍物产生的阴影区。

当无线服务需求增多时，可采用减小同频干扰以获取扩容。①小区分裂：降低 R，重组小区，把拥塞的小区分为几个更小的小区（依据：减小小区半径，即增大复用次数的方法）。②划分扇区：通过使用定向天线，减少同频干扰（依据：保持小区半径不变，减小复用因子 Q（$=D/R$），即减小区群的大小，从而提高频率复用的次数）。③微小区：既保持 R，又降低同频干扰。

（1）小区分裂

当小区所支持的用户数达到了饱和时，系统可将小区裂变为几个更小的小区，以适应业务需求的增长，这种过程就叫小区分裂。由于小区分裂能提高信道的复用次数，因而能提高系统容量。一般而言，蜂窝小区面积越小，单位面积可容纳的用户数越多，系统的频率利用率就越高。

以 120°扇形辐射的顶点激励为例，如图 1-25 所示，在原小区内发射三个发射功率更小一些的新基站，就可以形成几个面积更小些的正六边形小区，如图中的虚线所示。

不是所有的小区都同时分裂，需要注意同频小区距离及切换，面积更小的小区中的发送功率应该较小。一般而言，需要保证在两种规模小区边沿的移动台接收到大/小的小区基站功率相等。当某区域同时存在两种规模的小区时，必须将信道分为两组：一组需适应小的小区的复用需求；另一组需适应大的小区的复用需求。大小区用于高速移动的移动台，切换的次数将减小，系统用于切换的开销也减少。选择小区分裂扩容法应遵循以下原则：

● 确保已建基站可继续使用；

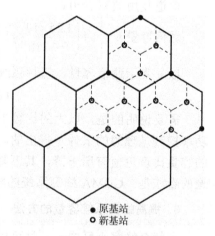

● 原基站
○ 新基站

图 1-25　小区分裂

- 应保持频率复用方式的规则性与重复性；
- 尽量减少或避免重叠区；
- 确保今后可继续进行小区分裂。

1:4 分裂法如图 1-26 所示，在原顶点激励的基础上展开，分裂后小区半径为原小区半径的一半，在两个原基站连线的中心点上加设新的基站。

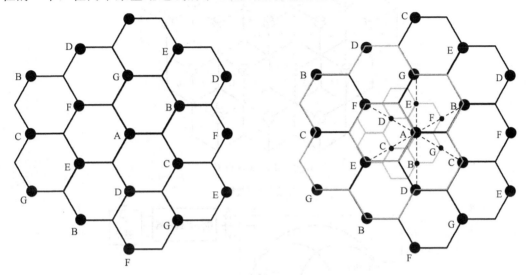

图 1-26　增加新基站的分裂方案(N=7)

（2）划分扇区（裂向）

使用定向天线来减小同频干扰，从而提高系统容量的技术叫裂向。该方法保持小区半径不变，即不降低发射功率的前提下，减小相互的干扰，即减小信道复用系数 D/R 的比值，来提高系统容量。使用裂向技术后，某小区中使用的信道就分为分散的组，每组只在某扇区中使用。然而同频干扰减小的因素为使用扇区的数目，当区群数 $N=7$ 时，小区被分割为 3 个 120° 的扇区时，第一层干扰源由 6 降为 2；当被分割为 6 个 60° 的扇区时，第一层干扰源由 6 降为 1。

裂向技术要求每个基站不只使用一副天线，小区中可用的信道数必须划分，分别用于不同的定向天线，于是中继信道同样也分为多个部分，这样将降低中继效率。

4/12 是 GSM 系统中最常用和最典型的复用方式，如图 1-27 所示。采用 4 个基站区 12 个扇形小区为一簇的频道组配置，每个基站分为 3 个扇区，适用于话务量较高和用户密度较大的地区。

（3）新微小区

将每个小区再分为多个微小区，如图 1-28 所示。每个微小区的服务天线安放于小区的外边沿，多个区域站点与一个单独的基站相连，并且共享同样的无线设备。各个微小区用同轴电缆、光纤与基站连接，这些微小区和一个基站组成一个小区。

当移动台在小区内从一个微小区运动到另一个微小区时，它使用同样的信道。移动台在小区内的微小区之间运动时不需要 MSC 进行切换。以这种方式，某一信道只是当移动台在微小区内时使用，因此，基站辐射被限制在局部，同频干扰也就减小了。小区既可以保证覆盖半径，又能够减小蜂窝系统的同频干扰，最终加大了系统容量。

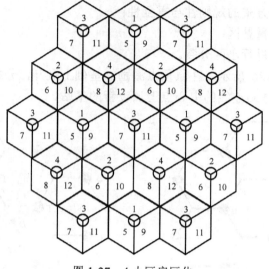

图 1-27　4 小区扇区化

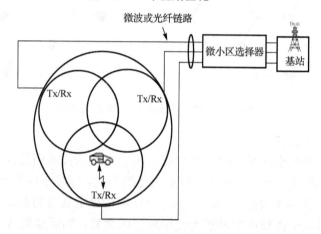

图 1-28　新微小区示意图

　　微小区技术的优点：小区既可以保证覆盖半径，又能够减小蜂窝系统的同频干扰。这是因为①在原小区范围内仍可以自由移动，不需要切换；②基站的辐射限制在微小区范围内，好似小区分裂，辐射半径减小，同频干扰也就减小。

1.6.3　多信道共用技术

　　移动通信的频率资源十分紧缺，一个基站不可能为其所覆盖小区的每一个移动台预留一个专用的信道，而是采用信道共用的方式。信道共用一般分为两种：

　　① 单信道共用：若一个小区有 n 个信道，把多个用户也分成 n 组，每组用户分别被指定一个信道，不同信道内的用户不能互换信道，即其他组有空闲的信道也不能使用，这种方式的信道利用率不是很高。如图 1-29(a)所示。

　　② 多信道共用：小区内的所有信道 n 对所用用户共享，移动用户可选取小区内的任一空闲信道通信。这种多信道共用方式提高了小区内信道利用率。如图 1-29(b)所示。

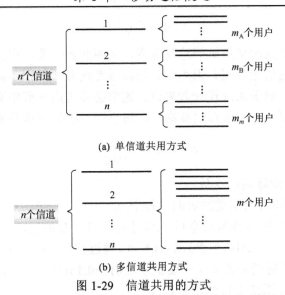

(a) 单信道共用方式

(b) 多信道共用方式

图 1-29　信道共用的方式

在多信道共用的情况下，一个基站若有 n 个信道同时为小区内的全部移动用户所共用，当其中 k（$k<n$）个信道被占用之后，其他要求通信的用户可以按照呼叫的先后次序占用（$n-k$）个空闲信道中的任何一个来进行通信。但基站最多可同时保障 n 个用户进行通信。

究竟 n 个信道能为多少用户提供服务呢？共用信道之后必然会遇到所有信道均被占用，而新的呼叫不能接通的情况，但发生这种情况的概率有多大呢？下面就讨论这些问题。

1. 话务量

电信业务分为话音业务和非话音业务两大类，话音业务的大小用话务量来度量；非话音业务的大小用信息流量来度量。

（1）话音业务

在话音通信中，话务量分为流入话务量和完成话务量。流入话务量 A 的大小取决于单位时间（1 小时）内平均发生的呼叫次数 C 和每次呼叫平均占用信道时间 t_0：

$$A = Ct_0 \tag{1-14}$$

其中，t_0 是每次通话的平均保持时间（小时/次），C 是单位时间内每个用户的平均呼叫请求次数（次/小时）。两者相乘而得到 A 应是一个无量纲的量，专门命名它的单位为"爱尔兰"（Erlang）。

例如，在 100 个信道上，平均每小时发生 2100 次呼叫，平均每次呼叫的通话时间为 2 分钟，则这些信道上的流入话务量为：$A = Ct_0 = 2100 \times \dfrac{2}{60} = 70\text{Erl}$，而每个信道的流入话务量为：$A = \dfrac{Ct_0}{100} = \dfrac{70}{100} = 0.7\text{Erl}$。从一个信道看，在 1 个小时内不间断地进行通信，它所能完成的最大话务量也就是 1Erl。

在信道共用的情况下，通信网无法保证每个用户的所有呼叫都能成功，必然有少量的呼叫会失败，即发生"呼损"。如果单位时间（1 小时）内平均发生的呼叫成功次数为 C_0（$C_0 < C$），且每次呼叫平均占用信道时间 t_0，就可算出完成话务量 A_0：

$$A_0 = C_0 t_0 \qquad (1-15)$$

话务量是通过链路到达交换机的总业务量,又叫业务载荷。根据这些话务量,交换机可以容纳多少用户的通信业务呢?因为业务流量强度随着一天中不同的时间、一周或一年中不同的日期而波动,对于系统设计者来说,通常必须考虑一天中高峰期(忙时)的业务量,特别是忙时一个用户占用线路的概率,即每个用户的忙时话务量 a:

$$a = C \cdot T \cdot k \cdot \frac{1}{3600} \qquad (1-16)$$

式中, C:用户每天平均呼叫的次数;

T:每次呼叫平均占用信道的时间(秒/次);

k:集中系数,忙时话务量对全日(24 小时)话务量的比,一般选 7%~15%。

例如, C=3(次/天), T=120(秒/次), k=10%时,通过式(1-16)可算出 $a = 0.01$(Erl/用户)。

在确定每用户的忙时话务量 a(一般 a 为 0.01~0.10Erl)之后,就可计算出每个信道所能容纳的用户数 m 和系统支持的用户数 M:

$$m = \frac{A/n}{a} = \frac{A/n}{C \cdot T \cdot k \cdot \frac{1}{3600}} \qquad (1-17)$$

$$M = m \cdot n = \frac{A}{a}$$

(2)非话音业务

前面的讨论基于话务量,而对于非话音业务的业务流量 A 可用下式表示: $A = \frac{\lambda}{\mu C}$。其中 λ 是信息到达率(个/s); $\frac{1}{\mu}$ 是平均信息长度(bit/个); C 是信道容量(b/s); $\frac{1}{\mu C}$ 是传送一条信息的时间(s/个)。

2. 呼损率及爱尔兰呼损公式

由于经济的原因,实际系统所提供的信道数往往比实际用户数或潜在用户数小,当众多的用户同时使用系统时,链路有可能全部处于繁忙状态,这种现象就叫"阻塞"或"时间拥塞"。对于这种阻塞现象,不同系统处理过程可能不一样,不同的处理过程将对应不同的阻塞率公式。在呼损系统中,当通信繁忙时,系统将拒绝新到达用户的请求,并且被拒绝的用户不再发送请求。在等待系统中,当通信繁忙时,系统将对新到达用户的请求进行排队,每个用户经历不同的时延。下面将重点分析呼损系统。

呼损系统的流入业务量大于等于完成业务量,所以流入话务量 A 与完成话务量 A_0 之差即为损失话务量,而损失话务量与流入话务量的比值即为呼损率 B:

$$B = \frac{A - A_0}{A} = \frac{C - C_0}{C} \qquad (1-18)$$

显然,呼损率 B 越小,成功呼叫的概率越大,用户越满意。因此,呼损率 B 也称为通信网的服务等级(或业务等级),公网中一般取 B=0.05。但是要想呼损率降低,只有让流入话务量减小,即系统所容纳的用户数减小。可见,呼损率与流入话务量是一对矛盾,要折中处理。

对于多信道共用的移动通信网，用户发起呼叫相互无关，且呼叫的发起不依赖于当前正在通话的用户数。若 n 条信道都被占用，则系统就被阻塞，根据话务理论，呼损率 B、共用信道数 n 和流入话务量 A 的定量关系可用爱尔兰呼损公式表示为：

$$B = \frac{A^n / n!}{\sum_{i=0}^{n} A^i / i!} \qquad (1\text{-}19)$$

由于上式计算起来过于复杂，一般工程上都采用查表的方式，即查阅爱尔兰呼损表 1-8。若已知 n、A、B 当中的任意两个，都可通过查表知道第三个的值。

在共用信道数一定而呼损率不同的情况下，信道利用率是不同的；在呼损率一定而共用信道数不同的情况下，信道利用率也是不同的，如图 1-30 所示。信道利用率 η 可用每小时每信道的完成话务量来计算，即

$$\eta = \frac{A(1-B)}{n} \qquad (1\text{-}20)$$

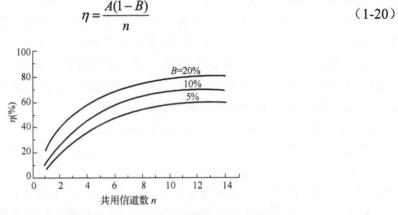

图 1-30　信道利用率与共用信道数、呼损率的关系图

由表 1-8 可见，在维持 B 一定的条件下，随着 n 的加大 A 不断增长。当 $n<3$ 时，A 随 n 的增长接近指数规律增长；当 $n>6$ 时，A 随 n 的增长则接近线性规律增长。另外，在 B 一定的条件下，η 随着 n 的加大而增长，但在 $n>8$ 之后增长已很慢。因此，同一基站的共用信道数不宜过多。

表 1-8　呼损率和流入话务量与共用信道数之间的关系

B	1%		2%		5%		10%		20%		25%	
n	A	η	A	η	A	η	A	η	A	η	A	η
1	0.01	0.99	0.02	1.96	0.053	5.04	0.111	9.99	0.25	20	0.333	24.98
2	0.153	7.57	0.223	10.93	0.381	18.1	0.595	26.78	1	40	1.215	45.56
3	0.455	15.02	0.602	19.67	0.899	28.47	1.271	38.13	1.93	51.47	2.27	56.75
4	0.869	21.51	1.092	26.75	1.525	36.22	2.045	46.01	2.945	58.9	3.403	63.81
5	1.361	26.95	1.657	32.48	2.218	42.14	2.881	51.86	4.01	64.16	4.581	68.72
6	1.909	31.5	2.276	37.17	2.96	46.87	3.758	56.37	5.109	68.12	5.79	72.38
7	2.501	35.37	2.935	41.09	3.738	50.73	4.666	59.99	6.23	71.2	7.018	75.19
8	3.128	38.71	3.627	44.43	4.543	53.95	5.597	62.97	7.369	73.69	8.262	77.46
9	3.783	41.61	4.345	47.31	5.37	56.68	6.546	65.46	8.522	75.75	9.518	79.32

续表

B	1%		2%		5%		10%		20%		25%	
n	A	η	A	η	A	η	A	η	A	η	A	η
10	4.461	44.16	5.084	49.82	6.216	59.05	7.511	67.6	9.685	77.48	10.783	80.87
11	5.16	46.44	5.842	52.05	7.076	61.11	8.487	69.44	10.857	78.96	12.055	82.19
12	5.876	48.48	6.615	54.02	7.95	62.94	9.474	71.06	12.036	80.24	13.333	83.33
13	6.607	50.31	7.402	55.8	8.835	64.56	10.47	72.48	13.222	81.37	14.617	84.33
14	7.352	51.99	8.2	57.4	9.73	66.03	11.473	73.76	14.413	82.36	15.905	85.27
15	8.108	53.51	9.01	58.87	10.633	67.34	12.484	74.9	15.608	83.24	17.197	85.99
16	8.875	54.91	9.828	60.2	11.544	68.54	13.5	75.94	16.807	84.04	18.492	86.68
17	9.652	56.21	10.656	61.43	12.461	69.64	14.522	76.88	18.01	84.75	19.79	87.31
18	10.437	57.4	11.491	62.56	13.385	70.64	15.548	77.74	19.216	85.4	21.09	87.88
19	11.23	58.51	12.333	63.61	14.315	71.58	16.579	78.53	20.424	86	22.392	88.39
20	12.031	59.55	13.182	64.59	15.249	72.43	17.613	79.26	21.635	86.54	23.697	88.86

一个蜂窝系统在设计时受当时技术条件和用户需求的影响，决定了它选择的接入方式，接入方式选定后，基站可用资源和资源受限的形式就定下来了。

GSM 的接入方式是 FDMA+TDMA，每载波时隙数固定（8 个），由于同频干扰影响，GSM 频率复用系数最大到 1/3（采用三小区区群结构，采用跳频技术克服同频干扰），因此 GSM 基站无线资源受制于可用的频率资源。

IS-95/CDMA2000 的接入方式是 FDMA+CDMA，理论上频率复用系数为 1，即所有小区使用相同的频率，基站的无线资源主要受制于可用的码字和多址干扰。

无论是无线频率还是抽象的码字，都是重要的资源，不可浪费，一个基站应该使用多少个频率或码字与基站需要的信道数紧密相关。可用频率、时隙或码字的多少决定了基站可用信道数的多少；反之，需要可用信道数的多少，可以计算出所需频率或时隙或码字的多少。信道包括传输信令数据的控制信道和传输业务数据的业务信道，基站系统中，控制信道数较业务信道数少很多，主要原因是信令数据量较业务数据量少很多。比如 GSM 系统一个基站设计两个控制信道，IS-95 系统下行设计三个控制信道，上行设计一个控制信道。那么，一个基站应该设计多少个业务信道呢？在话音通信中，业务信道数、用户数和话务量之间存在紧密的联系。

【例 1-1】 已知一个基站小区内，$B = 0.05$，$a = 0.01$，请问①若有 $n = 5$，用户总数 M 是多少？② 若用户总数 $M = 700$，需要配置多少个信道数 n？

解：① 根据 $B = 0.05$、$n = 5$，查表 1-8 可知，$A = 2.218$Erl

$$\because \quad a = 0.01$$

$$\therefore \quad M = \frac{A}{a} = \frac{2.218}{0.01} \approx 221$$

② 因为 $a = 0.01$，$M = 700$

所以 $A = Ma = 0.01 \times 700 = 7$Erl

再根据 $B = 0.05$、$A = 7$Erl，查表 1-8 可知：$n = 11$

【例 1-2】 一系统若发生呼损后，被阻用户将重新发出呼叫请求。已知该系统的信道数 n 为 20，呼损率 B 为 0.02，①求此系统所支持的业务载荷（即完成话务量）？②若每用户有 0.03Erl 的业务需求，则可支持的最大用户数为多少？

解：根据 $B = 0.02$、$n = 20$，查表 1-8 可知：$A = 13.181\text{Erl}$

① 因为 $B = \dfrac{A - A_0}{A}$，则被阻塞后重新呼叫的话务量为：

$$A_0 = A(1 - B) = 13.181 \times (1 - 0.02) = 12.917\text{Erl}$$

② 因为 $a = 0.03$

所以支持的最大用户数 $M = A_0/a = 12.917/0.03 \approx 430$

根据前面的公式并结合表 1-8 可以解决两类工程实际问题。

第一种情况：根据电磁场传播模型理论，选择了合适的基站位置，并设置天线的高度、下倾角、发射功率等参数后，就决定了基站的覆盖半径（覆盖半径的极限值主要取决于手机的发射功率和接收灵敏度）。接下来根据话务理论可以决定基站应该设置多少个共用信道，而共用信道即蜂窝移动通信系统的业务信道。最后，根据不同的系统（GSM 或 CDMA），可以决定基站应设置的物理信道数（信令信道+业务信道）。小区站点和半径定下来后，可以估算该地区一共有多少本网络的用户数，即本小区的总用户数 M，用户忙时话务量 a 按照经验值设计，可以计算出基站的流入话务量 A，按照一定的呼损率 B 设计指标，查表 1-8 可以得到基站需要的最少共用信道数 n，即业务信道（TCH）数，最后根据不同的系统，决定设置多少个载波或是码道资源。

第二种情况：如果已知了基站的共用信道数 n，设计的呼损率指标 B，查表 1-8 可以得到该基站的流入话务量，除以用户忙时话务量 a，可以计算出该基站所能容纳的总用户数 M。

综上所述，通过话务理论，可以计算出基站应设置的共用信道数或所能容纳的总用户数，为基站的物理信道设置提供理论指导。

另外，在基站服务区域内，一共有 $m \cdot n$ 个用户共享或竞争 n 个信道，用户发起呼叫时，如何从 n 个信道中选取一个空闲信道，即空闲信道选取问题。

在公网中，普遍采用"专用呼叫信道"方式。即基站在设置信道时，专门预留 1 到多个信道专门处理移动台的呼叫信令用。移动台主叫时，会占用上行专用呼叫信道发送呼叫请求，基站接收到呼叫请求后，经由下行专用呼叫信道给移动台指配空闲的业务信道。移动台被叫时，基站则通过下行专用呼叫信道寻呼，移动台接收到呼叫请求后，占用上行专用呼叫信道发起呼叫请求，然后由基站经下行专用呼叫信道给移动台指配空闲业务信道。专用呼叫信道方式的优点是处理呼叫的速度快；缺点是基站需设置专门的呼叫处理信道，当用户数较少时信道利用率低。对于大用户量的公网来说，专用呼叫信道方式优势明显，因此，现在公网都采用专用呼叫信道方式。

1.6.4 网络结构

1. 网络结构概述

在通信网络的总体规划和设计中必须解决的一个问题是：为了满足运行环境、业务类型、用户数量和覆盖范围等要求，通信网络应该设置哪些基本组成部分（基站和移动台、移动交换中心、网络管理中心、操作维护中心等），这些组成部分应该怎样部署，才能构成一种实用的网络结构。一般而言，通信网主要由核心网和接入网两大部分组成。IMT-2000网络结构图如图 1-31 所示。

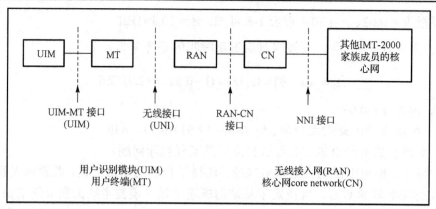

图 1-31　IMT-2000 网络结构图

移动通信网络的核心网主要由交换网和业务网组成，其中交换网完成呼叫及承载控制等所有功能；业务网完成支撑业务所需功能，包括位置管理等。核心网承担全局的通信，关系重大。

移动通信网络的无线接入网由业务结点接口（提供用户接入到业务结点的接口）和用户网络接口（终端设备与应用接入协议的网络终端之间的接口）之间一系列传送实体组成，为通信业务提供所需传送承载能力的设施系统。无线接入网主要为移动终端提供接入网络服务，包括所有空中接口相关功能，从而使核心网受无线接口影响很小。

数字蜂窝移动通信系统网络结构如图 1-32 所示。这个结构中包括电路域业务和短消息业务的主要功能实体，没有包含分组域业务特定功能实体。

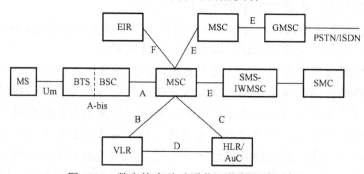

图 1-32　数字蜂窝移动通信网络的基本结构

2．功能实体

（1）移动台（MS，Mobile Station）

日常生活中，手机是 MS 中最常见的一种，从商店购回的手机必须插入一张 SIM（Subscriber Identity Module）后才能接入蜂窝移动网络工作。通过人机接口 MMI（键盘、屏幕等），人和手机之间进行交互。传统的手机功能单一，主要支持话音和短信业务。并且，手机芯片（CPU）一般为手机厂家专用，手机操作系统 OS（Operation System）也是专为相应 CPU 设计，因此手机的开发周期和成本都较高。由于 CPU 和 OS 的专用性，导致在手机上进行二次开发的难度较大，在一款手机上开发的程序移植到另一款手机的难度很大，阻碍了手机上第三方软件的开发。随着近年来手机终端智能化的不断发展，手机厂商普遍采用通用化的芯片，比如常见的 ARM（Advanced Reduced Instruction Machine），采用通用化的手机操作系统 OS：Windows Mobile、NOKIA 的 Sybian、嵌入式 Linux、google 的 Android、苹果 iPhone 采用的 MacOS X 等。通用操作系统带来的最直接好处就是开放、统一的 API 接口，大大方便了第三方软件的开发。不仅第三方软件厂商甚至普通用户，都可以方便地编写智能手机上的应用软件，甚至更换手机自带的拨号、短信等通信软件，实现完全个性化的定制，极大地丰富手机的应用。事实上，现在的智能手机更像是一个功能强大的 PDA，远远超出了普通的手机通信功能，用户可以方便地进行日常办公事务处理，比如编辑 Word 文档、浏览网页、收发电子邮件、在线游戏、QQ、远程视频监控等。随着无线数据业务速率的不断提升，更多计算机互联网上的应用将移植到智能手机上，极大地满足用户的需求。这也正是需求推动技术不断发展的源动力。

（2）基站收发信机（BTS，Base Tranceiver Station）

处理网络侧的无线信号收发。

（3）基站控制器（BSC，Base Station Controller）

一个 BSC 控制 1～255 个 BTS，是连接无线网和地面核心网之间的重要桥梁。

（4）移动交换中心（MSC，Mobile Switch Center）

需配置一个 VLR，主要功能包括：

- 路由管理；
- 业务量管理，比如用户呼叫限制、短信量限制等；
- 计费和费率管理，为用户通信事件生成详细话单记录；
- 向 HLR 发送有关业务量和计费信息。

（5）访问位置寄存器（VLR，Visitor Location Register）

工程上一般都只管理一个 MSC。其主要功能有：

- MS 漫游号码管理；
- TMSI 分配与管理；
- 用户参数管理；
- 用户鉴权；
- HLR 更新；
- 管理 MSC 区、位置区及基站区；
- 无线资源管理。

（6）归属位置寄存器（HLR，Home Location Register）

其主要功能有：

- 管理和维护在 HLR 中登记注册的所有用户的参数。用户的 MSISDN 号码；用户定制的业务信息，普通电信业务（话音、短信）、补充业务（呼叫转移、等待、三方通话）；智能业务（VPN 组网等）；IMSI 号码。
- 计费管理。计费信息、通话时长、收发短信数量等。
- VLR 更新。更新数据库中用户当前所在 VLR 的地址，并向该 VLR 发送用户相关参数，比如用户地址的业务信息。

（7）鉴权认证中心（AuC，Authentication Center）

管理用户的 IMSI、密钥、加解密参数、鉴权参数等。在 CDMA20000 网络中，在 SSD 不共享的情况下，还可以完成对用户的鉴权操作。

（8）关口移动交换中心（GMSC，Gateway Mobile Switch Center）

完成网间互联互通，通常无需配置 VLR。

（9）短消息业务互通移动交换中心（SMS-IWMSC，Short Message Service Inter-Working Mobile Switch Center）

处理网络中短信业务的路由。

（10）短消息中心（SMC，Short Message Center）

对本地网络中用户短信进行存储转发。一般短信中心有一个短信中心地址，和普通用户的 MSISDN 号码格式一致，用户通过设置（运营商通过 SIM 自动设置）相应的短信中心地址，可以正确的收发短信。

（11）设备标识寄存器（EIR，Equipment Identify Register）

用于存储 MS 的 IMEI，即手机的串号，该寄存器在国内运营商中未启用。

3. 网络接口

如前所述，移动通信网络由若干个基本部分（或称为功能实体）组成。在用这些功能实体进行网络部署时，为了相互之间交换信息，有关功能实体之间都要用接口进行连接，同一通信网络的接口，必须符合统一的接口规范。除此之外，大部分移动通信网络需要与公共电信网络（PSTN、ISDN 等）互连，这种互连是二者的交换机之间进行的。通常双方采用 7 号信令系统实现互连。接口是不同设备之间通信的一个规范（TS，Technical Specification）。通常包括物理电器特性上的规范和软件接口上的规范，是不同厂家设备之间正常通信必须遵循的标准。

（1）Um 接口

Um 接口是 MS 与 BTS 之间的接口，根据该接口上采用协议或标准不同，区分出了GSM、IS-95、WCDMA、TD-SCDMA 以及 CDMA2000 等不同无线网络。该接口参照 OSI 的 7 层模型，由下至上分为物理层、数据链路层和网络层。其中网络层又分为 RRM（Radio Resource Management）、MM（Mobility Management）和 CM（Connection Management）三个子功能。它是蜂窝移动通信系统中最复杂，最具开放性的一个接口。

（2）A 接口

A 接口是 BSC 与 MSC 之间的接口。采用 PCM30/32 路（E1）链路或 ATM 或 IP。传输业务信道和信令信息。是蜂窝移动通信网络中仅次于 Um 接口的第二个重要的接口。

（3）B 接口

B 接口是 MSC 与 VLR 之间的通信接口，典型链路形式是 PCM30/32、ATM 和 IP。传输 MSC 查询 VLR 的信令和 VLR 对 MSC 的控制管理信令。工程上，B 接口一般是一个不完全公开或开放的内部接口，MSC 和 VLR 一般由同一个厂商提供。

（4）C 接口

C 接口是 MSC 与 HLR 之间的通信接口，用于 MSC 向 HLR 查询被叫地址和 HLR 向 MSC 传递呼叫信令。

（5）D 接口

D 接口是 HLR 和 VLR 之间的通信接口，用于 VLR 向 HLR 发送位置登记或更新信令和 HLR 向 VLR 发送用户参数。

（6）E 接口

E 接口是 MSC 之间的通信接口，用于 MSC 之间业务信道和信令通路。

（7）F 接口

F 接口是 MSC 与 EIR 之间的接口，在呼叫建立过程中，用于 MSC 向 EIR 查询用户 IMEI 类别（白名单、灰名单、黑名单），以及 EIR 向 MSC 响应查询结果。MSC 根据查询结果判断呼叫是否该继续还是中断，这一功能在国内运营商中没有采用。

（8）G 接口

G 接口是 VLR 之间的通信接口，用于 VLR 之间交互信息。当 MS 从一个 VLR 服务区进入到另一个新的 VLR 服务区时，此时 MS 必定是跨越 LA 移动，因此 MS 会在新 VLR 服务区中发起位置登记。在位置登记过程中，如果 MS 携带的是原 VLR 分配的 TMSI 作为地址标识，那么新的 VLR 需要通过 G 接口向原 VLR 查询登记 MS 的 IMSI。

在一个移动通信网络中，上述许多接口的功能和运行程序必须具有明确要求并建立统一的标准，这就是所谓的接口规范。只要遵循接口规范，无论哪个厂家生产的设备都可以用来组网，而不必限制这些设备中开发和生产中采用何种技术。显然，这对厂家的大规模生产以及不断进行设备的改进也提供了方便。

1.6.5　网络的控制和管理

无论何时，当某一移动用户在接入信道向另一移动用户或固定用户发起呼叫时，或者某一固定用户呼叫移动用户时，移动通信网络就要按照预定的程序开始运转，这一过程会涉及网络的各个功能实体，包括基站、移动台、移动交换机、各种数据库，以及网络的各个接口等。网络要为用户呼叫配置所需的控制信道和业务信道，指定和控制发射机的功率，进行设备和用户的识别和鉴权，完成无线链路和地面线路的连接和交换，最终在主呼用户和被呼用户之间建立起通信链路，提供通信服务。这一过程称为呼叫接续过程，是移动通信系统的连接控制（或管理）功能。

当移动用户从一个位置区漫游到另一个位置区时，网络中的有关位置寄存器要随之对移动台的位置信息进行登记、修改或删除。如果移动台是在通信过程中越区，网络要在不影响用户通信的情况下，控制该移动台进行越区切换，其中包括判定新的服务基站、指配新的频率或信道以及更换原有地面线路等程序。这种功能是移动通信系统的移动性管理功能。

在移动通信网络中，重要的管理功能还有无线资源管理。无线资源管理的目标是在保证通信质量的条件下，尽可能地提高通信系统的频谱利用率和通信容量。为了适应传播环境、网络结构和通信路由的变化，有效的办法是采用动态信道分配法，即根据当前用户周围的业务分布和干扰状态，选择最佳的（无冲突或干扰最小）信道，分配给通信用户使用。显然，这一过程既要在用户的常规呼叫时完成，也要在用户越区切换的通信过程中迅速完成。

上述控制和管理功能均由网络系统的整体操作实现，每一过程均涉及各个功能实体的相互支持和协调配合，为此，网络系统必须为这些功能实体规定明确的操作程序、控制规程和信令格式。

1. 越区切换

越区切换是指在通话状态下，MS 从一个 BTS 服务区进入另一个 BTS 服务区，MS 与原 BTS 之间的无线链路转移到 MS 与新 BTS 之间的无线链路上来,保持正常通话的过程。在无线链路转移的过程中,如果是先断开和原 BTS 的连接,再建立和新 BTS 的连接,则称为硬切换;如果是先建立和新 BTS 的连接,再断开和原 BTS 的连接,则称为软切换;如果断开和原 BTS 的连接与建立和新 BTS 的连接像接力比赛交接棒那样,则称为接力切换。GSM 是采用硬切换的典型系统,CDMA 是采用软切换的典型系统,TD-SCDMA 是采用接力切换的典型系统。

越区切换要涉及以下三个问题:

● 切换的判定准则,即在什么情况下需要发起越区切换;

● 切换的控制策略,即由谁来控制越区切换;

● 切换的信道分配,即新 BTS 如何给 MS 分配信道。

（1）越区切换的判定准则

① 相对信号强度准则

如果服务基站的信号强度与质量低于新基站的信号强度与质量,移动台进行越区切换,这一判定准则称为相对信号强度准则。图 1-33 中 A 点即是越区切换的临界点。这一准则的缺点是,虽然新基站的信号强度可能很强,但原服务基站的信号强度与质量还足以提供移动台很好的服务,这种情况下,移动台发生不必要的切换;并且,当移动台处于多个小区边缘移动过程中,依次准则,移动台可能在多个小区之间来回切换,产生所谓的乒乓效应。

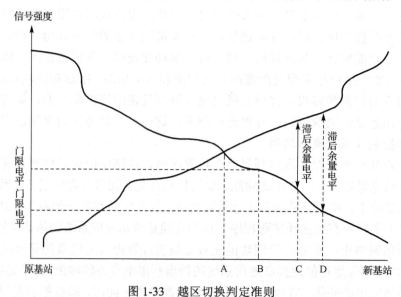

图 1-33　越区切换判定准则

② 具有门限规定的相对信号强度准则

当新基站的信号强度与质量好于原服务基站,且原服务基站的信号强度与质量低于某一设定门限时,移动台发生越区切换,这一判定准则称为具有门限规定的相对信号强度准则。图 1-33 中 B 点即是越区切换的临界点。这一准则的关键是门限的设定。如果门限设定过高,产生和相对信号强度准则一样的乒乓效应;如果门限设定过低,导致服务基站的信号强度与质量已无法满足提供正常服务的时候,MS 仍不发生越区切换而导致掉话。

③ 具有滞后余量的相对信号强度准则

当新基站的信号强度与质量好于原服务基站，并且新基站的信号强度超过原基站一定的数值（余量），移动台发生越区切换，这一判定准则称为具有滞后余量的相对信号强度准则。图 1-33 中 C 点即是越区切换的临界点。

④ 具有门限规定和滞后余量的相对信号强度准则

当新基站的信号强度与质量好于原服务基站，新基站的信号强度超过原基站一定的余量且原基站的信号强度低于某一设定门限，移动台发生越区切换，这一判定准则称为具有门限规定和滞后余量的相对信号强度准则。图 1-33 中 D 点即是越区切换的临界点。在 2G 和 3G 网络中广泛采用该判定准则。

（2）越区切换的控制策略

越区切换的控制策略分为移动台控制、网络控制和移动台辅助控制三种。

① 移动台控制：由 MS 测量当前 BS 以及邻近 BS 的信号强度与质量，然后根据一定的越区切换判定准则进行是否越区切换判定，如果满足相应的越区切换准则，MS 启动越区切换执行过程。采用移动台控制越区切换控制的典型蜂窝移动系统是 PHS（小灵通）。

② 网络控制：由当前服务 BS 及周围 BS 测量目标 MS 的信号强度和质量，然后根据一定的越区切换判定准则进行是否越区切换的判定，如果满足相应的越区切换准则，网络启动越区切换执行过程。采用网络控制越区切换控制的典型蜂窝移动通信系统是第一代模拟移动通信系统。

③ 移动台辅助控制：由 MS 测量当前 BS 以及邻近 BS 的信号强度与质量，MS 将测量结果通过当前服务 BS 周期性地上报给网络，由网络根据一定的越区切换判定准则进行是否越区切换的判定，如果满足相应的越区切换准则，网络启动越区切换执行过程。

移动台控制的越区切换，测量和判定过程全部由 MS 来完成；网络控制的越区切换，测量和判定过程全部由网络来完成；移动台辅助控制的越区切换，测量由移动台来完成，判决由网络来完成，越区切换的工作量由网络和移动台分担，避免了前两种方式过分依赖一方的情况，体现了分布运算的思想。

（3）越区切换的信道分配

网络规划过程中，一般为越区切换预留部分信道，这些信道专用于从其他小区切换过来的用户使用。越区切换时的信道分配是解决当呼叫要转换到新小区时，新小区如何分配信道，使得越区失败的概率尽量小。常用的有下面几种做法：

- 系统处理切换请求的方式与处理初始呼叫一样，即切换失败率与来话的阻塞率一样。
- 在每个小区预留部分信道专门用于越区切换。这种做法的特点是：因新呼叫的可用信道数减少，要增加呼损率，但减少了通话被中断的概率，从而符合人们的使用习惯。
- 对切换请求进行排队，是减小由于缺少可用信道而强迫中断的发生概率的另一种方法。因为接收信号强度弱到切换门限以下和因信号太弱而通话中断之间的时间间隔是有限的。

2. 位置管理

位置管理分为位置登记和呼叫传递。MS 在随机移动中，网络需要跟踪移动台的位置变化，以便网络能够呼叫移动台，蜂窝移动通信系统采用位置登记实现对移动台位置变化的跟踪，系统采用了两级数据库 HLR 和 VLR 来存储移动台的位置信息。

（1）位置登记

在组网的时候，基站需要设置一个参数：位置区识别码 LAI 或 REG_ZONE（CDMA）。配置有相同的 LAI 的基站构成一个位置区（LA）或 REG_ZONE 区（CDMA）。通常将相邻的多个基站区构成一个位置区（LA）或 REG_ZONE。当用户开/关机或者在 LA 之间移动或者经历了一个固定的时间间隔的时候，移动台需要向网络报告它的位置，这个过程称为位置登记。位置登记分为开机登记、关机登记、基于时间登记、基于位置区变更登记、基于距离登记、参数变化登记、授权登记、隐含登记等多种。其中基于位置的登记是最基本和常见的一种。移动台开机登记后，即获取驻留小区所属位置区的 LAI，并将其存储在SIM 上。移动台在网络内随机移动，它从网络获取 LAI，并和存储在 SIM 卡上的对比，如果二者一致，说明 MS 在原位置区内移动；如果二者不一致，说明 MS 跨越了两个不同的位置区，此时，MS 要发起基于位置区变更的位置登记。

如图 1-34 所示，移动台从小区 C1 移动到小区 C2，再从小区 C2 移动到小区 C3……。假设 C1、C2 属于一个位置区 LA1/REG_ZONE1，C3、C4 属于另一个位置区 LA2/REG_ZONE2。

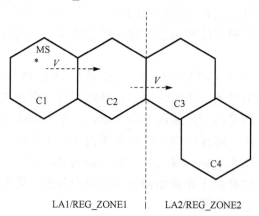

LA1/REG_ZONE1　　　LA2/REG_ZONE2

图 1-34　移动台跨越位置区移动

MS 从 C1 进入 C2，它从 C2 获取的位置区识别码 LAI/REG_ZONE 和存储在 SIM 卡上的一致，说明 MS 在同一位置区内移动，MS 不会发起基于 LA/REG_ZONE 的登记。MS 继续移动，从 C2 进入 C3，此时 MS 从 C3 获取的位置区识别码 LAI/REG_ZONE 和存储在 SIM 卡上的不一致，说明它进入到一个新的 LA/REG_ZONE，此时，MS 发起基于 LA/REG_ZONE 的登记，向 C3 所属的 MSC/VLR 报告它现在的位置（LA2/REG_ZONE2），MSC/VLR 向 MS 反馈确认信息。如果 C2、C3 属于同一个 MSC 服务区，则位置登记到此完成。如果 C2 和 C3 属于不同的 MSC，则情况要复杂一些。要经过以下六步，如图 1-35 所示。

① MS 通过 C3 的基站向 MSC/VLR2 发送登记消息，VLR2 记录 MS 当前所在的 LA/REG_ZONE。

② VLR2 向 MS 归属地 HLR 发送登记消息，HLR 记录 MS 当前所在的 VLR2 的地址信息。

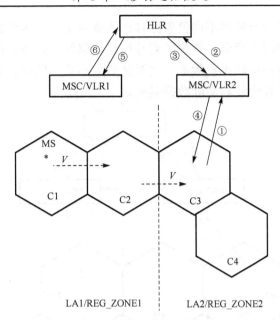

图 1-35　位置登记过程

如果 MS 用 IMSI 发起登记，则 VLR2 可以从该 IMSI 判断出 MS 所属的 HLR；如果 MS 用 TMSI 发起登记，该 TMSI 由原 VLR（VLR1 分配），则 VLR2 通过该 TMSI 联系 VLR1，并从 VLR1 获取 MS 的 IMSI，从而判断出 MS 的 HLR。

③ HLR 将 MS 相关数据发送给 VLR2。

④ VLR2 通过 MSC、BSC、BTS 给 MS 发确认消息。

⑤ HLR 通知 MS 原来所在的 VLR1 删除和 MS 相关的数据。

⑥ VLR1 给 HLR 发确认消息。

有了基于 LA/REG_ZONE 的位置登记，无论 MS 在网络内如何移动，HLR、VLR 两级数据库中存储了移动台的位置变化，为后续的呼叫传递准备了数据。

（2）呼叫传递

以 MS 呼叫 MS 为例，结合图 1-36 说明呼叫传递过程。

① 主叫 MS1 拨打被叫 MS2 的 MSISDN 号码，通过 BTS、BSC 将被叫号码 MSISDN 发送到源端交换机 MSC1。

② MSC1 启动号码分析程序，找到被叫号码 MS 所属 HLR，并向该 HLR 发送路由查询消息。

③ HLR 从数据库中找到 MSISDN 对应的记录，找到 MS2 所在的 VLR，即 VLR2，并向 VLR2 发送路由查询消息。

④ VLR2 为 MS2 生成一个漫游号码 MSRN，并将该号码返回给 HLR。

⑤ HLR 将该 MSRN 号码返回给 VLR1。

⑥ VLR1 根据该 MSRN 可以建立和目的端交换机 MSC/VLR2 的中继连接。

⑦ MSC/VLR2 对 LA2/REG_ZONE2 中的所有 BTS 发起寻呼操作。

从位置登记和呼叫传递两个流程可以看出，位置区在其中起着十分重要的作用。从位置登记的角度看，位置区划分得越大，即一个位置区中包含的小区数目越多越好。因为，位置区划分得越大，移动台跨越不同位置区移动的概率越小，由跨越位置区登记引入的信令负荷就越轻。从寻呼的角度看，位置区划分得越小越好。因为，位置区越小，寻呼被叫移动台时浪费的寻呼资源就越少。因此，位置区的大小从不同角度看是一个矛盾，需要网规网优人员根据已有运营经验和实际数据调整。

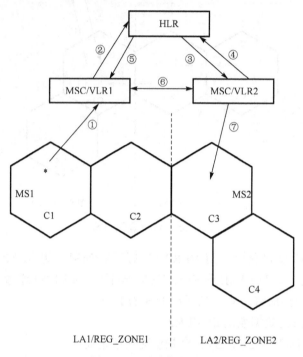

图 1-36　呼叫传递过程

　　除了位置区大小需要慎重考虑外，位置区的划分也是一个需要考虑的因素。如果位置区划分不当，可能会极大地降低该位置区内的接通率。位置区划分的一个基本原则就是，相邻位置区之间用户移动的概率应尽量小，两个相邻小区之间如果用户移动频繁，应避免将两者划分到不同的位置区。如果两个用户流动非常频繁的小区被划分到两个不同的位置区中，那么用户的频繁流动，造成移动台在两个位置区之间来回切换，移动台频繁发起基于位置区变更的位置登记，而位置区登记会占用基站的接入信道资源，造成基站的接入信道拥塞，这时会出现用户手机信号很强，但打不通电话的情况出现。从降低寻呼处理的复杂度考虑，应该避免出现一个位置区跨越两个或多个 BSC 的情况，即一个位置区不应该跨越两个或多个 BSC。

习题与思考题 1

1．简述移动通信的特点。
2．请画出 WCDMA 和 cdma2000 增强和演进的路线示意图。
3．移动通信系统中常用的信源编码技术、信道编码技术和调制技术有哪些？
4．画出数字蜂窝移动通信网络的基本结构，并简要描述各功能实体的作用。

5．若某蜂窝移动通信网的小区覆盖半径为 6km，根据同频干扰抑制的要求，同信道小区之间的距离应大于 30km，请问该网络的簇应该如何组成？

6．蜂窝移动通信网的某个基站共设有 16 个信道，用户忙时话务量为 0.01 爱尔兰，呼损率小于等于 5%。若采用专用呼叫信道方式能容纳几个用户？信道的利用率是多少？当呼损率小于等于 10%的时候，情况有何变化？（假设：专用呼叫信道数为 2，基站为越区切换预留 3 个信道）

7．蜂窝移动通信网的某个小区共有 200 个用户，平均每用户每天呼叫次数 C=5 次/天，每次呼叫平均占用信道时间 T=180 秒/次，集中系数 k=15%。问为保证呼损率小于等于 5%，需共用的信道数是几个，信道利用率是多少？若允许呼损率小于等于 20%，需共用的信道数是几个，信道利用率是多少，共用信道数可以节省几个？

8．越区切换的判定准则有哪几种？

9．画图描述位置登记过程和呼叫传递过程。

第2章 移动信道的传播特性与模型

学习重点和要求

任何一个通信系统，均可视为由发送端、信道和接收端三大部分组成。信道是通信系统必不可少的一部分，信道特性的好坏将直接影响到系统的总特性。移动通信的信道属于无线信道，是典型的随参信道，是一种随时间、环境和其他外部因素而变化的传播环境。利用这样复杂的信道进行通信，必须分析信道的基本特点，才能针对存在的问题给出相应的技术解决方案。本章主要介绍移动信道的电波传播方式、移动无线信道特性，以及移动信道的电波传播预测模型。要求：

● 熟悉移动信道中电波传播的典型方式；
● 掌握移动无线信道电波传播特性，如路径损耗、多径衰落、阴影衰落、多普勒频移等；
● 掌握自由空间的电波传播机制以及估算移动信道传输损耗的方法；
● 熟悉几种典型移动信道的传播损耗预测模型。

2.1 无线电波传播特性

移动通信使用甚高频（VHF）和超高频（UHF）等频段的无线信道，如表 2-1 所示。无线电波通过多种传播方式从发送端传输到接收端，主要传播方式包括：视距传播、地波传播、对流层散射传播、电离层传播等。移动通信工作的电磁环境决定了其传输信道具有传播环境复杂、宽带有限、受噪声干扰影响大等特点，如直射波与反射波并存、中/长地表面波传播与短波电离层反射并存，以及散射波与众多干扰并存等现象。

表 2-1 频段与频率的关系

波段名	亚毫米波（Sub-mm）	毫米波	厘米波	分米波	超短波（Metric Wave）	短波（SW）	中波（MW）	长波（LW）	甚长波	特长波	超长波	极长波
		微波（MicroWave）										
波长 λ	0.1～1mm	1～10 mm	1～10 cm	10～100 cm	1～10 m	10～100 m	100～1000 m	1～10 km	10～100 km	100～1000 km	10^3～10^4 km	10^4km 以上
频率 f	3000～300GHz	300～30 GHz	30～3 GHz	3000～30 MHz	300～30 MHz	30～3 MHz	3000～300 kHz	300～30 kHz	30～3 kHz	3000～300 Hz	300～30 Hz	30Hz 以下
频段名	THF 至高频	EHF 极高频	SHF 超高频	UHF 特高频	VHF 甚高频	HF 高频	MF 中频	LF 低频	VLF 甚低频	ULF 特低频	SLF 超低频	ELF 极低频

2.1.1 无线电波传播方式

发射机天线发出的无线电波，可依不同的路径到达接收机，当频率 f>30MHz 时，典型的传播通路如图 2-1 所示。

图中：

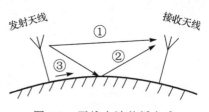

图 2-1 无线电波传播方式

- 沿路径①从发射天线直接到达接收天线的电波称为直射波,它是电波在视距覆盖区内无遮挡的传播,也是 VHF 和 UHF 频段的主要传播方式,直射波传播的信号强度最强。
- 沿路径②的电波经过地面反射到达接收机,称为地面反射波,一般发生于地球表面、建筑物和墙壁表面,当电磁波遇到比其波长大得多的物体时就会发生反射,反射是产生多径衰落的主要因素,反射波的信号强度较直射波弱。
- 沿路径③的电波沿地球表面传播,称为地表面波。由于地表面波的损耗随频率升高而急剧增大,传播距离迅速减小,因此在 VHF 和 UHF 频段可忽略不计。

无线电波在空间传输的途径是多种多样的,除了直射、反射,还有绕射、散射等传播现象。绕射,是指当接收机和发射机之间的无线路径被尖利的边缘阻挡时发生的一种电波传播现象。由阻挡表面产生的二次波分布于整个空间,甚至绕射于阻挡体的表面。当发射机和接收机之间不存在视距路径(LOS, Line Of Sight),围绕阻挡体产生波的弯曲。电磁波的绕射能力与波长和障碍物几何尺寸有关,障碍物的大小一定时,波长越长,绕射能力越强;波长越短,绕射能力越弱。同样,绕射波的信号强度较直射波弱。散射,通常散射波产生于粗糙表面、小物体或其他不规则物体,在实际移动通信系统中,树叶、街道标志和灯柱等都会引发散射,散射波的信号强度是最弱的。

2.1.2　直射波

直射波传播,可按自由空间传播来考虑。所谓自由空间传播,是指天线周围为无限大真空时的电波传播,它是电波的理想传播条件。电波在自由空间传播时,其能量既不会被障碍物吸收,也不会产生反射或散射。实际情况下,只要地面上空的大气层是各向同性的均匀媒质,其相对介电常数 ε 和相对导磁率 μ 都等于 1,传播路径上没有障碍物阻挡,到达接收天线的地面反射信号场强也可以忽略不计,在这样情况下,电波可视作在自由空间传播。

电波在自由空间里传播不受阻挡,不产生反射、折射、绕射、散射和吸收,但是当电波经过一段路径传播之后,能量仍会受到衰减,这是由辐射能量的扩散而引起的。由电磁场理论可知,若各向同性天线(亦称全向天线或无方向性天线)的辐射功率为 P_T 瓦,则距辐射源 d 处的电场强度有效值 E_0 为:

$$E_0 = \frac{\sqrt{30P_T}}{d} \qquad \text{(V/m)} \qquad (2\text{-}1)$$

磁场强度有效值 H_0 为:

$$H_0 = \frac{\sqrt{30P_T}}{120\pi d} \qquad \text{(A/m)} \qquad (2\text{-}2)$$

单位面积上的电波功率密度 S 为:

$$S = \frac{P_T}{4\pi d^2} \qquad \text{(W/m}^2\text{)} \qquad (2\text{-}3)$$

接收天线获取的电波功率等于该点的电波功率密度乘以接收天线的有效面积,即:

$$P_R = SA_R \qquad (2\text{-}4)$$

式中，A_R 为接收天线的有效面积，它与接收天线增益 G_R 满足下列关系：

$$A_R = \frac{\lambda^2}{4\pi} G_R \qquad (2-5)$$

式中，$\lambda^2/4\pi$ 为各向同性天线的有效面积。

由上面式子可得：

$$P_R = P_T G_T G_R \left(\frac{\lambda}{4\pi d}\right)^2 \qquad (2-6)$$

当收、发天线增益为 0dB，即当 $G_R = G_T = 1$ 时，接收天线上获得的功率为：

$$P_R = P_T \left(\frac{\lambda}{4\pi d}\right)^2 \qquad (2-7)$$

进而可得：

$$L_{fs} = \frac{P_T}{P_R} = \left(\frac{4\pi d}{\lambda}\right)^2 \qquad (2-8)$$

以 dB 计，得：

$$[L_{fs}](\mathrm{dB}) = 32.44 + 20\lg d(\mathrm{km}) + 20\lg f(\mathrm{MHz}) \qquad (2-9)$$

2.1.3 反射波

当电波传播中遇到两种不同介质的光滑界面时，如果界面尺寸比电波波长大得多，就会产生镜面反射。由于大地和大气是不同的介质，所以入射波会在界面上产生反射，如图 2-2 所示。通常，在考虑地面对电波的反射时，按平面波处理，即电波在反射点的反射角等于入射角。不同界面的反射特性用反射系数 R 表征，它定义为反射波场强与入射波场强的比值，R 可表示为：

$$R = |R|\mathrm{e}^{-\mathrm{j}\psi} \qquad (2-10)$$

式中，$|R|$ 为反射点上反射波场强与入射波场强的振幅比，ψ 代表反射波相对于入射波的相移。

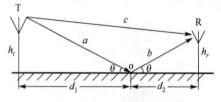

图 2-2 反射波与直射波

对于水平极化波和垂直极化波的反射系数 R_h 和 R_v 分别由下列公式计算：

$$R_h = |R_h|\mathrm{e}^{-\mathrm{j}\phi} = \frac{\sin\theta - (\varepsilon_c - \cos^2\theta)^{1/2}}{\sin\theta + (\varepsilon_c - \cos^2\theta)^{1/2}}$$

$$R_v = \frac{\varepsilon_c \sin\theta - (\varepsilon_c - \cos^2\theta)^{1/2}}{\varepsilon_c \sin\theta + (\varepsilon_c - \cos^2\theta)^{1/2}} \qquad (2-11)$$

式中，ε_c 是反射媒质的等效复介电常数，它与反射媒质的相对介电常数 ε_r、电导率 σ 和工作波长 λ 有关，即：

$$\varepsilon_c = \varepsilon_r - \mathrm{j}60\lambda\delta \qquad (2\text{-}12)$$

对于地面反射，当工作频率高于 150MHz（$\lambda<2\mathrm{m}$）时，$\theta<1$，取极限由上式近似可得：

$$R_v = R_h = -1 \qquad (2\text{-}13)$$

即反射波场强的幅度与入射波场强的幅度相等，而相差为 $180°$。

实际传播环境中不单纯只是反射波，下面将分析地面反射（双径）模型，该模型不仅考虑了空中的地面反射路径，还考虑了直射路径。

由发射点 T 发出的电波分别经过直射线（TR）与地面反射路径（ToR）到达接收点 R，由于两者的路径不同，从而会产生附加相移。由图 2-2 可知，反射波与直射波的路径差为：

$$\begin{aligned}\Delta d &= a + b - c = \sqrt{(d_1+d_2)^2 + (h_t+h_r)^2} - \sqrt{(d_1+d_2)^2 + (h_t-h_r)^2} \\ &= d\left[\sqrt{1+\left(\frac{h_t+h_r}{d}\right)^2} - \sqrt{1+\left(\frac{h_t-h_r}{d}\right)^2}\right]\end{aligned} \qquad (2\text{-}14)$$

式中，$d = d_1 + d_2$。

通常 $(h_t + h_r) \ll d$，故上式中每个根号均可用二项式定理展开，并且只取展开式中的前两项。例如：

$$\sqrt{1+\left(\frac{h_t+h_r}{d}\right)^2} \approx 1 + \frac{1}{2}\left(\frac{h_t+h_r}{d}\right)^2 \qquad (2\text{-}15)$$

$$\Delta d = \frac{2h_t h_r}{d} \qquad (2\text{-}16)$$

由路径差 Δd 引起的附加相移 $\Delta\varphi$ 为：

$$\Delta\varphi = \frac{2\pi}{\lambda}\Delta d \qquad (2\text{-}17)$$

式中，$2\pi/\lambda$ 称为传播相移常数。

这时接收场强 E 可表示为：

$$E = E_0(1 + Re^{-\mathrm{j}\Delta\varphi}) = E_0(1 + |R|e^{-\mathrm{j}(\varphi+\Delta\varphi)}) \qquad (2\text{-}18)$$

注：直射波与反射波的合成场强将随反射系数以及路径差的变化而变化，有时会反相抵消，有时会同相相加，造成合成波的衰落现象。

2.1.4　绕射波

绕射的定义：绕射波是指从较大的建筑物或山丘绕射后到达接收点的传播信号，它需要满足电波产生绕射的条件，其信号强度较直射波弱。

绕射现象描述：无线传播路径被尖利边缘阻挡时，由阻挡表面产生的二次波散布于空间，二次波传播到阴影区即形成绕射。即：波在传播的过程中，行进中的波前上的每一个点，都可作为产生次级波的点源，这些次级波组合起来形成传播方向上新的波前，障碍物对次级波的阻挡产生了绕射损耗。

余隙的定义：如图 2-3 所示，x 表示障碍物顶点 P 至直射线 TR 的距离，称为菲涅耳余隙。规定阻挡时余隙为负，障碍物引起的绕射损耗与菲涅耳余隙有关系。根据菲涅耳衍射定律，障碍物的附加损耗和相对余隙 x/x_1 的关系如图 2-4 所示。其中，x_1 称为第一菲涅耳区半径，可由下列公式计算得到：

$$x_1 = \sqrt{\frac{\lambda d_1 d_2}{d_1 + d_2}}$$

由图 2-4 可见，当直射线 TR 从障碍物顶点擦过时，绕射损耗约为 6dB；当直射线 TR 低于障碍物顶点时，损耗急剧增加。

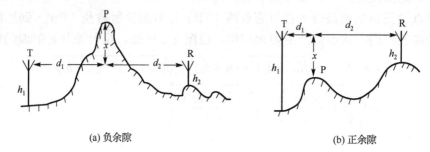

(a) 负余隙　　　　　　　　　　　　　　　　(b) 正余隙

图 2-3　障碍物与余隙

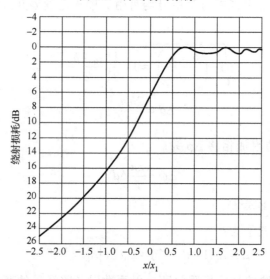

图 2-4　绕射损耗与余隙关系

【例 2-1】 设图 2-3(a)所示的传播路径中，菲涅耳余隙 $x = -82\text{m}$，$d_1 = 5\text{km}$，$d_2 = 10\text{km}$，工作频率为 150MHz。试求出电波传播损耗。

解： 首先，求出自由空间传播的损耗 L_{fs} 为：

$$[L_{fs}] = 32.44 + 20\lg(5+10) + 20\lg 150 = 99.5\text{dB}$$

接着，求出第一菲涅耳区半径 x_1 为：

$$x_1 = \sqrt{\frac{\lambda d_1 d_2}{d_1 + d_2}} = \sqrt{\frac{2 \times 5 \times 10^3 \times 10 \times 10^3}{15 \times 10^3}} = 81.7\text{m}$$

最后，查图 2-4 可得绕射附加损耗($x/x_1 \approx -1$)为 16.5dB，

因此，电波传播的损耗 L 为：

$$[L]=[L_{fs}]+16.5=116.0\text{dB}$$

2.1.5　散射波

散射的定义：散射发生在介质中存在小于波长的物体并且单位体积内阻挡体的个数非常巨大时。散射波产生于粗糙表面、小物体或其他不规则物体，反射能量由于散射而散布于所有方向。散射波相对于直射波、反射波和绕射波都较弱。反射、绕射和散射与阻挡物的关系如表 2-2 所示。

表 2-2　反射、绕射和散射与阻挡物的关系

	阻　挡　物
反射	比传输波长大得多的物体（地面、墙面）
绕射	尖利边缘（山丘）
散射	比传输波长小得多的物体（粗糙表面、不规则物体）

当入射角为 θ_i 时，则表面平整度的参数高度为：

$$h_m = \frac{\lambda}{8\sin\theta_i} \tag{2-19}$$

若平面上最大的突起高度 h 小于 h_c，则可以认为该表面是光滑的；若大于 h_c，则认为该表面是粗糙的。对于粗糙表面，计算反射时需要乘以散射损耗系数 ρ_s，以代表减弱的反射场。Ament 提出，在表面高度 h 的局部平均值服从高斯（Gauss）分布的情况下，ρ_s 为

$$\rho_s = \exp\left[-8\left(\frac{\pi\sigma_h\sin\theta_i}{\lambda}\right)^2\right] \tag{2-20}$$

式中，σ_h 是表面高度的标准方差。

2.2　移动信道的特征

无线通信的媒介是电磁波，电磁波不仅在遇到障碍物时会发生反射、散射、绕射等现象，而且在传播时会发生信号衰落，这种衰落现象一般可分为慢衰落和快衰落。同时，在移动通信中，移动台常常工作在城市建筑群和其他地形地物较为复杂的环境中，而且移动台与周围的环境、发射机处于相对移动中，所以移动信道是一种典型的时变变参信道。信号经过移动信道时，不仅会有信号幅度的衰落，还有时延扩展、多普勒频移等现象。

移动通信的衰落现象可分为两类：大尺度衰落和小尺度衰落，如图 2-5 所示。大尺度衰落，表示大范围运动产生的信号平均功率衰减或路径损耗，这种现象受发射和接收机间主要地貌的影响（山丘、森林、建筑群等）较大，通常采用平均路径损耗和相对于均值的对数正态分布变化来描述。小尺度衰落，是指接收机与发射机间空间距离的小变化（如半波长）引起信号幅度和相位的急剧变化，主要由信号的多径传播和收发两端的相对运动引

起，通常采用两种机理来表述，即信号的时延拓展和信道的时间变化。在无线通信中，一般把由于距离引起的路径传播损耗和由于地形的遮挡引起的阴影衰落统称为慢衰落，属于大尺度衰落，主要影响无线信号的覆盖范围，合理的设计可以消除它们的不利影响；多径衰落（和多普勒效应）则属于小尺度衰落，由多径传播引起的多径衰落、时延扩展会严重损害信号传输质量，必须采用各种抗衰落技术（扩频、均衡、分集和交织等）来减少它的影响。

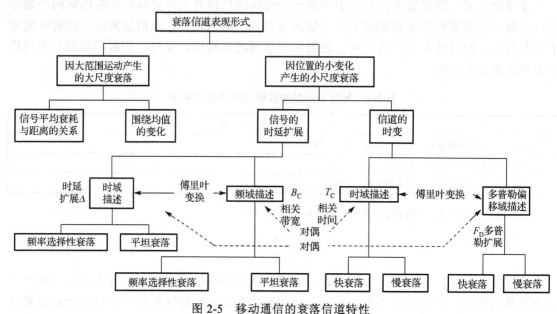

图 2-5　移动通信的衰落信道特性

2.2.1　传播路径与信号衰落

1．概述

在 VHF、UHF 移动信道中，电波传播方式除了上述的直射波和地面反射波之外，还需要考虑传播路径中各种障碍物所引起的散射波。

图 2-6 是移动信道传播路径的示意图，其中 h_b 为基站天线高度，h_m 为移动台天线高度，d 为直射波的传播距离，d_1 为地面反射波的传播距离，d_2 为散射波的传播距离。图 2-7 是典型信号衰落特性描述图。移动台接收信号的场强由上述三种电波的矢量合成：

$$E = E_0(1 - \alpha_1 e^{-j\frac{2\pi}{\lambda}\Delta d_1} - \alpha_2 e^{-j\frac{2\pi}{\lambda}\Delta d_2}) \tag{2-21}$$

其中：E_0 是直射波场强，λ 是工作波长，α_1 和 α_2 分别是地面反射波和散射波相对于直射波的衰减系数，Δd_1 和 Δd_2 分别是地面反射波和散射波相对于直射波的路径差，即：

$$\Delta d_1 = d_1 - d \tag{2-22}$$

$$\Delta d_2 = d_2 - d \tag{2-23}$$

2．两径传播

由于传播环境中可能存在建筑、树木、山体等物体，电磁波从发射机发射出来，经过多个物体的反射从不同的路径到达接收机，称作多径现象。多径现象的一个效应是在终端移动的时候引起信道的快衰落，图 2-8 描述了只有一个反射体的两径传播模型。

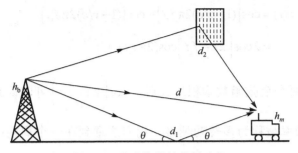

图 2-6　移动信道的传播路径

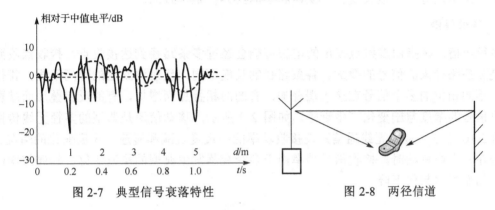

图 2-7　典型信号衰落特性　　　　　　图 2-8　两径信道

　　在这个模型当中，一条路径从发射机直接到达终端，另一条路径经过终端背后的反射体反射后到达终端。假设终端与反射体的距离很近，那么这两条路径的强度基本相等，而相位取决于终端的位置。假如在某一点两条路径是同相的，它们叠加后相互增强，幅度是一条路径的两倍。当终端从这一点向右或者向左移动四分之一波长时，两条路径的相位分别增加和减少了 $\pi/2$，这两条路径的相位变成了反相，相互抵消后的幅度为零。同理，如果再移动四分之一波长，又变成同相了。四分之一波长是多长呢？以 3G 使用的 2GHz 为例，其波长为 15cm，则四分之一波长为 4cm 左右。人的步行速度大约是 1m/s，按照这个速度信道在一秒钟内强度变化了 25 次。如果速度是 10m/s，相当于 36km/h 的车速，则信道强度变化频率是 250Hz。这个变化速度相对于路径损耗和阴影衰落是很快的，因此叫作快衰落。

　　快衰落还有一个等价的多普勒效应解释。我们在生活当中能够见到多普勒效应：当火车冲着我们开来的时候，我们听到它的汽笛声音是比较尖锐的，而当火车离我们而去的时候，它的汽笛声音则变得比较低沉。这是由于火车的运动使得汽笛的声音频率发生了变化，来的时候升高，去的时候降低，这就是多普勒效应。

　　两个相向运动的物体，相对速度为 v，一个物体发出频率为 f_s 的波，则另一个物体收到的波的频率为：

$$f_r = \left(1 + \frac{v}{c}\right) f_s \tag{2-24}$$

其中，c 为波的传播速度，对于电磁波，就是光速 $3 \times 10^8 \mathrm{m/s}$。

对于刚才的两径模型，如果终端的运动速度为 v，那么收到的两条路径的频率分别为 $(1+v/c)f_s$ 和 $(1-v/c)f_s$，两个信号叠加的结果是：

$$
\begin{aligned}
r(t) &= \cos\big[(1+v/c)2\pi f_s t\big] + \cos\big[(1-v/c)2\pi f_s t\big] \\
&= 2\cos\left(2\pi\frac{v}{c}f_s t\right)\cos(2\pi f_s t)
\end{aligned}
\tag{2-25}
$$

接收信号表达成两个余弦函数乘积形式后，$\cos\left(2\pi\dfrac{v}{c}f_s t\right)$ 可以认为是变化的信道，频率为 $\dfrac{v}{c}f_s = \dfrac{v}{\lambda}$，这个频率被称为多普勒频移。我们注意到在一个周期内，信道强度变化 4 次，也就是每四分之一波长变化一次，和上面的分析是一致的。

3. 多径传播

多径传播，是指由发射点发出的电波可能会经过多条路径到达接收点，接收点收到的信号是多条路径来的信号的叠加。各条路径的长度不同，反射波到达的时间不同，相位也不同，不同相位的多个信号在接收端叠加，有的同相叠加而增加，有的反相叠加而减弱，使接收信号的幅度急剧变化产生衰落，如图 2-9 所示，移动信道是典型的多径无线传播信道。图 2-10 是一个室内无线通信系统接收功率的小尺度衰减和慢速大尺度变化的情况。当移动台在几米内移动时，接收信号功率由于多径衰落发生典型的快速变化，其局部均值随距离增加而缓慢起伏下降。

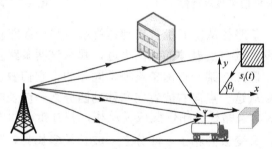

图 2-9　移动台接收多条路径信号示意图

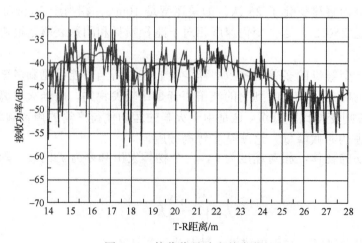

图 2-10　接收信号功率的变化

　　在无线移动信号的传播环境里，接收信号中包含大量多径分量，这些分量具有任意载频相位、入射方位角以及相等的平均幅度（假设：在缺少 LOS 路径时，散射分量在小尺度距离上经历相似的衰减后到达移动台接收机）。因此，可对多径信号的数学模型作出下列假设：①发射机和接收机之间没有直射路径（LOS）；②有大量反射波存在，且这些反射波到达天线的方向角和相位是随机的，在 $0 \sim 2\pi$ 均匀分布；③各个反射波的幅度和相位是统计独立的。一般来说，离基站较远、反射物较多的地区，信道环境符合上述假设。

　　假设基站发射的信号为：

$$s_0(t) = \alpha_0 \exp[\mathrm{j}(\omega_0 t + \varphi_0)] \tag{2-26}$$

式中，a_0 代表振幅，φ_0 为相位，角频率 $\omega_0 = 2\pi f_0$，f_0 是载波频率。

　　经传播到达接收端的第 i 个信号为 $s_i(t)$，它的振幅为 a_i，相移为 φ_i，又设移动台以速度 v 沿 x 轴方向行驶，$s_i(t)$ 与移动台运动方向之间的夹角为 θ_i，此时由多普勒效应引起的多普勒频移可表示为

$$f_{di} = \frac{v}{\lambda} \cos\theta_i = f_m \cos\theta_i \tag{2-27}$$

式中，v 表示移动台运动速度，λ 为波长，$f_m = v/\lambda$ 为最大多普勒频移。

　　因此，考虑到多普勒频移后，接收信号可写为：

$$
\begin{aligned}
s_i(t) &= a_i \exp(\mathrm{j}(\omega_0 t + \varphi_0)) \exp[\mathrm{j}(\varphi_i + 2\pi f_{di} t)] \\
&= a_i \exp[\mathrm{j}(\omega_0 t + \varphi_0)] \exp\left[\mathrm{j}\left(\varphi_i + \frac{2\pi v t}{\lambda} \cos\theta_i\right)\right]
\end{aligned}
\tag{2-28}
$$

　　若 N 个信号的幅值和到达接收天线的方位角是随机的且满足统计独立，则接收信号为

$$s(t) = \sum_{i=1}^{N} s_i(t) \tag{2-29}$$

设：

$$X_c(t) = \sum_{i=1}^{N} a_i \cos\left(\varphi_i + \frac{2\pi v t}{\lambda} \cos\theta_i\right) \tag{2-30}$$

$$X_s(t) = \sum_{i=1}^{N} a_i \sin\left(\varphi_i + \frac{2\pi v t}{\lambda} \cos\theta_i\right) \tag{2-31}$$

　　将式（2-30）和式（2-31）代入式（2-29），得出：

$$s(t) = (X_c(t) + \mathrm{j}X_s(t)) \exp[\mathrm{j}(\omega_0 t + \varphi_0)] \tag{2-32}$$

　　由于 $X_c(t)$ 和 $X_s(t)$ 都是大量独立随机变量之和，根据概率的中心极限定理，大量独立随机变量之和的分布趋向正态分布，因而 $X_c(t)$ 和 $X_s(t)$ 是高斯随机过程，对应某一个固定时间 t，X_c 和 X_s 是高斯随机变量。$X_c(t)$ 和 $X_s(t)$ 的概率密度函数分别为

$$f(X_c) = \frac{1}{\sqrt{2\pi}\sigma_{X_c}} \mathrm{e}^{-\frac{X_c^2}{2\sigma_{X_c}^2}} \tag{2-33}$$

$$f(X_s) = \frac{1}{\sqrt{2\pi}\sigma_{X_s}} \mathrm{e}^{-\frac{X_s^2}{2\sigma_{X_s}^2}} \tag{2-34}$$

式中，$\sigma_{X_c}^2$ 和 $\sigma_{X_s}^2$ 分别是随机变量 X_c 和 X_s 的方差。

由于 $X_c(t)$ 和 $X_s(t)$ 是统计独立的，则 $X_c(t)$ 和 $X_s(t)$ 的联合概率密度函数为

$$f(X_c, X_s) = f(X_c)f(X_s) \tag{2-35}$$

若 X_c 和 X_s 均值为 0，且 $\sigma_{X_c}^2 = \sigma_{X_s}^2 = \sigma^2$，则

$$f(X_c, X_s) = \frac{1}{2\pi\sigma^2} e^{-\frac{X_c^2 + X_s^2}{2\sigma^2}} \tag{2-36}$$

令

$$r = \sqrt{X_c^2 + X_s^2}, 0 \leq r \leq \infty \tag{2-37}$$

$$\theta = \arctan\frac{X_s}{X_c}, 0 \leq \theta \leq 2\pi \tag{2-38}$$

二维分布的概率密度函数可使用极坐标系 (r, θ) 来表示

$$f(r, \theta) = f(X_c, X_s) \left| \frac{\partial(X_c, X_s)}{\partial(r, \theta)} \right| = \frac{r}{2\pi\sigma^2} e^{-\frac{r^2}{2\sigma^2}} \tag{2-39}$$

对 θ 积分可得振幅 r 的概率密度函数

$$f(r) = \int_0^{2\pi} f(r, \theta) \, \mathrm{d}\theta = \frac{r}{\sigma^2} \exp\left(-\frac{r^2}{2\sigma^2}\right) \quad r \geq 0 \tag{2-40}$$

对 r 积分可得相位 θ 的概率密度函数

$$f(\theta) = \int_0^\infty f(r, \theta) \, \mathrm{d}r = \begin{cases} \dfrac{1}{2\pi} & 0 \leq \theta \leq 2\pi \\ 0 & \text{其他} \end{cases} \tag{2-41}$$

重要结论：一个均值为 0、方差为 σ^2 的平稳高斯窄带过程，其包络的一维概率密度服从瑞利分布（Rayleigh Distribution），相位的一维概率密度分布是均匀分布。r 的均值、均方值和方差为：

$$m = E(r) = \int_0^\infty r f(r) \, \mathrm{d}r = \sqrt{\frac{\pi}{2}}\sigma \tag{2-42}$$

$$E(r^2) = \int_0^\infty r^2 f(r) \, \mathrm{d}r = 2\sigma^2 \tag{2-43}$$

$$\sigma_r^2 = E(r^2) - E^2(r) = \left(2 - \frac{\pi}{2}\right)\sigma^2 \tag{2-44}$$

瑞利分布的概率密度函数如图 2-11 所示。

图 2-12 所示为时间函数的瑞利衰落信号的包络。

另外，移动通信中，在离基站较近的区域，通常有较强的直射波，并且在接收信号中占支配地位。如果在多条路径中存在一个幅度比较高的主要分量，比如直射（Line Of Sight）信号，则衰落信号的包络分布服从莱斯（Rician）分布，莱斯分布概率密度分布曲线如图 2-13 所示。

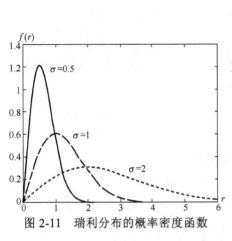

图 2-11　瑞利分布的概率密度函数

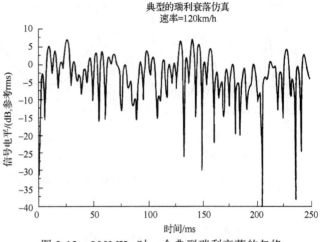

图 2-12　900MHz 时一个典型瑞利衰落的包络

其数学表达式为：

$$P(r) = \begin{cases} \dfrac{r}{\sigma^2} \exp\left(-\dfrac{r^2 + A^2}{2\sigma^2}\right) \cdot I_0\left(\dfrac{Ar}{\sigma^2}\right), & A \geq 0, r \geq 0 \\ 0 & , \quad r < 0 \end{cases} \quad （2\text{-}45）$$

其中，A 为直射波幅度，r 为衰落信号包络，σ 是 r 的方差，$I_0(\cdot)$ 是零阶第一类修正贝塞尔函数。

莱斯分布常用参数 K 来描述，K 是主信号功率与多径分量方差之比：

$$K = \frac{A^2}{2\sigma^2} \quad （2\text{-}46）$$

其中，参数 K 称为莱斯因子，它完全确定了莱斯分布。当主信号减弱，$A \to 0, K \to -\infty\text{dB}$ 时，莱斯分布变成瑞利分布；在 A 比较大的情况下，莱斯分布可近似为高斯分布。

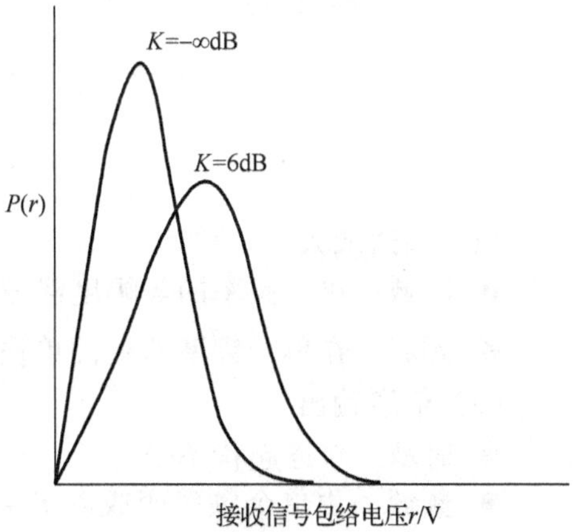

2.2.2　快衰落特性描述

由于移动通信信道的多径、移动台的运动和不同的散射环境，使得移动信道在时间上、频率上和角度上造成了色散，如图 2-14 所示。这里，功率延迟分布（PDP，Power Delay Profile）用于描述信道在时间上的色散；多普勒功率谱（DPSD，Doppler Power Spectral Density）用于描述信道在频率上的色散；角度功率谱（PAS，Power Azimuth Spectrum）用于描述信道在角度上的色散。因此，信号经过信道后分别形成了时间选择性衰落、频率选择性衰落和空间选择性衰落，也分别产生了时延扩展、多普勒扩展和角度扩展，这三种扩展分别对应三组相关参数：相关带宽、相关时间和相关距离。

1. 时间选择性衰落

时间选择性衰落，是指在不同的时间，信道衰落特性不一样，这种衰落会造成信号的失真，如图 2-15 所示。

图 2-13　莱斯分布概率密度分布曲线

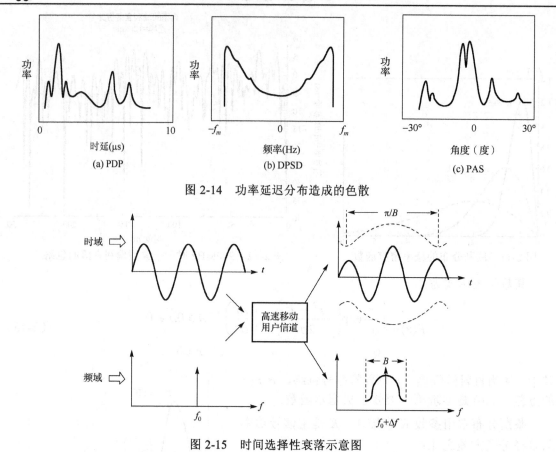

图 2-14　功率延迟分布造成的色散

图 2-15　时间选择性衰落示意图

（1）信道输入
- 时域：单一频率的等幅度载波 $A\sin\omega_0 t$；
- 频域：在单一频率 f_0 处的单根谱线（δ 脉冲）。

（2）信道输出
- 时域：包络起伏不平；
- 频域：由单个频率变成以 $f_0+\Delta f$ 为中心的一个窄带频谱，产生频率扩散，其宽度为 B。其中，Δf 为绝对多普勒频移，B 为相对值。

（3）成因

由于移动台的高速运动在频域引起多普勒频移，相应地其时域波形产生时间选择性衰落。其衰落周期为 $\dfrac{\pi}{B}$。当移动终端在运动中，特别是在高速情况下通信时，移动终端和基站接收端的信号频率会发生变化，称为多普勒效应，多普勒效应所引起的频移称为多普勒频移。多普勒频移与移动台运动的方向、速度以及无线电波入射方向之间的夹角有关。若移动台朝向入射波方向运动，则多普勒频移为正（接收信号频率上升）；反之若移动台背向入射波方向运动，则多普勒频移为负（接收信号频率下降）。信号经过不同方向传播，其多径分量造成接收机信号的多普勒扩散，从而增加了信号带宽。

（4）产生条件

在一段时间间隔内，到达信号具有很强的相关性，即信道特性在此时间段内没有明显的变化，这个时间间隔就称为相关时间。因此相关时间表征了时变信道对信号的多普勒衰落节拍，并且该衰落的发生在传输波形的特定时间段上，即信道在时域具有选择性。

一个信道是否表现为时间选择性衰落信道，主要由信号速率与信号相关时间的相对关系确定。若基带信号带宽的倒数，即信号周期 T 大于信道相关时间，则在该基带信息传输期间，信道会发生时间选择性衰落；反之，若基带信号的码元速率远大于信道相关时间的倒数，即信号周期小于信道的相关时间 $T \ll T_c$，则至少在一个符号周期内，可认为信道衰减和相位保持不变。

时间相关函数 $R(\Delta\tau)$ 与多普勒功率谱 $S(f)$ 之间是傅里叶变换关系。

$$R(\Delta\tau) \leftrightarrow S(f) \tag{2-47}$$

所以多普勒扩展的倒数就是对信道相关时间的度量，即

$$T_c \approx \frac{1}{f_D} \approx \frac{1}{f_m} \tag{2-48}$$

式中，f_D 为多普勒扩展（有时也表示为 B_D），即多普勒频移。入射波与移动台移动方向之间的夹角 $\theta = 0$ 时，上式成立。

如果相关时间定义为时间相关函数大于 0.5 的时间，则相关时间近似为

$$T_c \approx \frac{9}{16\pi f_m} \tag{2-49}$$

式中，f_m 为最大多普勒频移。

另外，在测量小尺度电波传播时，要考虑选取适当的空间采样间隔，以避免连续采样值有很强的时间相关性。一般认为，上式所给出的 T_c 是一个保守值，可选取 $T_c/2$ 作为采样值的时间间隔，从而求出空间采样间隔。

在现代数字通信中，比较粗糙的方法是将相关时间 T_c 定义为式（2-48）和式（2-49）的几何平均值：

$$T_c \approx \sqrt{\frac{9}{16\pi f_m^2}} = \frac{0.4231}{f_m} \tag{2-50}$$

2. 频率选择性衰落

频率选择性衰落是指在不同频段上衰落特性不一样，如图 2-16 所示。

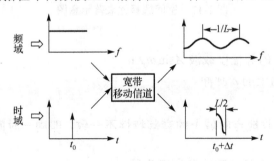

图 2-16　频率选择性衰落示意图

（1）信道输入

● 时域：t_0 时刻输入一个 δ 脉冲；

● 频域：等幅频谱。

（2）信道输出

● 时域：δ 脉冲产生了扩散；

● 频域：频谱起伏不平。

（3）成因

在多径传播时，由于各条路径的等效网络传输函数不同，造成在时域的时延扩散，引起各网络对不同频率的信号衰减也不同，这使得接收点合成信号的频谱中某些频率分量衰减特别厉害，产生频率选择性衰落。

（4）产生条件

在频率间隔靠得很近时，到达信号具有很强的相关性，这个频率间隔就称为相关带宽。当信道的相关带宽小于信号的带宽时，发生频率选择性衰落，此时信号通过信道会引起波形失真，特别是传输数字信号时，频率选择性衰落会引起严重的码间干扰；反之，当信道的相关带宽大于信号的带宽时，发生非频率选择性衰落，此时信号通过信道传输后各频率分量的变化具有一致性，波形不失真，非频率选择性衰落又称为平坦衰落。

3. 空间选择性衰落

空间选择性衰落示意图如图 2-17 所示。

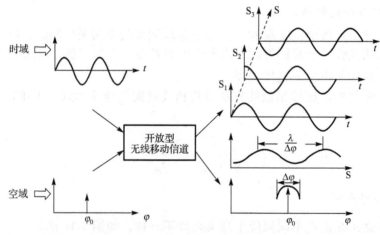

图 2-17　空间选择性衰落示意图

（1）信道输入

● 时域：单一频率的等幅度载波 $A\sin\omega_0 t$；

● 角度域：在 φ_0 角上的 δ 脉冲。

（2）信道输出

● 时空域：不同接收地点时域上的衰落特性不一致，即同一时间、不同空间其衰落特性不一样；

● 角度域：φ_0 角度上的 δ 脉冲发生了弥散。

（3）成因

由于开放型的时变信道使天线的点波束产生了扩散，从而引起了空间选择性衰落。

（4）产生条件

在一定空间距离内，信道冲激响应能保证一定的相关度，这个空间距离就是相关距离。在相关距离内，信号经历的衰落具有很大的相关性，可以认为空间传输函数是平坦的。当相关距离远远大于天线放置的空间距离时，认为该信道是非空间选择性衰落信道；反之，则认为是空间选择性衰落信道。

4. 多径干扰

在实际移动通信中，三类选择性衰落都存在，根据其产生的条件大致可以划分为以下三类，如图 2-18 所示。

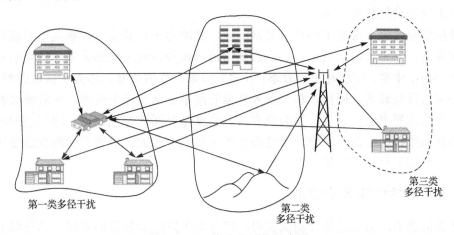

图 2-18　三类多径干扰示意图

（1）第一类多径干扰：是由于快速移动用户附近的物体的反射而形成的干扰信号，其特点是由于用户的快速移动因此在信号的频域上产生了多普勒频移扩散，而引起信号在时域上的时间选择性衰落。

（2）第二类多径干扰：用户信号由于远处的高大建筑物与山丘的反射而形成的干扰信号。其特点是传送的信号在空间与时间上产生了扩散。空域上波束角度的扩散将引起接收点信号产生空间选择性衰落，时域上的扩散将引起接收点信号产生频率选择性衰落。

（3）第三类多径干扰：它是由于接收信号受基站附近建筑物和其他物体的反射而引起的干扰。其特点是严重影响到达天线的信号入射角分布，从而引起信号在空间的选择性衰落。

5. 相干时间与相干带宽

如前所述，快衰落就是信道衰落的变化比较快，为了描述这种信道变化的速度，给出了一个概念，称为相干时间。相干时间，是指信道基本不变的时间，与多普勒频移成反比：

$$T_{\text{coherent}} \propto \frac{1}{f_{\text{Doppler}}} \qquad (2\text{-}51)$$

因为快衰落信道在不同时间的衰落不一样，也叫作**时间选择性衰落**。时间和频率是对偶的，与时间选择性衰落对应的是**频率选择性衰落**，其指的是在不同频率上的衰落不同。与相干时间类似，相干带宽指的是在该带宽内的信道衰落基本不变，并且有如下关系：

$$B_{\text{coherent}} \propto \frac{1}{t_{\text{spread}}} \tag{2-52}$$

其中，t_{spread} 是信道的冲激响应 $h(t)$ 的持续时间，有一个专业的名字叫做时延扩展。

为什么是这样的关系呢？因为信道的频域响应 $H(\omega)$ 是 $h(t)$ 的傅里叶变换。根据傅里叶变换的尺度变换性质，即时域和频域的尺度变化方向是相反的，即时域上把信号压缩了，频域上就展宽了。因此，相干带宽就和时域扩展长度成反比关系。有的时候 $h(t)$ 会持续很长时间，但是过了一段时间之后的幅度就非常小，在这种情况下，当幅度小于一定的值就可以认为是零了。同样，相干带宽一般用来定性描述，只要把趋势关系定义清楚就基本足够，而不需要精确的数量关系。

如果在信号的整个带宽上的衰落相差不多，就称为**平坦衰落**。判断是平坦衰落还是频率选择性衰落，不只取决于信道，还取决于信道和信号带宽之间的关系。如果信号的带宽小于信道的相干带宽，则就是平坦衰落；反之，如果信号的带宽远远大于信道的相干带宽，则就是频率选择性衰落。同样，如果信号持续时间小于信道相干时间，从时域来看，称信号经历的衰落为慢衰落；反之，称为快衰落，也就是时间选择性衰落。即信道的时间选择性是由多普勒频移引起的，频率选择性是由时延扩展引起的；信道引起的衰落使得信号强度被降低、增加了符号间干扰。

2.2.3　慢衰落特性和衰落储备

在移动信道中，由大量统计测试表明：信号电平发生快衰落的同时，其局部中值电平还随地点、时间以及移动台速度作比较平缓的变化，其衰落周期以秒级计，称作慢衰落或长期衰落。在无线通信中，一般把由于距离引起的路径损耗和由于地形遮挡而引起的阴影衰落统称为慢衰落。慢衰落近似服从对数正态分布。所谓对数正态分布，是指以分贝数表示的信号电平为正态分布。此外，还有一种随时间变化的慢衰落，它也服从对数正态分布。这是由于大气折射率的平缓变化，使得同一地点处所收到的信号中值电平随时间作慢变化，这种因气象条件造成的慢衰落其变化速度更缓慢（其衰落周期常以小时甚至天为量级计），因此常可忽略不计。

1. 自由空间传播的路径损耗

如前所述，在自由空间中，电磁波的强度随着传播距离的增加而降低。根据电磁学原理，有如下公式成立：

$$P_r(d) = \frac{P_t G_t G_r \lambda^2}{(4\pi)^2 d^2} \tag{2-53}$$

其中，d 是发射天线与接收天线之间的距离；$P_r(d)$ 是接收功率，是 d 的函数；P_t 是发射功率；G_t 和 G_r 分别是发射机和接收机的增益；λ 是电磁波的波长。

令：

$$G = G_t G_r \tag{2-54}$$

$$K_L = \frac{\lambda^2}{(4\pi)^2 d^2} \qquad (2\text{-}55)$$

则：

$$P_r = K_L G P_t \qquad (2\text{-}56)$$

其中，系数 K_L 是与距离相关的，一般把其倒数称作**路径损耗**，即

$$L = 1/K_L = \frac{(4\pi)^2 d^2}{\lambda^2} \qquad (2\text{-}57)$$

更常用的做法是把路径损耗表达成 dB 的形式：

$$L(\mathrm{dB}) = 10\lg L = 32.44 + 20\lg d(\mathrm{km}) + 20\lg f(\mathrm{MHz}) \qquad (2\text{-}58)$$

根据路径损耗的表达式可以得出两个结论：

（1）波长 λ 越长、频率越低，电磁波的衰减越小，传播的距离越远。比如战争年代中的无线电台，使用中波或者短波频段，波长可以达到几百米，传播的距离非常远。在 20 世纪 30 年代，一个 100W 的电台，就可以让上海的中共中央与莫斯科的共产国际之间建立无线电联系。而 LTE 使用的 2.6GHz 频段，波长是 10cm 的量级，通信距离一般不超过 1km。所以说，运营商若新部署一个移动通信网络，初期总是希望用比较低的频段。因为在建网初期用户比较少，这个时候系统的容量不是问题。但是即便是初期的网络，连续覆盖也是一个最基本的要求，否则很多地方不能够接打电话，会影响用户体验。如果采用较低的频段，每个无线基站的覆盖范围大，就可以用比较少的基站完成对一个区域的连续覆盖，从而减少投资规模。

（2）接收信号的功率和距离的平方成反比。要理解这一点，需要一定的空间想象力。如果把发射空间当成一个点辐射源，在某一个时刻辐射出来的电磁波能量，在传播了距离 d 之后，平均分布在半径为 d 的球面上。而球面的面积与 d^2 成反比，也就是电磁波的强度与 d^2 成反比。实际的发射天线一般不是点辐射源，但是在自由空间中，电磁波的平方衰落规律依然成立。

2. 非自由空间传播的路径损耗

非自由空间传播的路径损耗有所不同。如图 2-19 所示为 2 射线地面反射模型，其接收功率可表达为：

$$P_r(d) = \frac{P_t G_t G_r \lambda^2}{(4\pi)^2 d^2} \qquad (2\text{-}59)$$

其中，P_r 和 P_t 是接收功率和发射功率；G_t 和 G_r 分别是发射机增益和接收机增益；h_t 和 h_r 为发射天线高度和接收天线高度，d 为发射天线和接收天线之间的水平距离。

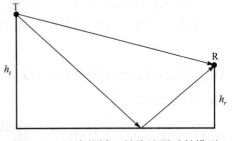

图 2-19　无线传播二射线地面反射模型

路径损耗可以表达为：

$$L = \frac{d^4}{h_t^2 h_r^2} \qquad (2\text{-}60)$$

用 dB 表达为：

$$L(\text{dB}) = -20 \lg h_t h_r + 40 \lg d \tag{2-61}$$

这个公式的推导比较繁琐，有兴趣的同学可以参考 Theodore S.Rappaport 所著的《无线通信原理与应用》。

在这个模型当中，路径损耗与距离的 4 次方成正比，比自由空间衰落得更快。一般把距离 d 上的指数称作路径损耗指数。实际的无线传播模型非常复杂，有建筑、植被、山岭、水面等不同地貌，因此路径衰落一般无法通过公式推导的方式获得准确的表达，通常的做法是根据实际的测量结果总结出一些经验公式，如 Cost231-Hata 模型等。

3. 阴影衰落

在移动通信传播环境中，电磁波在传播路径上遇到起伏的山丘、建筑物、树林等障碍物阻挡，形成电磁波的阴影区，就会造成信号场强中值的缓慢变化。通常把这种现象称为阴影效应，由此引起的衰落称为阴影衰落。

阴影衰落一般服从对数正态分布，概率密度函数为

$$p(x) = \frac{1}{\sqrt{2\pi}\sigma} e^{-(\ln x - \mu)^2 / 2\sigma^2} \tag{2-62}$$

如果 x 服从对数正态分布，则 $\ln x$ 服从正态分布。如果 x 服从正态分布，则 e^x 服从对数正态分布。

如果变量 x 可以看做是很多很小独立因子的乘积，则 $\ln x$ 是很多独立因子的和，根据大数定律，$\ln x$ 服从正态分布，x 则服从对数正态分布。

阴影衰落服从对数正态分布，那么以 dB 表达的阴影衰落服从正态分布。在方阵当中，以 dB 表达的阴影衰落经常取均值为 0，方差为 5～12dB 的正态分布。

阴影衰落在地理上具有相关性，一般按如下的方法建模：

$$\gamma(\Delta x) = e^{-\frac{|\Delta x|}{d_{cor}} \ln 2} \tag{2-63}$$

其中，Δx 是两个地点之间的距离，γ 是相关系数，d_{cor} 是相关距离。

UMTS 建议的仿真参数取：

$$d_{cor} = 20\text{m} \tag{2-64}$$

在仿真中可按照如下的方法产生相关系数为 γ 的阴影衰落。

首先，产生两个独立的同高斯分布的随机变量 X_1、X_2，令一个地点的衰落为

$$L_1(\text{dB}) = X_1 \tag{2-65}$$

根据相关距离和两个地点之间的距离计算出相关系数 γ，然后根据如下公式产生第二个地点的阴影衰落：

$$L_2(\text{dB}) = \gamma X_1 + \sqrt{1-\gamma^2} X_2 \tag{2-66}$$

阴影效应对移动动通信系统产生的不利影响主要体现在四个方面：①阴影效应影响移动通信小区覆盖范围；②阴影效应导致移动通信覆盖盲区；③阴影效应影响移动通信的切换；④阴影效应影响信噪比或载噪比等的大小。这四个方面的影响可以通过在系统设计时设计衰落余量以及在网络规划时对基站站址的合理选取加以克服。

　　此外，还有一种随时间变化的慢衰落，它也服从对数正态分布。这是由于大气折射率的平缓变化，使得同一地点处所收到的信号中值电平随时间作慢变化，这种因气象条件造成的慢衰落其变化速度更缓慢（其衰落周期常以小时甚至天为量级计），因此常可忽略不计。

4. 慢衰落储备

　　为研究慢衰落的规律，通常把同一类地形、地物中的某一段距离（1～2km）作为样本区间，每隔 20m（小区间）左右观察信号电平的中值变动，以统计分析信号在各小区间的累积分布和标准偏差。图 2-20(a)和(b)分别画出了市区和郊区的慢衰落分布曲线。绘制两种曲线所用的条件是：图 2-20(a)中，基站天线高度为 220m，移动台天线高度为 3m；图 2-20(b)中，基站天线高度为 60m，移动台天线高度为 3m。由图可知，不管是市区还是郊区，慢衰落均接近虚线所示的对数正态分。

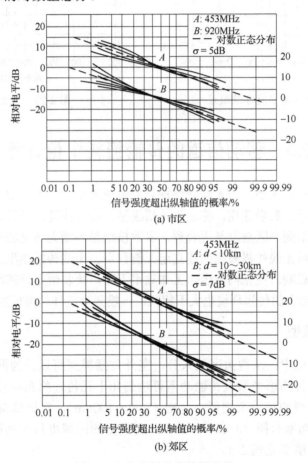

(a) 市区

(b) 郊区

图 2-20　信号慢衰落特性曲线

　　标准偏差 σ 取决于地形、地物和工作频率等因素，郊区比市区大，σ 也随工作频率升高而增大，如图 2-21 所示。

　　图 2-22 给出了可通率 T 分别为 90%、95% 和 99% 的三组曲线，根据地形、地物、工作频率和可通率要求，由此图可查得必须的衰落储备量。例如：f=450MHz，市区工作，要求 T=99%，则由图可查得此时必须的衰落储备约为 22.5dB。

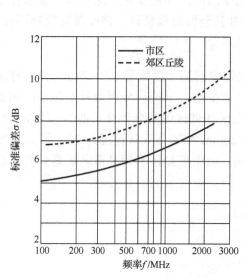

图 2-21 慢衰落中值标准偏差

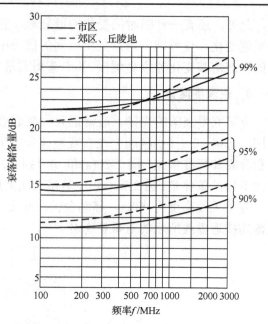

图 2-22 衰落储备量

2.3 移动信道的传输损耗中值计算

为了衡量传播损耗的大小，为无线网络规划提供预测基础，人们对移动通信基站与移动台之间的传播模型进行了数学建模，称之为传播模型。传播模型，是移动通信小区规划的基础，它的准确与否关系到小区规划是否合理。多数模型是预测无线电波传播路径上的路径损耗的，所以传播环境对无线传播模型的建立起关键作用。无线传播模型还受到系统工作频率和移动台运动状况的影响。在相同地区，工作频率不同，接收信号衰落状况各异。静止的移动台与高速运动的移动台的传播环境也大不相同，一般分为室外传播模型和室内传播模型。

2.3.1 室外传播模型

在实际的传播环境中，从覆盖区域来分，室外传播模型可以分为两类：宏蜂窝模型和微蜂窝模型。宏蜂窝传播模型假设传输功率可达到几十瓦特，蜂窝半径达几十千米。相比之下，微蜂窝传播模型的覆盖范围要小一些（200～1000m），在微蜂窝传播模型中假定基站高 3～10m，发射功率有限（10mW～1W），所预测的区域也只在基站附近。4G 系统及之前的网络规划常用模型见表 2-3。

表 2-3 4G 系统及之前的网络规划常用的传播模型

模 型 名 称	使 用 范 围
Okumura Hata	适用于 150～1500MHz 宏蜂窝预测
Cost231 Hata	适用于 1500～2000MHz 宏蜂窝预测
Cost231 Walfish Ikegami	适用于 900MHz 和 1800MHz 微蜂窝预测
Keenan Motley	适用于 900MHz 和 1800MHz 室内环境预测
ASSET 传播模型（用于 ASSET 规划软件）	适用于 900MHz 和 1800MHz 宏蜂窝预测

1. Okumura 模型

Okumura 模型是日本科学家奥村（Okumura）于 20 世纪 60 年代经过大量测试总结得到的。Okumura 模型以准平坦地形的大城市市区场强中值为基础得出的曲线，对其他地形环境则以适当因子校正。它是一种预测城区信号时使用广泛的经验模型，应用频率在 150～1920MHz（可扩展到 3000MHz），距离为 1～10km，基站天线高度在 30～200m 之间，是一种适用于小区半径大于 1km 的宏蜂窝模型。

Okumura 模型为成熟的蜂窝和陆地移动无线系统路径损耗预测提供最简单和最精确的解决方案。由于其实用性，在日本已成为现代陆地移动无线系统规划的标准。

该模型的主要缺点是：对城区和郊区快速变化的反应较慢。预测和测试的路径损耗偏差为 10dB～40dB。

（1）中等起伏地形上的传播损耗（见图 2-23）

奥村模型中准平坦地形大城市地区的路径损耗为：

$$L_M = L_{bs} + A_m(f,d) - H_b(h_b,d) - H_m(h_m,f)(\text{dB}) \tag{2-67}$$

其中 L_{bs} 为自由空间传播损耗，$A_m(f,d)$ 为相对于自由空间的中值损耗（基站天线高度 h_b=200m，移动台天线高度 h_m=300m），$H_b(h_b,d)$ 为基站天线高度增益因子，即实际天线高度相对于标准天线高度 h_b=200m 的增益，它是距离的函数。$H_m(h_m,f)$ 为移动台天线高度增益因子，即实际移动台天线高度相对于标准天线高度 h_m=3m 的增益，它是频率的函数。

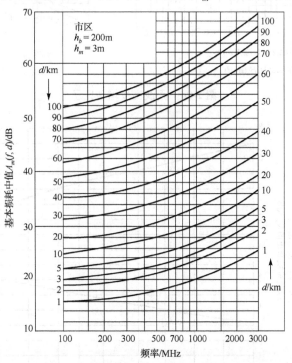

图 2-23 中等起伏地形上市区基本损耗中值

修正 1：如果基站天线的高度不是 200m，则损耗中值的差异用基站天线高度增益因子 $H_b(h_b,d)$ 表示。图 2-24(a) 给出了不同通信距离 d 时，$H_b(h_b,d)$ 与 h_b 的关系。显然，当 h_b>200m 时，$H_b(h_b,d)$>0 dB；反之，当 h_b<200 m 时，$H_b(h_b,d)$<0 dB。

修正 2：当移动台天线高度不是 3m 时，需用移动台天线高度增益因子 $H_m(h_m, f)$ 加以修正。当 $h_m > 3$ m 时，$H_m(h_m, f) > 0$dB；反之，当 $h_m < 3$m 时，$H_m(h_m, f) < 0$ dB。由图 2-24(b) 还可见，当移动台天线高度大于 5 m 以上时，其高度增益因子 $H_m(h_m, f)$ 不仅与天线高度、频率有关，而且还与环境条件有关。例如，在中小城市，因建筑物的平均高度较低，故其屏蔽作用较小，当移动台天线高度大于 4m 时，随天线高度增加，天线高度增益因子明显增大；若移动台天线高度在 1～4m 范围内，$H_m(h_m, f)$ 受环境条件的影响较小，移动台天线高度增高一倍时，$H_m(h_m, f)$ 变化约为 3dB。

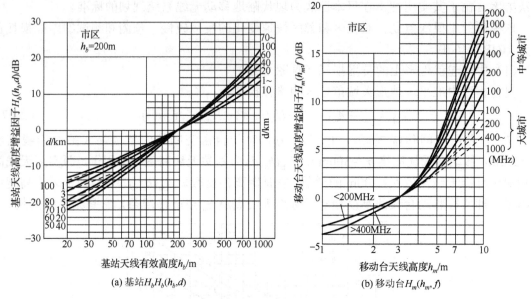

(a) 基站 $H_b H_b(h_b, d)$　　　(b) 移动台 $H_m(h_m, f)$

图 2-24　天线高度增益因子

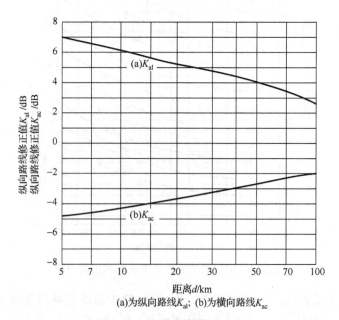

(a) 为纵向路线 K_{al}；(b) 为横向路线 K_{ac}

图 2-25　街道走向修正曲线

修正 3：市区的场强中值还与街道走向（相对于电波传播方向）有关。纵向路线（与电波传播方向相平行）的损耗中值明显小于横向路线（与传播方向相垂直）的损耗中值。这是由于沿建筑物形成的沟道有利于无线电波的传播（称沟道效应），使得在纵向路线上的场强中值高于基准场强中值，而在横向路线上的场强中值低于基准场强中值。图 2-25 给出了它们相对于基准场强中值的修正曲线。

（2）不规则地形上的传播损耗

以规则地形的路径损耗为基础，对不规则地形和具体传播环境，用修正因子加以修正，得到不规则地形和其他传播环境的路径损耗为：

$$L_M = L_{bs} + A_m(f,d) - H_b(h_b,d) - H_m(h_m,f) - k_s - k_h - k_{js} - k_{sp} - k_s \qquad (2\text{-}68)$$

其中：k_s 为郊区修正因子，k_h 为丘陵修正因子，k_{js} 为孤立山岳修正因子，k_{sp} 为斜坡修正因子，k_s 为水路混合传播修正因子。

这些修正因子的值可由图表查出。实际上，考虑到不同环境中的植被状况、街道宽度和走向，都要用适当的修正因子补偿。

（3）任意地形地区的接收信号功率中值计算

① 中等起伏地市区中接收信号的功率中值 P_P

中等起伏地市区接收信号的功率中值 P_P（不考虑街道走向）可由下式确定：

$$\begin{aligned}
[P_P] &= [P_0] - A_m(f,d) + H_b(h_b,d) + H_m(h_m,f) \\
&= [P_0] - (A_m(f,d) - H_b(h_b,d) - H_m(h_m,f))
\end{aligned} \qquad (2\text{-}69)$$

$$P_0 = P_T \left(\frac{\lambda}{4\pi d} \right)^2 G_b G_m \qquad (2\text{-}70)$$

式中，P_0 为自由空间传播条件下的接收信号的功率，P_T 为发射机送至天线的发射功率；λ 为工作波长；d 为收发天线间的距离；G_b 为基站天线增益；G_m 为移动台天线增益；$A_m(f,d)$ 是中等起伏地市区的基本损耗中值，即假定自由空间损耗为 0dB，基站天线高度为 200m，移动台天线高度为 3m 的情况下得到的损耗中值；$H_b(h_b,d)$ 是基站天线高度增益因子，它是以基站天线高度 200m 为基准得到的相对增益；$H_m(h_m,f)$ 是移动台天线高度增益因子，它是以移动台天线高度 3m 为基准得到的相对增益。若需要考虑街道走向，还应再加上纵向或横向路径的修正值。

② 任意地形地区接收信号的功率中值 P_{PC}

任意地形地区接收信号的功率中值以中等起伏地市区接收信号的功率中值 P_P 为基础，加上地形地物修正因子 K_T，即：

$$[P_{PC}] = [P_P] + K_T \qquad (2\text{-}71)$$

地形地物修正因子 K_T 一般可写成：

$$K_T = K_{mr} + Q_O + Q_r + K_h + K_{hf} + K_{js} + K_{sp} + K_s \qquad (2\text{-}72)$$

式中，K_{mr} 是郊区修正因子；Q_O、Q_r 是开阔地或准开阔地修正因子；K_h、K_{hf} 是丘陵地修正因子及微小修正因子；K_{js} 是孤立山岳修正因子；K_{sp} 是斜坡地形修正因子；K_s 是水陆混合路径修正因子。

任意地形地区的传播损耗中值为：

$$L_A = L_T - K_T \qquad (2\text{-}73)$$

式中，L_T 为中等起伏地市区传播损耗中值，即：

$$L_T = L_{fs} + A_m(f,d) - H_b(h_b,d) - H_m(h_m,f) \qquad (2\text{-}74)$$

【例 2-2】 某一移动信道，工作频段为 450MHz，基站天线高度为 50m，天线增益为 6dB，移动台天线高度为 3m，天线增益为 0dB；在市区工作，传播路径为中等起伏地，通信距离为 10km。试求：

（1）传播路径损耗中值；

（2）若基站发射机送至天线的信号功率为 10W，求移动台天线得到的信号功率中值。

解：

根据已知条件，$K_T = 0$，$L_A = L_T$，可分别计算如下：

自由空间传播损耗为：

$$L_{fs} = 32.44 + 20\lg f + 20\lg d = 32.44 + 20\lg 450 + 20\lg 10 = 105.5\text{dB}$$

查得市区基本损耗中值为：

$$A_m(f,d) = 27\text{dB}$$

同时，由图还可得：基站天线高度增益因子为：

$$H_b(h_b,d) = -12\text{dB}$$

移动台天线高度增益因子为：

$$H_m(h_m,f) = 0\text{dB}$$

则 $L_A = L_T = 105.5 + 27 + 12 = 144.5\text{dB}$

中等起伏地市区中接收信号的功率中值为：

$$\begin{aligned}
[P_P] &= \left[P_T \left(\frac{\lambda}{4\pi d} \right)^2 G_b G_m \right] - A_m(f,d) + H_b(h_b,d) + H_m(h_m,d) \\
&= [P_T] - [L_{fs}] + [G_b] + [G_m] - A_m(f,d) + H_b(h_b,d) + H_m(h_m,d) \\
&= [P_T] + [G_b] + [G_m] - [L_T] \\
&= 10\lg + 6 + 0 - 144.5 \\
&= -128.5\text{dBW}
\end{aligned}$$

【例 2-3】 若上题改为郊区工作，传播路径是正斜坡，且 $\theta_m = 15\text{mrad}$，其他条件不变，再求传播路径损耗中值及接收信号功率中值。

解：

由式（2-73）可知 $L_A = L_T - K_T$，由上例已求得 $L_T = 144.5\text{dB}$。根据已知条件，地形地区修正因子 K_T 只需考虑郊区修正因子 K_{mr} 和斜坡修正因子 K_{sp}，因而：

$$K_T = K_{mr} + K_{sp}$$

查得：$K_{mr} = 12.5\text{dB}$，$K_{sp} = 3\text{dB}$

所以，传播路径损耗中值为：

$$L_A = L_T - K_T = L_T - (K_{mr} + K_{sp}) = 144.5 - 15.5 = 129\text{dB}$$

接收信号功率中值为：

$$[P_{PC}] = [P_T] + [G_b] + [G_m] - L_A = 10 + 6 - 129 = -113\text{dBW} = -83\text{dBm}$$

或
$$[P_{PC}] = [P_P] + K_T = -98.5\text{dBm} + 15.5\text{dB} = -83\text{dBm}$$

2. Hata 系列模型

奥村模型提供了众多的图表曲线，利用它们可以得到所需要的路径损耗预测值。但用查图表的方法进行路径损耗的预测不够方便。日本人哈达（Hata）将奥村的曲线解析化，得到预测路径损耗的经验公式。

（1）Hata 模型

Hata 模型是广泛应用的一种中值路径损耗预测的传播模型，适用于宏蜂窝（小区半径大于 1km）的路径损耗预测。Hata 模型适用的频率范围为 150～1500MHz，工作频率 f 为 150～1500MHz，主要为 900MHz，基站天线的有效高度（指基站天线实际海拔高度与基站沿传播方向实际距离内的平均地面海拔高度之差）在 30～200m 之间，移动台天线的有效高度（指移动台高出地表的高度）在 1～10m 之间，距离 d 在 1～20km 之间。

Hata 模型路径损耗计算的经验公式为：

$$L(\text{dB}) = 69.55 + 26.16\lg f_0 - 13.82\lg h_t - \alpha(h_r) + (44.9 - 6.55\lg h_t)\lg d + C \qquad (2\text{-}75)$$

式中，f_0 为工作频率，单位是 MHz；h_t 和 h_r 分别是基站和移动台天线的有效高度，单位是 m；d 为基站天线和移动台天线之间的水平距离，单位是 km，适用范围 1～10km。

$\alpha(h_r)$ 为天线校正因子，其值取决于环境：

$$\alpha(h_r) = \begin{cases} (1.11\lg f_0 - 0.7)h_r - (1.56\lg f_0 - 0.8) & \text{中小城市} \\ 8.29(\lg 1.54 h_r)^2 - 1.1 & \text{大城市}(f_0 \leqslant 300\text{MHz}) \\ 3.2(\lg 11.75 h_r)^2 - 4.97 & \text{大城市}(f_0 \geqslant 300\text{MHz}) \end{cases} \qquad (2\text{-}76)$$

C 为使用地区环境校正因子：

$$C = \begin{cases} 0 & \text{城市} \\ -2\left[\lg(f_0/28)\right]^2 - 5.4 & \text{郊区} \\ -4.78(\lg f_0)^2 + 18.33\lg f_0 - 40.94 & \text{乡村} \end{cases} \qquad (2\text{-}77)$$

在 $d \geqslant 1\text{km}$ 的情况下，Hata 模型的预测结果与奥村模型很接近。Hata 模型适用于大区制移动通信系统，不适用于小区半径是 1km 左右的个人通信系统（PCS）。

（2）COST-231 Hata 模型

为了使 Hata 模型的适用频率范围扩展，欧洲科学技术研究协会（EURO-COST）组成的 COST 工作委员会开发了一种扩展的 Hata 模型，应用频率在 1500～2000MHz，适用于小区半径大于 1km 的宏蜂窝系统，发射有效天线高度在 30～200m 之间，接收有线天线高度在 1～10m 之间，距离 d 在 1～20km 之间。

$$L_{50} = 46.3 + 33.9\lg f_c - 13.82\lg h_t - \alpha(h_r) + (44.9 - 6.55\lg h_t)\lg d + C_M \qquad (2\text{-}78)$$

其中：L_{50} 为传播路径损耗 50%处的值（即中值）

$$C_M = \begin{cases} 0\text{dB}, & \text{中等城市和郊区} \\ 3\text{dB}, & \text{大城市市中心繁华区} \end{cases} \tag{2-79}$$

3. COST-231 Walfish-Ikegami 模型

欧洲研究委员会 COST-231 在 Walfish-Bertoni 模型和 Ikegami 模型的基础上,对实测数据加以完善,提出了 COST-231 Walfish-Ikegami 模型。该模型考虑了自由空间损耗、沿传播路径的绕射损耗以及移动台与周围建筑屋顶之间的损耗,是高楼林立地区的中到大型蜂窝的半确定性模型。COST-231 Walfish-Ikegami 模型广泛地应用于建筑物高度近似一致的郊区和城区环境,经常在移动通信系统(GSM/PCS/DECT/DCS)的设计中使用。在高基站天线情况下采用理论的 Walfish-Bertoni 模型计算多屏绕射损耗,在低基站天线情况下采用测试数据计算损耗。这个模型主要考虑了三种损耗:自由空间传播损耗、建筑物顶到街道的损耗和散射损耗及多次屏蔽损耗。

COST-231 Walfish-Ikegami 模型适用的频率范围为 800~2000MHz,路径距离 d 在 0.02~5km 之间,基站天线高度在 4~50m 之间,移动台天线高度在 1~3m 之间。

COST-231 Walfish-Ikegami 模型分视距传播和非视距传播两种情况近似计算路径损耗。

(1)视距传播

视距传播环境中,发射机与接收机之间的直接路径上没有障碍物,路径损耗为:

$$L_{Los}(\text{dB}) = 42.64 + 26\lg d + 20\lg f_0 \tag{2-80}$$

式中,d 为基站天线和移动台天线之间的水平距离,单位是 km;f_0 为工作频率,单位是 MHz。

(2)非视距传播

非视距传播路径损耗为:

$$L_{NLos}(\text{dB}) = L_0 + L_{rts} + L_{msd} \tag{2-81}$$

式中,L_0 是自由空间传播损耗;L_{rts} 是屋顶到街道的绕射及散射损耗;L_{msd} 是多重屏障的绕射损耗。

下面计算中所用到的参数如图 2-26 所示,具体说明如下:

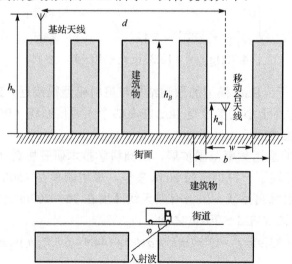

图 2-26 COST-231 Walfish-Ikegami 模型非视距传播的参数

h_b 为基站天线高出地面的高度（m）；h_B 为建筑物屋顶高度（m）；h_m 为移动台天线高度（m）；w 为街道宽度（m）；b 为建筑物的间隔（m）；φ 为入射波与街面的入射角。

① 自由空间传播损耗

$$L_0(\text{dB}) = 32.44 + 20\lg d + 20\lg f_0 \tag{2-82}$$

② 屋顶到街道的绕射及散射损耗

$$L_{rts} = -16.9 - 10\lg w + 10\lg f_0 + 20\lg(h_B - h_m) + L_{ori} \tag{2-83}$$

式中，

$$L_{ori} = \begin{cases} -10 + 0.354\varphi & 0 \leqslant \varphi < 35° \\ 2.5 + 0.075(\varphi - 35°) & 35° \leqslant \varphi < 55° \\ 4.0 - 0.114(\varphi - 55°) & 55° \leqslant \varphi \leqslant 90° \end{cases} \tag{2-84}$$

③ 多重屏障的绕射损耗

$$L_{msd} = L_{bsh} + K_a + K_d \lg d + K_f \lg f_0 - 9\lg b \tag{2-85}$$

式中，

$$L_{bsh} = \begin{cases} -18\lg(1 + h_b - h_B) & h_b > h_B \\ 0 & h_b \leqslant h_B \end{cases} \tag{2-86}$$

$$K_a = \begin{cases} 54 & h_b > h_B \\ 54 - 0.8 \times (h_b - h_B) & h_b \leqslant h_B \text{且} d \geqslant 0.5\text{km} \\ 54 - 0.8 \times (h_b - h_B) \times d/0.5 & h_b \leqslant h_B \text{且} d < 0.5\text{km} \end{cases} \tag{2-87}$$

$$K_d = \begin{cases} 18 & h_b > h_B \\ 18 - 15 \times \dfrac{h_b - h_B}{h_B} & h_b \leqslant h_B \end{cases} \tag{2-88}$$

$$K_f = \begin{cases} -4 + 0.7(f_0/925 - 1), & \text{中等城市和郊区} \\ -4 + 1.5(f_0/925 - 1), & \text{大城市} \end{cases} \tag{2-89}$$

COST-231 Walfish-Ikegami 模型与 Hata 模型路径损耗的比较：由于 Hata 模型未考虑来自街道宽度、街道绕射和散射带来的影响，因此两者损耗一般要相差 13～16dB。也就是说，COST-231 Walfish-Ikegami 模型要比 Hata 模型更精确，也更复杂。

4. LEE 模型

LEE 模型应用广泛，主要原因是模型中的主要参数易于根据测量值调整，适合本地无线传播环境，模拟准确性大大提高。另外，路径损耗预测算法简单，计算速度快，很多无线通信系统（AMPS、GSM、IS-95、PCS 等）采用这种模型进行设计。

（1）LEE 宏蜂窝模型

移动台接收信号大小的决定因素一是人为建筑物，二是地形地貌。LEE 模型的基本思路是先把城市当成平坦的，只考虑人为建筑物的影响，在此基础上再把地形地貌的影响加进来。LEE 模型将地形地貌的影响分成 3 种情况计算：无阻挡的情况、有阻挡的情况，以及水面反射的情况。

① 无阻挡的情况

考虑地形的影响，采用有效天线高度进行计算：

$$\Delta G = 20\lg(h_1'/h_1) \quad (\text{dB}) \tag{2-90}$$

式中，h_1' 为天线有效高度，h_1 为天线实际高度。

若 $h_1' > h_1$，ΔG 是一个增益；若 $h_1' < h_1$，ΔG 是一个损耗。

$$P_r = P_{r1} - \gamma\lg\frac{r}{r_0} + \alpha_0 + 20\lg\frac{h_1'}{h_1} - n\lg\frac{f}{f_0} \tag{2-91}$$

式中，r_0 取 1 英里或 1km；$f_0 = 850\text{MHz}$；$n = \begin{cases} 20 & f < f_0 \\ 30 & f \geqslant f_0 \end{cases}$

② 有阻挡的情况

$$P_r = P_{r1} - \gamma\lg\frac{r}{r_0} + \alpha_0 + L(v) - n\lg\frac{f}{f_0} \tag{2-92}$$

式中，$L(v)$ 是由于山坡等地形阻挡物引起的衍射损耗。

③ 水面反射的情况

$$P_r = \alpha \cdot P_0 \cdot \left(\frac{\lambda}{4\pi d}\right)^2 \tag{2-93}$$

式中，α 为由于移动无线通信环境引起的衰减因子 $(0 \leqslant \alpha \leqslant 1)$。比如，以动态接收天线通常低于周围物体而引入的衰减因子。$P_0 = P_t G_t G_m$；P_t 为基站发射功率；G_t、G_m 分别为基站和移动台的天线增益。

（2）LEE 微蜂窝模型

LEE 微蜂窝小区路径损耗预测公式为

$$L = L_{los}(d_A, h_t) + L_B \tag{2-94}$$

式中，$L_{los}(d_A, h_t)$ 是基站天线有效高度 h_t，距离基站 d_A 处的直射波路径损耗，是一个双斜率模型。L_B 是由于建筑物引起的损耗。

$L_{los}(d_A, h_t)$ 的理论值为

$$L_{los}(d_A, h_t) = \begin{cases} 20\lg\dfrac{4\pi d_A}{\lambda} \ (\text{自由空间传播损耗}) & d_A < D_f \\ 20\lg\dfrac{4\pi d_f}{\lambda} + \gamma\lg\dfrac{d_A}{D_f} & d_A > D_f \end{cases} \tag{2-95}$$

式中，$D_f = \dfrac{4h_t h_r}{\lambda}$ 为菲涅耳区的距离。

5. 几种常用模型的对比

上述几种常用传播模型，适用范围不同，计算路径损耗的方法和需要的参数也不相同。在使用时，应该根据不同预测点位置、从发射机到预测点的地形地物特征、建筑物高度和分布密度、街道宽度和方向差异等因素选取适当的传播模型。如果传播模型选取不当，使用不合理，将影响路径损耗预测的准确性，并影响链路预算、干扰计算、覆盖分析和容量分析等。

（1）传播模型的适用范围

要在复杂多变的无线传播环境下选取适当的传播模型，灵活地运用各种模型，准确地预测路径损耗，需要研究各种传播模型的特点、适用范围、路径损耗计算的原理以及模型中各个参数的含义。Hata 模型、LEE 模型、CCIR 模型和 COST-231 WI 模型的适用范围如表 2-4 所示。

表 2-4　传播模型的适用范围

传播模型	适用范围	宏蜂窝（>1km）微蜂窝（<1km）	频率（MHz）	天线高度（m）	城区/郊区/乡村
Hata	Okumura-Hata	宏蜂窝	150～1500	基站：30～200 移动台：1～10	城区、郊区、乡村
Hata	COST-231 Hata	宏蜂窝	1500～2000	基站：30～200 移动台：1～10	城区、郊区、乡村
CCIR		宏蜂窝	150～2000	基站：30～200 移动台：1～10	城区、郊区
LEE		宏蜂窝	450～2000		城区、郊区、乡村
LEE		微蜂窝（LOS&NLOS）	450～2000		城区、郊区
WIM		0.02～5km（LOS&NLOS）	800～2000	基站：4～50 移动台：1～3	城区、郊区

（2）传播模型的具体使用及评价

当基站和移动台之间水平距离大于 1km 时，通常采用宏蜂窝模型，如 Hata 模型、CCIR 模型、LEE 宏蜂窝模型和 COST-231 WI 模型。此时，对于距离比较远的情况（大于 5km），一般采用 Hata 模型或 CCIR 模型，距离近时（小于 5km），采用 COST-231 WI 模型，有实测数据并得到 LEE 模型中参数 P_{r1}（1km 处接收功率）和距离衰减因子 γ 时，建议采用 LEE 模型；当基站和移动台之间水平距离大于 1km 时，通常采用微蜂窝模型，如 LEE 宏蜂窝模型和 COST-231 WI 模型，一般采用 COST-231 WI 模型，有实测数据时，可采用 LEE 模型。

传播模型的具体使用及其评价如下。

① Hata 模型

路径损耗计算公式中的参数如工作频率、天线有效高度、距离、覆盖区类型等容易获得，因此模型易于使用，这是 Hata 模型广泛使用的主要原因。但是，Hata 模型中把覆盖区简单分成 4 类：大城市、中小城市、郊区和乡村。这种分类过于简单，尤其在城市环境中，建筑物的高度和密度、街道的分布和走向是影响无线电波传播的主要因素。Hata 模型中没有反映这些因素的参数，因此模型计算出的路径损耗难以反映这些因素导致的路径损耗的差异，预测值和实际值的误差较大。

② CCIR 模型

CCIR 模型是 Hata 模型在城市传播环境下的应用，相比 Hata 模型，CCIR 模型粗略地考虑了建筑物密度对路径损耗的影响，模型中除了需要 Hata 模型的参数外，还需要地理数据给出被建筑物覆盖的区域的百分比参数，这个参数定义为覆盖区域内被建筑物覆盖的面积与总面积的比值，反映了建筑物的密度，这个参数从地理数据不难获得。

③ LEE 模型

LEE 模型中的主要参数 P_{r0}（距离基站 r_0 处断点的接收功率）和路径损耗的斜率 γ 易于

根据测量值调整，适合本地无线传播环境，这种情况下，模型准确性大大提高。另外，LEE模型预测算法简单，计算速度快，因此，在有测试数据时，建议采用这种模型进行设计。

④ COST-231 WI 模型

COST-231 WI 模型广泛应用于建筑物高度近似一致的郊区和城区环境，高基站天线时模型采用理论的 Walfisch-Bertoni 模型计算多屏绕射损耗，低基站天线时采用测试数据。模型也考虑了自由空间损耗、从建筑物到街面的损耗以及街道方向等的影响。因此，发射天线可以高于、等于或低于周围建筑物。

2.3.2　室内传播模型

目前，无线通信的应用正逐渐由室外环境向室内扩展和延伸。随着 PCS 系统的应用，人们越来越关注室内无线电波传播的情况。研究室内电波传播的多径现象，建立有使用意义的室内电波传播模型，可以为室内无线通信系统的设计提供最佳网络配置的依据，从而节省巨额的实地设站检测费用，具有较好的经济效益。

与传统的无线信道相比，室内无线信道覆盖面积小，收发设备之间的传播环境变化大，室内的电波传播不受气候因素（如雨、雪和云等）的影响，但受到建筑物材料、形态、房间布局及室内陈设等的影响。其中最重要的影响因素是建筑材料。室内障碍物不仅有砖墙，而且有木材、金属、玻璃及其他材料（如地毯、墙纸等）。这些材料对电波传播的影响各不相同。

从电波传播的机理来看，它仍然受到直射、反射、绕射、散射和穿透等传播方式的影响。室内移动台接收从建筑物外部发来的信号时，电波需要穿透墙壁、楼层，受到很大损耗。这种穿透损耗和频率、建筑物的结构（砖石或钢筋水泥结构等）有关，还和移动台位置（是否靠近窗口、所处楼层）有关。仅靠有限的经验很难确定准确的透射损耗模型。因此，在设计时只能通过大量的测量，取其中值设计。同时，前人进行的大量测量表明，穿透损耗有如下规律：钢筋水泥结构的穿透损耗大于砖石或土木结构；建筑物内的穿透损耗随电波穿透深度（进入室内的深度）而加大；损耗还和楼层有关，以一楼为基准，楼层越高，损耗越小，地下室损耗最大。对不同频率的无线信号，穿透损耗随着频率的增高而减小。

一般来说，室内信道也分为视距（LOS）和阻挡（OBS）两种，并且随着环境杂乱程度而变化。若发射点和接收点同处一室，相距仅几米或几十米，属于直射传播，场强可按自由空间计算。由于墙壁的反射，室内场强会随地点起伏。用户持手机移动时也会使接收信号产生衰落，但衰落速度很慢，对信号传输几乎不产生影响。

若发射点和接收点虽在同一建筑物内，但不在同一房间内，则情况要复杂得多。这时对室内传播特性的预测需要使用针对性更强的模型，下面就简单介绍几种室内传播模型。

1. 对数距离路径损耗模型

研究表明，室内路径损耗可用下式表示：

$$L_M(d) = L_M(d_0) + 10n\lg\left(\frac{d}{d_0}\right) + X_\sigma \tag{2-96}$$

式中，n 为路径损耗指数，X_σ 表示标准方差为 σ 的随机变量。n 与 σ 都依赖于周围环境和建筑物类型。

2. 衰减因子模型

衰减因子模型是在自由空间传播损耗的基础上附加衰减因子来计算室内路径损耗。赛德尔（Seidel）描述的模型包括了建筑物类型的影响和障碍引起的变化，其室内路径损耗公式为：

$$L_m(d) = L_m(d_0) + 10n_{SF}\lg\left(\frac{d}{d_0}\right) + \text{FAF(dB)} \tag{2-97}$$

式中，n_{SF} 表示同一楼层的路径损耗指数测量值。如果能获得较好的同层路径损耗系数，则不同楼层路径损耗可通过附加楼层衰减因子 FAF（Floor Attenuation Factor）获得。或者，FAF 也可由考虑多楼层影响的指数所代替，即：

$$L_m(d) = L_m(d_0) + 10n_{MF}\lg\left(\frac{d}{d_0}\right) \tag{2-98}$$

其中，n_{MF} 表示基于测试的多楼层路径损耗指数。

室内路径损耗模型也可以在自由空间损耗上再增加一线性路径损耗因子，这个附加损耗随距离指数增长，损耗公式可表示为：

$$L_m(d) = L_m(d_0) + 20\lg\left(\frac{d}{d_0}\right) + \alpha d + \text{FAF(dB)} \tag{2-99}$$

其中，α 为信道衰减常数，单位为 dB/m。

3. 室内（办公室）测试环境路径损耗模型

该模型的基础是 COST-231 模型，室内路径损耗遵从：

$$L = L_{fs} + L_c + \sum k_{wi}L_{wi} + n^{\left(\frac{n+2}{n+1}-b\right)} \times L_f \tag{2-100}$$

式中：L_{fs} 是指发射机和接收机之间的自由空间损耗；L_c 是指固定损耗；k_{wi} 是指被穿透的 i 类墙的数量；n 是指被穿透的楼层数量；L_{wi} 是指 i 类墙的损耗；L_f 是指相邻楼层之间的损耗；b 是经验参数。注：L_c 一般设为 37dB；对室内（办公室）环境，$n=4$ 是平均数。为了在适中的不利环境中计算容量，把该模型修正为 $n=3$。对损耗分类的加权平均见表 2-5。

表 2-5　对损耗分类的加权平均

损 耗 类 型	说　　明	因子/dB
L_f	典型的楼层结构（办公室） - 空心墙砖；加钢筋的混凝土；厚度<30cm	18.3
L_{w1}	轻型内墙 - 灰泥板；有大量孔洞的墙（窗户）	3.4
L_{w2}	内墙 - 混凝土、砖；最小数量的孔洞	6.9

室内路径损耗模型可用下面的简化形式表示：

$$L = 37 + 30\lg d + 18.3n^{\left(\frac{n+2}{n+1}-0.46\right)} \tag{2-101}$$

式中，d 为发射机和接收机之间的间隔距离，单位是 m；n 为传播路径中楼层的数目。需注意的是，任何情况下计算的 L 值应不小于自由空间的损耗。

4．Ericsson 多重断点模型（见图 2-27）

Ericsson 多重断点模型有四个断点，并考虑了路径损耗的上下边界。模型假定在 $d_0=1m$ 处衰减为 30dB，这对于频率为 900MHz 的单位增益天线是准确的。Ericsson 多重断点模型没有考虑对数正态阴影部分，它提供特定地形路径损耗范围的确定限度。该模型也可从 900MHz 扩展到 1800MHz 使用，此时，在任何地点都要附加 8.5dB 的额外路径损耗。

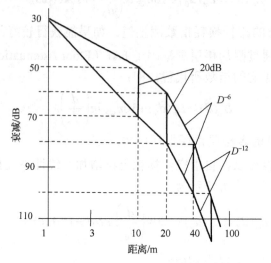

图 2-27　多重断点室内路径损耗模型

表 2-6 给出了 Ericsson 室内传播模型的参数。

表 2-6　Ericsson 室内传播模型的参数

距离/m	路径损耗下限/dB	路径损耗上限/dB
$1<r<10$	$30+20\lg r$	$30+40\lg r$
$10\leqslant r<20$	$20+30\lg r$	$40+30\lg r$
$20\leqslant r<40$	$-19+60\lg r$	$1+60\lg r$
$40\leqslant r$	$-115+120\lg r$	$-95+120\lg r$

2.3.3　高频电波传播模型

超高频通信在军事通信和无线局域网等领域已经获得应用，但是在蜂窝通信领域的研究尚处于起步阶段。高频信号在移动条件下，易受到障碍物、反射物、散射体以及大气吸收等环境因素的影响，从而使得高频通信与传统蜂窝频段有着明显差异，如传播损耗大、信道变化快、绕射能力差。

在毫米波领域，初步的信道测量表明，频段越高，信号传播路损越大。目前研究的传播模型主要有 Close-in 参考模型和 Floating Intercept 模型等。当前阶段，相比较而言，学术界一般认为：在测量数据不足的情况下，Close-in 参考模型更加稳健；在有足够的测量数据的情况下，采用 Floating Intercept 模型更加合理。

1．近距离参考模型（Close-in Reference）

在此模型下，路径损耗可表示为：

$$PL(d) = 20\lg\left(\frac{4\pi d_0}{\lambda}\right) + 10\overline{n}\lg\left(\frac{4\pi d}{d_0}\right) + X_\sigma(\text{dB}), d \geq d_0 \qquad (2\text{-}102)$$

式中，X_σ 为对数分布的阴影衰落随机变量，方差为 α。

取 d_0 为 1m 时，视距传播的信号（LOS）路径损耗表示为：

$$PL(d) = 20\lg\left(\frac{4\pi}{\lambda}\right) + 10\overline{n}_{LOS}\lg(d) + X_{\sigma,LOS}(\text{dB}), d \geq 1\text{m} \qquad (2\text{-}103)$$

非视距传播信号（NLOS）路径损耗表示为：

$$PL(d) = 20\lg\left(\frac{4\pi}{\lambda}\right) + 10\overline{n}_{NLOS}\lg(d) + X_{\sigma,NLOS}(\text{dB}), d \geq 1\text{m} \qquad (2\text{-}104)$$

根据纽约地区城区的测试结果，视距和非视距传播条件下，式（2-103）和式（2-104）的系数建议值见表 2-7。由表 2-7 可：①视距传播环境下，城市区域的传播损耗非常接近自由空间传播损耗；②非视距传播环境下，与视距传播相比，城市区域信号随距离的衰减显著增加。

表 2-7　Close-in Reference 模型参数

频　率	$\overline{n}_{LOS}$	σ_{LOS}	$\overline{n}_{NLOS}$	σ_{NLOS}
28GHz	2.1dB	3.6dB	3.4dB	9.7dB
73GHz	2.0dB	4.8dB	3.4dB	7.9dB

2. 可变截距（Floating Intercept）模型

可变截距模型，是一种基于已有测试数据进行最优拟合的传播模型。该模型认为，一般情况下无线电波的路径损耗与传播距离的对数接近于线性关系，可表示为：

$$\overline{PL(d)}(\text{dB}) = \sigma + \overline{\beta} \cdot 10\lg(d) + X_\sigma \qquad (2\text{-}105)$$

其中：$\overline{PL(d)}$ 为路径损耗均值（单位：dB）；σ 为可变截距；$\overline{\beta}$ 为线性斜率（平均路径损耗指数）；d 为收发机之间的距离；X_σ 为阴影衰落随机变量。

路径损耗指数 $\overline{\beta}$，可通过测试数据与测试距离的最佳拟合得到，并通过最小二乘法确定：

$$\overline{\beta} = \frac{\sum_i^n (d_i - \overline{d}) \times (PL_i - \overline{PL})}{\sum_i^n (d_i - \overline{d})^2} \qquad (2\text{-}106)$$

其中：d_i 为第 i 个测试数据点的距离（指数化表示）；$\overline{d}$ 为测试样本中所有测试点的距离（指数化表示）；PL_i 为第 i 个测试数据点的路径损耗（dB）；$\overline{PL}$ 为测试样本中所有测试点的平均路径损耗（dB）。

$\overline{\beta}$ 确定后，可变截距 σ 可由下式得出：

$$\sigma(\text{dB}) = \overline{PL}(\text{dB}) - \overline{\beta} \cdot \overline{10\lg(d)} \qquad (2\text{-}107)$$

根据纽约地区非视距传播环境下的测试结果，在 28GHz 和 73.5GGHz 频率上，Floating Intercept 模型参数的建议值见表 2-8。

表 2-8　Floating Intercept 模型参数（非视距传播）

频　　率	α	$\overline{\beta}$	σ_{NLOS}
28GHz	79.2	2.6	9.6
73.5GHz	80.6	2.9	7.8

3．两种模型比较

纽约大学的研究人员对以上两种模型在奥斯汀和纽约的使用进行比较，选择了多种天线高度与测试环境，见表 2-9 和 2-10。该研究认为，采用 Floating Intercept 模型拟合传播损耗更准确，方差较小（在纽约大约低 1dB，在奥斯汀大约低 4～6dB）。

表 2-9　Close-in Reference 模型参数（d_0=5m）

	38GHz（奥斯汀）		28GHz（纽约）
接收天线增益	25.5dBi	13.3dBi	24.5dBi
n_{NLOS}	3.88	3.18	5.76
σ_{LOS}(dB)	14.6	11.0	9.02

表 2-10　Floating Intercept 模型参数（30m<d<200m）

	38GHz（奥斯汀）					28GHz（纽约）	
接收天线增益（dB）	25		13.3			24.5	
发射天线高度（m）	8	36	8	23	36	7	17
α	115.17	127.79	117.85	118.77	116.77	75.85	59.89
n_{NLOS}	1.28	0.45	0.4	0.12	0.41	3.73	4.51
σ_{LOS}(dB)	7.59	6.77	8.23	5.78	5.96	8.36	8.52

思考题与习题 2

1．移动通信信道具有哪些主要特点？

2．在移动通信中，电波传播的方式主要有哪几种？简述各自的特点。

3．什么是多径衰落？简述它对移动通信系统的主要影响。

4．什么是平坦衰落？什么是频率选择性衰落？

5．简述时延扩散、相关带宽和多普勒频移、相关时间的基本概念。

6．若载波频率为 900MHz，移动台速度为 43.2km/h，求最大多普勒频移。

7．假设发射机的发射功率为 100W，发射机的天线增益为单位增益，载波频率为 900MHz，接收机距离天线 50m，试求出在自由空间中接收功率为多少 dBW？多少 dBm？

8．设某一移动信道传播路径如图 2-3(a)所示，假设 $d_1 = 10\text{km}$，$d_2 = 5\text{km}$，工作频率为 450MHz，菲涅耳余隙为-82m，试求电波传播损耗值。

9．设基站天线高度为 60m，发射频率为 900MHz，移动台天线高度为 1.5m，收发天线之间的距离为 10km，利用 Hata 模型分别求出城市、郊区和乡村的路径损耗。

10．假设基站天线高度为 30m，发射频率为 880MHz，移动台天线高度为 2m，街道宽度为 20m，建筑物高度为 30m，平顶建筑，$\varphi = 90°$。在收发天线之间的距离为 5km 时，试比较 Hata 模型和 COST-231/Walfish Ikegami 模型的预测结果。

第3章 抗衰落技术

学习重点和要求

本章主要介绍移动通信的抗干扰与抗衰落技术，包括分集技术、信道编码、扩频通信。分集技术是为了减小衰落的深度和衰落持续时间；信道编码是为了保证通信系统的传输可靠性；扩频通信则是通过牺牲带宽提高通信系统的抗干扰能力。

要求：

- 掌握分集技术的基本思想、常用的 3 种合并方式以及它们的性能分析与比较；
- 掌握信道编码在移动通信中的应用、线性分组码的基本原理、循环码的编译码方法、卷积码的维特比译码原理；理解 Turbo 码和交织编码的基本概念；
- 掌握扩频通信的基本原理及主要工作方式；
- 掌握常用的伪随机序列：m 序列、Gold 序列和 Walsh 函数；
- 了解直接序列扩频系统的工作原理及其特点；
- 理解 RAKE 接收机的工作原理。

随着移动通信技术的发展，传输的数据速率越来越高，人们对信号正确有效地接收的要求也越来越重要。在移动通信中，移动信道的多径传播、时延扩展以及伴随接收机移动过程产生的多普勒频移会使接收信号产生严重衰落，以至于影响通信质量；另外，移动信道存在的噪声和干扰也会使接收信号失真而造成误码。所以，抗衰落技术历来是移动通信的重点研究课题。

由于地形起伏、建筑物及障碍物的遮蔽等引起的阴影效应会使接收的信号过弱而造成通信中断。为了改善和提高接收信号的质量，在移动通信中就必须使用抗衰落技术，即利用信号处理技术来改进恶劣的无线电传播环境中的链路性能。

对于路径传输损耗，主要靠增大发射功率，以提高接收信号的场强来解决；对于慢衰落所造成的接收信号功率的波动，通常借助"宏分集"来解决；为了减小蜂窝网络中的共道干扰而采用扇区天线、多波束天线和自适应天线阵列等；为了降低通信中传输的差错率，利用信道编码进行检错和纠错（包括前向纠错 FEC 和自动请求重传 ARQ），这是保证通信质量和可靠性的有效手段。

无线传输所面临的最大问题是信道的时变多径衰落，克服多径衰落主要用"微分集"来解决，这也是人们通常所说的分集技术。抗多径衰落还常用均衡技术和差错控制编码技术，均衡可以补偿时分信道中由于多径效应而产生的码间干扰（ISI），信道编码是通过在发送信息时加入冗余的数据位来改善通信链路的性能的。分集、均衡和信道编码这三种技术都被用于改进无线链路的性能，也就是希望减小瞬时误码率。这三种技术在用来改进接收信号质量时，既可单独使用，也可组合使用。

在实际的移动通信系统中会根据自身系统特点和信道情况采取适合的技术克服多径衰落，比如，TDMA 系统采用自适应均衡技术，CDMA 系统采用扩频技术和 RAKE 接收技术，LTE 系统采用 OFDM 和 MIMO 技术。各种移动通信系统还使用其他的抗衰落技术：分集接收技术、纠错编码技术、自动功率控制技术等，从而提高系统通信的可靠性和质量。

在下面的各节里，我们将分别介绍分集接收、纠错编码、扩频等常见的抗衰落技术。

3.1　分集接收技术

3.1.1　基本概念与分类

1. 分集接收技术的基本概念

在移动通信中为对抗衰落产生的影响，分集接收是常采用的有效措施之一。在移动环境中，通过不同途径所接收到的多个信号其衰落情况是不同的，衰落是独立的。所谓分集接收，是指接收端对它收到的多个衰落特性互相独立（携带同一信息）的信号进行特定的处理，以降低信号电平起伏的办法。综合利用各信号分量，就有可能明显地改善接收信号的质量，这就是分集接收的基本思想。分集接收的代价是增加接收机的复杂度，因为要对各径信号进行跟踪，及时对更多的信号分量进行处理，但它可以提高通信的可靠性，故被广泛用于移动通信。

分集有两重含义：一是分散传输，使接收端能获得多个统计独立的、携带同一信息的衰落信号；二是集中处理，即接收机把收到的多个统计独立的衰落信号进行合并（包括选择与组合）以降低衰落的影响。

2. 分集接收技术的分类

移动无线信号的衰落包括两个方面：一个来自因地形地物造成的阴影衰落，它使接收的信号平均功率（或者信号的中值）在一个比较长的空间（或时间）区间内发生波动，这是一种宏观的信号衰落；二是多径传播使得信号在一个短距离上（或一短时间内）信号强度发生急剧的变化（但信号的平均功率不变），这是一种微观衰落。针对这两种不同的衰落，常用的分集技术可以分为宏观分集和微观分集。

（1）宏观分集

宏观分集主要用于蜂窝通信系统中，也称为多基站分集。这是一种减小慢衰落影响的分集技术，其做法是把多个基站设置在不同的地理位置上，并使其在不同的方向上，这些基站同时和小区内的一个移动台进行通信（可以选用其中信号最好的一个基站进行通信）。显然，只要在各个方向上的信号传播不是同时受到阴影效应或地形的影响而出现严重的慢衰落，这种办法就能保持通信不会中断。软切换就是宏分集的典型应用。

（2）微观分集

微观分集是一种减小快衰落影响的分集技术，在各种无线通信系统中都经常使用。理论和实践都表明，在空间、频率、极化、场分量、角度及时间等方面分离的无线信号，都呈现相互独立的衰落特性。利用这些特点采用相应的方法可以得到来自同一发射机的衰落独立的多个信号，形成多种分集技术。这里只讨论目前移动通信中常见的三种分集方式。

① 空间分集

空间分集是利用接收地点（空间）位置的不同，利用不同地点接收到信号在统计上的不相关性，即衰落性质上的不一样，实现抗衰落的性能。在相隔足够大的距离上（一般满足空间距离大于相干距离），信号的衰落是相互独立的，若在此距离上设置两副接收天线，它们所接收到的来自同一发射机发射的信号就可以认为是不相关的。这种分集方式也称作天线分集。使接收信号不相关的两副天线的距离，因移动台天线和基站天线所处的环境不同而有所区别。

一般，移动台附近的反射体、散射体比较多，移动台天线和基站天线的直线传播的可能性比较小，因此移动台接收的信号多服从瑞利分布。理论分析表明，移动台两副垂直极化天线的水平距离为 d 时，接收信号的相关系数与 d 的关系为

$$\rho(d) = J_0^2\left(\frac{2\pi}{\lambda}d\right) \tag{3-1}$$

式中，$J_0^2(x)$ 为第一类零阶贝塞尔函数。相关系数 $\rho(d)$ 与 d 的关系如图 3-1 所示。

由图 3-1 可以看出，随着天线距离的增加，相关系数呈现波动衰减。在 $d = 0.4\lambda$ 时，相关系数为零。实际上只要相关系数小于 0.2，就可以认为这两个信号是互不相关的。经过测试和统计，CCIR 建议为了获得满意的分集效果，移动单元两天线间距大于 0.6 个波长，即 $d>0.6\lambda$，并且最好选在 $\lambda/4$ 的奇数倍附近。若减小天线间距，即使小到 $\lambda/4$，也能起到相当好的分集效果。在 900MHz 的频段工作时，两副天线的间隔也只需 0.27m，在小汽车的顶部安装这样两

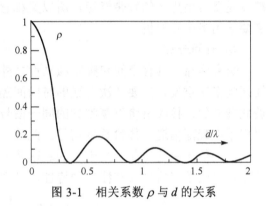

图 3-1 相关系数 ρ 与 d 的关系

副天线并不困难，因此空间分集不仅适用于基站（取 d 为几个波长），也可用于移动台，但使用这种分集的移动台一般是车载台。

在移动信道中，通常取：

市区：$d = 0.5\lambda$；

郊区：$d = 0.8\lambda$。

在满足上述的条件下，两信号的衰落相关性已很弱；d 越大，相关性就越弱。另外，如果收端利用 N（$N=2\sim4$）部天线接收，**N 越大，效果越好**，但工程复杂。这种多天线应用后来演变成了 MIMO 技术，将在第 6 章介绍。另外，空间分集还包括极化分集和角度分集。极化分集在移动环境下，两个在同一地点极化方向（水平和垂直极化天线）相互正交的天线发出的信号呈现出不相关的衰落特性。角度分集由于地形地貌的影响，多径信号到达接收点的方向可能不一样，在接收端采用方向性天线，就可以实现角度分集。

② 频率分集

在无线信道中，若两个载波的间隔大于信道的相干带宽，则这两个载波信号的衰落是相互独立的，因此可以用两个以上不同的频率传输同一信息，以实现频率分集。根据相关带宽的定义有

$$B_c = \frac{1}{2\pi\Delta} \tag{3-2}$$

式中，Δ 为延时扩展。若市区中的 $\Delta = 3\mu s$，则 B_c 约为 53kHz，这样频率分集需要间隔大于 53kHz 的两部以上的发射机同时发送同一信号，并用两部以上的独立接收机来接收。所以为了获得多个频率分集信号，直接在多个载波上传输同一信息，所需的带宽就很宽，这对频谱资源短缺的移动通信来说，代价是很大的，而且使得设备复杂。

在实际的应用中，一种实现频率分集的方法是采用跳频扩频技术。采用跳频方式的频率分集很适合于采用 TDMA 接入方式的数字移动通信系统。由于瑞利衰落和频率有关，在同一地点，不同频率信号衰落的情况是不同的，所有频率同时严重衰落的可能性很小。当移动台静止或慢速移动时，通过跳频获取频率分集的好处是明显的；当移动台高速移动时，跳频没什么帮助，也没什么危害。数字蜂窝移动电话系统（GSM）在业务密集的地区常常采用跳频技术，以改善接收信号的质量。

频率分集与空间分集相比较，其优点是在接收端可以减少接收天线及相应设备的数量，缺点是要占用更多的频带资源，所以又称它为带内（频带内）分集，并且在发送端有可能需要采用多个发射机。

③ 时间分集

快衰落除了具有空间和频率独立性之外，还具有时间独立性，即同一信号在不同的时间区间多次重发，只要各次发送的时间间隔足够大，那么各次发送信号所出现的衰落将是彼此独立的，接收机将重复收到的同一信号进行合并，就能减小衰落的影响。时间分集主要用于在衰落信道中传输数字信号。此外，时间分集也有利于克服移动信道中由多普勒效应引起的信号衰落现象。由于它的衰落速率与移动台的运动速度及工作波长有关，因而为了使重复的数字信号具有独立的特性，必须保证数字信号的重发时间间隔满足以下关系：

$$\Delta T \geqslant \frac{1}{2f_m} = \frac{1}{2(v / \lambda)} \tag{3-3}$$

式中，f_m 为衰落频率（即最大多普勒频移），v 为车速，λ 为工作波长。例如，移动速度 $v = 30$km/h，工作频率为 450MHz，可算得 $\Delta T \geqslant 40$ms。

要注意的是，当移动速度 $v = 0$ 时，相干时间 ΔT 会变为无穷大，表明此时时间分集的优势将丧失，即时间分集对静止状态的移动台不起作用。

时间分集只需要一部接收机和一副天线，与空间分集相比较，优点是减少了接收天线及相应设备的数目，缺点是占用时隙资源，增大了开销，降低了传输效率。

3.1.2 合并技术

1. 合并技术的分类

接收端收到 $M(M \geqslant 2)$ 个分集信号后，如何利用这些信号以减小衰落的影响，这就是合并问题。一般均使用线性合并器，把输入的 M 个独立衰落信号相加后合并输出。

假设 M 个输入信号电压为 $r_1(t)$，$r_2(t)$，$\cdots$，$r_M(t)$，则合并器输出电压为

$$r(t) = a_1 r_1(t) + a_2 r_2(t) + \cdots + a_M r_M(t) = \sum_{k=1}^{M} a_k r_k(t) \tag{3-4}$$

式中，a_k 为第 k 个信号的加权系数。

选择不同的加权系数,就可构成不同的合并方式。常用的合并方式有以下三种。

(1)选择式合并(Selective Combining)

这是合并方法中最简单的一种。在所接收的多路信号中,合并器选择信噪比最高的一路输出,这相当于在 M 个加权系数中,只有一个为 1,其余均为 0。这种选择可以在解调(检测)前的 M 个射频信号进行,也可以在解调后的 M 个基带信号进行,这对选择合并来说都是一样的,因为最终只选择一个解调的数据流。

图 3-2 为二重分集选择式合并的示意图。两个支路的中频信号分别经过解调,然后进行信噪比比较,选择其中有较高信噪比的支路接到接收机的共用部分。

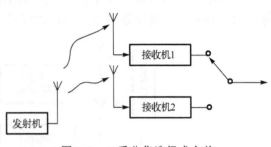

选择式合并又称开关式相加。这种方式方法简单,实现容易。但由于未被选择的支路信号弃之不用,因此抗衰落不如后述两种方式。

图 3-2 二重分集选择式合并

需要指出的是,如果在中频或高频实现合并,就必须保证各支路的信号同相,这常常会导致电路的复杂度增加。

(2)最大比值合并(Maximum Ratio Combining)

在选择合并中,只选择其中一个信号,其余信号被抛弃,这些被弃之不用的信号都具有能量,并且携带相同的信息,若把它们也利用上,将会明显改善合并器输出的信噪比。基于这样的考虑,最大比值合并把各支路信号加权后合并。在信号合并前对各路载波相位进行调整并使之同相,然后相加。最大比值合并是一种最佳合并方式,其方框图如图 3-3 所示。

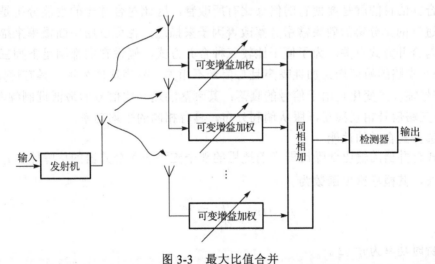

图 3-3 最大比值合并

为了方便,每一支路信号包络 $r_k(t)$ 用 r_k 表示,每一支路的加权系数 a_k 与信号包络 r_k 成正比,而与噪声功率 N_k 成反比,即

$$a_k = \frac{r_k}{N_k} \tag{3-5}$$

由此可得最大比值合并器输出的信号包络为

$$r_R = \sum_{k=1}^{M} a_k r_k = \sum_{k=1}^{M} \frac{r_k^2}{N_k} \tag{3-6}$$

式中，下标 R 表征最大比值合并方式。

（3）等增益合并（Equal Gain Combining）

等增益合并无需对信号加权，各支路的信号是等增益相加的，其方框图如图 3-4 所示。等增益合并方式实现比较简单，其性能接近于最大比值合并。

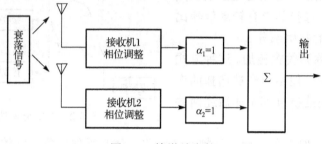

图 3-4　等增益合并

等增益合并器输出的信号包络为

$$r_E = \sum_{k=1}^{M} r_k \tag{3-7}$$

式中，下标 E 表征等增益合并方式。

2. 合并技术的性能分析

信号合并的目的就是要使它的信噪比有所改善，因此对合并器的性能分析是围绕其输出信噪比进行的。分集的效果常用分集改善因子来描述，也可以用中断概率来描述。信噪比的改善与合并方式有关。为了便于比较三种合并方式，假设它们都满足下列三个条件：

● 每一支路的噪声均为加性噪声且与信号不相关，噪声均值为零，具有恒定均方根；
● 信号幅度的变化是由于信号的衰落，其衰落的速率比信号的最低调制频率低许多；
● 各支路信号相互独立，服从瑞利分布，具有相同的平均功率。

（1）选择式合并的性能

选择式合并器的输出信噪比即当前选用的那个支路送入合并器的信噪比。r_k 的起伏服从瑞利分布，其概率密度函数为

$$f(r_k) = \frac{r_k}{\sigma_k^2} e^{-r_k^2/2\sigma^2} \tag{3-8}$$

则信号的瞬时功率为 $r_k^2 / 2$。

设支路的噪声平均功率为 N_k，可得第 k 支路的信噪比为

$$\xi_k = \frac{r_k^2}{2N_k} \tag{3-9}$$

选择合并器的输出信噪比为

$$\xi_s = \max\{\xi_k\} \quad k=1,2,\cdots,M \tag{3-10}$$

由于 r_k 是一个随机变量，正比于它的平方的信噪比 ξ_k 也是一个随机变量，可以求得其概率密度函数为

$$f(\xi_k) = \frac{1}{\overline{\xi}_k} e^{-\xi_k/\overline{\xi}_k} \tag{3-11}$$

式中，

$$\overline{\xi}_k = E[\xi_k] = E\left[\frac{r_k^2}{2N_k}\right] = \frac{2\sigma_k^2}{2N_k} = \frac{\sigma_k^2}{N_k} \tag{3-12}$$

为 k 支路的平均信噪比。

ξ_k 小于某一指定的信噪比 x 的概率为

$$P(\xi_k < x) = \int_0^x \frac{1}{\overline{\xi}_k} e^{-\xi_k/\overline{\xi}_k} d\xi_k = 1 - e^{-x/\overline{\xi}_k} \tag{3-13}$$

设各支路都有相同的噪声功率，即 $N_1 = N_2 = \cdots = N$，各支路信号的方差也相同，即 $\sigma_1^2 = \sigma_2^2 = \cdots = \sigma^2$，则各支路有相同的平均信噪比 $\overline{\xi} = \sigma^2/N$。由于 M 个分集支路的衰落是互不相关的，所有支路的 $\xi_k(k=1,2,\cdots,M)$ 同时小于某个给定值 x 的概率为

$$F(x) = (1 - e^{-x/\overline{\xi}_k})^M \tag{3-14}$$

若 x 为接收机正常工作的门限，$F(x)$ 就是通信中断的概率。而至少有一支路信噪比超过 x 的概率就是使系统能正常通信的概率（可通率），即

$$1 - F(x) = 1 - (1 - e^{-x/\overline{\xi}_k})^M \tag{3-15}$$

$F(x)$ 与 x 的关系如图 3-5 所示。

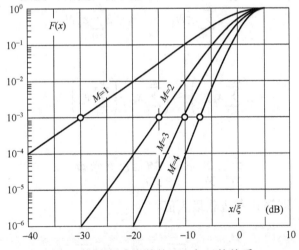

图 3-5　选择式合并的 $F(x)$ 与 x 的关系

由图 3-5 可以看出，当给定一个中断概率 $F(x)$ 时，有分集 $(M>1)$ 与无分集 $(M=1)$ 时所要求的 $x/\overline{\xi}$ 值是不同的。例如，$F=10^{-3}$，无分集时要求 $x/\overline{\xi}=-30$ dB，即要求支路接收信号的平均信噪比高出门限 30dB。而有分集时，比如 $M=2$，这一数值为 15dB。采用 3 重

分集时，信噪比则下降了 $30-10=20\,\mathrm{dB}$。4 重分集时，信噪比则下降了 $30-7=23\,\mathrm{dB}$。由此可以看出，在给定门限信噪比情况下，随着分集支路数的增加，所需支路接收信号的平均信噪比在下降，这意味着采用分集技术可以降低对接收信号的功率（或者说降低对发射功率）的要求，而仍然能保证系统所需的通信概率，这就是采用分集技术带来的好处。

概率 $F(x)$ 也是 $\xi_k(k=1,2,\cdots,M)$ 中最大值小于给定值 x 的概率，因此也是选择合并器输出的信噪比 ξ_s 的累积分布函数，其概率密度函数可以对 $F(x)$ 求导得到：

$$f(\xi_s)=\frac{\mathrm{d}F(x)}{\mathrm{d}x}\bigg|_{x=\xi_s}=\frac{M}{\overline{\xi}}(1-\mathrm{e}^{-\xi_s/\overline{\xi}})^{M-1}\mathrm{e}^{-\xi_s/\overline{\xi}} \tag{3-16}$$

可以进一步求得 ξ_s 的均值：

$$\overline{\xi}_s=\int_0^\infty \xi_s f(\xi_s)\mathrm{d}\xi_s=\overline{\xi}\sum_{k=1}^{M}\frac{1}{k} \tag{3-17}$$

对二重分集 $M=2$ 时，有

$$\overline{\xi}_s=\overline{\xi}(1+1/2)=1.5\overline{\xi} \tag{3-18}$$

它等于没有分集的平均信噪比的 1.5 倍，即 $10\lg(1.5)=1.76\,\mathrm{dB}$。

（2）最大比值合并的性能

最大比值合并器输出的信号包络如式（3-6）所示。假设各支路的平均噪声功率是相互独立的，合并器输出的平均噪声功率是各支路的输出噪声功率之和，即为 $N_R=\sum_{k=1}^{M}a_k^2 N_k$。

因此，合并器输出信噪比

$$\xi_R=\frac{r_R^2/2}{N_R}=\frac{\left(\sum_{k=1}^{M}a_k r_k\right)^2}{2\sum_{k=1}^{M}a_k^2 N_k}=\frac{\left(\sum_{k=1}^{M}a_k\sqrt{N_k}\cdot r_k/\sqrt{N_k}\right)^2}{2\sum_{k=1}^{M}a_k^2 N_k} \tag{3-19}$$

根据许瓦兹不等式

$$\left(\sum_{k=1}^{M}x_k y_k\right)^2\leqslant\left(\sum_{k=1}^{M}x_k^2\right)\cdot\left(\sum_{k=1}^{M}y_k^2\right) \tag{3-20}$$

若

$$\frac{x_1}{y_1}=\frac{x_2}{y_2}=\cdots=\frac{x_M}{y_M}=C \text{（常数）}$$

则式（3-20）取等号，即等式左边获最大值。

现令

$$x_k=a_k\sqrt{N_k},\quad y_k=r_k/\sqrt{N_k}$$

若使加权系数 a_k 满足：

$$\frac{a_k\sqrt{N_k}}{r_k/\sqrt{N_k}}=\frac{a_k N_k}{r_k}=C \text{（常数）}\qquad k=1,2,\cdots,M$$

即

$$a_k = C \frac{r_k}{N_k} \propto \frac{r_k}{N_k}$$

则有

$$\xi_R \leqslant \frac{\left(\sum_{k=1}^{M} a_k \sqrt{N_k} \cdot r_k / \sqrt{N_k}\right)^2}{2\sum_{k=1}^{M} a_k^2 N_k} = \frac{\left(\sum_{k=1}^{M} a_k^2 N_k\right)\left(\sum_{k=1}^{M} r_k^2 / N_k\right)}{2\sum_{k=1}^{M} a_k^2 N_k} = \sum_{k=1}^{M} \frac{r_k^2}{2N_k} = \sum_{k=1}^{M} \xi_k \qquad (3\text{-}21)$$

可见，最大比值合并器输出可能得到的最大信噪比为各支路信噪比之和，即

$$\xi_R = \sum_{k=1}^{M} \xi_k \qquad (3\text{-}22)$$

综上所述，最大比值合并时各支路加权系数与本路信号幅度成正比，而与本路的噪声功率成反比，合并后可获得最大信噪比输出。若各路噪声功率相同，则加权系数仅随本路的信号振幅而变化，信噪比大的支路加权系数就大，信噪比小的支路加权系数就小。

由于 r_k 是服从瑞利分布的随机变量，各支路有相同的平均信噪比 $\overline{\xi}$，所以可以证明其概率密度函数为

$$f(\xi_R) = \frac{(\xi_R)^{M-1} \exp(-\xi_R / \overline{\xi})}{(\overline{\xi})^M (M-1)!} \qquad (3\text{-}23)$$

ξ_R 小于等于给定值 x 的概率为

$$F(x) = P(\xi_R \leqslant x) = \int_0^x \frac{(\xi_R)^{M-1} \exp(-\xi_R / \overline{\xi})}{(\overline{\xi})^M (M-1)!} \mathrm{d}\xi_R = 1 - \exp\left(-\frac{x}{\overline{\xi}}\right) \sum_{k=1}^{M} \frac{(x / \overline{\xi})^{k-1}}{(k-1)!} \qquad (3\text{-}24)$$

$F(x)$ 与 x 的关系如图 3-6 所示。

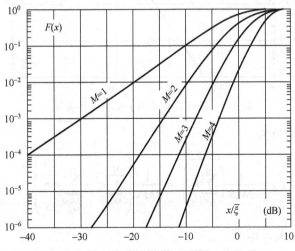

图 3-6 最大比值合并的 $F(x)$ 与 x 的关系

由图 3-6 可以看出，和选择合并一样，对给定的概率 10^{-3}，随着 M 的增加，所需的信

噪比在减小。相对于没有分集，$M=2$ 时所需信噪比减小了 $30-13.5=16.5\,\mathrm{dB}$，$M=3$ 时减小了 $30-7.2=22.8\,\mathrm{dB}$，$M=4$ 时减小了 $30-3.7=26.3\,\mathrm{dB}$。

ξ_R 的均值可以由式（3-22）直接得到：

$$\overline{\xi}_R = \sum_{k=1}^{M} \overline{\xi}_k = M\overline{\xi} \tag{3-25}$$

$M=2$ 时，其信噪比是没有分集时信噪比的两倍，即增加了 $3\mathrm{dB}$。

（3）等增益合并的性能

在 3 种合并方式中，最大比值合并有最好的性能，但它要求有准确的加权系数，实现的电路比较复杂。等增益合并的性能虽然比它差些，但实现起来要容易得多。等增益合并器各支路的加权系数 $a_k(k=1,2,\cdots,M)$ 都等于 1，因此等增益输出的信号包络如式（3-7）所示。

若各支路的噪声功率均等于 N，则

$$\xi_E = \frac{\frac{1}{2}\left(\sum_{k=1}^{M} r_k\right)^2}{\sum_{k=1}^{M} N_k} = \frac{\left(\sum_{k=1}^{M} r_k\right)^2}{2\sum_{k=1}^{M} N_k} = \frac{1}{2MN}\left(\sum_{k=1}^{M} r_k\right)^2 \tag{3-26}$$

$F(x)$ 与 x 的关系如图 3-7 所示。

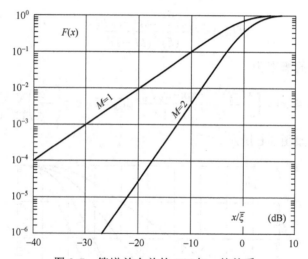

图 3-7　等增益合并的 $F(x)$ 与 x 的关系

经推导可得 ξ_E 的均值为

$$\overline{\xi}_E = \frac{1}{2MN}\overline{\left(\sum_{k=1}^{M} r_k\right)^2} = \frac{1}{2MN}\left(\sum_{k=1}^{M} \overline{r_k^2} + \sum_{\substack{j,k=1\\j\neq k}}^{M} \overline{r_k r_j}\right) \tag{3-27}$$

假定各支路信号各不相关，即有

$$\overline{r_j \cdot r_k} = \overline{r_j} \cdot \overline{r_k}, \quad j \neq k$$

根据瑞利分布的性质，有 $\overline{r_k^2} = E(r_k^2) = 2\sigma^2$，$\overline{r_k} = E(r_k) = \sigma\sqrt{\pi/2}$，把这些关系代入式（3-27），

可得平均信噪比为

$$\overline{\xi}_E = \frac{1}{2MN}\left[2M\sigma^2 + M(M-1)\frac{\pi\sigma^2}{2} \right] = \overline{\xi}\left[1+(M-1)\frac{\pi}{4} \right] \tag{3-28}$$

当 $M=2$ 时，有

$$\overline{\xi}_E = \overline{\xi}(1+\pi/4) = 1.78\overline{\xi}$$

其等于没有分集时平均信噪比的 1.78 倍，即 2.5dB。

3. 合并技术的性能比较

为了衡量不同合并方式的性能，可以比较其平均信噪比的改善。所谓平均信噪比的改善，是指分集接收机合并器输出的平均信噪比与无分集时的平均信噪比改善的分贝数。这个比值称作合并方式的改善因子，用 D 表示。

（1）选择合并方式

由式（3-18）得改善因子为

$$D_S = \frac{\overline{\xi}_S}{\overline{\xi}} = \sum_{k=1}^{M}\frac{1}{k} \tag{3-29}$$

可见，选择式合并的改善因子随分集重数 M 的增大而增大，但增大速率较小。改善因子常以 dB 计，即

$$[D_S] = 10\lg\left(\sum_{k=1}^{M}\frac{1}{k} \right) \quad (\text{dB}) \tag{3-30}$$

（2）最大比值合并

由式（3-25）得改善因子为

$$D_R = \frac{\overline{\xi}_R}{\overline{\xi}} = M \tag{3-31}$$

可见，最大比值合并的改善因子随分集重数的增大而成正比地增大，以 dB 计时可写成

$$[D_R] = 10\lg M \quad (\text{dB}) \tag{3-32}$$

（3）等增益合并

由式（3-28）得改善因子为

$$D_E = \frac{\overline{\xi}_E}{\overline{\xi}} = 1+(M-1)\frac{\pi}{4} \tag{3-33}$$

以 dB 计时可写成

$$[D_E] = 10\lg\left[1+(M-1)\frac{\pi}{4} \right] \quad (\text{dB}) \tag{3-34}$$

图 3-8 给出了三种合并方式的 $D(M)$ 与 M 的关系曲线。

由图 3-8 可见，信噪比的改善随着分集重数的增加而增加，在 $M=2\sim3$ 时，增加很快，但随着 M 的继续增加，改善速率放慢，特别是选择式合并。考虑到随着 M 的增加，电路复杂程度增加，实际的分集重数一般最高为 3～4。当分集重数相同时，最大比值合并改善

最多，其次是等增益合并，最差的是选择合并。在分集重数较小时，等增益合并的信噪比改善接近最大比值合并。

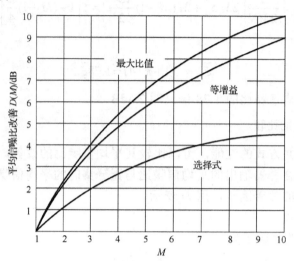

图 3-8 三种合并方式的 $D(M)$ 与 M 的关系曲线

3.2 信道编码技术

3.2.1 基本概念与分类

信道编码是为了保证通信系统的传输可靠性，克服信道中的噪声和干扰，而专门设计的一类抗干扰技术和方法。信道编码又称为纠错编码或抗干扰编码，具体的做法是在信息码之外人为地附加一些监督码，监督码不携带用户信息，在接收端利用监督码与信息码之间的规律，发现和纠正信息码在传输中的差错。对用户来说，监督码是多余的，最终也不传送给用户，但它提高了传输的可靠性。一般来说，引入的监督码越多，码的检错纠错能力就越强，但降低了信道的传输效率。信道编码的目的，是寻找一种编码方法以最少的监督码元为代价，换取最大程度的可靠性的提高。为了便于理解，我们举一个简单例子加以说明。

假定要传输的信息是一个"0"或是一个"1"，为了提高保护能力，各添加 3 个比特：

信息	添加比特	发送比特
0	000	0000
1	111	1111

对于每一比特（0 或 1），只有一个有效的编码组（0000 或 1111）。如果传输期间出现了差错，接收到的编码组就可能为：0000、0010、0110、0111、1111 等 16 种。

如果 4 个比特中有 1 个是错的，就可以校正它。例如发送的是 0000，而收到的却是 0010，则判决所发送的是 0。如果编码组中有两个比特是错的，则能检出它，如 0110 表明它是错的，但不能校正。最后如果其中有 3 个或 4 个比特是错的，则既不能校正它，也不能检出它来。一般地，码的最小距离直接关系着码的检错和纠错能力。

1．理论基础

（1）码距

码字（码组）：信息码元与冗余码元一起构成的消息块称为码字。

码距：是指两个码字中对应码元位不相同的数目。如果是二进制码，又称为汉明距。

最小码距（d_0）：把某种编码中各个码字之间距离的最小值称为最小码距。

$$d_0(x,y) = \sum_{i=1}^{n} d_0(x_i, y_j), \qquad d_0(x_i, y_j) = \begin{cases} 1 & \text{if} \quad x_i \neq y_j \\ 0 & \text{if} \quad x_i = y_j \end{cases} \tag{3-35}$$

（2）最小码距和检纠错能力的关系

信道编码的本质就是增加码距，码距实际代表了纠检错能力。一种编码的最小码距 d_0 的大小直接关系着这种编码的检错和纠错能力：

- 为检测 e 个错码，要求最小码距 $d_0 \geq e+1$；
- 为了纠正 t 个错码，要求最小码距 $d_0 \geq 2t+1$；
- 要能纠正 t 个码位的差错，同时发现 e 个码位的差错，则最小码距 $d_0 \geq t+e+1$，且 $e>1$。

（3）纠错编码的性能（系统带宽和信噪比的矛盾）

为了减少接收错误码元数量，需要在发送信息码元序列中加入监督码元。这样做的结果使发送序列增长，冗余度增大。若仍须保持发送信息码元速率不变，则传输速率必须增大，因而增大了系统带宽。系统带宽的增大将引起系统中噪声功率增大，使信噪比下降。信噪比的下降反而又使系统接收码元序列中的错码增多。

2．信道编码的分类

从不同的角度出发，信道编码可以有不同的分类方法。

① 按码组的功能，分为检错码和纠错码。检错码能在译码器中发现错误；纠错码不仅能发现错误，还能自动纠正错误。

② 按码组中监督码元与信息码元之间的关系，分为线性码和非线性码。线性码是指监督码元与信息码元之间的关系为线性关系，即监督关系方程是线性方程；非线性码是指一切监督关系方程不满足线性规律，二者之间呈非线性关系。

③ 按码组中信息码元和监督码元的约束关系，分为分组码和卷积码。分组码是指监督码元仅仅监督本码组中的信息码元；卷积码的监督码元不但与本码组的信息码元有关，还与前面若干组信息码元有关。

④ 按纠错的能力，分为纠随机错和纠突发错。随机错误的特点是码元间的错误互相独立，即每个码元的错误概率与它前后码元的错误与否是无关的；突发错误则不然，一个码元的错误往往影响前后码元的错误概率；或者说，一个码元产生错误，则后面相邻的几个码元都可能发生错误。

移动通信的传输信道属变参信道，它不仅会引起随机错误，而更主要的是造成突发错误。移动通信为了保证信息传输的可靠性、提高传输质量，一般要综合考虑信道编码的几个性能指标：编码效率、编码增益、编码延时和编译码器的复杂度。2G 的 GSM 和 IS-95 CDMA 系统采用卷积编码和交织技术；3G 的 WCDMA、cdma 2000 和 TD-SCDMA 系统采用卷积编码、Turbo 编码和交织技术。下面着重介绍几种常用的信道编码方法。

3.2.2　线性分组码

1. 线性分组码

线性分组码是按代数规律构造的，又称代数编码。编码时以 k 位为一组，输出 n 位的码字，且码字集合中所有码字满足线性运算关系，可记为（n，k）码，其中码长为 n，信息位数为 k，监督位数为 $r = n - k$，编码效率为 $R = k/n$。每个码字的 r 个检验元仅与本组的信息元有关而与别组无关，线性分组码的构造见图 3-9。典型线性分组码有汉明码、循环码、BCH 码、RS 码。

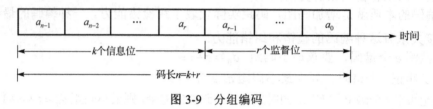

图 3-9　分组编码

（1）生成矩阵

如果输入的信息码组为：

$$M = (M_0, M_1, M_2, M_3)$$

输出的码组为：

$$C = (C_0, C_1, C_2, C_3, C_4, C_5, C_6)$$

则编码的线性方程组为：

$$信息位 \begin{cases} C_0 = M_0 \\ C_1 = M_1 \\ C_2 = M_2 \\ C_3 = M_3 \end{cases} \tag{3-36}$$

$$监督位 \begin{cases} C_4 = M_0 + M_1 + M_2 \\ C_5 = M_0 + M_1 + M_3 \\ C_6 = M_0 + M_2 + M_3 \end{cases} \tag{3-37}$$

可见，在输出的码组中，前 4 位是信息位，后 3 位是监督位，它是前 4 个信息位的线性组合。

将式（3-36）和（3-37）改写成相应的矩阵形式为：

$$(C_0, C_1, C_2, C_3, C_4, C_5, C_6) = (M_0, M_1, M_2, M_3) \begin{bmatrix} 1 & 0 & 0 & 0 & 1 & 1 & 1 \\ 0 & 1 & 0 & 0 & 1 & 1 & 0 \\ 0 & 0 & 1 & 0 & 1 & 0 & 1 \\ 0 & 0 & 0 & 1 & 0 & 1 & 1 \end{bmatrix} = \boldsymbol{M} \cdot \boldsymbol{G} \tag{3-38}$$

因此，找到了码的生成矩阵 $\boldsymbol{G}$，编码的方法就完全确定了。如果 $\boldsymbol{G} = (\boldsymbol{I}_k \boldsymbol{Q})$，$\boldsymbol{I}_k$ 为 $k \times k$ 阶单位矩阵，则称为典型生成矩阵，由典型生成矩阵得出的码组，信息位不变，监督位附加于其后，这种码称为系统码。若生成矩阵是非典型形式的，则可以经过运算先化成典型形式，再用式（3-38）求得整个码组。

（2）监督矩阵

式（3-37）可写为：

$$\begin{cases} C_4 = C_0 + C_1 + C_2 \\ C_5 = C_0 + C_1 + C_3 \\ C_6 = C_0 + C_2 + C_3 \end{cases}$$（3-39）

将式（3-39）改写成：

$$\begin{cases} C_0 + C_1 + C_2 + C_4 = 0 \\ C_0 + C_1 + C_3 + C_5 = 0 \\ C_0 + C_2 + C_3 + C_6 = 0 \end{cases}$$（3-40）

将上述线性方程写为如下矩阵形式：

$$\begin{bmatrix} 1 & 1 & 1 & 0 & 1 & 0 & 0 \\ 1 & 1 & 0 & 1 & 0 & 1 & 0 \\ 1 & 0 & 1 & 1 & 0 & 0 & 1 \end{bmatrix} \begin{bmatrix} C_0 \\ C_1 \\ C_2 \\ C_3 \\ C_4 \\ C_5 \\ C_6 \end{bmatrix} = \begin{bmatrix} 0 \\ 0 \\ 0 \end{bmatrix} （模2）$$（3-41）

上式还可以简记为：

$$H \cdot C^{\mathrm{T}} = 0$$（3-42）

式中：

$$H = \begin{bmatrix} 1 & 1 & 1 & 0 & 1 & 0 & 0 \\ 1 & 1 & 0 & 1 & 0 & 1 & 0 \\ 1 & 0 & 1 & 1 & 0 & 0 & 1 \end{bmatrix}$$（3-43）

$$C = \begin{bmatrix} C_0 & C_1 & C_2 & C_3 & C_4 & C_5 & C_6 \end{bmatrix}$$（3-44）

H 为线性码的监督矩阵，只要监督矩阵给定，编码时监督位和信息位的关系就完全确定了。H 的行数就是监督关系式的个数，等于监督位的数目 r，而 H 的列数就是码长 n，故 H 为 $r \times n$ 阶矩阵。

式（3-43）中的矩阵 H 可以分为两部分：

$$H = \begin{bmatrix} 1 & 1 & 1 & 0 & 1 & 0 & 0 \\ 1 & 1 & 0 & 1 & 0 & 1 & 0 \\ 1 & 0 & 1 & 1 & 0 & 0 & 1 \end{bmatrix} = [P \cdot I_r]$$（3-45）

其中，P 为 $r \times k$ 阶矩阵，I_r 为 $r \times r$ 阶单位方阵，这样的监督矩阵称为典型形式的监督矩阵。

如果知道典型形式的监督矩阵和信息码元，就能确定各个监督码元。

典型监督矩阵 H 和典型生成矩阵 G 之间有如下关系：

典型生成矩阵 $G = (I_k Q)$，Q 为 $k \times r$ 阶矩阵，Q 为矩阵 P 的转置，即

$$Q = P^T \tag{3-46}$$

故将 Q 的左边加上一个 $k \times k$ 阶单位方阵，就构成生成矩阵。

信息位和典型生成矩阵相乘得到整个码组，即

$$C = \begin{bmatrix} C_0 & C_1 & C_2 & C_3 \end{bmatrix} \cdot G \tag{3-47}$$

（3）校正子

若在接收端，接收码组为：

$$R = (r_0, r_1, r_2, \cdots, r_{n-1}) \tag{3-48}$$

则发送码组和接收码组之差为：

$$R - C = E (模2) \tag{3-49}$$

E 是传输中产生的错码行矩阵，也称为错误图样，且

$$E = [e_0, e_1, e_2, \cdots, e_{n-1}] \tag{3-50}$$

其中

$$e_i = \begin{cases} 0 & 当 r_i = C_i \\ 1 & 当 r_i \neq C_i \end{cases}$$

因此，$e_i = 0$ 表示该位接收码元无错；$e_i = 1$ 则表示该位接收码元有错。

若接收码组中无错码，即 $E = 0$，则 $R = C$，代入式（3-42）有

$$R \cdot H^T = 0 \tag{3-51}$$

当接收码组有错时，上式不成立，其右端不等于零，即

$$(C + E) \cdot H^T = C \cdot H^T + E \cdot H^T = 0 + E \cdot H^T = E \cdot H^T = S \tag{3-52}$$

式（3-52）中 S 称为校正子，它只与错误图样 E 有关，而与发送的具体码字 C 无关。不同的错误图样有不同的校正子，它们有一一对应的关系，可以从校正子与错误图样的关系表中确定错码的位置。

接收端对接收码组译码步骤如下：

① 计算校正子 S；

② 根据校正子检出错误图样 E；

③ 计算发送码组的估值 $C' = R \oplus E$。

2. 循环码

循环码是线性分组码中最重要的一个子类，它是以现代代数理论作为基础建立起来的。循环码检错的能力较强，可采用码多项式描述，能够用移位寄存器来实现，译码电路简单。

（1）循环码的多项式表示

循环码除了具有线性分组码的一般性质外，还具有循环性，即循环码中任一许用码组经过循环移位后所得到的码组仍然是它的某一许用码组。对任意一个码长为 n 的循环码，一定可以找到一个唯一的 $n-1$ 次多项式表示，即在两者之间可以建立一一对应的关系。

若码组 $A = (a_{n-1}, a_{n-2}, \cdots, a_1, a_0)$，则相应的多项式表示为

$$A(x) = a_{n-1}x^{n-1} + a_{n-2}x^{n-2} + \cdots + a_1 x + a_0 \tag{3-53}$$

可见，码多项式的系数即为码组中的各个分量值，多项式中的 x^i 的存在只是表示该对应码位上是"1"码，否则为"0"码。

码多项式的按模运算如下

$$\frac{A(x)}{p(x)} = Q(x) + \frac{r(x)}{p(x)} \tag{3-54}$$

式中，$A(x)$ 为码多项式；$p(x)$ 为不可约多项式；$Q(x)$ 为商；$r(x)$ 为余式。

例如，

$$x^5 + x^3 + 1 \equiv x^3 + x + 1(\text{模}\, x^4 + 1) \tag{3-55}$$

$$x^4+1{\overline{\smash{\big)}\,x^5 + x^3 + 1}} \atop {\underline{x^5 + x}} \atop {x^3 + x + 1}$$

应特别注意的是，在模 2 运算中，加法代替了减法，故余项不是 $x^3 - x + 1$，而是 $x^3 + x + 1$。

（2）循环码的生成多项式和生成矩阵

在循环码中，一个 (n,k) 码有 2^k 个不同的码组。若用 $g(x)$ 表示其中前 $(k-1)$ 位皆为"0"的码组，则 $g(x)$，$xg(x)$，$\cdots$，$x^{k-1}g(x)$ 都是码组，而且是 k 个线性无关的码组。$g(x)$ 必须是一个常数项不为"0"的 $n-k$ 次多项式，并且还是 (n,k) 码中次数为 $n-k$ 的唯一的一个多项式。我们称这个唯一的 $(n-k)$ 次多项式 $g(x)$ 为循环码的生成多项式。确定了 $g(x)$，整个 (n,k) 循环码就被确定了。

循环码的生成矩阵 G 为

$$G(x) = \begin{bmatrix} x^{k-1}g(x) \\ x^{k-2}g(x) \\ \vdots \\ xg(x) \\ g(x) \end{bmatrix} \tag{3-56}$$

例如：$(7,3)$ 循环码的生成多项式 $g(x) = x^4 + x^2 + x + 1$，代入式（3-56）可得

$$G(x) = \begin{bmatrix} x^2 g(x) \\ xg(x) \\ g(x) \end{bmatrix} = \begin{bmatrix} x^6 + 0 + x^4 + x^3 + x^2 + 0 + 0 \\ 0 + x^5 + 0 + x^3 + x^2 + x + 0 \\ 0 + 0 + x^4 + 0 + x^2 + x + 1 \end{bmatrix} \tag{3-57}$$

此生成矩阵不是典型的，可通过线性变换转换成为典型的生成矩阵，为

$$G = \begin{bmatrix} 1 & 0 & 0 & 1 & 0 & 1 & 1 \\ 0 & 1 & 0 & 1 & 1 & 1 & 0 \\ 0 & 0 & 1 & 0 & 1 & 1 & 1 \end{bmatrix} \tag{3-58}$$

将信息位与典型生成矩阵相乘，得到全部码组。

设信息位的码多项式为

$$m(x) = m_{k-1}x^{k-1} + m_{k-2}x^{k-2} + \cdots + m_1 x + m_0 \tag{3-59}$$

循环码的编码步骤如下：

① 计算 $x^{n-k}m(x)$；

② 计算 $x^{n-k}m(x)/g(x)$，得余式 $r(x)$；

③ 得到码多项式 $A(x) = x^{n-k}m(x) + r(x)$。

循环码的译码方法基本上按照线性分组码的译码步骤进行，由于采用了线性反馈移位寄存器，译码电路变得十分简单。

（3）CRC 校验

循环码特别适合误码检测，在实际应用中，许多用于误码检测的码都属于循环码，用于误码检测的循环码称作循环冗余校验码（Cyclic Redundancy Check，CRC）。常用的 CRC 码有：

① CRC-12 的生成多项式为

$$g(x) = x^{12} + x^{11} + x^3 + x^2 + x + 1 \tag{3-60}$$

② CRC-16 的生成多项式为

$$g(x) = x^{16} + x^{15} + x^2 + 1 \tag{3-61}$$

③ CRC-CCITT 建议的 CRC-16 生成多项式为：

$$g(x) = x^{16} + x^{12} + x^5 + 1 \tag{3-62}$$

④ CRC-32 的生成多项式为

$$g(x) = x^{32} + x^{26} + x^{23} + x^{22} + x^{16} + x^{12} + x^{11} + x^{10} + x^8 + x^7 + x^5 + x^4 + x^2 + x + 1 \tag{3-63}$$

在 GSM 和 CDMA 系统中，话音信息、控制信息和同步信息在传输过程中都使用了 CRC 校验。

【例 3-1】 已知循环码的生成多项式 $g(x) = x^3 + x + 1$，当输入的信息码是 1000 时，求码组；若接收码组 $R(x) = x^6 + x^5 + x + 1$，试问该码组在传输中是否发生错误？

解：循环码编码步骤如下：

```
              1011
      1011) 1000 000
             1011
             1100
             1011
             1110
             1011
              101
```

整个码组为 1000101

循环码的译码步骤如下：

```
              1110
      1011) 1100 011
             1011
             1110
             1011
             1011
             1011
               01
```

该码组在传输中发生了错误

3.2.3 卷积码

1. 基本概念

卷积码不同于前面讲的线性分组码和循环码，它是一类有记忆的非分组码。卷积码一般可表示为 (n,k,m)，k 表示编码器输入端信息位数目，n 表示编码器输出端码元个数，m 表示编码器中寄存器的节数。从编码器输入端看，卷积码仍然是每 k 位数据一组，分组输入。从编码器输出端看，卷积码是非分组的，它输出的 n 位码元不仅与当时输入的 k 位信息位有关，而且还与前 m 个连续时刻输入的信息有关，故编码器中应包含 m 级寄存器以记录这些信息。卷积码的典型编码器结构如图 3-10 所示。

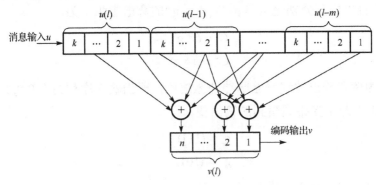

图 3-10 卷积码编码器结构

(n,k,m) 卷积码是有 m 级移位寄存器的编码器，其约束长度 $L=m+1$。卷积编码的编码约束长度定义为：串行输入比特通过编码其所需的移位次数，它表示编码过程中相互约束的分支码数，所以具有 m 级移位寄存器的编码器的约束长度为 $m+1$。

与分组编码一样，卷积编码的编码效率也定义为 $R=k/n$，与分组码具有固定码长 n 不同，卷积码没有，我们可通过周期性地截断来获得分组长度。为了达到清空编码移位寄存器数据位的目的，需要在输入数据序列末尾附加若干 0bit。由于附加的 0 不包含任何信息，因而，有效编码效率降至 k/n 以下，如果截断周期取值较大，则有效编码效率会逼近 k/n。

对于具有良好纠、检错性能并能合理而又简单实现的大多数卷积码，总是 $k=1$ 或是 $(n-k)=1$，也就是说它的编码效率通常只有 $1/5, 1/4, 1/3, 1/2, 2/3, 3/4, 4/5\cdots\cdots$

下面以一个卷积码 $(2,1,2)$ 为例，说明卷积码的描述方法。

2. 卷积码的描述

卷积码的描述可以分为两大类型：解析法和图形法。解析法用数学公式直接表达，包括离散卷积法、生成矩阵法、码生成多项式法；图形法包括树图、状态图以及网格图。下面以 $(2,1,2)$ 卷积码为例（见图 3-11），对上述方法分别予以介绍。

（1）离散卷积法

设输入信息位为 $b=(b_0,b_1,b_2,\cdots,b_k,\cdots)$，经编码后输出为两路码组，分别是

$$C^1=(C_0^1,C_1^1,C_2^1,\cdots,C_n^1,\cdots) \tag{3-64}$$

$$C^2=(C_0^2,C_1^2,C_2^2,\cdots,C_n^2,\cdots) \tag{3-65}$$

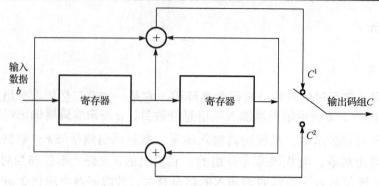

图 3-11 （2,1,2）卷积码编码器

对应的两个输出序列分别是信息位与 g^1、g^2 的离散卷积，为

$$C^1 = b * g^1$$
$$C^2 = b * g^2$$

（3-66）

式中，g^1 和 g^2 为两路输出的编码器脉冲冲激响应，即当输入序列为 $(1,0,0,0\cdots)$ 的单位脉冲时，图 3-11 中上下两个支路观察到的输出值，即

$$\left.\begin{array}{l} g^1 = (111) \\ g^2 = (101) \end{array}\right\}$$

（3-67）

若输入信息位为 (11010)，则有

$$C^1 = (11010) * (111) = (1000110)$$

（3-68）

$$C^2 = (11010) * (101) = (1110010)$$

（3-69）

经过并/串变换后，输出的码组为 (11,01,01,00,10,11,00)

（2）码多项式法

设生成序列 $(g_0^{(i)}, g_1^{(i)}, g_2^{(i)}, \cdots, g_k^{(i)})$ 表示第 i 条路径的冲激响应，系数 $g_0^{(i)}, g_1^{(i)}, \cdots, g_k^{(i)}$ 为 0 或 1，对应第 i 条路径的生成多项式定义为

$$g^{(i)}(D) = g_0^{(i)} + g_1^{(i)}D + g_2^{(i)}D^2 + \cdots + g_k^{(i)}D^k$$

（3-70）

其中，D 表示单位时延变量，D^k 表示相对于时间起点 k 个单位时间的时延。

上述 (2,1,2) 卷积码，输入数据序列 (11010) 以及 g^1、g^2 对应的码多项式分别为：

$$b(x) = 1 + D + D^3$$

$$g^1 = 1 + D + D^2$$

$$g^2 = 1 + D^2$$

输出的码组多项式为

$$\begin{aligned} C^1(D) = b(D) \times g^1(D) &= (1 + D + D^3)(1 + D + D^2) \\ &= 1 + D + D^2 + D + D^2 + D^3 + D^3 + D^4 + D^5 \\ &= 1 + D^4 + D^5 \end{aligned}$$

（3-71）

$$C^2(D) = b(D) \times g^2(D) = (1 + D + D^3)(1 + D^2)$$
$$= 1 + D^2 + D + D^3 + D^3 + D^5 \tag{3-72}$$
$$= 1 + D + D^2 + D^5$$

对应的码组为

$$C^1 = (1000110) \tag{3-73}$$

$$C^2 = (1110010) \tag{3-74}$$

经过并/串变换后，输出的码组为 $(11,01,01,00,10,11,00)$。

（3）状态图

卷积码除了上述几种解析表达方式以外，还可以采用 3 种比较形象的图形表示法。状态图则是 3 种图形法的基础。下面仍以(2,1,2)卷积码为例说明编码的过程。

由于 $n = 2, k = 1, m = 2$，所以在某一时刻，编码器总的可能状态个数为 $2^2 = 4$，分别为 $E_0 = 00$，$E_1 = 01$，$E_2 = 10$，$E_3 = 11$。对每个输入的二进制信息位，编码器状态变化有两种可能，输出的分支码字也只有两种可能。用图来表示上述输入信息位所引起状态的变化以及输出的分支码字，这就是编码器的状态图。

若输入的数据序列为 (11010)，按下面的步骤可得到一个完整的状态图，如图 3-12 所示。

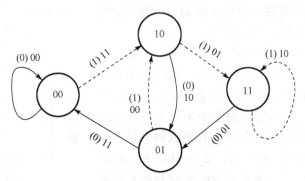

图 3-12　(2,1,2)卷积码状态图

① 对图 3-12 中寄存器清 0，寄存器的初始状态为 00；

② 输入 1，输出的两支路分别为 $C_0^1 = 1 \oplus 0 \oplus 0 = 1$，$C_0^2 = 1 \oplus 0 = 1$，故 $C = (1,1)$，寄存器状态为 10；若输入 0，$C = (0,0)$，寄存器状态为 00；

③ 输入 1，输出 $C = (0,1)$，寄存器状态为 11；若输入 0，输出 $C = (1,0)$，寄存器状态为 01；

④ 输入 0，输出 $C = (0,1)$，寄存器状态为 01；若输入 1，输出 $C = (1,0)$，寄存器状态为 11；

⑤ 输入 1，输出 $C = (0,0)$，寄存器状态为 10；若输入 0，输出 $C = (1,1)$，寄存器状态为 00；

⑥ 输入 0，$C = (0,0)$，寄存器状态为 00。

图 3-12 中圆圈内的数字表示状态，共有 4 个状态，两状态转移的箭头表示状态转移的方向，连线的格式表示状态转移的条件，虚线表示输入信息为 1，实线表示输入信息为 0，并且在连线上方的括号内注明输入信息，括号外的数字则表示对应的输出码字。

状态图结构简单，表明了在某一时刻编码器的输入比特和输出码字的关系，但其时序关系不够清晰，不能描述随着信息比特的输入，编码器状态与输出码字随时间的变化情况，并且输入数据信息很多时将产生重复。为了解决时序关系，在状态图的基础上以时间为横轴将状态图展开，形成了时序不重复的树图。

（4）树图

树图以时序关系为横轴将状态图进行展开，展示出编码器的所有输入和输出的可能性。(2,1,2)卷积码的树图，如图 3-13 所示。

树图展示了编码器的所有输入输出的可能情况，展示了一目了然的时序关系。每一个输入数据序列都可以在树图上找到一条唯一的不重复的路径，当输入的数据序列为 (11010) 时，在树图中用虚线标出了其轨迹，得到输出码字为 (11,01,01,00…)，与前面编码的结果一致。但树图会随着输入数据的增加而不断地一分为二向后展开，必然会产生大量的重复状态，故树图结构复杂，且不断重复，如图 3-13 从第 4 条支路开始，上半部分与下半部分完全相同。

（5）网格图

网格图既有明显时序关系又不产生重复图形结构，是 3 种图形表示法中最有用、最有价值的图形形式，特别适合用于卷积码的译码，备受重视。

网格图也称篱笆图，是由状态图和树图演变而来的，实际就是在时间轴上展开编码器在各时刻的状态图。它既保留了状态图简洁的状态关系，又保留了树图时序展开的直观特性。网格图将树图中所有重复状态合并折叠起来，以 (2,1,2) 卷积码为例，它在横轴上仅仅保留 4 个基本状态 $E_0 = 00$，$E_1 = 10$，$E_2 = 01$，$E_3 = 11$，在图中用黑色小圆圈表示。随着时间的推移和信息比特的输入，编码器从一种状态转移到另一种状态，状态每变化一次就输出一个分支字。两点的连线则表示一个确定的状态转移方向，输入信息若为 1，为下分支，用虚线表示；输入信息若为 0，为上分支，用实线表示。连线上面的数字就是相应的输出码字。

(2,1,2) 卷积码的网格图如图 3-14 所示。输入信息序列、编码器输出序列和网格图中一条路径是唯一对应的。当输入的数据序列为 (11010) 时，找出编码时网格图中的路径，得到编码器输出序列为 (11,01,01,00,10,11)。同样，对编码器输出序列 (11,10,11,00,11,01)，可以很方便地从网格图中找到相应的输入信息为 (100011)。

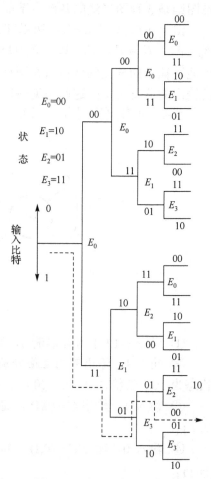

图 3-13 (2,1,2) 卷积码树图

3. 卷积码的维特比译码

译码器的作用就是根据某种准则以尽可能低的错误概率对输入信息作出估计。卷积码

的译码可以分为两类：代数译码的门限译码、概率译码的序列译码与维特比译码。前者利用编码本身的代数结构进行解码，后者要利用信道的统计特性。维特比译码是目前最常采用的译码方法，该算法于 1967 年由 Viterbi 提出，本节仅介绍维特比译码。

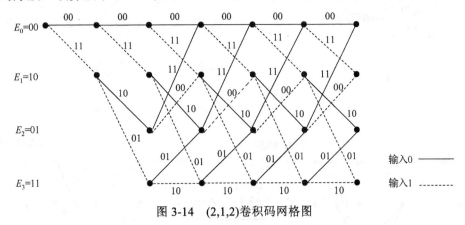

图 3-14　(2,1,2)卷积码网格图

卷积码译码通常采用最大似然准则，对于二进制对称信道，它等效于最小汉明距离准则。最大似然准则的基本思想是：把接收序列和所有可能发送序列进行比较，选择一个码距最小的序列作为发送序列。如果发送一个 k 位的信息，则有 2^k 种可能序列，计算机应存储这些序列以用作比较。最大似然译码在实际应用中受到限制，问题在于当 k 较大时，存储量太大，计算量也很大。

维特比译码是基于最大似然准则的最重要的卷积码译码方法。它不是一次计算比较所有路径，而是采用逐步比较的方法来逼近发送序列的路径。所谓逐步比较就是把接收序列的第 i 个分支码字和网格图上相对应的两个时刻 t_i 和 t_{i+1} 之间的各支路作比较，即和编码器在此期间可能输出的分支码字作比较，计算它们的汉明距离，并把它们分别累加到 t_i 时刻之前的各支路累加汉明距离上。比较进入下一节点的各支路累加结果并进行选择，保留汉明距离最小的一条路径，作为幸存路径。最后到达终点的一条幸存路径即为解码路径。最大似然序列译码要求序列有限，因此对卷积码来说，要求能收尾，收尾的原则是：在信息序列输入完成后，利用输入一些特定的比特，使 m 个状态的各残留路径可以到达某一已知状态（一般是全零状态）。

(2,1,2) 卷积码的维特比译码步骤，如图 3-15 所示。

通常设编码器的初始状态为 $E_0 = 00$，为了使编码器对信息序列编码后回到初始状态，在输入的信息位后面加 $m = 2$ 个 0，以便正确接收序列所对应的路径终止于 E_0。若输入信息为 (10111)，加 2 个拖尾比特后，输入数据序列为 (1011100)，由网格图可得到对应的编码后序列为：

$$C = (c_0, c_1, c_2, c_3, c_4, c_5, c_6) = (11, 10, 00, 01, 10, 01, 11)$$

经过信道传输后，在接收端收到的信号序列为：

$$R = (r_0, r_1, r_2, r_3, r_4, r_5, r_6) = (1\underline{0}, 10, 0\underline{1}, 01, 10, 01, 11)$$

其中有下划线的表示发生了误码。

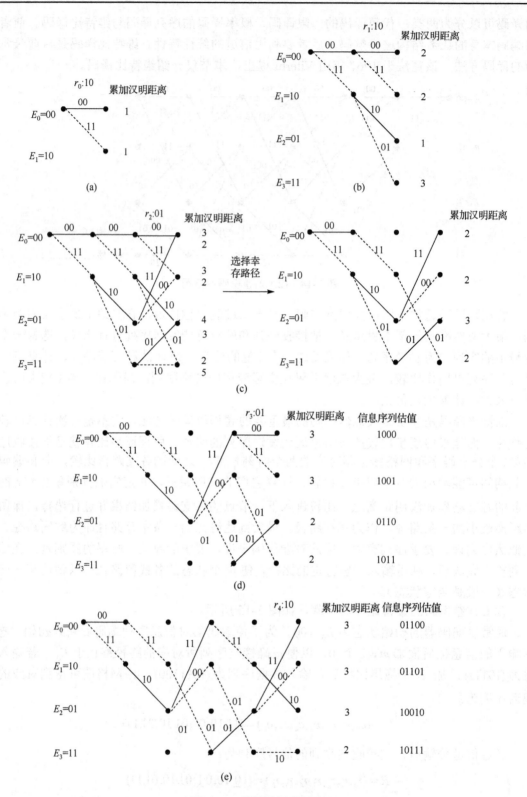

图 3-15 维特比译码过程

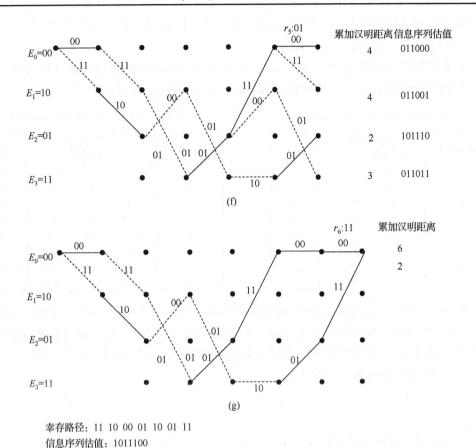

图 3-15（续）   维特比译码过程

上述译码结果确定了一条最大似然路径，对应的符号序列可以作为译码输出结果发送给用户，但是当接收序列很长时，维特比译码对存储器要求很高。但我们发现，当译码进行到一定时刻，如第 N 个符号周期时，幸存路径一般合并为一，即正确符号出现的概率趋于 1，这样就可以对第一个支路作出判决，把相应的位送给用户，但这样的译码已经不是真正意义上的最大似然估计。

4．卷积码在蜂窝移动通信系统的应用

卷积编码中这些码字序列对之间的最小距离与编码的纠错能力相关，而所有分叉后又合并的任意长度路径中的最小距离称为自由距离 d_f，其纠错能力为 $t = \dfrac{|d_f - 1|}{2}$。对卷积码，寻找最小距离可简化为寻找所有码字序列和全 0 序列之间的最小距离。自由距离 d_f 与编码效率、约束长度等有关，具体见表 3-1 和表 3-2。

在 GSM 系统中，使用上述两种编码方法。首先对一些信息比特进行 CRC 编码，构成一个"信息分组 + 奇偶（检验）比特"的形式，然后对全部比特做卷积编码，从而形成编码比特。这两次编码适用于话音和数据二者，但它们的编码方案略有差异。采用"两次"编码的好处是：在有差错时，能校正的校正（利用卷积编码特性），能检测的检测（利用 CRC 编码特性）。

- 全速率业务信道和控制信道就采用了(2,1,4)卷积编码。其连接矢量为 $G_1 = (10011)_2$ →$(23)_8$；$G_2 = (11011)_2$→$(33)_8$。
- 半速率数据信道则采用了 $r = 1/3$，$K = 5$ 的(3,1,4)卷积编码，其连接矢量为 $G_1 =$ $(11011)_2$→$(33)_8$；$G_2 = (10101)_2$→$(25)_8$；$G_3 = (11111)_2$→$(37)_8$。

表 3-1　编码效率 $R=1/2$ 的编码表

约束长度 L	生成多项式（八进制表示）		d_f
3	5	7	5
4	15	17	6
5	23	33	7
6	53	75	8
7	133	171	10
8	247	371	10
9	561	753	12
10	1167	1545	12

表 3-2　编码效率 $R=1/3$ 的编码表

约束长度 L	生成多项式（八进制表示）			d_f
3	5	7	7	8
4	13	15	17	10
5	25	33	37	12
6	47	53	75	13
7	133	145	175	15
8	225	331	367	16
9	557	663	711	18
10	1117	1365	1633	20

WCDMA 系统中的信道编码码块数据流串行依次进入编码器，每输入 1bit，在输出端同时得到 2（编码速率为 1/2 时）或 3bit（编码速率为 1/3 时）。需要编码的码块数据流结束时，继续输入 8 个值为 0 的尾 bit，在输出端得到的全部信息，就是本码块编码后的数据。

（1）(2,1,8)卷积编码器（见图 3-16）

$$g_1(x) = 1 + x^2 + x^3 + x^4 + x^8, \quad g_2(x) = 1 + x + x^2 + x^3 + x^5 + x^7 + x^8$$

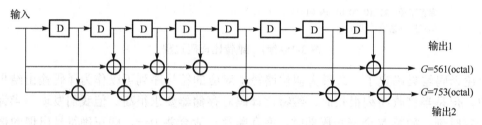

图 3-16　(2,1,8)卷积编码器

（2）(3,1,8)卷积编码器（见图 3-17）

$$g_1(x) = 1 + x^2 + x^3 + x^5 + x^6 + x^7 + x^8, \quad g_2(x) = 1 + x + x^3 + x^4 + x^7 + x^8, \quad g_3(x) = 1 + x + x^2 + x^5 + x^8$$

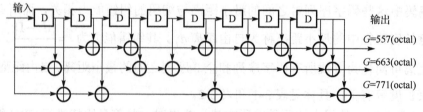

图 3-17　(3,1,8)卷积编码器

综合 GSM 系统和 WCDMA 系统对信道编码的使用情况，可以知道：由于半速率信道编码的自由距离大于全速率信道的自由距离，反向信道编码的自由距离大于正向信道的自由距离，因此反向信道和半速率信道有更强的抗噪声干扰能力。

3.2.4　交织编码

前面介绍的线性分组码、循环码和卷积码大部分是用于纠正随机独立差错的。而实际的移动信道既不是纯随机独立差错信道，也不是纯突发差错信道，而是混合信道。交织编码按照改造信道的思路来分析问题，解决问题。它利用发送端的交织器和接收端的解交织器，将一个有记忆的突发信道改造成一个随机独立差错信道。交织编码本身并不具备信道编码的最基本的纠错检错能力，而只是将信道改造为随机独立差错信道，以便于更加充分地利用纠正随机独立差错的信道编码。从严格意义上说，交织编码并不是一类信道编码，而只是一种信息处理手段。

交织编码的实现方式有：分组交织、帧交织、随机交织、混合交织等。现以最简单的分组交织为例，介绍其实现的基本原理，实现框图如图 3-18 所示。

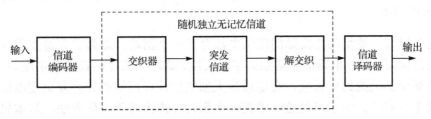

图 3-18　分组交织器实现框图

交织、解交织步骤如下：

① 输入数据经信道编码后为：$(c_1 c_2 c_3 \cdots c_{20})$

② 发送端交织器为一个行列交织矩阵存储器，它按行写入、按列读出，即为

$$
\begin{array}{c}\text{读} \\ \text{出} \\ \text{顺} \\ \text{序} \end{array}
\left|
\begin{bmatrix}
c_1 & c_2 & c_3 & c_4 & c_5 \\
c_6 & c_7 & c_8 & c_9 & c_{10} \\
c_{11} & c_{12} & c_{13} & c_{14} & c_{15} \\
c_{16} & c_{17} & c_{18} & c_{19} & c_{20}
\end{bmatrix}
\right.
$$

③ 交织器输出送入突发信道的信号为

$$(c_1 c_6 c_{11} c_{16} c_2 c_7 c_{12} c_{17} c_3 c_8 c_{13} c_{18} c_4 c_9 c_{14} c_{19} c_5 c_{10} c_{15} c_{20})$$

④ 假设在突发信道中受到两个突发干扰，第一个突发干扰影响 4 位，产生于 c_{11} 至 c_7，第二个突发干扰影响 4 位，产生于 c_{18} 至 c_{14}。则突发信道的输出信号为

$$(c_1 c_6 c_{11}' c_{16}' c_2' c_7' c_{12} c_{17} c_3 c_8 c_{13} c_{18}' c_4' c_9' c_{14}' c_{19} c_5 c_{10} c_{15} c_{20})$$

⑤ 在接收端，将受突发干扰的信号送入解交织器，解交织器也是一个行列交织矩阵存储器，按列写入按行读出，即为

$$
\begin{bmatrix}
c_1 & c_2' & c_3 & c_4' & c_5 \\
c_6 & c_7' & c_8 & c_9' & c_{10} \\
c_{11}' & c_{12} & c_{13} & c_{14}' & c_{15} \\
c_{16}' & c_{17} & c_{18}' & c_{19} & c_{20}
\end{bmatrix}
$$

读出顺序

⑥ 解交织器输出信号为

$$(c_1 c_2' c_3 c_4' c_5 c_6 c_7' c_8 c_9' c_{10} c_{11}' c_{12} c_{13} c_{14}' c_{15} c_{16}' c_{17} c_{18}' c_{19} c_{20})$$

可见，经过交织和解交织后，将原来信道中连错 4 位的突发差错，变成了随机独立差错。这样，在传输过程中即使发生了成串差错，恢复成一条相继比特串的消息时，差错也就变成单个（或长度很短），这时再用信道编码纠错功能纠正差错，恢复原消息。可见，交织是以时延为代价的，因此属于时间隐分集。

交织前相邻的两符号在交织后的间隔距离称为交织深度，而交织后相邻两符号在交织前的间隔距离称为交织宽度。因此对于一个 $m \times n$ 的交织阵列，若是行读入列读出的话，其交织深度为 m，交织宽度为 n。交织阵越大，传输特性越好，但传输时延也越大，所以在实际使用中必须作折中考虑。

3.2.5　Turbo 码

传统的分组码、卷积码在实际的应用中都存在一个困难，即为了尽量接近 Shannon 信道容量的理论极限，对分组码需要增加码字的长度，这将导致译码设备复杂度的大大增加；对卷积码需要增加码的约束长度，会造成最大似然估计译码器的计算复杂度以指数增加，最终复杂到无法实现。为了克服这一难题，人们曾经提出各种编码方法，基本思想就是将一些简单的编码合成为复杂的编码，译码过程也可以分成许多较容易实现的步骤来完成。1993 年 C.Berrou 等人在 ICC 国际会议上提出了一种采用重复迭代译码方式的并行级联码——Turbo 码，Turbo 是英文中的前缀，是指带有涡轮驱动，即反复迭代的含义。Turbo 码巧妙地将卷积码和随机交织器相结合，采用软输入/输出译码器，可以获得接近 Shannon 编码定理极限的性能。计算机仿真结果表明，在 $E_0/N_0 \geqslant 0.7$dB 时，在大的交织器 (256×256)，译码迭代达到 18 次，码率为 1/2 的 Turbo 码，在 AWGN（加性高斯白噪声）信道上的误比特率 BER $\leqslant 10^{-5}$（工程上认为是近似无差错），其 E_0/N_0 与 Shannon 编码定理极限(0dB)相比仅仅只差 0.7dB。由于 Turbo 码有着优良的性能，因而被广泛应用于第三代移动通信系统中，但因它存在时延，故主要用于非实时的数据通信中。

1. Turbo 码编码原理

典型的 Turbo 码编码器如图 3-19 所示。图中编码器主要由三部分组成：直接输入；经过编码器 1，再经过删余矩阵后送入复接器；经过随机交织器，编码器 2，再经过删余矩阵送入复接器。

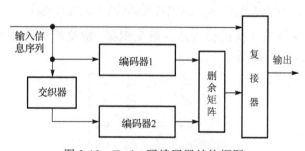

图 3-19　Turbo 码编码器结构框图

Turbo 码编码器既可以采用串联结构，也可以采用串并联结合；图 3-19 所示是两个编码器产生 Turbo 码二维分量码，也可以是多个，由二维分量码很自然地推广到多维分量码；分量码既可以是卷积码，也可以是分组码，还可以是级联码；分量码既可以相同，也可以不同；分量码既可以是系统码，也可以是非系统码。但为了接收端进行有效的迭代译码，分量码选择递归系统卷积码（RSC）。

交织器和一般的按行写入按列读出不同，是一个伪随机交织器。它虽然仅仅是在 RSC2 编码器之前将信息序列中的比特进行随机置换，但它对 Turbo 码来说，却起着至关重要的作用，在很大程度上影响着 Turbo 码的性能。交织器在要发送的信息中加入随机特性，使得两个编码器输入互不相关，近似独立。但由于译码时需要知道交织后信息比特的位置，故应该是伪随机的。当交织器充分大时，Turbo 码实际上等效于一个很长的随机码，这是它比以往的编码能接近 Shannon 极限的原因。Turbo 码的交织器的重要作用就是在编码中引入某些随机特性，改变码的重量分布，使重量很重以及很轻的码字尽可能地少，改善码距的分布，从而改善 Turbo 码的整体纠错性能。

删余矩阵的作用是提高编码码率，使码率尽量提高而误码率尽可能地降低。其元素选自集合 {0,1}，矩阵中每一行分别与分量编码器相对应，其中"1"表示保留相应位置的校验比特，而"0"表示相应位置上的校验比特被删除（也称为"打孔"）。

复接器又称合路器，其目的是将分量编码器的输出合成一路，是数据通信中常用的器件。

图 3-20 是码率为 1/3 的 Turbo 码编码器。分量编码器是（2，1，4）的递归型系统卷积码，码率为 1/2，寄存器级数 $m = 4$，生成多项式为：

$$G(D) = \left[1, \frac{1+D^4}{1+D+D^2+D^3+D^4} \right] \tag{3-75}$$

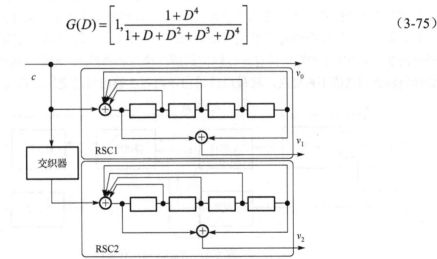

图 3-20　Turbo 码编码器

设输入序列为	$c = 1011001$
则图 3-20 所示的第一个分量编码器的系统输出为	$v_0 = 1011001$
经过递归迭代得到	$v_1 = 1110001$
假设经过交织器交织后的输入信息序列为	$\tilde{c} = 1100011$
则第二个分量编码器输出为	$v_2 = 1010101$

得到的码率为 1/3 的 Turbo 码序列为

$$v = (111,010,111,100,001,000,111)$$

若要将码率提高到 1/2，则可以采用删余技术，例如采用删余矩阵

$$P = \begin{bmatrix} 1 & 0 \\ 0 & 1 \end{bmatrix}$$

即删去 RSC1 校验序列的偶数位，删去 RSC2 校验序列的奇数位，从而得到码率为 1/2 的 Turbo 码

$$v' = (11,00,11,10,00,00,11)$$

2．Turbo 码译码原理

由于交织器的出现，导致 Turbo 码的最优（最大似然）译码变得非常复杂，不可能实现，而一种次优迭代算法在降低了复杂度的同时，又具有较好的性能。

迭代译码的基本思想是分别对两个 RSC 分量码进行最优译码，以迭代的方式使两者分享共同的信息，并利用反馈环路来改善译码器的译码性能。前面讨论过的单个编译码器，通常在译码器的最后得到确定的译码比特输出，称为硬判决译码。而对于 Turbo 码译码器，输出软判决译码信息，即由两个与分量码对应的译码单元和交织与解交织器组成，将一个译码单元的软判决译码信息输出作为另一个译码单元的输入，并将此过程迭代数次，以获得更好的译码性能。

由图 3-21 Turbo 码译码器原理框图可以看出，其工作原理为：将接收到的串行数据进行串并转换，同时将删余的比特位填上虚拟比特（不影响译码判决的值，例如 0）。将信息序列 x_k 及 RSC1 生成的校验序列 y_k 送入软输出译码器 1，译码器 1 生成的信息序列经过交织后作为译码器 2 的输入。信息序列 x_k 经过交织器后输入译码器 2，RSC2 生成的校验序列 y_k' 也同时输入译码器 2。译码器 2 的输出信息经过解交织后反馈至译码器 1，重复上述过程进行软判决，直到译码输出的性能不再提高，将最后结果由译码器 2 输出经解交织后作为判决输出。

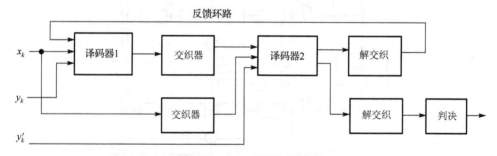

图 3-21　Turbo 码迭代译码

Turbo 译码中关于两个分量码译码器的算法有多种，它们构成了 Turbo 码的不同译码算法。这些算法有基于软输出维特比（SOVA）算法，追求每个码字的错误概率最小；或者是基于最大后验概率（MAP）算法，追求每个码字译码错误概率最小。

目前提出的主要简化算法有以下 3 种：

① 对数域算法：即 log-MAP，它实际上就是把标准算法中的似然函数全部采用对数似然函数表示，这样乘法运算都变成了简单的加法运算，大大简化了运算量；

② 软输出维特比译码：其运算量仅仅是标准维特比算法的两倍左右，最简单，但性能约损失 1dB。

③ 最大值运算：即 Max-log-MAP，它可以将 log-MAP 运算中以及似然值加法表示式中的对数分量忽略掉，使似然加法变成求最大值运算。既可省去大部分加法运算，更能省去对信噪比的估计，使得算法更为稳健。

3.3　扩 频 技 术

扩频通信，即扩展频谱通信（Spread Spectrum Communication），是一种信息传输方式，用来传输信息的信号带宽远远大于信息本身的带宽，频带的扩展由独立于信息的扩频码来实现，与所传输的信息数据无关；在接收端则用相同的扩频码进行相关解调，实现解扩，恢复所传的信息数据。这项技术又称为扩频调制，而传输扩频信号的系统为扩频系统。

扩频信号具有良好的相关特性，包括尖锐的自相关特性和低值的互相关特性，使得扩频通信系统具有抗干扰能力强和保密性好等许多优点，在移动通信、卫星通信、宇宙通信、雷达、导航以及测距等领域得到了广泛应用。

3.3.1　扩频技术概述

1．扩展频谱的定义

扩频通信技术是一种信息传输方式，其信号所占有的频带宽度远大于所传信息必需的最小带宽；频带的扩展是通过一个独立的码序列来完成，用编码及调制的方法来实现的，与所传信息数据无关；在接收端则用同样的码进行相关同步接收、解扩及恢复所传信息数据。这一定义包含了以下三方面的意思：

（1）信号的频谱被展宽

传输任何信息都需要一定的带宽，称为信息带宽。例如人类的话音的信息带宽为 300～3400Hz，电视图像信息带宽为数兆赫兹。为了充分利用频率资源，通常都是尽量采用大体相当的带宽的信号来传输信息。在无线电通信中射频信号的带宽与所传信息的带宽是相比拟的。如用调幅信号来传送话音信息，其带宽为话音信息带宽的两倍；电视广播射频信号带宽也只是其视频信号带宽的一倍多。这些都属于窄带通信。

一般的调频信号，或脉冲编码调制信号，它们的带宽与信息带宽之比也只有几到十几。扩展频谱通信信号带宽与信息带宽之比则高达 100～1000，属于宽带通信。

（2）采用扩频码序列调制的方式来展宽信号频谱

在时间上有限的信号，其频谱是无限的，例如很窄的脉冲信号，其频谱则很宽。信号的频带宽度与其持续时间近似成反比。1 微秒的脉冲的带宽约为 1MHz。因此，如果用很窄的脉冲序列被所传信息调制，则可产生很宽频带的信号。

如下面介绍的直接序列扩频系统就是采用这种方法获得扩频信号。这种很窄的脉冲码序列，其码速率是很高的，称为扩频码序列。这里需要说明的一点是所采用的扩频码序列与所传信息数据是无关的，也就是说它与一般的正弦载波信号一样，丝毫不影响信息传输的透明性。扩频码序列仅仅起扩展信号频谱的作用。

（3）在接收端用相关解调来解扩

正如在一般的窄带通信中，已调信号在接收端都要进行解调来恢复所传的信息。在扩频通信中接收端则用与发送端相同的扩频码序列与收到的扩频信号进行相关解调，恢复所传的信息。换句话说，这种相关解调起到解扩的作用，即把扩展以后的信号又恢复成原来所传的信息。这种在发端把窄带信息扩展成宽带信号，而在收端又将其解扩成窄带信息的处理过程，会带来一系列好处。弄清楚扩频和解扩处理过程的机制，是理解扩频通信本质的关键所在。

2. 扩频技术的理论依据

长期以来，人们总是想法使信号所占领谱尽量的窄，以充分利用十分宝贵的频谱资源。为什么要用这样宽频带的信号来传送信息呢？简单的回答就是主要为了通信的安全可靠。扩频技术的理论基础就是香农（C.E.Shannon）在信息论研究中总结出的信道容量公式，即香农公式：

$$C = W \log_2 \left(1 + \frac{S}{N} \right) \tag{3-76}$$

式中：

C 是信道容量（用传输速率度量）；

W 是信号频带宽度；

S 是信号功率；

N 是白噪声功率。

由式（3-76）可以看出：为了提高信息的传输速率 C，可以通过两种途径实现，即加大带宽 W 或提高信噪比 S/N。香农定理描述了信道容量、信号带宽与信噪比之间的关系，它给出了通信系统所能达到的极限信息传输速率。换句话说，当信号的传输速率 C 一定时，信号带宽 W 和信噪比 S/N 是可以互换的，即增加信号带宽可以降低对信噪比的要求，当带宽增加到一定程度，允许信噪比进一步降低，有用信号功率接近噪声功率甚至淹没在噪声之下也是可能的。扩频通信就是用宽带传输技术来换取信噪比上的降低，从而提高了通信的抗干扰能力，实现强干扰环境下可靠安全的信息传输，这就是扩频通信的基本思想和理论依据。

3.扩频通信的主要性能指标

扩频通信系统的基本性能指标主要有两项：扩频处理增益和干扰容限。

（1）扩频处理增益

假设系统的输入信噪比、输出信噪比分别为 $(S/N)_{in}$ 和 $(S/N)_{out}$，则扩频处理增益定义为

$$G_p = \frac{\left(\dfrac{S}{N} \right)_{out}}{\left(\dfrac{S}{N} \right)_{in}} \tag{3-77}$$

由于高斯白噪声的功率谱近似均匀分布，因此也常用扩频前后带宽的比值来近似估计系统的扩频处理增益，即

$$G_p = \frac{B}{\Delta f} \tag{3-78}$$

式中，B 表示扩频后信号的射频带宽，Δf 表示基带信号带宽。

G_p 表示信噪比的改善程度，决定了系统抗干扰能力的强弱，目前国外在工程上能实现的直扩系统处理增益可达到 70dB。

（2）干扰容限

干扰容限是指在系统正常工作的条件下，接收机输入端所允许干扰的最大强度值（用分贝值表示），其定义为

$$M = G_p - \left[L_S + \left(\frac{S}{N} \right)_{门限} \right] \tag{3-79}$$

式中，G_p 表示扩频处理增益（dB）；L_S 为实际传输路径损耗（dB）；$\left(\dfrac{S}{N} \right)_{门限}$ 为信息数据被接收机正确解调而要求的最小输出信噪比（dB）。

例如：一个扩频系统的处理增益为 35dB，要求误码率小于 10^{-5} 的信息数据解调的最小的输出信噪比 $\left(\dfrac{S}{N} \right)_{门限} \geqslant 10$dB，系统损耗 $L_s = 3$dB，则干扰容限 $M=35-(10 + 3) = 22$dB。

这说明，该系统能在干扰输入功率电平比扩频信号功率电平高 22dB 的范围内正常工作，也就是该系统能够在接收输入信噪比大于或等于 −22dB 的环境下正常工作。

干扰容限反映了扩频系统接收机能在多大干扰环境下正常工作的能力和可能抵抗极限干扰的强度，只有当干扰功率超过干扰容限后，才能对扩频系统形成干扰。因此，干扰容限往往比扩频处理增益更能准确地反映系统的抗干扰能力。

4. 扩频通信的优点

扩频通信的一般原理如图 3-22 所示。与一般数字通信系统不同的是，在射频调制之前进行扩频，即将待传送的信息数据被伪随机编码（扩频序列）调制，实现频谱扩展后再传输；接收端则采用相同的编码进行解调及相关处理，恢复原始信息数据。

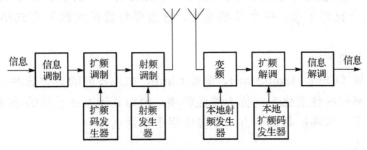

图 3-22　扩频通信原理框图

这种通信方式与常规窄带道通信方式的区别是：信息的频谱扩展后形成宽带传输；相关处理后恢复成窄带信息数据。由于这两大特点，使扩频通信有如下的优点：

● 抗干扰；

● 抗噪声；

- 抗多径衰落；
- 具有保密性；
- 功率谱密度低，具有隐蔽性和低的截获概率；
- 可多址复用和任意选址；
- 高精度测量等。

正是由于扩频通信技术具有上述优点，自20世纪50年代中期美国军方便开始研究，一直为军事通信所独占，广泛应用于军事通信、电子对抗以及导航、测量等各个领域。直到80年代初才被应用于民用通信领域。为了满足日益增长的民用通信容量的需求和有效地利用频谱资源，各国都纷纷提出在数字蜂窝移动通信、卫星移动通信和未来的个人通信中采用扩频技术，扩频技术已广泛应用于蜂窝移动通信、微波通信、无线数据通信、遥测、监控、报警等系统中。

5. 主要工作方式

扩展频谱的方法有：直接序列扩频、跳变频率扩频、跳变时间扩频、宽带线性调频及混合方式。

（1）直接序列扩频（DS-SS）

直接序列扩频，简称直接扩频或直扩，这种方法就是直接用具有高速率的扩频码序列在发送端扩展信号的频谱，而在接收端，用相同的扩频码序列进行解扩，把展宽的扩频信号还原成原始的信息。

（2）跳变频率扩频（FH-SS）

跳变频率扩频，简称跳频，跳频系统用伪随机码序列控制发射机的载频，使其离散地在一个给定的频带内跳变，形成一个宽带的离散频率谱，从而扩展发射信号的频率变化范围。

（3）跳变时间扩频（TH-SS）

跳变时间扩频，简称跳时，与跳频类似，跳时是使发射信号在时间轴上跳变。跳时系统把一段时间（一帧）分成许多时间片，在哪个时间片内发射信号由伪随机码序列控制。由于采用了比信息码元宽度窄很多的时间片发送信号，所以扩展了信号的频谱。简单的跳时系统抗干扰性不强，很少单独采用，它主要与直扩或跳频方式结合组成混合扩频方式。

（4）宽带线性调频

宽带线性调频（Chirp Modulation），简称Chirp，如果发射的射频脉冲信号在一个周期内，其载频的频率作线性变化，则称为线性调频。因为其频率在较宽的频带内变化，信号的频带也被展宽了。这种扩频调制方式主要应用于雷达系统中。

（5）混合方式

将上述几种基本的扩频方式组合起来，可构成各种混合方式。例如 DS/FH、DS/TH、DS/FH/TH 等。一般来说，采用混合方式在技术上要复杂一些，实现起来也要困难一些。但是，混合方式的优点是有时能得到只用其中一种方式得不到的特性，对于需要同时解决抗干扰、多址组网、定时定位、抗多径衰落和"远-近"问题时，就不得不同时采用多种扩频方式。

3.3.2 伪随机序列

理想的扩频序列应具有如下特性：①有尖锐的自相关特性；②有处处为零的互相关性；③扩频序列中 0、1 的个数相等；④有足够的扩频码；⑤有尽可能大的复杂度。所以，理想的传输信息的信号形式应是类似噪声的随机信号，而取任何两个不同时间段上的噪声来比较，都不会完全相似。用它们代表两种信号，其差别性就最大。许多理论研究表明，在信息传输中各种信号之间的差别性能越大越好。因此需要寻求这种具有近似于随机信号的性能的码序列，但是，真正的随机信号和噪声是不能重复再现和产生的。我们只能产生一种周期性的脉冲信号来近似随机噪声的性能，故称为伪随机码或 PN 码。

PN 码就是一种具有近似随机噪声并具有理想二值自相关特性的码序列。当码长取得越大时，PN 码就越近似于理想的随机噪声尖锐的自相关特性。因此这种码序列就被称为伪随机码或伪噪声码。

当扩频码序列用于地址码时，除要求尖锐的自相关性外，与其他同类码序列的相似性和相关性也很重要。例如有许多用户共用一个信道，要区分不同用户的信号，就得靠相互之间的区别或不相似性来区分。换句话说，就是要选用互相关性小的信号来表示不同的用户。

1. m 序列

最长线性反馈移位寄存器序列是最基本和最常用的一种伪随机序列，简称 m 序列，它通常是由具有线性反馈的移位寄存器产生的周期最长的序列。m 序列有尖锐的自相关特性，有较小的互相关值，码元平衡，但正交码组数不多，序列复杂度不大。

（1）m 序列的产生

由 m 级寄存器构成的线性移位寄存器如图 3-23 所示，通常把 m 称作移位寄存器的长度。每个寄存器的反馈支路都乘以 C_i。当 $C_i = 0$ 时，表示该支路断开；当 $C_i = 1$ 时，表示该支路接通。m 级移位寄存器共有 2^m 个状态，除去全 0 状态外还剩下 $2^m - 1$ 个状态，因此能够输出的最大长度的码序列为 $2^m - 1$。产生 m 序列的线性反馈移位寄存器称作最长线性移位寄存器。

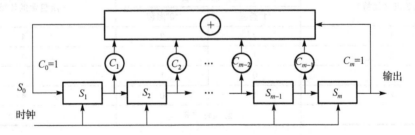

图 3-23 m 序列发生器的结构

为了获得一个 m 序列，反馈线连接不是随意的，对给定的 m，寻找能够产生 m 序列的抽头位置或者说是系数 C_i，是一个复杂的数学问题，这里不作讨论，仅给出一些结果，如表 3-3 所示。

在研究长度为 m 的序列生成及其性质时，常用一个 m 阶多项式 $f(x)$ 描述它的反馈结构：

$$f(x) = C_0 + C_1 x + C_2 x^2 + \cdots + C_m x^m \tag{3-80}$$

式中，$C_k \in (0,1)$，$k = 0,1,2,3,\cdots,m$；m 为移位寄存器的级数；式中 $C_0 \equiv 1$，$C_m \equiv 1$。

表 3-3 m 序列特征多项式

m	抽 头 位 置
3	[1,3]
4	[1,4]
5	[2,5] [2,3,4,5] [1,2,4,5]
6	[1,6] [1,2,5,6] [2,3,5,6]
7	[3,7] [1,2,3,7] [1,2,4,5,6,7] [2,3,4,7] [1,2,3,4,5,7] [2,4,6,7] [1,7] [1,3,6,7] [2,5,6,7]
8	[2,3,4,8] [3,5,6,8] [1,2,5,6,7,8] [1,3,5,8] [2,5,6,8] [1,5,6,8] [1,2,3,4,6,8] [1,6,7,8]

假设 $m = 4$，抽头 $[1,4]$ 可以表示为

$$f(x) = C_0 + C_1 x + C_4 x^4 = 1 + x + x^4 \tag{3-81}$$

这些多项式称作移位寄存器的特征多项式。不同特征多项式对应不同的反馈逻辑，即对应不同的序列。由 m 级移位寄存器组成的线性反馈电路所产生的序列周期不会超过 $2^m - 1$，其中周期等于 $2^m - 1$ 的序列即为 m 序列。

（2）m 序列的性质

① 均衡性

在一个周期中"1"的个数比"0"的个数多 1。在 m 序列的一个完整周期 $N = 2^m - 1$ 内，"0"出现 $2^{m-1} - 1$ 次，"1"出现 2^{m-1} 次，"1"比"0"多出现一次。这是因为 m 序列一个周期经历 $2^m - 1$ 个状态，少一个全 0 状态。

② 游程特性（见表 3-4）

一个周期中长度为 1 的游程数占游程总数的 1/2；长度为 2 的游程数占游程总数的 1/4；长度为 3 的游程数占游程总数的 1/8……最长的游程是 m 个连 1（只有一个），最长连 0 的游程长度为 $m-1$（也只有一个）。

表 3-4 111101011001000 游程分布

游程长度（比特）	游 程 数 目		所包含的比特数
	"1"游程	"0"游程	
1	2	2	4
2	1	1	4
3	0	1	3
4	1	0	4
	游程总数 8		合计 15

一般说来，m 序列中长为 k（$1 \leq k \leq n-2$）的游程数占游程总数的 $1/2^k$。

③ 移位相加特性

一个 m 序列 M_a 与其移位序列 M_b 模 2 加得到的序列 M_r 仍是 M_a 的移位序列（移位数与 M_b 的不同），即

$$M_a \oplus M_b = M_r$$

例如 1110100 与向右移三位后的序列 1001110 逐位模 2 相加后的序列为 0111010，相当于原序列向右移一位后的序列，仍是 m 序列。

④ 相关特性

两个序列 a,b 的对应位模 2 加，设 A 为所得结果序列 0 比特的数目，D 为 1 比特的数目，序列 a,b 的互相关系数为

$$R_{a,b} = \frac{A-D}{A+D} \tag{3-82}$$

当序列循环移动 n 位时，随着 n 取值的不同，互相关系数也在变化，这时式（3-82）就是 n 的函数，称作序列 a,b 的互相关函数。若两个序列相等 $a=b$，$R_{a,b}(n) = R_{a,a}(n)$，称作自相关函数。

m 序列的自相关函数是周期的二值函数。可以证明，对长度为 N 的 m 序列都有：

$$R_{a,a}(n) = \begin{cases} 1 & n = l \cdot N \quad l = 0, \pm 1, \pm 2, \cdots \\ \dfrac{-1}{N} & 其余 n \end{cases} \tag{3-83}$$

式中，n 和 $R_{a,a}(n)$ 都取离散值，用直线段把这些点连接起来，可以得到关于 n 的自相关函数曲线。

若把 m 序列表示为一个双极性 NRZ 信号，用 −1 脉冲表示逻辑"1"，用 +1 脉冲表示"0"，可得到一个周期性脉冲信号。每个周期有 N 个脉冲，每个脉冲称作码片（chip），码片的长度为 T_c，周期为 $T = NT_c$。此时，m 序列就是连续时间 t 的函数 $m(t)$。

设一周期为 7 的 m 序列 1110100，其波形如图 3-24(a)所示。它的自相关函数定义为

$$R_{a,a}(\tau) = \frac{1}{T} \int_{-T/2}^{T/2} m(t) m(t+\tau) \mathrm{d}t \tag{3-84}$$

式中，τ 是连续时间的偏移量，$R_{a,a}(\tau)$ 是 τ 的周期函数，在一个周期 $[-T/2, T/2]$ 内，它可以表示为

$$R_{a,a}(\tau) = \begin{cases} 1 - \dfrac{N+1}{NT_c} |\tau| & |\tau| \le T_c \\ \dfrac{-1}{N} & 其他 \end{cases} \tag{3-85}$$

该序列的自相关函数波形如图 3-24(b)所示。它在 nT_c 时刻的抽样就是 $R_{a,a}(n)$，只有两种取值（1 和 $-1/N$）。当序列的周期很大时，m 序列的自相关函数波形变得十分尖锐而接近冲激函数 $\delta(t)$，而这正是高斯白噪声的自相关函数。

m 序列的互相关性是指相同周期的两个不同的 m 序列一致的程度。互相关值越接近于 0，说明这两个 m 序列的差别越大，即互相关性越弱；互相关值越大，说明这两个 m 序列差别较小，即互相关性较强。当 m 序列用作码分多址系统的地址码时，必须选择互相关值很小的 m 序列组，以避免用户之间的相互干扰。

如果 m 序列用 1 和 −1 表示，−1 脉冲表示逻辑"1"，+1 脉冲表示"0"。即 m 序列 a_n 和 $b_{n+\tau}$ 的取值是 −1 或 1，此时这两个 m 序列的互相关函数可由式（3-86）计算：

$$R_{a,b}(\tau) = \frac{1}{N} \sum_{k=1}^{N} a_k b_{k+\tau} \tag{3-86}$$

同一周期的 $N = 2^m - 1$ 的 m 序列组，其两两 m 序列对的互相关特性差别很大，有的 m 序列

对的互相关特性好，有的则较差，不能实际使用。但是一般来说，随着周期的增加，其归一化互相关值的最大值会递减。通常在实际应用中，我们只关心互相关特性好的 m 序列对的特性。

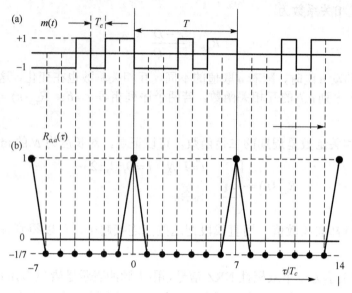

图 3-24　m 序列的自相关特性

对于周期为 N 的 m 序列组，最好的 m 序列对，它的互相关函数值只取 3 个，分别是：

$$R_{a,b}(\tau) = \begin{cases} \dfrac{t(m)-2}{N} \\[2mm] \dfrac{-1}{N} \\[2mm] \dfrac{-t(m)}{N} \end{cases} \qquad （3\text{-}87）$$

式中，$t(m) = 1 + 2^{[(m+2)/2]}$，[ ]表示取实数的整数部分。

这 3 个值被称为理想三值，能够满足这一特性的 m 序列对，称为 m 序列优选对，它们可用于实际工程当中。

在 CDMA 数字蜂窝移动通信系统中，可为每个基站分配一个 PN 序列，以不同的 PN 序列来区分基站地址；也可只用一个 PN 序列，而用 PN 序列的相位来区分基站地址，即每个基站分配一个 PN 序列的初始相位。IS-95 CDMA 数字蜂窝移动通信系统就是采用给每个基站分配一个 PN 序列的初始相位，共有 512 种初始相位，分配给 512 个基站。CDMA 数字蜂窝移动通信系统中移动用户的识别，需要采用周期足够长的 PN 序列，以满足对用户地址量的需求。在 IS-95 CDMA 数字蜂窝移动通信系统中采用的 PN 序列周期为 $2^{42}-1$（称为 PN 长码）。

（3）m 序列的功率谱

信号的自相关函数和功率谱之间形成一傅里叶变换对，即

$$\begin{cases} P_\xi(\omega) = \displaystyle\int_{-\infty}^{+\infty} R(\tau) e^{-j\omega\tau} d\tau \\[3mm] R(\tau) = \dfrac{1}{2\pi} \displaystyle\int_{-\infty}^{+\infty} P_\xi(\omega) e^{j\omega\tau} d\omega \end{cases} \qquad （3\text{-}88）$$

由于 m 序列的自相关函数是周期性的，则对应的频谱是离散的。自相关函数的波形是三角波，对应的离散谱的包络为 $S_a^2(x)$。

m 序列的功率谱为

$$P(f) = \frac{1}{N^2}\delta(f) + \left(\frac{N+1}{N^2}\right)\sum_{\substack{n=-\infty \\ n\neq 0}}^{\infty} S_a^2\left(\frac{n}{N}\right)\delta\left(f - \frac{n}{NT_c}\right) \tag{3-89}$$

图 3-25(a)给出了 $N=7$ 的 m 序列功率谱特性，T_c 为伪码 chip 的持续时间。图 3-25(b)给出了一些功率谱包络随 N 变化的情况。可以看出在序列周期 T 保持不变的情况下，随着 N 的增加，码片 $T_c = T/N$ 变短，脉冲变窄，频谱变宽，谱线变短。上述情况表明，随着 N 的增加，频谱变宽并且功率谱密度也在下降，而接近高斯白噪声的频谱。这从频域说明了 m 序列具有随机信号的特征。

双极性 m 序列的功率谱有如下特点：

① m 序列的功率谱为离散谱，谱线间隔 $f_0 = 1/NT_c$；

② 功率谱的包络以 $S_a^2(T_c f)$ 规律变化；

③ 直流分量的强度与 N^2 成反比，N 越大，直流分量越小，载漏越小；

④ 带宽由码元宽度 T_c 决定，T_c 越小，即码元速率越高，带宽越宽；

⑤ 第一个零点出现在 $1/T_c$；

⑥ 增加 m 序列的长度 N，减小码元宽度 T_c，将使谱线加密，谱密度降低，更接近于理想噪声特性。

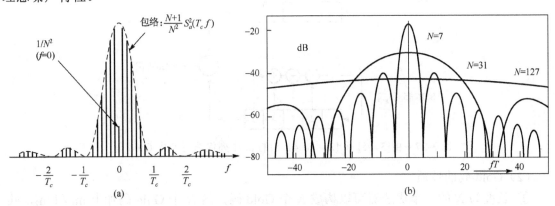

图 3-25　m 序列的功率谱密度图

2. Gold 码

m 序列虽然性能优良，但同样长度的 m 序列个数不多，且序列之间的互相关值并不都好，不便于在码分多址系统中应用。R. Gold 于 1967 年提出了一种基于 m 序列优选对的码序列，称为 Gold 码序列。它是 m 序列的组合码，由优选对的两个 m 序列逐位模 2 加得到，当改变其中一个 m 序列的相位（向后移位）时，可得到一新的 Gold 序列。Gold 序列具有较优良的自相关和互相关特性，而且构造简单，产生的序列数多，因而获得了广泛的应用。

（1）Gold 码的构成

Gold 码由 m 序列的优选对移位模 2 加构成，如图 3-26 所示。图中 m 序列发生器 1 和

2 产生的 m 序列是一个 m 序列优选对，m 序列发生器 1 的初始状态固定不变，调整 m 序列发生器 2 的初始状态，在同一时钟脉冲控制下，产生相同长度的两个不同 m 序列 m_1 和 m_2，经过模 2 加后可得到 Gold 序列。通过设置 m 序列发生器 2 的不同初始状态，可以得到不同的 Gold 序列。

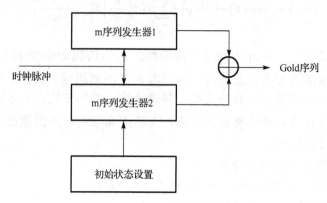

图 3-26　Gold 码发生器框图

例子：以 $n=5$ 为例，由两个原本多项式 [3，5] 和 [2，3，4，5]的 m 序列优选对产生 Gold 码，其发生器框图如图 3-27 所示。

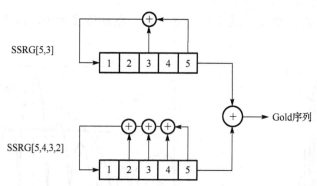

图 3-27　由[3，5] 和[2，3，4，5]的 m 序列优选对产生 Gold 码

（2）Gold 码的性质

① 长度为 N 的一个优选对可以构成 N 个 Gold 码，这 N 个 Gold 码加上 m_1 和 m_2，共 $N+2$ 个码。它们之中任何两个码的周期性互相关函数也是三值函数。

② 优选对的数目与 m 序列的长度有关，Gold 码的个数随着 $N = 2^m - 1$ 的增加而以 2 的 m 次幂增长，因此 Gold 码的个数比 m 序列数多得多，并且它们具有优良的自相关和互相关特性。但在实际应用中会选择平衡的 Gold 序列（一个周期内"1"码数比"0"码数仅多一个），这样做平衡调制时有较高的载波抑制度，可以满足实际工程的需要。表 3-5 列出了 m 序列长度、优选对数、Gold 码数、m 序列数。

表 3-5　m 序列长度、优选对数、Gold 码数、m 序列数

m	5	6	7	9	10
$N = 2^m - 1$	31	63	127	511	1023
优选对数	12	6	90	288	330

续表

m	5	6	7	9	10
Gold 码数	396	390	11610	147744	338250
m 序列数	6	6	18	48	60

③ 同一优选对产生的 Gold 码的周期性互相关函数为三值函数（见图 3-28），Gold 码的周期性自相关函数也是三值函数（见图 3-29）；同长度的不同优选对产生的 Gold 码的周期性互相关函数不是三值函数。

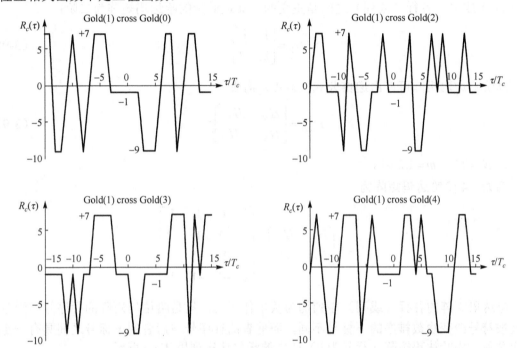

图 3-28 [3，5] 和[2，3，4，5]的 m 序列优选对产生 Gold 码的互相关

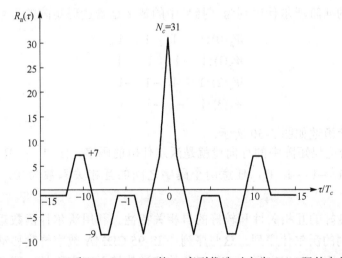

图 3-29 [3，5] 和[2，3，4，5]的 m 序列优选对产生 Gold 码的自相关

④ Gold 序列的互相关峰值、旁瓣与主瓣之比都比 m 序列小得多。这一特性在实现码

分多址时非常有用。在 WCDMA 系统中，下行链路采用 Gold 码区分小区户，上行链路采用 Gold 码区分用户。

3. Walsh（沃尔什）函数

沃尔什函数集是完备的非正弦型正交函数集，相应的离散沃尔什函数简称为沃尔什序列或沃尔什码。在 IS-95CDMA 蜂窝移动通信系统中应用了 64 阶沃尔什序列。

沃尔什序列可由哈达玛（Hadamard）矩阵产生。哈达玛矩阵是一方阵，该方阵的每一元素为 +1 或 −1，各行（或列）之间是正交的，其最低阶的哈达玛矩阵为二阶：

$$H_2 = \begin{bmatrix} 1 & 1 \\ 1 & -1 \end{bmatrix} \tag{3-90}$$

高阶哈达玛矩阵可以由递推公式（3-90）构成：

$$H_{2N} = \begin{bmatrix} H_N & H_N \\ H_N & -H_N \end{bmatrix} \tag{3-91}$$

其中，$N = 2^m$，$m = 1, 2, \cdots$。

例如，4 阶哈达玛矩阵为

$$H_4 = \begin{bmatrix} H_2 & H_2 \\ H_2 & -H_2 \end{bmatrix} = \begin{bmatrix} 1 & 1 & 1 & 1 \\ 1 & -1 & 1 & -1 \\ 1 & 1 & -1 & -1 \\ 1 & -1 & -1 & 1 \end{bmatrix}$$

哈达玛矩阵的各行（或列）序列均为沃尔什序列，只是哈达玛矩阵的行序号与沃尔什序列按符号改变次数排序的下标号不同，而前者的行序号与后者的下标号之间具有一定的对应关系。由哈达玛矩阵（行号为 i）产生的沃尔什序列用 $W_h(i)$ 表示。

例如，由 4 阶哈达玛矩阵构成 4 阶沃尔什序列。由 H_4 的各行（列）构成长度为 4（即包含 4 个元素）的 4 阶沃尔什序列为（括号中的数字是哈达玛矩阵的行号）：

$$W_h(0) : 1 \quad 1 \quad 1 \quad 1$$
$$W_h(1) : 1 \quad -1 \quad 1 \quad -1$$
$$W_h(2) : 1 \quad 1 \quad -1 \quad -1$$
$$W_h(3) : 1 \quad -1 \quad -1 \quad 1$$

对应的沃尔什函数如图 3-30 所示。

容易看出，哈达玛矩阵中的行向量就是沃尔什码的码字，[1 1 1 1]、[1 −1 1 −1]、[1 1 −1 −1]、[1 −1 −1 1]，任意两个码字之间的互相关系数为 0，即码字之间两两正交。

沃尔什码有良好的互相关性和较好的自相关特性。利用沃尔什函数矩阵的递推关系，可得到 64×64 阵列的沃尔什序列。这些序列在 IS-95 CDMA 数字蜂窝移动通信系统中被作为前向码分信道，因为是正交码，可供码分的信道数等于正交码长，即 64 个，并采用 64 位的正交沃尔什函数来用作反向信道的编码调制。

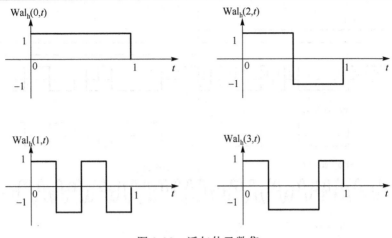

图 3-30　沃尔什函数集

3.3.3　直接序列扩频系统

1．直扩系统的扩频和解扩

直接序列扩频（DS-SS）就是直接用具有高码率的扩频码序列在发端去扩展信号的频谱。在直接序列扩频通信系统中，扩展信号带宽的方法是用一个 PN 序列和它相乘，得到的宽带信号可以在基带传输系统传输，也可以进行各种载波数字调制，如 2PSK、QPSK 等，其输出则是扩频的射频信号，再经天线辐射出去。直接序列扩频系统亦称直扩系统，或称伪噪声系统，记作 DS 系统。采用 2PSK 调制的直扩通信系统模型如图 3-31 所示。后面就以 2PSK 为例子，说明直接序列扩频通信系统的原理和抗干扰能力。

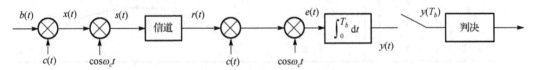

图 3-31　直接序列扩频通信系统模型

为了突出扩频系统的原理，在讨论过程中认为信道是理想的，也不考虑高斯白噪声的影响。

$b(t)$ 为二进制数字基带信号，$c(t)$ 为 m 序列发生器输出的 PN 码序列。它们的取值都是 ± 1 的双极性 NRZ 码，这里逻辑“0”表示为 +1，逻辑“1”表示为 -1。通常，$b(t)$ 一个比特的长度 T_b 等于 PN 序列 $c(t)$ 的一个周期，即 $T_b = NT_c$。由于均为 NRZ 码，可设 $b(t)$ 信号带宽为 $B_b = R_b = 1/T_b$，$c(t)$ 的带宽为 $B_c = R_c = 1/T_c$。

设 PN 序列 $c(t)$ 为 m 序列，$N = 15$，则 2PSK 调制的直扩信号波形图如图 3-32 所示。由图可见，扩频调制的特点是，当信息数据为 +1 时 PN 序列极性不变，当信息数据为 -1 时 PN 序列反相。在实际工程中，常用模 2 加法器作为扩频调制器，它与用相乘器构成的扩频调制器是等效的。

由于 $x(t) = b(t)c(t)$，所以 $x(t)$ 的频谱等于 $b(t)$ 的频谱与 $c(t)$ 的频谱的卷积，如图 3-33 所示。

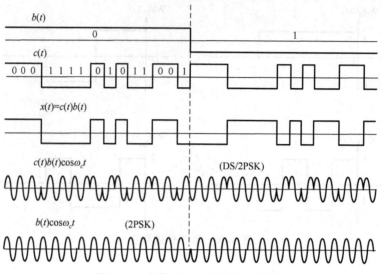

图 3-32　直接序列扩频系统的波形

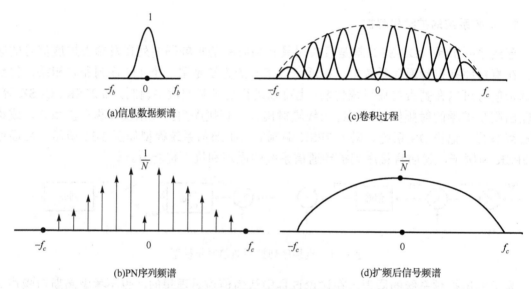

图 3-33　扩频调制频谱变化示意图

$b(t)$ 和 $c(t)$ 相乘的结果使携带信息的基带信号的带宽被扩展到近似为 $c(t)$ 的带宽 B_c。扩展的倍数就等于 PN 序列一个周期的码片数:

$$N = \frac{B_c}{B_b} = \frac{T_b}{T_c} \tag{3-92}$$

而信号的功率谱密度下降到原来的 $1/N$。

这样的信号处理过程就是扩频。$c(t)$ 在这里起着扩频作用,称作扩频码,这种扩频方式就是直接序列扩频。扩频后的基带信号进行 2PSK 调制,得到信号:

$$s(t) = x(t)\cos\omega_c t = b(t)c(t)\cos\omega_c t \tag{3-93}$$

为了和一般的 2PSK 信号区别,把 $s(t)$ 称作 DS/2PSK 信号。$s(t)$ 的波形如图 3-32 所示。为了便于比较,图中还画出 $b(t)$ 的窄带 2PSK 信号波形。调制后的信号 $s(t)$ 的带宽为 $2B_c$。

由于扩频和 2PSK 调制这两步操作都是信号的相乘，从原理上，也可以把上述信号处理次序调换，此时基带信号首先调制成为窄带的 2PSK 信号，信号带宽为 $2R_b$，然后与 $c(t)$ 相乘被扩频到 $2B_c$。

在接收端，接收机接收的信号 $r(t)$ 一般是有用的信号和噪声及各种干扰信号的混合。为了突出解扩的概念，这里暂时不考虑它们的影响，即假设 $r(t) = s(t)$。在实际工程中，一般是先解扩后解调，这样可以使解调器的输入信噪比比较高，对载波提取等单元比较有利。

接收机将收到的信号首先和本地产生的 PN 码 $c(t)$ 相乘，由于 $c^2(t) = (\pm 1)^2 = 1$，所以

$$r(t)c(t) = s(t)c(t) = b(t)c(t)\cos\omega_c t \cdot c(t) = b(t)\cos\omega_c t \tag{3-94}$$

即相乘所得信号显然是一个窄带的 2PSK 信号。把信号恢复成一个窄带信号的过程就是解扩。解扩后所得到的窄带 2PSK 信号可以采用一般 2PSK 解调的方法解调。这里采用相干解调的方法，2PSK 信号和相干载波相乘后进行积分，在 T_b 时刻抽样并清零。对抽样值 $y(T_b)$ 进行判决：若 $y(T_b) > 0$，判为 "0"；若 $y(T_b) < 0$，判为 "1"。

最后要注意的是，为了信号的解扩，要求本地的 PN 码序列和发射机的 PN 码序列严格同步，否则所接收到的就是一片噪声。扩频码同步是扩频通信的关键技术之一。同步过程分为两步：第一步对接收到的扩频码进行捕捉，使接收、发送扩频码的相位（时延）误差小于某一值；第二步用锁相环对收到的扩频码进行跟踪，使两者相位相同，并将这一状态保持下去。捕捉又叫粗同步，主要方法有并行相关法、串行相关法和匹配滤波法。跟踪又叫细同步，它需要连续地检测同步误差，根据检测结果不断调整本地 PN 码的相位，使时延差逐渐趋于零，并保持此状态。

2．直扩系统抗窄带干扰的能力

在扩频信号传输的信道中，总会存在各种干扰和噪声。相对于携带信道的扩频信号带宽，干扰可分为窄带干扰和宽带干扰。由于干扰信号对扩频信号传输的影响比较复杂，在此仅分析扩频信号如何抗窄带干扰。扩频信号的接收如图 3-34 所示。

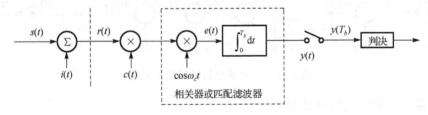

图 3-34　扩频信号的接收

图中 $i(t)$ 为一窄带干扰信号，其频率接近信号的载波频率。接收机输入的信号为

$$r(t) = s(t) + i(t) \tag{3-95}$$

它和本地 PN 序列相乘后，乘法器的输出除了所希望的有用信号外，还存在干扰：

$$r(t) \cdot c(t) = s(t) \cdot c(t) + i(t) \cdot c(t) = c^2(t) \cdot b(t)\cos\omega_c t + c(t) \cdot i(t) = b(t)\cos\omega_c t + c(t) \cdot i(t)$$

窄带干扰信号 $i(t)$ 和 $c(t)$ 相乘后，其带宽被扩展到 $W = 2B_c + 2/T_c$。设输入干扰信号的功率为 P_i，则 $i(t)c(t)$ 就是一个带宽为 W，功率谱密度为 $P_i/W = T_c P_i/2$ 的干扰信号。于是落入

信号带宽的干扰功率为

$$P_o = \frac{2}{T_b} \cdot \frac{P_i}{2/T_c} = \frac{P_i}{T_b/T_c} = \frac{P_i}{N} = \frac{P_i}{G_p}$$

最终扩频系统的输出干扰功率是输入干扰功率的 $1/N$。具体信号的解扩和解调以及对窄带干扰的扩频说明如图 3-35 所示。

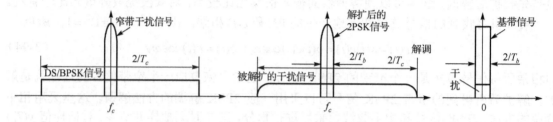

图 3-35　解调前后信号和干扰频谱的变化

扩频信号对窄带干扰的抑制作用在于接收机对信号解扩的同时对干扰信号进行扩频，这样降低了干扰信号的功率谱密度。扩频后的干扰和载波相乘、积分（相对于低通滤波器）就大大地削弱，因此在抽样器的输出信号受干扰的影响大为减小，输出的抽样值比较稳定。分析表明，系统的处理增益越大，一般对各种干扰的抑制能力就越强，但对频谱无限宽的噪声（如热噪声）不起什么作用。

3. 直扩系统抗多径干扰的能力

在扩频通信系统中，利用 PN 序列的尖锐的自相关特性和很高的码片速率（T_c 很小）可以克服多径干扰。由于多径传播所引起的干扰只和它们达到接收机的相对时间有关，而与传播时间无关，故以第一个达到接收机的信号时间为参考，其后信号达到时间就为 $T_d(i)$（$i=1,2,\cdots$）。为了讨论简单，电波传播只取二径。具有二径传输信道的扩频通信系统如图 3-36 所示。

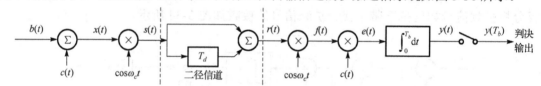

图 3-36　二径信道的扩频通信系统

图中经载波调制后的发射信号为：

$$s(t) = x(t)\cos\omega_c t = b(t)c(t)\cos\omega_c t$$

发射信号经过二径信道的传播，达到接收机的信号为：

$$r(t) = a_0 s(t) + a_1 s(t - T_d)$$

式中，T_d 为第二径相对于第一径信号的时延，$a_0 = 1$、$a_1 < 1$ 分别为第一径、第二径的衰减系数，于是：

$$r(t) = x(t)\cos\omega_c t + a_1 x(t - T_d)\cos\omega_c(t - T_d)$$

它和本地相干载波相乘得：

$$f(t) = r(t)\cos\omega_c t = 1/2 x(t)(1 + \cos 2\omega_c t) + 1/2 a_1 x(t - T_d)\left[\cos\omega_c T_d + \cos(2\omega_c t - \omega_c T_d)\right]$$

设本地扩频码 $c(t)$ 和第一径信号同步对齐，则相乘后积分器的输入为：

$$e(t) = f(t)c(t) = 1/2 x(t)(1 + \cos 2\omega_c t)c(t) + 1/2 a_1 x(t - T_d)\left[\cos \omega_c T_d + \cos(2\omega_c t - \omega_c T_d)\right]c(t)$$

此时 $e(t)$ 包含了低频分量和高频分量，经积分器（相当于低通滤波器）后就滤除了高频分量。在 $t=T_b$ 时刻，积分器的输出为

$$y(T_b) = \frac{1}{T_b}\int_0^{T_b} x(t)c(t)\mathrm{d}t + k_d \frac{1}{T_b}\int_0^{T_b} x(t - T_d)c(t)\mathrm{d}t$$
$$= \frac{1}{T_b}\int_0^{T_b} b(t)c^2(t)\mathrm{d}t + k_d \frac{1}{T_b}\int_0^{T_b} b(t - T_d)c(t - T_d)c(t)\mathrm{d}t$$

式中，$k_d = a_1 \cos \omega_c T_d < 1$。设发送的二进制码元为 $\cdots b_{-1}b_0 b_1 b_2 \cdots$。$x(t)$、$x(t - T_d)$ 和 $c(t)$ 的时序如图 3-37 所示。要了解多径对信号检测的影响，只需要分析其中一个比特的检查就可说明了，现在来考察 b_1 的检测。

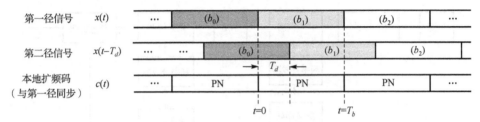

图 3-37 二径信号的接收

在 $t = T_b$ 时刻，抽样传输为

$$y(T_b) = \frac{1}{T_b}\int_0^{T_b} b_1 c^2(t)\mathrm{d}t + k_d \frac{1}{T_b}\int_0^{T_b} b(t - T_d)c(t - T_d)c(t)\mathrm{d}t$$
$$= b_1 + k_d b_0 \frac{1}{T_b}\int_0^{T_b} c(t - T_d)c(t)\mathrm{d}t + k_d b_1 \frac{1}{T_b}\int_0^{T_b} c(t - T_d)c(t)\mathrm{d}t$$
$$= b_1 + k_d b_0 R_c(-T_d) + k_d b_1 R_c(T_b - T_d)$$

式中，$R_c(\tau)$ 为 $c(t)$ 的局部自相关函数：$R_c(\tau) = \frac{1}{T_b}\int_0^{\tau} c(t)c(t + \tau)\mathrm{d}t$。

上式的后两项就是第二径信号对于第一径信号的干扰。当这干扰比较大时，就会引起对第一径判决的错误。但对于一个 m 序列来说，当 $|\tau| > T_c$ 时，其局部自相关系数的幅度随周期 N 增大而变得很小，甚至可以忽略不计。以此类推到多径，结果依然。正是 PN 序列这种良好的自相关特性，有效地抑制不同步的其他多径信号分量，单独分离出与本地扩频码同步的多径分量，实现了抗多径干扰的作用。

3.3.4 跳频系统

跳频扩频系统就是用二进制伪随机码序列去控制射频载波振荡器输出信号的频率，使发射信号的载波频率随伪随机码的变化而跳变，在多个频率中进行有选择的频移键控。频率跳变系统可供随机选取的载波频率数通常是几千至几万个离散频率，在如此多的离散频率中，每次输出哪一个频率由伪随机码决定。与直扩系统相比，跳频系统中的伪随机序列并不是直接传输，而是用来选择信道。由于跳频系统对载波的调制方式并无

限制，且能与现有的模拟调制兼容，故在军用短波、超短波电台和 GSM 系统中得到了广泛的应用。

1. 跳频系统的扩频与解扩

跳频是用扩频码序列去进行频移键控调制，使载波频率不断地跳变。所有可能的载波频率的集合称为跳频集，跳频增益 $G_p = 10\lg N$（其中 N 是跳频集内的频率数）。

跳频系统原理框图如图 3-38 所示。如果图中的频率合成器被置定在某一固定的频率上，这就是普通的数字调制系统，其射频为窄带谱。跳频系统与常规窄带系统的区别在于其载波频率受到伪随机序列的控制而随机跳变。由图可知，用信源产生的信息流去调制频率合成器产生的载频，得到射频信号，而频率合成器产生的载频受伪随机码的控制，按一定规律跳变，发射机的振荡频率在很宽的频率范围内不断地改变，从而使射频载波亦在一个很宽的范围内变化，于是形成了一个宽带离散谱。

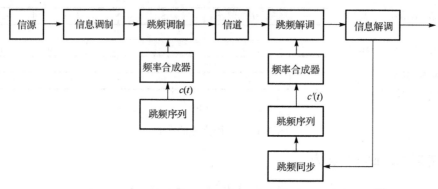

图 3-38　跳频系统原理框图

经过信道传输后，通过跳频同步设备得到接收机本地跳频序列 $c'(t)$，$c'(t)$ 控制频率合成器产生本地跳频载波，与接收信号进行变频实现解跳，对解跳后的信号进一步信息解调得到原信息。接收机的本振信号也是一频率跳变信号，跳变规律与发射端相同，即收发双方的跳频必须同步，这样才能保证通信的建立。解决同步及定时是实际跳频系统的一个关键问题。

跳频信号的数字调制方式一般采用 FSK 方式。这是因为在一个很宽的频率范围内，载波信号的产生和在信道的传输过程，要保持各离散频率载波相位相干是比较困难的。所以，在跳频系统中，一般不用 PSK，而采用 FSK 调制和非相干解调。这种跳频信号表示为 FH/MFSK。

对跳频系统来说，一个重要的指标是跳变的速率，可以分为快、慢两类。慢跳变比较容易实现，但抗干扰性能也较差，跳变的速率远比信号速率低，可能是数秒至数十秒才跳变一次。快跳的速率接近信号的最低频率，可达每秒几十跳、上百跳或上千跳。快跳的抗干扰和隐蔽性能较好，但实现既能快速跳变又有高稳定度的频率合成器比较困难。这是实现快速跳频系统的又一关键问题。跳频速度越快，越有利于躲避对方的干扰，但要求频率合成器的换频时间越短。目前锁相频率合成器的换频时间可以做到毫秒级，直接数字合成（DDS）式频率合成器的换频时间可以做到微秒级。跳频时间间隔应远大于频率合成器的换频时间。

2．跳频图案的产生

根据载波频率跳变速率的不同可以分为两种跳频方式：快跳频和慢跳频。如果跳频速率大于或等于符号速率，则称为快跳频。在这种情况下，载波频率在一个符号传输期间变化多次，因此一个比特是使用多个频率发射的；如果跳频速率小于符号速率，则称为慢跳频。用来控制载波频率跳变的地址码称为跳频序列，在跳频序列的控制下，载波频率随机跳变的规律称为跳频图案，如图 3-39 所示。

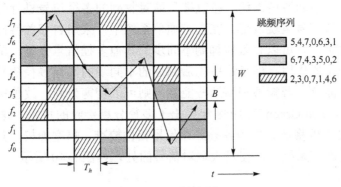

图 3-39　跳频图案

图中横轴为时间，纵轴为频率，这个时间与频率的平面称作时间-频率域。它说明载波频率随时间跳变的规律。跳频信号在每一个瞬间，都是窄带的已调信号，信号的带宽为 B，称为瞬时带宽。由于快速的频率跳变形成了宏观的宽带信号，跳频信号所覆盖的整个频谱范围就称作跳频信号的总带宽（或称跳频带宽），用 W 表示，即最高频率与最低频率之差为跳频带宽 W。跳频信号每一跳持续的时间 T_h 称作跳频周期或跳频的驻留时间。只要接收机也按照此规律同步跳变调谐，收发双方就可以建立起通信连接。出于对通信保密或抗干扰、抗衰落的需要，跳频规律应当有很大的随机性，但为了保证双方的正常通信，跳频的规律实际上是可以再生的伪随机序列。它除了应当具有直扩序列的特性外，还应该有宽的跳频间隔，以利于抗干扰以及衰落，并且在频带内各个跳变频率存在的概率相等，即在频带内均匀分布。

跳频信号在每一瞬间系统只占用可用频谱资源的极小的一部分，因此可以在其余的频谱安排另外的跳频系统，只要这些系统的跳频序列不发生重叠，即在每频点上不发生碰撞，就可以共享同一跳频带宽进行通信而互不干扰。

图 3-39 中，共 8 个频点参与跳频，有 3 个跳频序列，其中一个序列为 6，7，4，3，5，0，2。图中 3 个跳频序列的跳频图案，没有频点的重叠，因此不会引起系统间的干扰。通常把没有频点碰撞的两个跳频序列称为正交的。利用多个正交的跳频序列可以组成正交跳频网。该网中的每个用户利用被分配得到的跳频码序列，建立自己的信道，这是另一种形式的码分多址连接方式，所以跳频系统具有码分多址和频带共享的组网能力。

3．跳频的优点

（1）频率分集

跳频是要保证同一个信息按几个频率发送，从而提高了传输特性。频率差别增大时，衰落更加独立。GSM 系统中，若移动台静止或慢速移动时，慢跳频可带来 6.5dB 的增益。

（2）干扰分集

同频干扰是蜂窝小区结构和频率复用模式的必然产物。若不跳频，则同频干扰使用户通话质量难以保证；而若跳频，则该干扰情况就会被该小区的许多呼叫所共享，整个网络的性能将得到提高。经分析使用跳频的网络可比不采用跳频的网络高出 3dB 的增益。

3.3.5 RAKE 接收机

在未采用扩频的移动通信系统，接收端只能对收到的多径信号进行矢量叠加，由于相位差和幅度不同导致信号呈现衰落。在直扩通信系统中，采用自相关特性良好的扩频码，在接收端进行相关解扩时可以有效地抑制不同步的其他多径信号分量，单独分离出主径分量，实现抗多径干扰的作用。但是这些先后到达的不同步的其他多径信号分量，都携带相同的信息，都具有能量，若能够利用这些能量，则可以变害为利，改善接收信号的质量。基于这种思想，Price 和 Green 在 1958 年提出了多径分离接收的技术，这就是 RAKE 接收机。利用 RAKE 接收机将被分离的各条路径信号相位校准、幅度加权，并将矢量和变成代数和。三种不同的通信系统下，在接收端对信号的处理如图 3-40 所示。

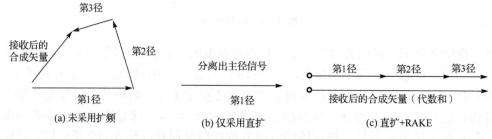

图 3-40　接收机对多径信号的处理

所谓 RAKE 接收机，就是利用多个并行相关器检测多径信号，按照一定的准则合成一路信号供解调用的接收机。

RAKE 接收机主要由一组相关器构成，其原理如图 3-41 所示。假设每个相关器和多径信号中的一个不同时延的分量同步，如图 3-42 所示，输出就是携带相同信息但时延不同的信号。把这些输出信号适当的时延对齐，然后按某种方法合并。如果各条路径加权系数为1，称为等增益合并方式，在实际系统中还可以采用最大比合并或最佳样点合并方式。该接收机利用多个并行相关器，可以增加信号的能量，改善信噪比，提高通信质量，所以 RAKE 接收机具有搜集多径信号能量的能力，它的作用就像花园里用的耙子（rake），故取名为 RAKE 接收机。在 CDMA/IS-95 移动通信系统中，基站接收机有 4 个相关器，移动台有 3 个相关器。这都保证了对多径信号的分离与接收，提高了接收信号的质量。

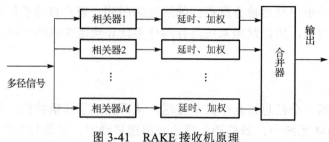

图 3-41　RAKE 接收机原理

如果各条路径加权系数为 1，可视为等增益合并方式。在实际系统中还可以采用最大比合并或最佳样点合并方式。RAKE 接收机利用多个并行相关器，获得各多径信号能量，即利用多径信号，改善信噪比，提高了通信质量。在 CDMA/IS-95 移动通信系统中，基站接收机有 4 个相关器，移动台有 3 个相关器。这都保证了对多径信号的分离与接收，提高了接收信号的质量。

如果接收信号 $r(t)$ 中包括多条路径，如图 3-43 所示。图中每一个峰值对应一条多径，每个峰值幅度的不同，是由每条路径的传输损耗不同引起的。

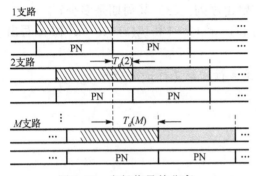

图 3-42　多径信号的分离

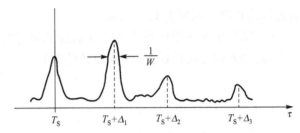

图 3-43　RAKE 接收机接输出波形

为了将这些多径信号进行有效的合并，可将每一条多径通过延迟的方法使它们在同一时刻达到最大，按最大比的方式合并，就可以得到最佳的输出信号。

扩频信号的带宽远大于信道的相关带宽，信号频谱的衰落仅是一个小部分，因此也可以说信号的频谱扩展使信号获得了频率分集的好处。另外，多径信号的分离接收，就是把先后到达接收机的携带同一信息的衰落独立的多个信号的能量充分加以利用，改善接收信号的质量，这也是一种时间分集。

习题与思考题 3

1．分集接收技术的指导思想是什么？什么是宏观分集和微观分集？在移动通信中常用哪些微观分集？

2．合并方式有哪几种？哪一种方式可以获得最大的输出信噪比？为什么？

3．已知(8,4)线性分组码的监督方程组为：$\begin{cases} a_3 = a_7 + a_6 + a_4 \\ a_2 = a_7 + a_5 + a_4 \\ a_1 = a_6 + a_5 + a_4 \\ a_0 = a_7 + a_6 + a_5 \end{cases}$

试求：（1）监督矩阵；（2）生成矩阵；（3）当信息位是 1001 时，求整个码组；（4）接收到的码组为 10110101 时，求校正子 S 并说明它是否出错。（5）求最小码距。

4．已知某(7,3)循环码的生成多项式为 $g(x) = x^4 + x^3 + x^2 + 1$，试求：

（1）当信息位为 101 时，写出编码过程，并求出整个发送码组。

（2）若接收码组 $R(x) = x^6 + x^2 + x + 1$，试问该码组在传输中是否发生错误？为什么？

5．(2,1,2)卷积码编码器如图 3-11 所示。

（1）画出状态图；

（2）设输入信息序列为 01101，画出编码网格图；

（3）求编码输出，并在图中找出编码时网格图中的路径；

（4）如果接收码序列为（10,10,00,01,00,01,11），用维特比算法译码搜索最可能发送的信息。

6．在移动通信中，为什么要采用交织编码？

7．已知线性反馈移位寄存器的特征多项式为 $f(x) = x^3 + x + 1$。（1）画出该序列的发生器逻辑框图；（2）假设起始状态是 100，写出它的输出序列；（3）其周期是多少？

8．已知优选对 m_1、m_2 的特征多项式分别为 $f_1(x) = x^3 + x + 1$ 和 $f_2(x) = x^3 + x^2 + 1$，写出由此优选对产生的所有 Gold 码。

9．试写出 8 阶哈达玛矩阵，并验证此矩阵的第 4 行和第 7 行是正交的。

10．RAKE 接收机的工作原理是什么？

第4章 GSM 移动通信系统

学习重点和要求

本章主要介绍 GSM 移动通信系统的网络结构、无线接口和呼叫处理流程。以无线接口上信令交互过程为主线，融会贯通各知识点。

要求：

● 掌握 GSM 系统总体结构；

● 掌握 GSM 无线接口；

● 掌握随机接入过程；

● 掌握开机登记、话音主叫信令交互过程；了解其他信令交互过程；

● 了解短信编解码规范以及 DTE-DCE 通信协议。

4.1 概　　述

GSM（Global System for Mobile Telecommunication）即全球通，它是由欧洲电信标准组织 ETSI（European Telecommunication Standards Institute）制定的窄带数字蜂窝移动通信系统标准，以解决之前的模拟蜂窝网络规范不统一、互不兼容、很难实现漫游的缺点，建立全欧洲统一的蜂窝移动通信系统，故也被称为泛欧 GSM。它采用数字通信技术、统一的网络标准，使通信质量得以保证，并可以开发出更多的新业务供用户使用；它支持高质量的话音业务和低速的数据业务，支持全球漫游；它的核心网络结构和技术被 3G 标准中的 WCDMA 和 TD-SCDMA 两个系统所继承；它是截止目前使用用户最多、商用最成功的数字蜂窝移动通信系统。接下来，简要介绍一下 GSM 的发展历史。

1982 年，北欧四国向欧洲邮电行政大会提交了一份建议书，要求制定 900MHz 频段的欧洲公共电信业务规范，同年成立了欧洲移动通信特别小组 GSM（Group Special Mobile）。最初讨论的焦点是制定模拟蜂窝网标准还是数字蜂窝网标准，直到 1985 年才决定制定数字蜂窝网标准。1986 年，移动通信特别小组在巴黎对欧洲各国经过大量研究和实验后所提出的 8 个数字蜂窝系统建议进行了现场实验。1987 年，移动通信特别小组成员国对数字系统的调制方式达成一致意见，而且多个国家的运营者和管理者签署了谅解备忘录，达成了履行规范的协议，同时还成立组织（即 ETSI）致力于 GSM 标准的发展。1990 年，ETSI 完成了 GSM 的第一个技术规范（Technical Specifications）phase 1，1993 年 GSM 规范 phase 2 被冻结，1996 年 ETSI 又推出了规范 phase 2+。GSM 的技术规范（标准）主要包含如表 4-1 所示的 12 项内容，技术规范的相关文档可以从 www.3gpp.org 网站查阅和下载。在一个严谨、成熟和开放标准的推动下，GSM 系统在欧洲甚至全球得到了迅速的发展。

1991 年在欧洲开通了第一个 GSM 系统，1992 年大多数欧洲 GSM 运营者开始商用业务，到 1994 年 5 月就有 50 个 GSM 网在世界上运营，到 10 月总的客户量已经超过了 400 万。

到 2005 年全球有超过 10 亿人使用 GSM 移动电话,使 GSM 成为主导的蜂窝移动通信系统,占到全球市场份额的 70%。截止到 2011 年 7 月全球的 234 个国家和地区已经拥有 838 个 GSM 网络,用户数量超过 44 亿。即使在 LTE 系统开始商用的今天,GSM 网络仍然在承载传统的话音和短信业务。

表 4-1 GSM 标准

编　　号	作　　用	编　　号	作　　用
1	概述	7	MS 的终端适配器
2	业务	8	BS-MSC 接口
3	网络	9	网络互通
4	MS-BS 接口与协议	10	业务互通
5	无线链路物理层	11	设备型号认可规范
6	话音编码规范	12	操作和维护

4.2　GSM 总体结构

4.2.1　系统结构

　　GSM 网络的总体结构如图 4-1 所示。GSM 网络由 MS、BSS 和 NSS 三部分组成。其中 BSS 包括 BTS 和 BSC。NSS 由核心网功能实体构成,分为电路域和分组域两个部分,其中电路域包括 MSC/VLR、GMSC、SMS-IWMSC、SMC、SMS-GW、HLR/AuC 和 EIR 等主要功能实体;分组域的两个重要功能实体是 SGSN(Service GPRS Support Node)和 GGSN(Gateway GPRS Support Node),当用户在使用分组域业务时也会使用到 HLR/Auc、EIR、BSS 等功能实体的功能。在实际商用网络中的网络管理实体(OMC)和业务运营支持系统(BOSS)在图 4-1 中并未标出。MSC/VLR、GMSC 处理电路域(CS)业务,SGSN

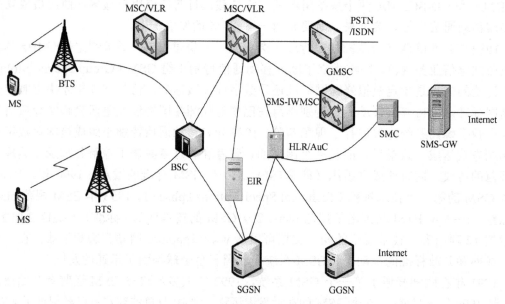

图 4-1　GSM 网络总体结构

和 GGSN 处理分组域（PS）业务。在采用软交换的网络中，原 MSC 的功能由 MSC 服务器 MSC-Server 和电路域媒体网关 CS-MGW 代替，MSC-Server 用于处理呼叫信令，而 CS-MGW 承载用户数据，体现软交换控制与承载相分离的思想。SMS-IWMSC 为短信互通 MSC，主要用途是路由短消息业务。SMC 为短消息中心，负责对本地短消息进行存储转发。SMS-GW 是短消息业务网关，主要用途是运营商内部短信路由、运营商与 SP 之间的短信路由以及运营商之间的短消息路由。事实上，SMC 与 SMS-GW 之间、SMS-GW 与对方网络 SMS-GW 之间，是通过计算机网络通信的，遵循标准的 SMPP（Short Message Peer to Peer）协议或运营商从 SMPP 协议衍生的类似协议，比如中国移动的 CMPP（China Mobile Peer to Peer）协议。

4.2.2 协议栈和接口

这里重点介绍电路域（CS）Um 接口、Abis 接口和 A 接口以及协议栈结构，如图 4-2 所示。

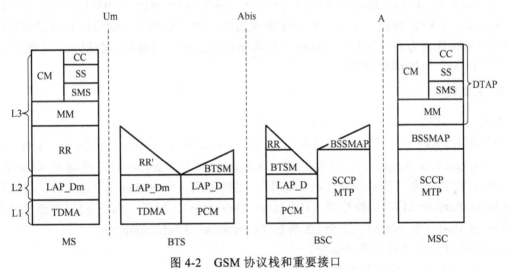

图 4-2 GSM 协议栈和重要接口

1．Um 接口

Um 接口是 MS 与 BTS 之间的空中接口，分为三层，从上至下依次是 L3 网络层，L2 数据链路层，L1 物理层。

（1）CM：连接管理

① CC：呼叫连接。在 CC 层上，常见的消息或命令有：提醒（Alerting）、建立（Setup）、连接（Connect）、呼叫进程（Call Proceeding）、呼叫证实（Call Confirmed）、拆连（Disconnect）、释放（Release）。

② SS：补充业务。

③ SMS：短信业务。

（2）MM：移动性管理，包括位置登记和呼叫传递，在 MS 与 MSC 中实现。在 MM 层上，常见的消息或命令有：IMSI 分离（IMSI Detach）、位置更新接受（Location Update Accept）、位置更新请求（Location Update Request）、鉴权请求（Authentication Request）、

鉴权响应（Authentication Response）、TMSI 再分配命令（TMSI Reallocation Command）、CM 业务请求（CM Service Request）。

（3）RR：无线资源管理，主要负责无线资源的管理与分配。RR 层上，常见的消息或命令有：信道释放（Channel Release）、测量报告（Measurement Report）、级别更新（Classmark Change）、立即指配命令（Immediate Assignment）、加密模式命令（Cipher Mode Command）、加密模式完成（Cipher Mode Complete）、指派命令（Assignment Command）、切换命令（Handover Command）、切换完成（Handover Complete）。

（4）LAP_Dm：Dm 信道的链路接入规程（协议）。

（5）TDMA：物理层 TDMA 帧。

2. Abis 接口

Abis 接口是 BTS 与 BSC 之间的接口，包括：

（1）BTSM：BTS 管理部分。

（2）LAP_D：D 信道链路接入规程（协议）。LAPD 用于 BTS 与 BSC 之间的 Abis 接口上的链路层。LAPD 消息一般由一些固定的帧组成，而且这些帧都会形成它自己的帧结构以便在消息传递双方传递数据。LAPD 上的帧结构有三种：信息帧、监视帧、未编号帧。

（3）PCM：脉冲编码调制。

3. A 接口

A 接口是 BSC 与 MSC 之间的接口，包括：

（1）BSSMAP：基站子系统移动应用部分，在 BSSMAP 层常见的消息或命令有：指配请求（Assignment Request）、指配完成（Assignment Complete）、切换请求（Handover Request）、切换命令（Handover Command）、切换完成（Handover Complete）、切换执行（Handover Performed）、切换检测（Handover Detection）、寻呼（Paging）、加密模式完成（Ciphering Mode Complete）、完全 L3 消息（Complete L3 Information）。

（2）DTAP：直接传递应用部分。

（3）SCCP：信令连接控制部分。

（4）MTP：消息传送部分。

4.3 无 线 信 道

4.3.1 频段划分

1. 工作频段

全球范围内 GSM 主流频段分为 4 段，即 850/900/1800/1900（MHz）。其中，中国、欧洲等大部分地区使用的是 900/1800（MHz）频段，而美国及北美地区使用的是 850/1900（MHz）频段。因此，GSM 手机要支持国际漫游，一个基本前提是 GSM 手机支持在漫游地开通的 GSM 频段；其次，手机开通国际漫游业务；第三，国内运营商与漫游地运营商之间签订了漫游协议。在购买 GSM 手机时，应关注其支持的频段，目前国内销售的 GSM

手机广泛支持 GSM900/1800，即普通双频手机，也有支持三个，甚至全部四个频段的。

我国的 GSM 频段是从 900MHz 开始发展的，随着用户量增加，频率资源日益紧张，开始增加 1800MHz 频段。因此，900MHz 频段在国内是很普及的，而 1800MHz 频段不是到处都有，只在手机用量大的地方才有，作为对 900MHz 频段补充。所以 1800MHz 频段的信号通常只有在市区才有，而且是较大的城市。

（1）中国移动的频段

　　900 频段：　　885MHz～909MHz（上行）；930MHz～954MHz（下行）；

　　1800 频段：　1710MHz～1725MHz（上行）；1805MHz～1820MHz（下行）。

（2）中国联通的频段

　　900 频段：　　909MHz～915MHz（上行）；954MHz～960MHz（下行）；

　　1800 频段：　1745MHz～1755MHz（上行）；1840MHz～1850MHz（下行）。

（3）美国 GSM 频段

　　850 频段：　　824MHz～849MHz（上行）；869MHz～894MHz（下行）；

　　1900 频段：　1850MHz～1910MHz（上行）；1930MHz～1990MHz（下行）。

2．频道配置

GSM 移动通信系统采用 FDD 工作方式，在 900MHz 频段，双工收发间隔 45MHz（与模拟 TACS 系统相同）；在 1800MHz 频段，双工收发间隔 95MHz。在划分的上下行对称频段内，按照 200kHz 的间隔，等间隔划分出多个载波，每个载波采用时分多址接入（TDMA）方式，分为 8 个时隙，即 8 个信道（全速率），如图 4-3 所示。

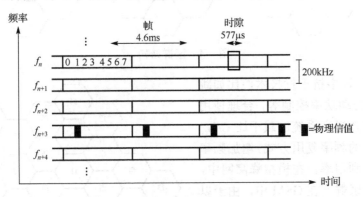

图 4-3　TDMA/FDMA 接入方式

由于载频间隔是 0.2MHz，其频道序号用 n 表示，则上、下两频段中序号为 n 的载频可用下式计算：

　　上行频率　　　　$f_{ul} = F_{ul0} + 0.2n$　（MHz）

　　下行频率　　　　$f_{dl} = F_{dl0} + 0.2n$　（MHz）

其中，F_{ul0} 为上行频段起始频率，F_{dl0} 为下行频段起始频率，n 为频点号。一般地，基站采用较高频段发射，传播损耗较大，有利于补偿上、下行功率不平衡问题。

3．干扰保护比

载波干扰保护比（C/I）就是指接收到的希望信号电平与非希望信号电平的比值，此比值与

MS 的瞬时位置有关。这是由于地形不规则性及本地散射体的形状、类型及数量不同，以及其他一些因素如天线类型、方向性及高度，站址的标高及位置，当地的干扰源数目等所造成的。

GSM 的调制方式是高斯最小频移键控（GMSK），矩形脉冲在调制器之前先通过一个高斯滤波器。这种调制方案改善了普通 MSK 调制的频谱特性，从而满足对邻道功率电平的要求。在进行频率配置时，其基本原则是考虑了各种干扰因素后，还必须满足 GSM 规范中对载波干扰保护比的要求。GSM 规范中规定如下：

- 同频道干扰保护比：$C/I \geqslant 9\text{dB}$；
- 邻频道（相隔 200kHz）干扰保护比：$C/I \geqslant -9\text{dB}$；
- 邻频道（相隔 400kHz）干扰保护比：$C/I \geqslant -41\text{dB}$。

4．频率复用方式

GSM 采用频率复用方式来提高系统的容量，频率复用势必引起系统的同频干扰，因此需要对 GSM 的频率分布进行有效合理的规划。在 GSM 网络中，将相邻若干个小区形成一个频率配置单元，在该单元内，所有小区不允许使用相同的频率（避免同频干扰）；且这种单元能无缝覆盖 GSM 业务提供区，单元之间频率复用，这种单元称为"区群"。典型的区群数有 7、4 和 3，如图 4-4 所示，从左至右依次是 7 小区区群、4 小区区群和 3 小区区群。

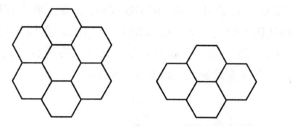

图 4-4　区群结构

GSM 采用了许多抗干扰技术，比如跳频、间断传输、自动功率控制等，合理使用这些技术，将有效提高系统的载干比 C/I，可以采用更紧密的频率复用方式，增加频率系数，提高频率利用率。在模拟蜂窝网中，可以采用 7 小区区群，在 GSM 中，由于以上技术的使用，可以采用 4 小区或 3 小区区群，甚至更小的区群结构。在采用 3 小区及更小区群时，同频小区距离减小，必须采用跳频技术来躲避同频干扰。

7 小区区群的小区一般采用全向天线，典型的频率配置如图 4-5 所示。

若采用扇区天线，由三个辐射角度 120°的天线形成三个扇区的覆盖，典型的有 3×3（三小区，每小区 3 扇区）和 4×3（4 小区，每小区 3 扇区）两种频率配置，分别如图 4-6 和图 4-7 所示。

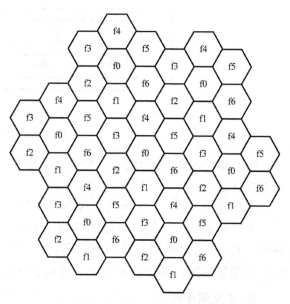

图 4-5　全向天线频率配置

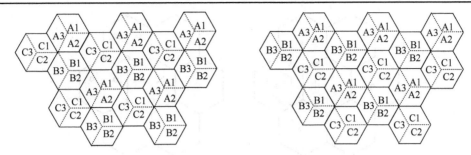

图 4-6　3×3 配置

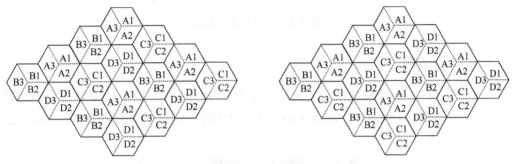

图 4-7　4×3 配置

假设系统有 36 个可用频点，则 3×3 的频率配置如表 4-2 所示，每个小区的每个扇区可以配置 4 个频点（频率之间等间隔）；4×3 的频率配置如表 4-3 所示，每个小区的每个扇区可以配置 3 个频点（频率之间等间隔）。

表 4-2　3×3 的频率配置表

A1	A2	A3	B1	B2	B3	C1	C2	C3
1	2	3	4	5	6	7	8	9
10	11	12	13	14	15	16	17	18
19	20	21	22	23	24	25	26	27
28	29	30	31	32	33	34	35	36

表 4-3　4×3 的频率配置表

A1	A2	A3	B1	B2	B3	C1	C2	C3	D2	D2	D3
1	2	3	4	5	6	7	8	9	10	11	12
13	14	15	16	17	18	19	20	21	22	23	24
25	26	27	28	29	30	31	32	33	34	35	36

由以上陈述可见，在可用频点数一定的情况下，为了提升系统的容量，可以提升频率复用系数，比如：从 4×3 的区群配置改为 3×3，甚至 1×3 的区群配置。另外，可以采取小区分裂技术，减小原基站的覆盖半径，通过增加新基站来覆盖由于原基站覆盖半径减小而形成的盲区，这种提高系统容量的方法称为小区分裂。小区分裂方法如图 4-8 所示。实心黑点表示原基站，空心点表示新基站；实线正六边形表示原基站覆盖范围，虚线正六边形表示新基站覆盖范围。左图为中心激励方式小区分裂示意图，右图为顶点激励方式小区分裂示意图。两种激励方式覆盖相同地域面积所需基站数是一样的，本质的区别是中心激励采用全向天线，而顶点激励采用扇区天线。

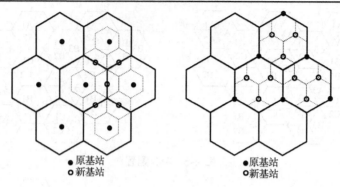

图 4-8　小区分裂示意图

4.3.2　无线帧结构

在 GSM 系统中，每个载频被定义为一个 TDMA 帧，相当于 FDMA 系统中的一个频道，每帧包括 8 个时隙（TS0～7），周期 4.615ms，每个时隙即是一个物理信道。GSM 无线帧结构如图 4-9 所示。

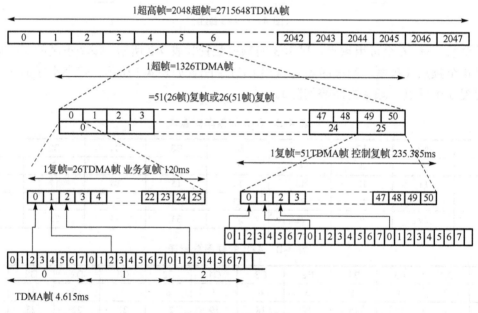

图 4-9　无线帧结构

TDMA 帧号以 3.5 小时为周期循环编号（帧编号 FN 从 0 到 2715647），GSM 系统是通过在发送信息前对信息进行加密实现的，计算加密序列的算法就是以 TDMA 帧号为一个输入参数，因此每一帧都必须有一个帧号。有了 TDMA 帧号，移动台就可判断控制信道 TS0 上传送的是哪一类逻辑信道。每 2715648 个 TDMA 帧为一个超高帧，每一个超高帧又可分为 2048 个超帧（1326 个帧），一个超帧持续时间为 6.12s，每个超帧又是由复帧组成。复帧分为两种类型：

- 26 帧的复帧：它包括 26 个 TDMA 帧，持续时长 120ms，51 个这样的复帧组成一个超帧。这种复帧主要用于业务信道和随路控制信道（TCH+SACCH/FACCH）；

- 51 帧的复帧：它包括 51 个 TDMA 帧，持续时长 3060/13ms。26 个这样的复帧组成一个超帧。这种复帧用于传递控制消息（如 BCH、CCCH 等）。

GSM 采用 FDD 的双工方式，业务状态下，MS 与 BS 之间通过上下行两个不同频率通信，MS 占用的上下行频率上的时隙号相同，但上行时隙相对于下行时隙延后 3 个时隙的时间，如图 4-10 所示，这么设计主要出于两个目的：一是 MS 通常只有一根天线，MS 的收信和发信需要天线双工器来回倒换，且倒换启动到倒换稳定需要一定时间；二是 MS 处于随机移动状态，它与 BS 之间的距离和位置随机变化，为了防止在不同位置使用相同频率的 MS 发射的时隙在到达 BS 的时候出现重叠的情况，离 BS 近的 MS 应当适当延后它的发射时刻，而离 BS 远的 MS 应适当提前它的发射时刻，MS 利用这 3 个时隙的时间完成帧调整。

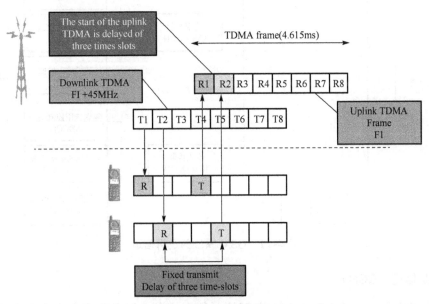

图 4-10　上下行帧号的时间对应关系

4.3.3　逻辑信道

GSM 系统的信道类型分为物理信道和逻辑信道两个层次。逻辑信道是从功能上来划分 GSM 的信道，其组成结构如图 4-11 所示，图中向下箭头表示对应信道为下行信道，基站发，移动台收；向上箭头表示对应信道为上行信道，移动台发，基站收；双向箭头表示对应信道为双向对称信道。GSM 的逻辑信道可以分为业务信道和控制信道两类，业务信道主要用于传输话音数据和低速数据业务数据；而控制信道主要用于传输信令数据及短分组数据（比如短消息）。

1. 业务信道（TCH）

业务信道用于传送编码后的话音或客户数据，在上行和下行信道上，以点对点（BTS 对一个 MS，或反之）方式传播。业务信道有全速率业务信道（TCH/F：22.8kb/s）和半速率业务信道（TCH/H：11.4kb/s）之分。半速率业务信道所用时隙是全速率业务信道所用时隙的一半。采用半速率时，用户话音编码速率被压缩一半，一个时隙可以容纳两个用户进行通话，话音质量下降，系统容量上升。对于全速率话音编码，话音帧长 20ms，每帧含260bit 话音信息，提供的净速率为 13kb/s。

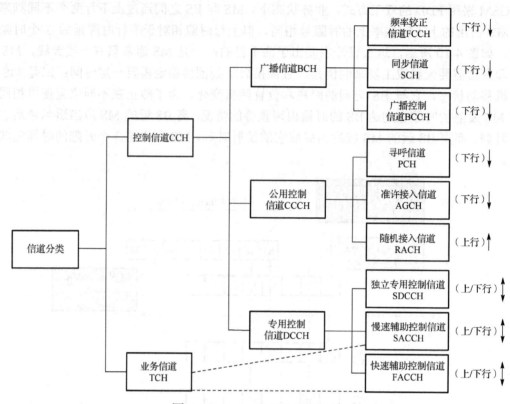

图 4-11　GSM 系统的逻辑信道

2．控制信道（CCH）

广播系统消息，传递 BS 与 MS 之间控制信令信息。根据所需完成的功能又把控制信道定义成广播、公用及专用三种控制信道。

（1）BCH：Broadcast Channel 广播信道

BCH 是一种"一点对多点"的单方向（下行）控制信道，用于基站向移动台广播公用的信息。传输的内容主要是移动台入网和呼叫建立所需要的有关信息。其中又分为：

- FCCH：Frequency Correct Channel 频率校正信道，下行信道，BS 通过该信道广播用于 MS 校正的频率。
- SCH：Synchronization Channel 同步信道，下行信道，BS 通过该信道广播简化的 TDMA 帧号 FN 和基站识别色码（BSIC）。通过帧号 FN，MS 可以判定 BS 各下行信道出现的时间（时隙），从而解码相应物理信道；通过 BSIC，MS 可以区分使用相同频率的不同基站。
- BCCH：Broadcast Control Channel 广播控制信道，下行信道，BS 以最强且恒定功率发射该信道，MS 通过检测该信道的信号质量做为越区切换判决用。广播的信息包括本小区支持的所有 BCCH 频点、临小区的 BCCH 频点、位置区标识 LAI（MCC＋MNC＋LAC）、小区选项、小区选择与重选参数、CCCH 信道的管理、帧号、RACH

控制信息（最大重传次数、小区是否被禁止接入、是否允许紧急呼叫等），所有这些消息被称为系统消息（SI，System Information）。在 BCCH 上传播的系统消息有 9 种类型，分别为：系统消息类型 1、系统消息类型 2、系统消息类型 2bis、系统消息类型 2ter、系统消息类型 3、系统消息类型 4、系统消息类型 7、系统消息类型 8、系统消息类型 9。

（2）CCCH：Common Control Channel 公用控制信道

CCCH 是一种双向控制信道，用于呼叫接续阶段传输链路连接所需要的控制信令。其中又分为：

- PCH：Paging Channel 寻呼信道，下行信道，BS 用于发送对 MS 的寻呼消息，比如 MS 做被叫时，在位置区 LA 内的所有小区下发寻呼消息，MS 接收到寻呼消息后，发送寻呼响应消息，据此确定 MS 具体所在小区。在寻呼信道上，可以一次组呼多个 MS，通过 TMSI 区分不同的 MS。

- AGCH：Access Grant Channel 准许接入信道，下行信道，BS 通过该信道给 MS 下发立即指派消息，给 MS 分配 SDCCH。

- RACH：Random Access Channel 随机接入信道，上行信道，MS 发起接入的时候占用的第一信道，MS 通过该信道向 BS 发起接入请求，在该信道上使用时隙 ALOHA 协议。RACH 信道上传递的信息量很小，仅包括一个 8 比特随机数和一个 6 比特的 BSIC。MS 通过 8 比特随机数告知 BS 本次接入的粗略原因，BS 根据无线资源状态情况判定是否允许接入；BS 根据 BSIC 判定本次接入是否由本小区 MS 发起，如果该 BSIC 和本基站的 BSIC 相同，允许接入，否则拒绝本次接入。

（3）DCCH：Dedicated Control Channel 专用控制信道

DCCH 是一种"点对点"的双向控制信道，其用途是在呼叫接续阶段以及在通信进行当中，在移动台和基站之间传输必需的控制信息，传递位置登记、鉴权、IMEI 查询、呼叫建立、功率控制、测量报告、时间调整、短信息、越区切换等信令消息。其中又分为：

- SDCCH：Stand-Alone Dedicated Control Channel 独立专用控制信道，双向信道。用在分配 TCH 之前呼叫接续过程中传送系统信令，用于传递位置登记、鉴权、IMEI 查询、呼叫建立、短消息（待机状态下）等信令信息。经鉴权确认后，再分配业务信道（TCH）。

- SACCH：Slow Associated Control Channel 慢速随路控制信道，双向信道。在呼叫接续过程中，SACCH 与 SDCCH 连用，称为 SACCH-C，周期为 470ms，用于周期性传递 MS 对当前服务基站及周边基站信号的测量报告。在通话过程中，SACCH 与 TCH 连用，称为 SACCH-T，周期 480ms，主要用于：传递 MS 对当前服务基站及周边基站信号的测量报告，测量报告用于网络判决 MS 是否需要发生越区切换；BS 给 MS 下发功率调整指令，调节 MS 的发射功率，即 MS 功率调整频率（最大）约为 2Hz；BS 给 MS 下发时间调整量参数（TA，Time Advanced），调整 MS 上行时隙发射时刻（提前或延后）；传递 MS 的短消息。

- FACCH：Fast Associated Control Channel 快速随路控制信道，双向信道。在越区切换判决后，网络通过 FACCH 向 MS 下发越区切换指令。使用 FACCH 实际是占用 TCH，即要短暂中断（连续 4 帧业务信道时隙：18.46ms）用户话音信息，由于占用业务时间较短，且采用了信号补偿技术，用户不易察觉这种短暂的话音中断。

4.3.4　时隙格式

在 GSM 系统中，每帧包含 8 个时隙，时隙宽度为 0.577ms，包含 156.25bit。信道类型不同，时隙中传递的信息格式可能不一样，这种格式也称为突发（Burst），在 GSM 系统中突发包括以下几种。

1. 频率校正突发（FB，Frequency Correction Burst）

用于频率校正信道 FCCH，结构如图 4-12 所示。

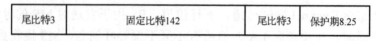

| 尾比特3 | 固定比特142 | 尾比特3 | 保护期8.25 |

图 4-12　频率校正突发

- 前后 3 个尾比特的作用是让射频器件的功率从 0 上升到恒定值或从恒定值下降到 0 所预留的保护时间；
- 8.25 个比特保护期时间的作用是防止相邻时隙重叠；
- 信息内容 142 比特为固定值，全 0，即 142 比特时间内传递的是 BS 的纯正载波，用于 MS 调谐频率，以纠正器件本身和多普勒频移带来的中心频率偏差。

2. 同步突发（SB，Synchronization Burst）

用于 SCH，结构如图 4-13 所示。

| 尾比特3 | 信息比特39 | 训练序列64 | 信息比特39 | 尾比特3 | 保护期8.25 |

图 4-13　同步突发

- 两段 39 比特用于传递 TDMA 缩减帧号 FN 与基站识别色码 BSIC；
- 训练序列是用于 GSM 的自适应均衡器，以估计无线信道的冲击响应，而进行信道补偿，消除多径时散引起的码间干扰（ISI）。帧号 19 个比特，加上 BSIC 6 个比特，共 25 个比特，再附加上 10 个奇偶校验比特、4 个卷积码编码器尾比特，得到 39 个比特，送入 1/2 卷积码编码器，输出得到 78 个比特，填入同步突发中两段 39 比特段进行传输。

3. 接入突发（AB，Access Burst）

用于 RACH，在 MS 初始接入时，利用接入突发传送信道请求消息，其结构如图 4-14 所示。

| 尾比特3 | 训练序列41 | 信息比特36 | 尾比特3 | 保护期68.25 |

图 4-14　接入突发

接入突发用于随机接入信道 RACH，MS 在发起接入时占用的第一个信道即 RACH，它承载 8 个比特的随机数和 6 比特基站识别色码 BSIC。8 个比特的随机数作为信息输入，根据 8 个信息比特计算出 6 个奇偶校验比特，将这 6 个奇偶校验比特与接入基站的 BSIC

色码按比特位相模 2 加得到 6 个色码比特，这 6 个色码比特被添加到 8 个信息比特后面，随后再添加 4 个编码器尾比特，构成 18 个比特。这 18 个比特进行 1/2 卷积编码，形成 36 个比特的输出，用以填充图 4-14 接入突发中的"信息比特 36"字段。

　　MS 通过检测和解调 SCH 可以获取 BS 的下行信道同步，但 MS 并不知道它离 BS 的远近，因此上行时隙的准确发射时刻未知。MS 发起接入具有很强的随机性，而 MS 发起接入时上行同步未建立，为了防止发射的上行接入时隙与相邻时隙重叠冲突，接入突发的保护期留得很长，有 68.25 比特的时间，约 252μs，据此可以分析得出 GSM 支持小区的最大半径。MS 检测 BS 的下行帧（时隙），然后发起随机接入的过程如图 4-15 所示。

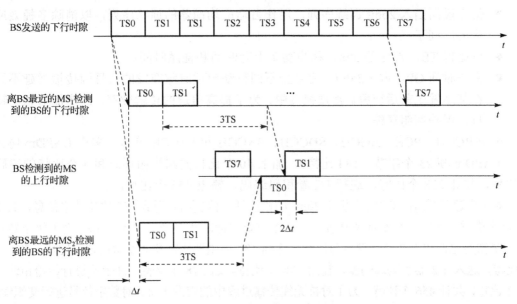

图 4-15　时隙重叠示意图

　　假设距离 BS 最近的一个移动台 MS_1 已经取得了上行同步，占用上行帧的 TS1 时隙；距离 BS 最远的一个移动台 MS_2 获得了下行同步，但比 MS_1 延后 Δt 的时间检测到 BS 的下行帧（时隙），MS_2 通过上行 TS0 时隙发起随机接入。MS_1 和 MS_2 分别延后 3 个时隙后开始发送上行时隙 TS1 和 TS0；和下行一样，MS_2 发送的上行时隙比 MS_1 发送的上行时隙多 Δt 的传播时延，MS_2 的上行时隙 TS0 到达 BS 后，会与 MS_1 的上行时隙 TS1 产生 $2\Delta t$ 的时间交叠。为了防止信息比特的交叠，$2\Delta t$ 必须小于等于接入突发的保护期。根据以上分析，可得：

$$2\Delta t \leqslant 252\mu s$$

$$\Delta t \leqslant 126\mu s$$

$$r = \Delta t \cdot C = 126 \times 10^{-6} \times 3 \times 10^8 = 37.8\text{km}$$

　　扣除器件处理时延，以及 BS 时间调整量参数（0～233μs）限制，工程上 GSM 小区最大半径为 35km。

　　在 MS 通过 RACH 发起信道请求消息后，BS 通过测量下行时隙和上行时隙的往返时间，通过 SACCH 给 MS 发送时间调整量参数（TA），MS 据此提前或延后非接入信道时隙（比如业务信道时隙）的发送时刻，从而避免上行时隙的重叠。时间调整量的调节范围从 0～233μs，可控 GSM 的小区半径 35km 左右。

4．常规突发（NB，Normal Burst）

常规突发用于除 FCCH、SCH 和 RACH 之外的其他所有逻辑信道，比如业务信道。其结构如图 4-16 所示。

图 4-16　常规突发

- 116bit 的信息分成两段，各 58bit。其中 57bit 为数据，1bit 为借用标志，表示此突发序列是否被 FACCH 借用；
- 信息段间插入 26bit 训练序列，用作自适应均衡器的训练序列，以消除多径效应产生的码间干扰；
- 尾比特 TB，首尾各 3bit，称为功率上升时间和拖尾时间；
- 保护时间 GP，占 8.25bit，为防止不同移动台按时隙突发的信号因传播时延不同而在基站发生前后交叠。常规突发中，为了提高信道的传输效率，即增加信息比特数目，保护期明显缩短。

对于 BCCH、PCH、AGCH、SDCCH、SACCH 和 FACCH 信道，采用 LAPDm 协议，一个 LAPDm 帧 23 个字节（184 比特），加上 40 个比特的纠错循环码和 4 个比特的编码器尾比特，共计 228 个比特，进行 1/2 卷积码编码，输出 456 个比特。

对于全速率 TCH，GSM 手机将 20ms 的模拟话音信息编码得到 260 比特数字信息，其中包括 50 个最重要比特（对差错最敏感）、132 个重要比特以及 78 个不重要比特（对差错不敏感）。50 个最重要比特加上 3 个奇偶校验比特，连同 132 个重要比特和 4 个编码器尾比特，共计 189 个比特，送入 1/2 卷积码编码器，输出 378 个比特。这 378 个比特，加上不进行纠检错编码的 78 个比特，共计 456 个比特。为了对抗无线传输过程中的突发干扰，对数字信号进行交织编码，交织包括块（20ms 数据）间交织和块内交织两类。块内交织如图 4-17 所示，每 20ms 话音数据块 456 比特，交织得到 8 个小块，每小块数据 57 比特。块间交织如图 4-18 所示，相邻两块数据进行二次交织，来自两个不同块的两个 57 比特数据放入一个常规突发中传输。

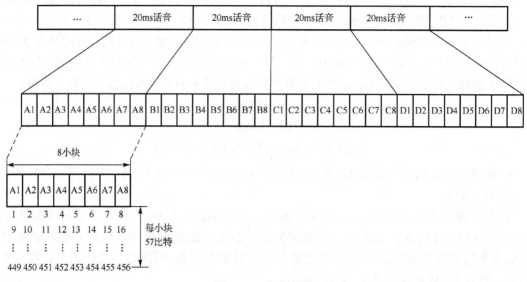

图 4-17　块内交织

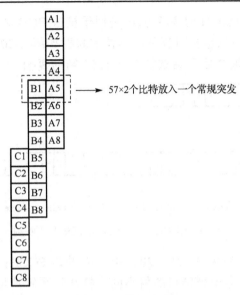

图 4-18　块间交织

4.3.5　逻辑信道与物理信道映射

逻辑信道的复杂功能需要用物理信道来承载，即逻辑信道与物理信道之间必然存在一种对应关系，即信道映射。GSM 小区为了提高容量，一般采用扇区结构，一个小区由三个扇区组成，每个扇区有一到多个载频，对于多载频的情况，系统会划分出主载频和副载频。主载频上的 TS0 和 TS1 用于映射控制信道；主载频上的其余时隙和副载频上的所有时隙用于映射业务信道。如果是在建站的初期用户数较少，每扇区只有一个（FDD）载频，一般 TS0 用于映射控制信道；而其余时隙用于映射业务信道。这里只讨论常见的多载频情况。

1. BCH 和 CCCH 的映射

BCH 和 CCCH 映射到主载频的 TS0 时隙。在 BCH 和 CCCH 中，唯一的一个上行信道是 RACH，因此，对上行 TS0 而言，全部传送的是 RACH（按照 GSM 标准，RACH 可以映射到上行帧的 TS0 或者 TS2 或者 TS4 或者 TS6 四个偶数时隙中，工程中一般映射到上行帧的 TS0）。

我们从图 4-9 无线帧结构知道，对上行链路主载频上 TS0 的 51 帧复帧是用于携带随机接入信道（RACH），用于移动台通过 RACH 向基站发送接入请求，因此 51 帧的复帧中共有 51 个 TS0，其映射关系如图 4-19 所示。

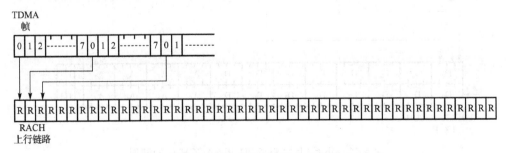

图 4-19　RACH 在 TS0 上的映射

对下行链路主载频上 TS0 的 51 帧复帧则是用于携带 BCH 和 CCCH，下行信道相比上行信道要多很多，其映射关系也相对复杂，具体的映射如图 4-20 所示。此序列在第 51 个 TDMA 帧上映射一个空闲帧之后开始重复下一个 51 帧的复帧。

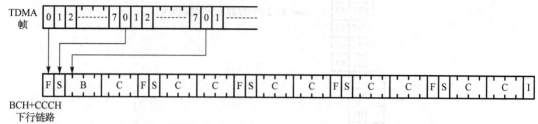

F：FCCH；S：SCH；B：BCCH；C：CCCH；I：Idle

图 4-20 BCCH 与 CCCH 在 TS0 上的映射

帧编号 FN mod 51，结果为 0、10、20、30、40 的是 FCCH；结果为 1、11、21、31、41 的是 SCH；其中 BCCH 会根据结果的值不同广播 9 种系统消息，如表 4-4 所示。

表 4-4 BCCH 广播的 9 种系统消息

系统消息类型	（FN div 51） mod 8	BCCH 在 51 复帧中所占帧号
Type1	0	2、3、4、5
Type2	1	2、3、4、5
Type2bis	5	2、3、4、5
Type2ter	5 或 4	2、3、4、5
Type3	2 和 6	2、3、4、5
Type4	3 和 7	2、3、4、5
Type7	7	6、7、8、9（借用相邻的 CCCH 帧）
Type8	3	6、7、8、9（借用相邻的 CCCH 帧）
Type9	4	2、3、4、5

注：div 表示整除；mod 表示取模。

2. SDCCH 和 SACCH-C 的映射

下行链路主载频上的 TS1 用于映射专用控制信道。它是 102 个 TDMA 帧复用一次，三个空闲帧之后从 D0 开始，如图 4-21 所示。由于是专用信道，所以上行链路主载频上的 TS1 也具有同样的结构，即意味着对一个移动台同时可双向连接，但时间上有 3 时隙偏移，如图 4-21 所示。

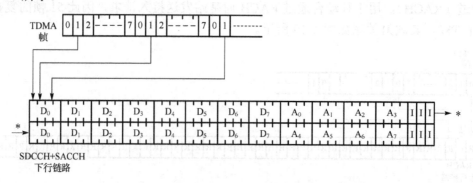

图 4-21 下行/上行 SDCCH 和 SACCH-C 的映射

（1）Dx（SDCCH）：此处移动台 X 是一个正在建立呼叫或更新位置或与 GSM 交换系统参数的移动台。Dx 只在移动台 X 建立呼叫时使用，在移动台 X 转到 TCH 上开始通话或登记完释放后，Dx 可用于其他 MS。

（2）Ax（SACCH-C）：和 SDCCH 联用的 SACCH，在基站的"立即指派"消息中，与 SDCCH 一起分配，周期是 $4 \times 26 \times 4.615 = 480$ms。它可用于 MS 发送测量报告和短信息等。

3．TCH 的映射

除映射控制信道以外的时隙均映射业务信道（TCH），映射方法如图 4-22 所示。业务信道由 26 个 TDMA 时隙构成一个复帧，周期是 120ms，其中包含一个 SACCH-T 时隙和一个空闲时隙 I。

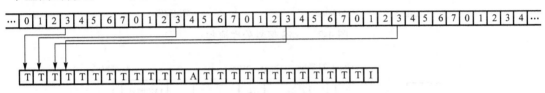

图 4-22　TCH 映射

（1）T（TCH）：编码话音或数据，用于通话，突发脉冲序列为 NB。

（2）A（SACCH-T）：与业务信道联用的 SACCH。上行传输 MS 测量的周围基站的信号质量（BCCH 信道信号强度）；下行传输 BS 发送给 MS 的时间调整参数和功率控制指令。由 4 个 A 时隙构成一个完整的 SACCH，周期是 $4 \times 26 \times 4.615 = 480$ms。SACCH-T 也可用于 MS 在通话状态下收发短信。

（3）I（IDEL）：空闲帧。通常对于分配到 TS2 的移动台，每个 TDMA 帧的每个 TS2 都包含此移动台的信息。只有空闲帧是个例外，它不包含任何信息。

4．FACCH 的映射

FACCH 常用于越区切换执行过程中信令的传输，一次传输需要占用 4 个时隙的 TCH，即 $4 \times 4.615 = 18.46$ms 的话音信息，由于中断时间很短，且 GSM 系统采取了相应的信息处理技术，以补偿因为插入 FACCH 而被删除的话音，所以用户不易察觉。

4.3.6　信号处理流程

数字化话音信号在无线传输时主要面临三个问题：一是选择有效的信源编码方式，减少信源冗余量，降低编码输出速率，以适应无线接口有限的带宽；二是选择有效的信道编码方法，对抗无线接口中广泛存在的各种干扰，降低误码率；三是选择有效的调制方案，减小杂散辐射，降低干扰。GSM 系统话音信号处理流程如图 4-23、图 4-24 所示。

下面，以 MS 发送话音信号到网络为例进行说明。

① 首先，MS 受话器将用户话音信息变成模拟电信号输出；对模拟电信号进行模数变换（ADC，8000Hz 采样、保持、量化、编码），得到 13 比特线性码数字信号，速率为 104kb/s。

② 线性编码信号送入规则脉冲激励-长期预测编码器，把 13 比特线性码变换为每 20ms，260 比特的数字信号，速率 13kb/s，这个速率就是 GSM 系统全速率业务信道数字话音信号在信道编码前原始速率。

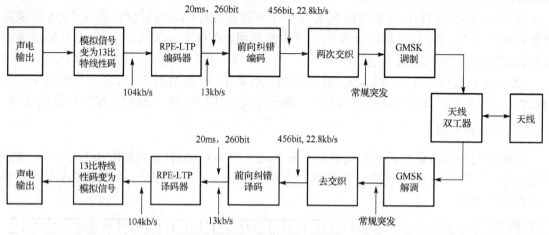

图 4-23　MS 信号处理流程

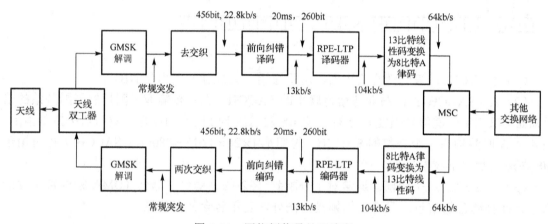

图 4-24　网络侧信号处理流程

③ 然后对这 260 个比特进行前向纠错编码：这 260 个比特中，其中包括 50 个最重要比特（对差错最敏感）、132 个重要比特以及 78 个不重要比特（对差错不敏感）。50 个最重要比特加上 3 个奇偶校验比特，连同 132 个重要比特和 4 个编码器尾比特，共计 189 个比特，送入 1/2 卷积码编码器，输出 378 个比特。这 378 个比特，加上不进行纠检错编码的 78 个比特，共计 456 个比特。

④ 对数字信号进行交织编码，交织包括块（20ms 数据）间交织和块内交织两类。块内交织如图 4-17 所示，每 20ms 话音数据块 456 比特，交织得到 8 个小块，每小块数据 57 比特。块间交织如图 4-18 所示，相邻两块数据进行二次交织，来自两个不同块的两个 57 比特数据放入一个常规突发中传输。

至此，话音数据基带信号处理完毕，把基带信号送入射频调制模块进行 GMSK 调制，把射频信号通过天线双工器发送至天线，通过天线把射频信号辐射出去。网络侧，BS 天线把射频信号接收下来，通过天线双工器把信号送至射频解调模块，通过 GMSK 解调得到基带信号；通过去交织过程，恢复发送端基带信号比特顺序，通过纠错译码纠正信号在无线接口中传输误码，得到 13kb/s 基带话音数据；通过规则脉冲激励-长期预测译码器，变换为 13 比特线性码，速率 104kb/s，然后再将 13 比特线性码变换为 8 比特 A 律码，送入交换机。

4.4　呼叫处理流程

4.4.1　地址标识

在移动性管理以及呼叫接续过程中，需要使用各种地址标识来区分 GSM 网络中不同的功能实体或用户，这些地址标识主要包括以下几种。

1. MSISDN

MSISDN 移动台综合业务数据网号码即日常生活中拨打的手机号码，该号码是一个虚拟的号码，并不存在于 MS 上，位于网络侧的 HLR 数据库中，和用户的 IMSI 之间有对应关系。其组成格式如图 4-25 所示。其中：

- CC：Country Code 国家代码，中国国家代码为 86；
- NDC：National District Code 国内地区码，比如 131,139,158,189；
- SN：Subscriber Number 用户号码，格式为 $H_0H_1H_2H_3ABCD$；

CC 标识国家（地区），NDC 与 SN 中的 H0H1H2H3 一起标识一个 HLR，SN 中的 ABCD 四位数字标识同一个 HLR 下的不同用户。

2. IMSI

IMSI（International Mobile Subscriber Identification Number）国际移动用户标识码，该号码存在于用户侧手机的 SIM 卡上和网络侧的 HLR/AuC 中，在 MS 登记、呼叫等过程中作为 MS 的身份地址标识，其组成格式如图 4-26 所示。其中：

- MCC：Mobile Country Code 移动国家代码，中国的 MCC 是 460；
- MNC：Mobile Network Code 移动网络码，00 中国移动 G 网，01 中国联通 G 网，03 电信 C 网；
- MSIN：Mobile Subscriber Identification Number 移动用户标识号，标识同一个网络内的用户。

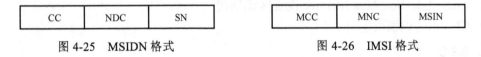

图 4-25　MSIDN 格式　　　　　　　图 4-26　IMSI 格式

3. TMSI

TMSI（Temporary Mobile Subscriber Identity）临时移动用户标识，用于在 VLR 服务区内唯一标识一个移动用户，由 VLR 生成和管理。处于保护 IMSI 的目的，尽量减少 IMSI 在空中接口上进行传输，在需要用 IMSI 标识用户地址的时候用 TMSI 来替代，TMSI 与 IMSI 之间有对应关系，该对应关系算法由运营商自定。

4. IMEI

IMEI（International Mobile Equipment Identity）国际移动设备标识，用于标识移动设备，该号码对应于手机包装盒上印刷的序号（SN）。在 GSM 手机上输入操作命令"*#06#"（不包括引号），可以查阅手机设备的 IMEI，该号码存在于手机侧和网络侧的 EIR 数据库中。在呼叫接续过程中，网络侧向 MS 发送 IMEI 查询请求，MS 上传其 IMEI 至 EIR，如果该号码在白名单中，呼叫接续继续；如果该号码在黑名单中，本次呼叫接续终止。其组成格式如图 4-27 所示。其中：

- TAC：型号批准码，有欧洲型号标准中心分配；
- FAC：装配厂家号码；
- SNR：产品序号；
- SP：备用。

5. LAI

LAI（Location Area Identity）位置区标识，用于标识位置区。其组成格式如图 4-28 所示。其中：

- MCC：Mobile Country Code 移动国家代码；
- MNC：Mobile Network Code 移动网络代码；
- LAC：Location Area Code 位置区代码，四个字节长，标识同一 MNC 下不同的位置区。

图 4-27　IMEI 格式　　　　　　　　图 4-28　LAI 格式

6. MSRN

MSRN（Mobile Station Roaming Number）移动台漫游号码，为 MS 生成 MSRN 是 VLR 的功能之一，MSRN 用作源端交换机寻路目的交换机用，通常是在 MSC Number 后增加几位。示例：8613254501***，后三位数在每次通过过程中由 VLR 随机分配。

7. GCI

GCI（Global Cell Identity）全球小区标识，用于唯一标识一个小区，其组成格式如图 4-29 所示。其中：

- LAI：Location Area Identity 位置区识别码
- CI：小区识别码

8. BSIC

BSIC（Base Station Identity Code）基站识别色码，用于区分使用相同载频的不同基站。在 GSM 网络中由于频率复用的原因，MS 可能会检测到多个使用相同频率的不同基站，MS 利用 BSIC 将上述基站区分开；反之，在 MS 发起接入请求时，使用相同频率的基站可能都会收到该接入请求，BS 利用该 BSIC 可以判定该接入请求是否是 MS 发送给自己的。其组成格式如图 4-30 所示。其中：

图 4-29　GCI 格式　　　　　　　　图 4-30　BSIC 格式

- NCC：Network Color Code 网络色码，3bit，区分不同运营商；

- BCC：Basestation Color Code 基站色码，3bit，由运营商分配，相邻 BS 的 BCC 不允许相同。

9．MSC Number VLR Number

MSC/VLR 的编号格式如图 4-31 所示。其中：

- CC：国家代码；
- NDC：国内地区码；
- LSP：Locally Significant Part，由运营商自定。工程上，MSC 与 VLR 一一对应，所以它们有相同的地址编码，示例：8613254501。

10．HLR Number

HLR 编号格式如图 4-32 所示，用于主叫方交换机寻址被叫 MS 的 HLR。

CC	NDC	LSP

图 4-31　MSC/VLR 编号格式

CC	NDC	H0H1H2H3*0*

图 4-32　HLR 编号格式

4.4.2　通信安全

在 GSM 系统中，为了保证通信安全，采取了鉴权、加密和 IMEI 查询三种措施。鉴权是网络对移动台的身份合法性进行认证，实质是判定移动台上的 SIM 卡身份的合法性。加密是对移动台和基站之间交互的信令信息或业务信息进行密文化处理，防止第三者的窃听。IMEI 查询是网络判定 IMEI 的合法性，即判定移动台本身的合法性。

鉴权与加密涉及一个称为三参数组的数据。所谓三参数组，是 AuC 根据每个移动台的 IMSI、鉴权键 K_i 和变化挑战随机数（Challenge Random Numbers），根据一定算法运算得到多组加密用的密钥 Kc、鉴权用的符号响应 SRES（Symbol Response）。由多个挑战随机数、K_c 和 SRES 三个参数构成的数组即三参数组，AuC 生成三参数组的过程如图 4-33 所示。

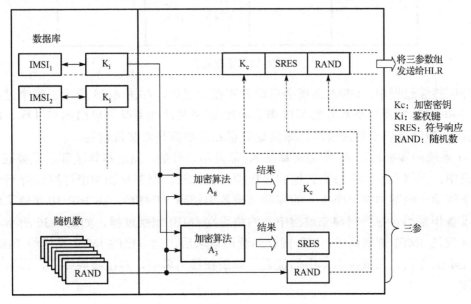

图 4-33　AuC 生成三参数组

　　GSM 系统的鉴权过程如图 4-34 所示。当 MS 发起接入请求时，VLR 从 MS 的三参数组中随机选取一组，并将其中的随机数 RAND 发送给 MS，启动鉴权过程；MS 将该随机数和 SIM 卡上的鉴权键 K_i 输入鉴权算法，运算得到一个符号响应 $SRES_{MS}$；MS 将该符号响应发送给 VLR，VLR 将 MS 返回的符号响应 $SRES_{MS}$ 和启动鉴权时所选三参数组中符号响应 $SRES_{AUC}$ 进行比对，如果二者相等，接入过程继续，否则 VLR 指令 MSC 终止本次接入过程。如果 MS 和网络侧使用相同的随机数、相同的鉴权算法和相同的鉴权键，理应得到相同的符号响应。GSM 系统鉴权过程是单向的，即只有网络对 MS 的鉴权，没有 MS 对网络的鉴权。为了防止伪基站攻击等网络欺诈行为，在 3G 系统中，增加了 MS 对网络的鉴权过程。

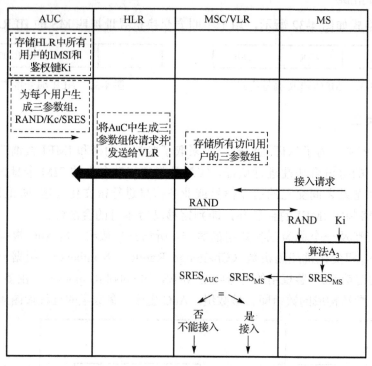

图 4-34　鉴权过程

　　在呼叫接续过程中，GSM 系统会启动置密模式过程，如图 4-35 所示。这个过程的本质是网络和 MS 协商一个双方都可以接受的加/解密算法或者是否启用加密过程。国内的 GSM 网络一般没有启动加密过程，即信令消息和数据都是明文传输的。

　　GSM 系统的鉴权算法 A_3 和加密算法 A_8 都是不公开的，但这些算法都已经被破解。在现行网络中，网络会和 MS 协商其他的鉴权和加密算法，但鉴权和加密过程保持不变。

　　每个移动台设备均有一个唯一的移动台设备识别码（IMEI），在 EIR 中存储了所有移动台的设备识别码。在呼叫建立过程中，网络启动 IMEI 识别过程，如图 4-36 所示。网络侧向 MS 发送 IMEI 查询请求，MS 接收到查询请求后，把自己的 IMEI 发送给 EIR；EIR 判断该 IMEI 在白、灰或黑名单中的位置，如果在黑名单中，本次呼叫终止，否则，呼叫过程继续。

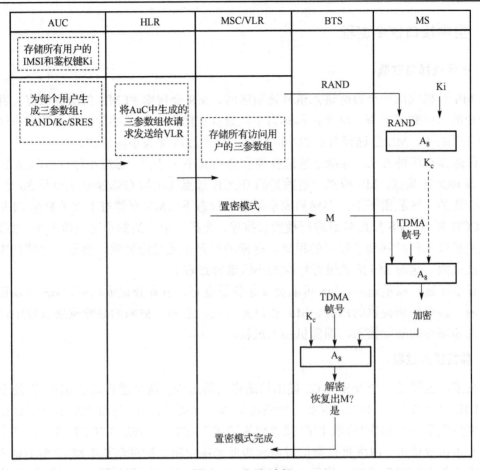

图 4-35　加密过程

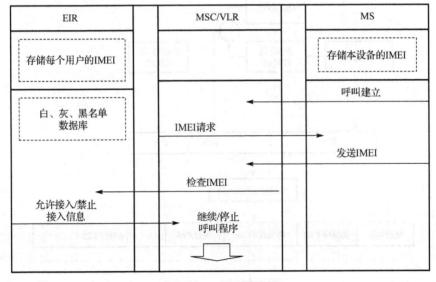

图 4-36　IMEI 识别过程

4.4.3　空中接口信令流程

1. 小区选择与重选

当 MS 开机或从一个盲区进入信号覆盖区时，MS 会搜索 PLMN 的服务频点，并选择一个合适的小区驻留下来，这个过程称为小区选择；随着 MS 的移动，当前驻留小区不能再提供有效服务，MS 会选择其他的小区驻留，这个过程称为小区重选。

小区选择有两种方法，标准小区选择和存储列表小区选择。标准小区选择状态下，MS 没有存储 BCCH 频点，MS 搜索一定数量的 BCCH 频点（比如 GSM900 至少是 30 个），选择一个合适的小区驻留下来。存储列表小区选择状态下，MS 存储有上次关机前 PLMN 使用的 BCCH 频点，MS 按此频点进行搜索和排序，选择一个合适的小区驻留下来。如果 MS 自上次关机以来已经移动了较远的距离，存储的列表小区已经失效，会导致存储列表小区选择方法失效，这时 MS 应该进行标准的小区选择过程。

进行小区选择或重选后，MS 可能会发起位置登记，位置登记成功后，MS 可以正常做主、被叫，接收网络提供的服务。MS 在位置登记、主叫、被叫的寻呼响应过程中，首先需要建立和基站的初始接入，即随机接入过程。

2. 随机接入过程

随机接入过程是一个 MS 向 BS 提出信道申请的过程，这个过程始于 MS。当处于空闲状态（IDLE MODE）下的 MS 需要与网络建立通信连接时，MS 通过 RACH（随机接入信道）向网络发送一条称作"信道申请"或"信道请求"（CHANNEL REQUEST）消息来向网络申请一条信令信道，网络将根据信道请求需要来决定所分配的信道类型。"信道请求"消息报文由"接入突发"承载，信息比特数共计 36 比特,处理流程如图 4-37 所示。"信道请

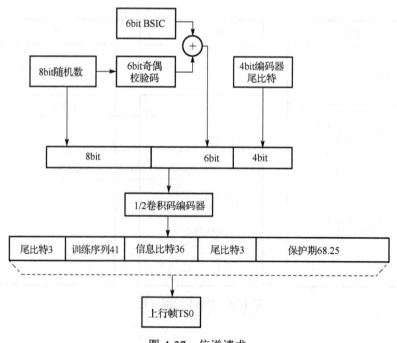

图 4-37　信道请求

求"消息包括一个 8 比特的随机数、6 比特基站识别色码（BSIC）和 4 比特卷积编码器尾比特码。在 8 比特的随机数中，有 3 比特用来说明本次接入的原因（对于 PHASE 1 标准，该建立原因只用 3 比特；对于 PHASE 2 标准，由于引入半速率的概念，接入原因所占的比特最多可达到 6 比特），如：紧急呼叫、位置更新、响应寻呼或主叫请求等，在网络拥塞的情况下，BS 据此信息进行接入判决：即准许某些类型的接入请求而否决某些类型的接入请求；另外 5 比特是 MS 随机选择的鉴别符（这是对于 PHASE 1 标准，对于 PHASE 2 标准，相应的可变为 2 比特），其目的是使网络能区分不同 MS 所发起的接入请求。如果 BS 有空闲的信道资源，且准许本次接入请求，则向 MS 发送"立即指配"（IMMEDIATE ASSIGNMENT）消息。在"立即指配"消息中，携带 MS 接入请求的 8 比特随机数和接入请求消息所对应上行帧号，避免在相同时间段内，使用相同随机数发起接入请求的 MS 发生冲突。

3．位置登记

位置登记常见的有开机登记、关机登记、位置区变更登记、周期性位置登记四种。当 MS 认为需要登记时，发起登记流程。

（1）开机登记

开机登记的流程如图 4-38 所示，包括以下信令交互过程：

① MS 通过 RACH 发起接入请求，在 RACH 的接入突发中携带一 8 比特随机数和 6 比特的接入基站识别色码，随机数作为初始接入标识，基站识别色码用于区分使用相同载频的不同基站。

② BS 通过 AGCH 向 MS 发送立即指派命令，给 MS 分配 SDCCH 和 SACCH-C，返回 MS 发送的随机数和缩减帧号，MS 据此随机数和缩减帧号判定是否是对自身接入请求的响应。

③ MS 通过指派的 SDCCH 向 BS 发起位置登记请求，携带登记的类型（此处登记类型为"开机登记"）、位置区标示 LAI、加密密钥序列号（Cipher Key Sequence Number）、MS 支持的 GSM 协议版本（比如 R99 or Later）、加密算法（比如 a5-1）、MS 支持的射频功率能力，以及 MS 的地址标识等。如果插入 MS 的 SIM 卡是第一次使用，则 MS 地址标识应该是存储在 SIM 卡上 IMSI；如果 MS 是再次开机，且处于关机的同一个位置区，则 MS 的地址标识可以是它关机前从 VLR 获取的 TMSI；如果由于某种原因，VLR 无法获取 MS 的 IMSI，则需要 MS 上报它的 IMSI。

④ BS 向 MSC 发送位置登记请求。

⑤ MSC 向关联的 VLR 发起位置登记请求。VLR 接收到位置登记消息后，分析发现是 MS 开机登记，VLR 分析 MS 的 IMSI，查找到 MS 的 HLR，并向 MS 的 HLR 发起位置登记，HLR 将 MS 相关参数发送到 VLR；另一方面，VLR 向 MSC 发送鉴权命令。鉴权过程，实际是 VLR 从 AuC 产生并由 HLR 发送过来的 MS 三参数组中随机选取的一组（包括挑战随机数、Kc 和符号响应），并将其中的挑战随机数发送给 MS，MS 将该挑战随机数作为输入参数，送入相关鉴权算法得到一个符号响应（SRES），并将该符号响应发送给 VLR，VLR 将从 MS 接收到的符号响应与三参数组中的符号响应比对，如果二者相等，鉴权成功，否则鉴权失败。

⑥ MSC 向 BS 发送鉴权命令。

⑦ BS 通过 SDCCH 向 MS 发送鉴权命令，携带主要参数是 VLR 从三参数组中选择的一个挑战随机数（challenge random）。

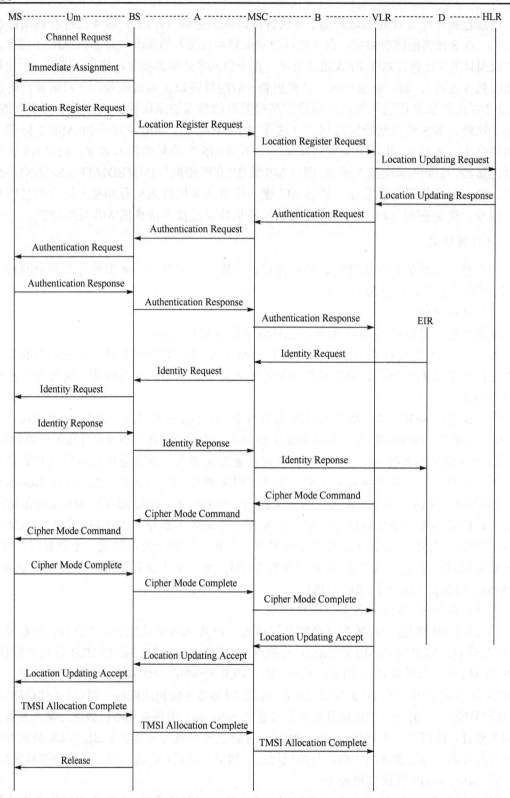

图 4-38 开机登记流程

⑧ MS 将接收到的挑战随机数送入鉴权算法,计算得到符号响应(SRES),通过 SDCCH 发送鉴权响应消息。

⑨ BS 通过 A 接口向 MSC 发送鉴权响应,MSC 向关联 VLR 发送鉴权响应消息。

⑩ EIR 向 MSC 发送 MS 标识查询命令。

⑪ MSC 向 BS 发送标识查询命令。

⑫ BS 通过 SDCCH 向 MS 发送标识查询命令,请求 MS 的 IMEI 标识。

⑬ MS 通过 SDCCH 将自己的 IMEI 发送给 BS,BS 通过 MSC 发送给 EIR。EIR 查询数据库,判断该 IMEI 的属性。一般 IMEI 有黑、白和灰三种属性,"黑"表示该 IMEI 异常;"白"表示该 IMEI 正常。进入"黑"名单的 IMEI 将不被允许发起或接受呼叫。

⑭ VLR 向 MSC 发送加密模式命令,MSC 向 BS 发送加密模式命令。

⑮ BS 通过 SDCCH 向 MS 发送加密模式命令,主要信息内容包括:是否启用加密功能、加密算法。

⑯ MS 通过 SDCCH 向 BS 发送加密模式完成消息,BS 向 MSC 发送加密模式完成消息,MSC 向 VLR 发送加密模式完成消息。

⑰ 如果鉴权成功、IMEI 不在黑名单中,VLR 通过 MSC、BS 向 MS 发送位置登记接受消息,主要消息内容有:位置区标识 LAI 和 VLR 给 MS 分配的 TMSI。MS 将该 LAI 和 TMSI 存储在它的 SIM 卡中。

⑱ MS 接受 VLR 分配的 TMSI,通过 SDCCH 向 BS 发送 TMSI 分配完成消息,BS 通过 MSC 向 VLR 发送 TMSI 分配完成消息。在以后主、被叫接续过程中,MS 使用该 TMSI 作为自身的地址标识。

⑲ BS 通过 SDCCH 向 MS 发送信道释放消息,释放该 SDCCH 和 SACCH-C 信道。

通过开机登记,MS 向驻留小区所在 VLR 报告它当前所在位置,即驻留小区所属位置区的位置区标识(LAI);VLR 向 MS 的归属位置寄存器 HLR 报告它当前所在位置,即 MS 所在 VLR 的地址;VLR 从 HLR 处获取了 MS 的相关参数,比如 MS 定制的电信业务种类(话音、短信以及互联网数据业务等),以及 AuC 生成的三参数组;MS 从服务 VLR 处获取了临时地址标识,即 TMSI,该地址标识在后续的通话接续信令中用以唯一标识该 MS。开机登记成功后,MS 可以正常做主叫和被叫,接收网络提供的服务。通过以上信令流程分析可以看出,开机登记需要占用大量的信令资源,为了防止用户故意或无意的频繁开关机(频繁的上电、掉电),而引起频繁的位置登记,MS 开机后并不会立即发起位置登记,而是要等待一定的时间。开机登记成功,网络更新 MS 的状态,执行 IMSI 附着(attach)操作,此后,MS 可以正常做主、被叫。

(2) 关机登记

当 MS 关机时,MS 向网络发送 IMSI 分离(detach)操作,简要流程如图 4-39 所示,包括以下几个步骤的信令交互:

① MS 通过 RACH 发送信道请求消息,携带一 8 比特随机数和 6 比特服务基站识别色码。

② BS 通过 AGCH 向 MS 发送立即指派消息,返回随机数和帧号,并给 MS 分配 SDCCH 和 SACCH-C。

③ MS 通过 SDCCH 向 BS 发送 IMSI 分离消息。

④ BS 向 MSC 转发 MS 的 IMSI 分离消息,MSC 向关联的 VLR 发送 IMSI 分离消息。

⑤ BS 通过 SDCCH 向 MS 发送信道释放消息，MS 释放 SDCCH 和 SACCH-C 信道。值得注意的是，IMSI 分离过程是非确认的单向信令过程。

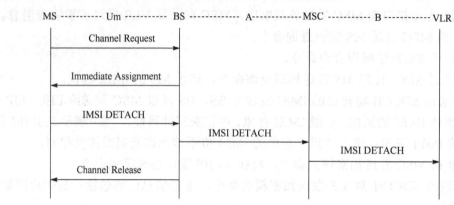

图 4-39　IMSI 分离流程

　　当出现以下情况时，网络和移动台往往会失去联系：第一种情况是，移动台在待机状态下移动到网络覆盖区以外的地方（即盲区），此时由于移动台无法向网络作出报告，网络因无法知道移动台目前的状态，而仍然认为该移动台还处于附着（attach）的状态；第二种情况是当移动台关机，在向网络发送"IMSI 分离"消息时，如果此时无线路径的上行链路存在着一定的干扰导致链路的质量很差，那么网络就有可能不能正确地译码该消息，这就意味着系统仍认为 MS 处于附着的状态；第三种情况是当移动台异常掉电时，也无法将其状态通知给网络，而导致两者失去联系。当发生以上几种情况后，若在此时该移动台做被叫，则系统将在此前移动台所登记的位置区内发出寻呼消息，其结果必然是网络以无法收到寻呼响应而告终，导致无效地占用系统的寻呼资源。

　　为了解决该问题，GSM 系统就采取了相应的措施，来迫使移动台必须在经过一定时间后，自动地向网络汇报它目前的位置或状态，网络就可以通过这种机制来及时了解移动台当前的状态有无发生变化，这就是周期性位置登记机制。在 BSS 部分，它通过小区的 BCCH 的系统广播消息，来向该小区内的所有用户发送一个应该做周期性位置更新的时间 T3212，来强制移动台在该定时器超时后自动地向网络发起位置更新的请求，请求原因注明是周期性位置登记。移动台在进行小区选择或重选后，将从当前服务小区的系统消息中读取 T3212，并将该定时器置位且存储在它的 SIM 卡中，此后当移动台发现 T3212 超时后就会自动向网络发起位置更新请求。与此相对应的，在 NSS 部分，网络将定时地对在其 VLR 中标识为"IMSI 附着"的 MS 做查询，它会把在这一段时间内没有和网络做任何联系的用户的标识改为"IMSI 分离"，以防止对已与网络失去联系的移动台进行寻呼以导致白白浪费系统资源。

　　周期性位置登记（更新）是网络与移动用户保持紧密联系的一种重要手段，因此周期性位置更新时间间隔越短，网络获知的移动台的信息就越准确。但频繁的位置更新有两个负作用：一是会使网络的信令流量大大增加，降低无线资源的利用率。在严重时将影响 MSC、BSC、BTS 的处理能力；另一方面将使移动台的耗电量急剧增加，使该系统中移动台的待机时间大大缩短。因而 T3212 的设置应综合考虑系统的实际情况，常见时间是半小时到一小时之间。

　　周期性位置更新的信令流程同正常位置更新的信令流程是一致的。在正常情况下，MS 每进入一个新的小区，就会检测并解码新小区的 BCCH 信道，获取该小区的 LAI，如果该 LAI 与存储在 MS 的 SIM 卡上的 LAI 不一致，说明 MS 进入到一个新的 LA，MS 会发起基于位置区变更的位置登记（"基于位置区变更的位置登记"也称为"正常位置登记"），以更新 VLR 和 HLR 中相关数据，网络跟踪 MS 的位置变化。

　　（3）基于位置区变更的位置登记

　　基于位置区变更的位置登记也称为"正常位置登记"（Normal Registration），如图 4-40 所示，包括如下信令流程：

　　① MS 通过 RACH 发起信道请求，在 RACH 的接入突发中携带一 8 比特随机数和 6 比特的接入基站识别色码，随机数作为初始接入标识，基站识别色码用于区分基站。

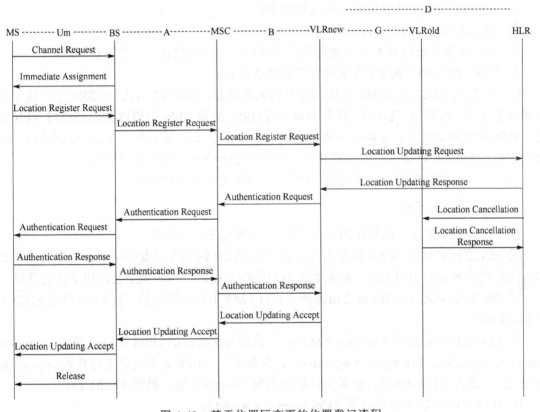

图 4-40　基于位置区变更的位置登记流程

　　② BS 通过 AGCH 向 MS 发送立即指派消息，返回随机数和帧号，并给 MS 分配 SDCCH 和 SACCH-C。

　　③ MS 通过 SDCCH 向 BS 发送位置登记请求，携带位置登记的类型（比如位置区变更登记）、位置区标识（LAI）、MS 支持的 GSM 的版本（比如 R99 或更高）、MS 支持的加密算法、MS 支持的射频功率能力（radio frequency capacity），以及 MS 的地址标识（通常是 TMSI）。

　　④ BS 向 MSC 发送位置登记请求。

　　⑤ MSC 向关联 VLR 发送位置登记请求。如果在该 VLR 中没有 MS 相关数据，说明

MS 首次进入该 VLR，VLR 通过 G 接口向原 VLR 询问 MS 的 IMSI，根据该 IMSI 向 MS 的 HLR 发起位置更新请求。

⑥ HLR 向新 VLR 发送位置更新响应，携带 MS 的相关参数信息；同时向原 VLR 发送位置注销指令，原 VLR 收到 HLR 发来的位置注销指令后，删除和该 MS 相关的信息，并向 HLR 发送位置注销响应消息。

⑦ 新 VLR 向关联 MSC 发起鉴权指令，携带从三参数组中选择的一个挑战随机数（random challenge）。

⑧ MSC 向 BS 转发该鉴权指令。

⑨ BS 通过 SDCCH 向 MS 发送鉴权指令。

⑩ MS 接收到鉴权指令后，将挑战随机数输入相关鉴权算法，得出符号响应（sres）。

⑪ MS 通过 SDCCH 将符号响应发送到 BS。

⑫ BS 通过 MSC 将符号响应发送到关联 VLR。

⑬ 如果该符号响应等于三参数组中的符号响应，鉴权通过，否则鉴权失败。

⑭ VLR 通过 MSC 向 BS 发送位置登记成功消息。

⑮ BS 通过 SDCCH 向 MS 发送位置登记成功消息，MS 存储 LAI 到 SIM 中；位置登记成功消息中，可携带 VLR 给 MS 新分配的 TMSI，此时，MS 应通过 BS,MSC 向 VLR 发送 TMSI 分配成功消息。实际信令监控发现，如果两个 LA 属于同一 VLR 管辖范围，则 MS 跨越这两个 LA 移动引起的位置登记，VLR 不会给 MS 分配新的 TMSI。

⑯ BS 向 MS 发送信道释放消息，MS 释放 SDCCH 和 SACCH-C。

4．MS（话音）主叫

移动台话音业务主叫流程如图 4-41 所示，包括如下信令流程：

① MS 通过 RACH 向 BS 发起接入请求，在 RACH 的接入突发中携带一 8 比特随机数和 6 比特的接入基站识别色码，随机数作为初始接入标识，基站识别色码用于区分基站。

② BS 通过 AGCH 向 BS 发送指配指令，返回 MS 上传的随机数，并给 MS 分配 SDCCH 和 SACCH-C。

③ MS 发起业务请求（Service Request），携带 MS 支持的 GSM 的协议版本（protocol version）、加密算法（encryption algorithm）、业务能力（比如是否支持点对点短信 point to point sms，是否支持 GPRS）、是否支持扩充频段（e-gsm）等，携带 MS 的 TMSI。

④ BS 向 MSC 转发业务请求（Cm Service Request）。

⑤ MSC 向 VLR 发起接入请求，VLR 通过 MSC 发起对 MS 的加密命令（cipher command），该命令消息内容主要包括：是否启用加密功能，以及加密用到的加密算法。

⑥ MS 向 BS 发送加密完成消息。

⑦ BS 向 MSC 发送加密完成消息。

⑧ MS 向 BS 发送 setup 消息，setup 消息内如主要包含：编码方式、呼叫类别（此处呼叫类别为话音 speech）、MS 支持的话音速率类型（full rate or half rate）、被叫号码（编号计划/isdn telephone numbering plan、号码 31 01 98 83 20 F7）。该例中，被叫号码采用 ISDN 电话编号方案，被叫号码是 13108938027。MSC 接收到被叫 MSISDN 号码后，启动号码分析程序，查询到被叫的 HLR,并向该 HLR 发送位置查询请求,HLR 向被叫所在 VLR 发送位置查询请求,VLR

为被叫 MS 生成一个漫游号码（MSRN），并将该 MSRN 返回给 HLR，HLR 将 MSRN 返回给
MSC，MSC 据此漫游号码可以建立和目的 MSC（被叫 MSC）之间的中继连接。

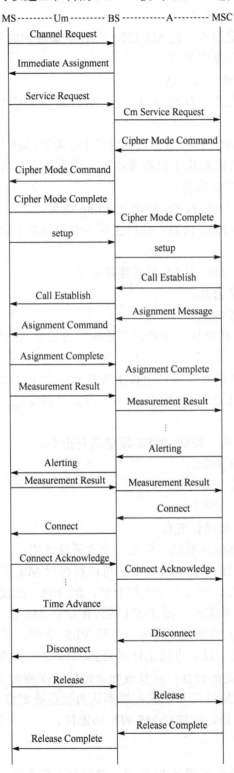

图 4-41　话音主叫流程

⑨ MSC 向 BS 发送呼叫建立消息（Call Establish）。

⑩ BS 向 MS 发送呼叫建立消息。

⑪ MSC 向 BS 发送分配消息。

⑫ BS 向 MS 发送分配指令，给 MS 指配 TCH 的频率和时隙。

⑬ MS 向 BS 发送分配完成消息。

⑭ BS 向 MSC 发送分配完成消息。

⑮ BSC 给 BTS 发送信道释放消息，让 BTS 释放先前分配给 MS 的 SDCCH 和 SACCH-C。

⑯ 从 MS 分配得到 SACCH-C 至释放 SACCH-C 期间，MS 通过 SACCH-C（与 SDCCH 联用）周期性（470ms）的向网络上报测量结果，测量报告主要是周围六个基站的信号强度数值，为可能的越区切换做准备。

⑰ 如果被叫方呼通，MSC 向 BS 发送 Alerting 消息。

⑱ BS 向 MS 发送 Alerting 消息，此时主叫 MS 可以听到回铃音（也可能是被叫定制的彩铃）。

⑲ 如果被叫方摘机，MSC 向 BS 发送连接消息。

⑳ BS 向 MS 发送连接消息。

㉑ MS 向 BS 发送连接确认。

㉒ BS 向 MSC 发送连接确认，至此，主被叫双方的话音通路就建立起来了。

㉓ 通话过程中（业务信道分配后），MS 通过 SACCH-T（与业务信道连用）向网络周期性（480ms）的发送测量报告，测量报告主要是周围六个基站的信号强度数值，为可能的越区切换做准备；网络通过 SACCH-T 向 MS 周期性的发送功率控制指令和时间调整指令，也包括短消息。

㉔ 通话完毕，被叫挂机，MSC 向 BS 发送断开指令。

㉕ BS 向 MS 发送断开指令。

㉖ MS 向 BS 发送释放指令。

㉗ BS 向 MSC 发送释放指令。

㉘ MSC 向 BS 发送释放确认消息。

㉙ BS 向 MS 发送释放确认消息，至此，此次通话结束。

按照 GSM 标准，在 MS 主被叫过程中，可以存在对 MS 的鉴权、IMEI 查询、为 MS 重新分配 TMSI 等信令过程，实际信令监控发现，运营商一般没有配置如上过程。鉴权和 IMEI 查询在 MS 登记过程中实施，而 TMSI 的分配则在 MS 移动到新 VLR 服务区中的时候，在 MS 发起基于位置区的登记过程中，由新 VLR 分配，在同一 VLR 服务区内，MS 的 TMSI 固定不变。正是基于此，市面上针对 GSM MS 定位探测设备，它的原理就是利用 TMSI 在同一 VLR 相对固定的特性，反复哑呼被定位或探测的 MS，统计多个 TMSI 出现的频率，出现频率最高的 TMSI 即可以很高概率认为就是被定位 MS 的 TMSI，然后通过对 SDCCH 信道功率强弱的估计，完成对 MS 的粗略定位。

5. MS（话音）被叫

移动台话音业务被叫流程如图 4-42 所示，包括如下信令流程：

① MSC 从关联 VLR 中查询被叫 MS 当前所在的 LA，并对 LA 内所有 BS 下发寻呼请求。

② BS 利用 PCH 下发寻呼消息，携带被叫 MS 的地址标识，常见的是 MS 的 TMSI。Cell Pack Paging Command 命令中，可以同时携带对多个 MS 的寻呼消息，指定呼叫类型（此处呼叫类型为"话音呼叫"）。

③ MS 接收到寻呼消息后，解析寻呼数据包里的信息内容，判定其中携带的地址信息（常见是 TMSI）是否是自己的地址，如果地址不匹配，MS 丢弃该消息，如果地址匹配，MS 通过 RACH 发起接入请求（携带 8 比特随机数和 6 比特接入基站识别色码）。

④ BS 通过 AGCH 信道给 MS 发送立即指派消息，返回 MS 上传的随机数，并为 MS 分配 SDCCH 和 SACCH-C。

⑤ MS 通过 BS 分配的 SDCCH 向 BS 发送寻呼响应消息，携带 MS 支持的 GSM 协议版本、MS 支持的加密算法、射频功率能力、分组域支持能力、点对点短信支持能力、TMSI。收到寻呼相应后，BS 停止发射对该 MS 的寻呼消息。

⑥ BS 向 MSC 发送寻呼响应消息。

⑦ VLR 向 MSC 发送加密消息，MSC 向 BS 发送加密消息。

⑧ BS 通过 SDCCH 向 MS 发送加密命令（Cipher Command），指定此次通信是否需加密，如果需要启动加密过程，指定相应加密算法。

⑨ MS 通过 SDCCH 向 BS 发送加密完成消息。

⑩ BS 向 MSC/VLR 发送加密完成消息。

⑪ MSC 向 BS 发送 setup 消息。

⑫ BS 通过 SDCCH 向 MS 发送 setup 消息，主要携带原号码信息。示例：一 setup 消息中，携带原号码信息为：81 H06 H2H1 AH3 CB FD，则对应 MSIDSN 为：186 H0H1H2H3 ABCD。

⑬ MS 通过 SDCCH 向 BS 发送呼叫证实/建立消息。

⑭ BS 向 MSC 发送呼叫证实/建立消息。

⑮ MSC 向 BS 发送指配指令（给 MS 指配业务信道）。

⑯ BS 通过 SDCCH 向 MS 发送指配指令，指定业务信道（指定此次通话过程中业务信道的频率与时隙）。

⑰ MS 通过 TCH 给 BS 发送 Alerting 消息。

⑱ BS 给 MSC 发送 Alerting 消息。

⑲ 如果被叫 MS 用户摘机，MS 通过 TCH 向 BS 发送连接消息。

⑳ BS 向 MSC 发送连接消息。

㉑ 通话过程中，MS 通过 SACCH-T 周期性（480ms）上报测量报告，向网络报告周围基站的信号强度质量，发送短信息。

㉒ BS 通过 SACCH-T 周期性（480ms）的下发时间调整量、功率控制指令和短信息。

㉓ MS 挂机，MS 通过 TCH 向 BS 发送断开消息。

㉔ BS 向 MSC 发送断开消息。

㉕ MSC 向 BS 发送释放指令。

㉖ BS 向 MS 发送释放指令。

㉗ MS 向 BS 发送释放完成消息。

㉘ BS 向 MSC 发送释放完成消息。

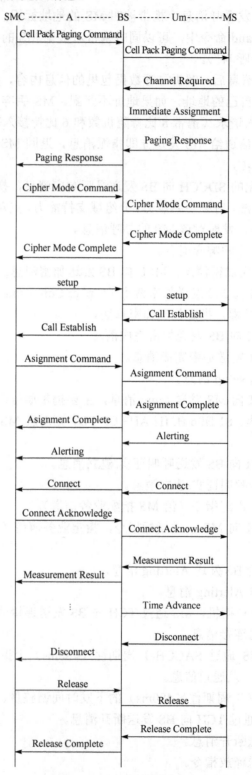

图 4-42 话音被叫流程

6. MS（短信）被叫

点对点短信的简要流程如图 4-43 所示。发送手机（Sender）编辑好短信后，发送到服务基站，服务基站发送给 BSC，BSC 发送给 MSC，MSC 把短信发送给短信互通 MSC，短信互通 MSC 根据短信编码中的短信中心号码，把短信路由到正确的短信消息中心 SMC，在 SMC 中存储转发。过程依次是：a→b→c→d→e。然后，短信中心给发送方（Sender）一个确认消息，过程依次是：f→g→h→i→j。SMC 将短信发送到业务接入口 MSC，业务接入口 MSC 分析短信编码中的被叫号码，据此查询到被叫（Receiver）的 HLR，向 HLR 查询被叫的路由信息，HLR 查询数据库，获取被叫当前所在 MSC/VLR 的地址，向其查询路由，被叫 VLR 为被叫 MS 生成一个漫游号码（MSRN），并将该 MSRN 发送给 HLR，HLR 再转发给业务接入口 MSC，业务接入口 MSC 据此漫游号码建立和被叫 MSC 之间的中继连接，将短信发送给被叫 MSC，被叫 MSC 查询关联 VLR，获取被叫 MS 的位置区信息，并对该位置区内所有 BS 下发寻呼操作，收到被叫的寻呼响应后，将短信发送给接收到寻呼响应的 BS，BS 将短信发送给被叫（Receiver）。其过程依次是：A→B→C→D→E→F→G→H→I。接收到短信后，被叫 MS 给 SMC 一个确认消息，过程依次是：J→K→L→M→N。

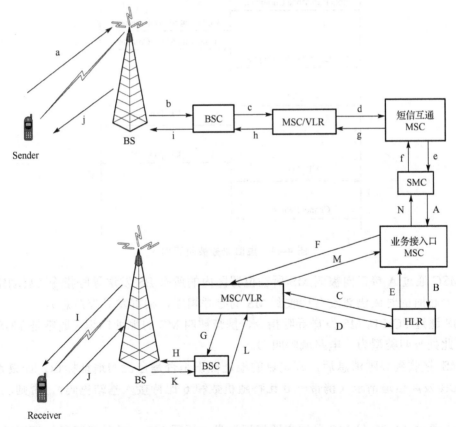

图 4-43　短信业务的简要流程

以下重点分析被叫方 MSC 发送短信到目的 MS 的流程，如图 4-44 所示，包括如下信令流程：

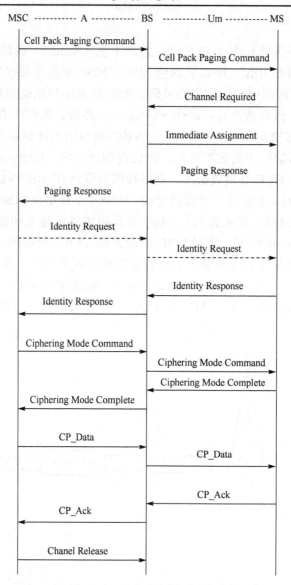

图 4-44　短信业务被叫流程

① MSC 通过 A 接口向被叫 MS 所在位置区内的所有 BS 发送寻呼指令（启动定时器，如果定时器超时的时候仍然没有接收到 MS 的寻呼相应，则重发寻呼消息）。

② BS 通过 PCH 向 MS 发送寻呼指令，携带被叫 MS 的地址标识（通常是 TMSI）、呼叫类型（此处呼叫类型为"电路域呼叫"）。

③ MS 接收到寻呼消息后，判定目的地址标识是否是自己的地址标识，如果是，MS 通过 RACH 发起信道请求（携带一 8 比特随机数和 6 比特接入基站色码），否则，丢弃该消息。

④ BS 通过 AGCH 给 MS 发送立即指派消息，返回 MS 上传的随机数，同时给 MS 分配后续通信使用的信道：SDCCH 和 SACCH-C。

⑤ MS 利用 SDCCH 向 BS 发送寻呼响应消息，携带自己的 TMSI。

⑥ BS 通过 A 接口给 BS 发寻呼相应消息。

⑦ MSC 通过 A 接口给 BS 发标识请求指令，请求查询 MS 的 IMEI。

⑧ BS 通过 SDCCH 给 MS 发标识请求指令。

⑨ MS 通过 SDCCH 向 BS 发送标识响应消息，携带自身的 IMEI。

⑩ BS 通过 A 接口向 MSC 发送标志响应消息，MSC 通过 F 接口向 EIR 查询 MS 的状态（状态一般分为：白名单、灰名单和黑名单），如果 MS 的状态是白名单，继续后续操作；如果 MS 的状态是黑名单，则终止后续操作。（注：国内运营商没有启动 IMEI 的状态判定操作）。

⑪ 接着 MSC 通过 A 接口向 BS 发送加密指令。

⑫ BS 通过 SDCCH 向 MS 发送加密指令，指定加密算法，以及是否需要加密，一般没有加密。

⑬ MS 通过 SDCCH 给 BS 发送加密完成消息。

⑭ BS 通过 A 接口给 MSC 发送加密完成消息。

⑮ MSC 通过 A 接口给 BS 发送通用分组消息。

⑯ BS 通过 SDCCH 给 MS 发送通用分组消息（CP_Data），携带短消息内容。

⑰ MS 通过 SDCCH 给 BS 发送通用分组响应消息，告知 BS 它是否正常接收到短消息。

⑱ 如果正常接收，BS 通过 SDCCH 发送释放消息，释放该 SDCCH 信道。

分析：短信业务呼叫和话音业务呼叫的流程类似，主要区别是，话音业务呼叫需要给 MS 分配业务信道，而短信业务呼叫不需要分配业务信道（在 CDMA 系统中，短信可以通过控制信道，也可以通过业务信道发送）。以上流程是标准的 MS 待机状态下短信下发的流程，如果用户已经在通话过程中，则短信通过 SACCH-T 下发。

下面以 GSM 手机接收短信和发送短信为例，介绍 GSM 短信编码相关内容，这些内容同样适用于 WCDMA 和 TD-SCDMA 系统的短信编码。GSM 手机接收短信示例如表 4-5 所示，各字段的含义如表 4-6 所示。

表 4-5　GSM 接收短信示例

08	91	68	31	10	70	88	05	F0	24	0B	A1	31	01	98	83	30	F7
00	08	11	40	72	21	70	94	08	04	5F	D9	54	17				

表 4-6　接收短信各字段含义

字　段	含　义	说　明
08	短信中心地址长度	不包括 '91' 在内，共 8 个字节
91	短信中心地址格式，详见表 4-9	国际号码格式，在前面附加一个加号 "+"，不包括双引号
31 10 70 88 05 F0	短信中心地址	13010788500
24	PDU 类型（PDU Type），详见表 4-10	状态报告将返回给短消息实体、在 SMC 内没有更多短信等待 MS 接收
0B	主叫号码地址数字个数	
A1	主叫号码地址格式	国内，不包含 "+"
31 01 98 83 30 F7	主叫号码	13108938037
00	协议标识	普通 GSM 点对点短信
08	短信内容编码方式，详见表 4-12	UCS2（Unicode）
11 40 72 21 70 94 08	短信中心时间戳	2011-04-27 12:07:49（+8 时区）

续表

字　　段	含　　义	说　　明
04	短信内容长度	短信内容占四个字节
5F D9	短信内容第一个字符	"忙"，不包括双引号
54 17	短信内容第二个字符	"吗"，不包括双引号

以上为接收到从 MSISDN 为 13108XXXXXX 的手机发送，内容为"忙吗"的短消息。GSM 手机发送短信示例如表 4-7 所示，各字段含义如表 4-8 所示。

表 4-7　GSM 发送短信示例

08	91	68	31	10	70	88	05	F0	31	00	0B	91	31	01	98	83	20
F7	00	08	A7	04	4F	60	59	7D									

表 4-8　GSM 发送短信各字段含义

字　　段	含　　义	说　　明
08	短信中心地址长度	不包括 '91' 在内，共 8 个字节
91	短信中心地址格式，详见表 4-9	国际，在前面附加一个加号 '+'
31 10 70 88 05 F0	短信中心地址	13010788500
31	PDU 类型（PDU Type），详见表 4-11	需要状态报告、VP 采用相对时间、提交短信
00	Message Reference	00
0D	被叫号码数字个数	不包含 "+" 和 "F" 在内
91	被叫号码地址格式	在号码前加一个 "+" 号
31 01 98 83 20 F7	被叫号码	13108938027
00	协议标识	普通 GSM 点对点短信
08	短信内容编码方式，详见表 4-12	UCS2（Unicode）
A7	短信有效期（Validity Period）	从 SMC 接收到短信开始计算，24 小时后，如果短信还没有成功发送到被叫，短信将从 SMC 中删除
04	短信内容长度	短信内容占四个字节
4F 60	短信内容第一个字符	"你"，不包括双引号
59 7D	短信内容第二个字符	"好"，不包括双引号

表 4-9　地址格式

Bit No.	7	6 5 4		3	2	1	0
含　　义		Type of Number		Nunber plan identication			
取值	1	000	未知	0000	未知		
		001	国际（"+"）				
		010	国内	0001	ISDN 电话号码（E.164/E.163）		
		111	保留				

表 4-10　接收短信 PDU 类型（PDU type）

Bit No.	7		6	5	4 3	2	1	0
含　　义	RP		UDHI	SRI		MMS	MTI	
取值	0	未设置	0　UD 部分不包含头信息	0　状态报告将不会返回给短消息实体		0　在 SMC 中有更多短信等待 MS	00	DELIVER
							01	SUBMIT REPORT
	1	设置	1　UD 部分包含头信息	1　状态报告将返回给短消息实体		1　在 SMC 中没有更多短信等待 MS	10	STATUS REPORT
							11	保留

RP：Reply Path；UDHI：User Data Head Indicator；SRR：Status Report Request；SRI：Status Repost Indicator；RD：Reject Duplicate；MMS：More Message to Send；MTI：Message Typed Indicator。

表 4-11　发送短信 PDU 类型（PDU type）

Bit No.	7		6		5		4 3		2		1 0	
含　义	RP		UDHI		SRR		VPF		RD		MTI	
取值	0	未设置	0	UD 部分不包含头信息	0	不需要报告	00	VP 字段没有提供	0	通知 SMC 接收复本	00	DELIVER REPORT
							01	保留			01	SUBMIT
	1	设置	1	UD 部分包含头信息	1	需要报告	10	VP 相对	1	通知 SMC 拒绝复本	10	COMMAND
							11	VP 绝对			11	保留

VPF：Valid Period Format 短信有效期格式；VPF=11 绝对时间；VP 格式同短信中心时间戳；VPF=10 相对时间，格式如表 4-13 所示。

表 4-12　短信内容编码方式

Bit No.	7	6	5		4		3 2		1 0	
取值	0	0	0	文本未压缩	0	Bit1、0 保留	00	7bit 编码，最大传送 160 个字符	00	Class0/immediate display（即显短信）
							01	8bit 编码，最大传送 140 个字符	01	Class1/Mobile Equipment-specific（普通短信类型）
			1	文本采用 GSM 标准算法压缩	1	Bit1、0 含类型信息	10	USC2 编码，最多传送 70 个字符	10	Class2/SIM 卡特定信息
							11	保留	11	Class3/Terminate Equipment-specific

表 4-13　短信有效期（Validity Period）格式（VPF=10）

VP	相应的有效期
00 － 8F	（VF+1）*5 分钟　从 5 分钟间隔到 12 个小时
90 － A7	12 小时 +（VF － 143）*30 分钟
A8 － C4	（VP － 166）*1 天
C5 － FF	（VP － 192）*1 周

7. 越区切换的信令流程（同一个 BSC 控制下，不同 BTS 间的切换流程）

GSM 采用移动台辅助控制的越区切换。在通话（或数据业务）状态下，MS 除了在分配的业务信道时隙收发数据外，在其他时隙，MS 需要测量当前服务基站以及周边基站的 BCCH 信道的信号强度，并将测量的结果通过 SACCH-T 周期性的上报给网络，由网络根据一定的越区切换准则判定 MS 是否需要进行越区切换，如果 MS 需要进行越区切换，则启动越区切换过程。GSM 越区切换采用的是硬切换方式，即在建立和新基站的业务链路之前，必须先断开和原基站的链路。另外，越区切换启动后，MS 和 BS 之间交互的越区信令通过 FACCH 传输，而 FACCH 实质是占用 TCH，因此，GSM 的硬切换过程会中断用户的话音业务。当然，由于采取了信号补偿等措施，且 FACCH 只需占用四个时隙的 TCH，因此用户不易察觉这一短暂的话音中断。

以下给出 MS 话音通信过程中，在同一 BSC 下，不同 BTS 之间切换的信令流程。MS 电路域越区切换的流程如图 4-45 所示，包括如下信令交互过程：

① MS 在通话过程中，占用分配的业务信道时隙收发话音信息，而在其他时隙，它可以对当前及周围基站的 BCCH 信道的信号强度进行测量，并将测量的结果通过 SACCH-T 周期性（480ms）地上报基站。

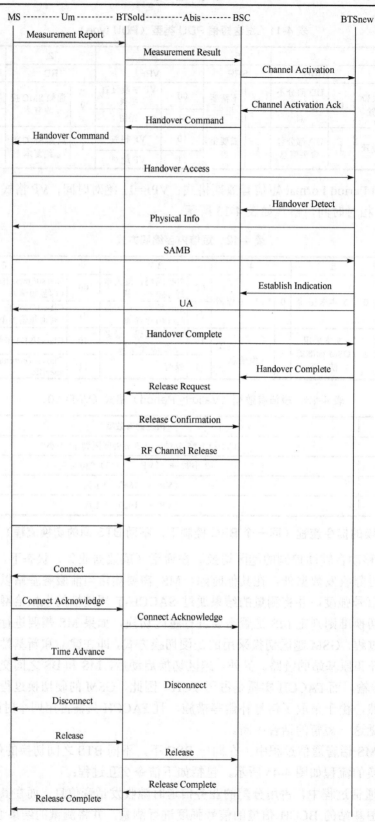

图 4-45　切换流程

② BTS 通过 Abit 接口把测量报告发送给 BSC。

③ BSC 根据选定的越区切换的判定准则判定是否需要切换以及切换到哪个基站（BTS），BSC 向切换目标基站（BTSnew）发送信道激活指令。主要内容包括：指定的 BTS 信息、信道识别、移动台和基站的最大功率电平、初始时间提前量。

④ 新的目标 BTS 向 BSC 发送信道激活证实消息。

⑤ BSC 向原服务 BTS 发送切换命令。

⑥ 原服务 BTS 通过 FACCH 向 MS 发送切换命令，指定 MS 在新 BTS 下的 TCH 和 SACCH-T，以及时间提前量参数。

⑦ MS 利用在新 BTS 下分配的 TCH/FACCH 发送切换接入消息。

⑧ 新 BTS 向 BSC 发送切换检测消息，告知 BSC 新 BTS 已检测到 MS 的接入消息。

⑨ 新 BTS 通过 TCH/FACCH 向 MS 发送物理层信息，保证 MS 的准确传输。

⑩ MS 通过 TCH/FACCH 向新 BTS 发送 SABM 帧，包括业务请求、加密序列、移动台级别和移动台标识等信息。

⑪ 新 BTS 向 BSC 发送建立指示，告知 MS 现在所在的新 TCH。

⑫ 新 BTS 通过 TCH/FACCH 向 MS 发送 UA 帧，对建立第二层 LAPDm 链路的确认。

⑬ MS 通过 TCH/FACCH 向新 BTS 发送切换完成消息，指示 MS 已成功建立链路。

⑭ 新 BTS 向 BSC 发送切换完成消息。

⑮ BSC 向 MSC 发送切换执行消息。

⑯ BSC 向原 BTS 发送释放指令，让原 BTS 释放旧的 TCH。

⑰ 原 BTS 证实释放。

⑱ BSC 向原 BTS 发送无线资源释放指令，这些无线资源即：TCH/FACCH 和 SACCH-T。

⑲ 原 BTS 向 MSC 证实释放无线资源。

4.4.4　DTE-DCE 协议应用

在 GSM 标准中，07 号协议的主要内容是"MS 的终端适配器"，其中的 05 号子协议[TS 07.05]的内容是"Use of Data Terminal Equipment-Data Circuit Terminating Equipment (DTE-DCE)Interface for Short Message Service（SMS）and Cell Broadcast Services（CBS）"，讲述的是计算机作为 DTE 设备，通过数据线连接移动终端或手机模块（手机模块，通常指具备手机的基本功能，但没有键盘、屏幕等人机接口，可通过标准总线接口控制的集成电路模块。标准总线接口包括串口和 USB。常用的 GSM 模块比如西门子的 TC35i，TC35i 是一款双频 900/1800MHz 高度集成的 GSM 模块。在远程监控和无线公话以及无线 POS 终端等领域都能看到 TC35i 无线模块在发挥作用，而且它支持 GPRS，用户花费较少的成本就能享受到 GPRS 技术带来的方便快捷），移动终端或手机模块作为 DCE 设备，DTC 和 DCE 之间收发短信的协议。连接示意图如图 4-46 所示。

短信的收发有三种模式，分别是块模式（Block

图 4-46　DTE-DCE 连接

Mode）、文本模式（Text Mode）和 PDU 模式（PDU Mode）。块模式包含差错处理，适用于通信链路不是完全可靠的情况。文本模式适用于非智能终端或设备模拟器，如果 MS 不能显示某些编码字符，它可以对短信内容进行修改。PDU 模式定义的是基于十六进制编码的接口，短信编码协议数据单元 PDU 在 DTE 和 DCE 之间透明传输。文本模式和 PDU 模式下，MS 不允许修改从空中接口和 DTE 设备接收的短信。在表 4-5 GSM 接收短信示例和表 4-7 GSM 发送短信示例中内容就是采用 PDU 模式的结果。

　　文本模式和 PDU 模式都需要使用 AT 命令，国内手机基本都支持 PDU 模式，因此，下面以 PDU 模式为例，介绍常见的 AT 命令。

（1）List Messages +CMGL

Command	Possible response（s）
+CMGL[=<stat>]	**if PDU mode （+CMGF=0）　and command successful:** +CMGL: <index>,<stat>,[<alpha>],<length><CR><LF><pdu> [<CR><LF>+CMGL:<index>,<stat>,[<alpha>],<length><CR><LF><pdu> [...]] **otherwise:** *+CMS ERROR: <err>*
+CMGL=?	+CMGL:（list of supported <stat>s）

　　DTE 发送这条 AT 指令到 DCE，DCE 执行这条 AT 指令后，向 DTE 返回短信列表。注："AT+CMGF=0"意为设置短信为 PDU 模式。

（2）Read Message +CMGR

Command	Possible response（s）
+CMGR=<index>	**if PDU mode （+CMGF=0）　and command successful:** +CMGR: <stat>,[<alpha>],<length><CR><LF><pdu> **otherwise:** *+CMS ERROR: <err>*
+CMGR=?	

　　DTE 发送这条 AT 指令到 DCE，DCE 执行这条 AT 指令后，将索引号为 index 的短信传送到 DTE。

（3）Send Message +CMGS

Command	Possible response（s）
if PDU mode （+CMGF=0）： +CMGS=<length><CR> *PDU is given*<ctrl-Z/ESC>	**if PDU mode （+CMGF=0）　and sending successful:** +CMGS: <mr>[,<ackpdu>] **if sending fails:** *+CMS ERROR: <err>*
+CMGS=?	

　　DTE 发送"AT+CMGS=<length>"指令到 DCE，DCE 执行该指令，并向 DTE 返回"<CR><LF>>"（回车符[0x0D]、换行符[0x0A]、英文状态的大于符号[0x3E]和一个英文状态的空格符[0x20]），然后 DTE 发送短信编码的协议数据单元 PDU 到 DCE，自此完成短信从 DTE 到 DCE 的提交操作，DCE 启动标准点对点短信发送流程，将短信 PDU 单元透明发送出去。注：<length>是指不包括 SMSC 地址在内的 PDU 单元的字节数（一个字节包含 8 个 bit）。PDU 单元必须以 ctrl-Z（0X1A）作为结束标记，否则 DCE 认为 DTE 发送的 PDU 单元没有结束而不向 BS 提交短信，导致短信发送失败。

下面，以向 MSISDN 为 13108938027 的目的手机发送短信内容"测试"为例，说明 DTE 通过 DCE 发送短信的过程。按照 4.4.3 节知识，编码后的 PDU 单元是"0891683110801305F011000D91683101988320F7001800046D4B8BD5"（不包括 ctrl-Z），值得注意的是，DTE 向 DCE 提交的 PDU 串是一个纯文本的 ASCII 码字符串，它的长度是 56 个字节。DCE 收到后，把它转换成十六进制数据（转换过程不修改 PDU 实质性的内容。比如前两个字符 '0' 和 '8' 转换成一个字节，即 0x08），转换后的长度是 28 个字节。<length> 是转换成十六进制后，不含 SMSC 在内 PDU 所占字节数，此处 <length>=56/2-（1+1+7）=19。从 DTE 发送这条短信的步骤为：①DTE 向 DCE 发送"AT+CMGS=19\r"指令；②DCE 向 DTE 返回"\r\n>"；③DTE 向 DCE 发送"0891683110801305F011000D91683101988320F7001800046D4B8BD5"和 ctrl-Z；④DCE 向 DTE 返回"AT+CMGS：<mr>"。注：mr：Message Reference，消息参考值。

事实上，通过数据线，DTE 和 DCE 之间不仅可以交互短信，而且 DTC 还可以把 DCE 当做一个 MODEM，拨号上网，参考[TS 07.07]。

4.4.5　短号码应用

手机是常见的收发短信的设备，除了手机之外，连接互联网的计算机也可以收发短信，把手机之外其他所有能够收发短信的实体统称为扩展短消息实体（ESME：Extended Short Message Entity）。4.4.4 节中 DTE 不在扩展短消息实体范畴，实际上 DTE 能够收发短信并不是它自身的功能，而是 DCE 在后台实施。扩展短消息实体要能够收发短信，服务提供商（SP）必须向运营商申请一个业务号码或绑定到其他 SP 的业务号码，这个业务号码比日常的手机号码要短，因此称为短号码。在实际应用过程中，为了方便区分同一个短号码下的多个子业务，通常在短号码后面扩展几位来实现，如此一来，可能短号码不再"短"。

短号码应用的典型网络结构如图 4-47 所示。图中，"应用服务器"以上的网络为电信业务运营商内部网络，"应用服务器"及以下网络为服务提供商（SP）网络。"应用服务器"通过 Internet 与运营商的"短信网关"相连，它们之间的通信遵循标准的协议，比如中国移动的 CMPP，中国联通的 SGIP，中国电信的 SMGP，中国网通的 CNGP，这些协议在互联网上可以免费下载。这些协议都采用 TCP 作为传输层协议，内容上大同小异，基本都参考自 GSM 规范的 SMPP 协议。

SP 向运营商申请短号码后，运营商一方面在相应 SMC 中添加数据，以便路由该短号码的短信（短号码与相应短信网关服务器 IP 地址之间建立一个映射关系）；另一方面，指定 SP 接入的短信网关服务器。SP 搭建一台应用服务器，一般要求通过专线连接到应用服务器，应用服务器通过 SMPP 协议向短信网关服务器提交短信（SUMIBIT SMS：发送短信），短信网关服务器向应用服务器下发短信（DELIVERY MSG：接收短信）。应用服务器通过 SP 内部自定义协议将短信发送到指定的计算机上。

应该说短号码的应用在日常生活中比较常见，比如电视娱乐节目，主持人邀请电视前观众参与，观众用手机发送相应信息到一个特定的短号码；体育比赛转播过程中，主持人邀请体育迷参与直播互动，球迷发送支持的球队的信息（A 代表主队、B 代表客队）到一特定的短号码，参与球场竞猜，等等。

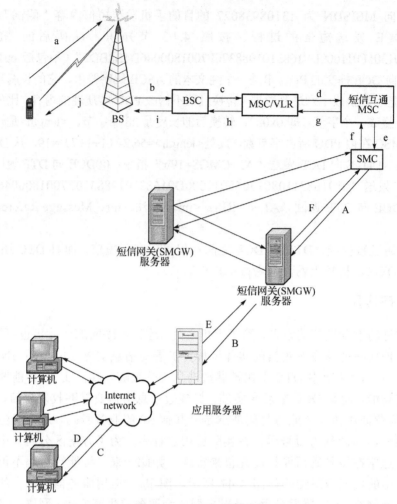

图 4-47 ESME 应用结构

习题与思考题 4

1. 画图说明 GSM 网络的总体结构。

2. 什么是区群？举例说明区群间同频道小区的判定方法。

3. 画出一种典型的 4×3 区群配置方法。

4. 接入突发中保护期比常规突发保护期更长的原因是什么？

5. GSM 功率控制的周期是多少？并写出计算过程。

6. 试画图分析开机登记过程。

7. 周期性位置登记的作用是多少？

8. 试画图分析话音业务主叫接续信令流程。

9. 试编程实现 PDU 模式下短信收发程序。

10. 举例说明扩展短消息实体应用过程。

第 5 章　WCDMA 移动通信系统

学习重点和要求

本章主要介绍 WCDMA 系统的网络结构及其通用接口协议模型、WCDMA 系统的基本技术及其关键技术、WCDMA 系统的空中接口信道结构类型及其物理层的数据处理过程、WCDMA 系统的基本工作过程。通过本章学习：

- 了解 WCDMA 网络的演进及其不同标准版本 R99、R4、R5 的基本特点；
- 了解 WCDMA 系统的网络结构，主要网元和接口功能；
- 掌握 WCDMA 系统的关键技术；
- 了解 WCDMA 系统空中接口的分层结构；
- 理解物理信道、传输信道和逻辑信道以及信道间的映射关系；
- 掌握主要的物理信道结构；
- 理解 WCDMA 系统无线接口物理层的数据处理过程；
- 理解 WCDMA 系统的码（信道化码和扰码）技术；
- 掌握 WCDMA 系统的基本流程：小区搜索与呼叫处理流程。

5.1　WCDMA 系统概述

第三代移动通信系统最早由国际电信联盟（ITU）于 1985 年提出，当时称为未来公众陆地移动通信系统（FPLMTS，Future Public Land Mobile Telecommunication System），1996 年正式更名为 IMT-2000（International Mobile Telecommunication-2000）。ITU 对 3G 的研究工作主要由 3GPP 和 3GPP2 这两个组织来承担，对 3G 的目标是：建立 IMT-2000 系统家族，求同存异，实现不同 3G 系统间的全球漫游。

核心网方面，在 1997 年 3 月 ITU-T SG11 的一次中间会议上，通过了欧洲提出的"IMT-2000 家族概念"。根据"家族"概念，无线接入网和核心网两部分的标准化工作主要在"家族"内部进行，这意味着只要该系统在业务和网络能力上满足要求，都可以称为 IMT-2000 家族的成员。从保护现有运营商利益角度看，3G 的核心网部分要与 2G 保持一定的兼容性，即第三代的网络是基于第二代的网络逐步发展演进的，第二代网络有两大核心网：GSM MAP 和 IS-41。

无线接口方面，在 1997 年 9 月 ITU-R TG8/1 会议上，开始讨论无线接口的家族概念。在 1998 年 1 月 TG8/1 特别会议上，提出并开始采用"套"的概念，不再使用"家族概念"。其含义是无线接口标准可能多于一个，但并没有承认可以多于一个，而是希望最终能统一成一个标准。1999 年 11 月，在芬兰赫尔辛基召开的第 18 次会议上，通过了"IMT-2000 无线接口技术规范"建议，WCDMA、cdma2000 和 TD-SCDMA 被确定为三种主流技术体制，三种技术的对比情况如表 5-1 所示。该建议的通过表明 TG8/1 在制定第三代移动通信系统无线接口技术规范方面的工作已基本完成，第三代移动通信系统的开发和应用进入实质阶段。核心网与无线接口的对应关系如图 5-1 所示。

表 5-1　三种主要技术体制的对比

	WCDMA	cdma2000	TD-SCDMA
多址方式	FDMA＋CDMA	FDMA＋CDMA	FDMA＋TDMA＋CDMA
双工方式	FDD	FDD	TDD
主要工作频段（MHz）	上行：1920～1980 下行：2110～2170	上行：1920～1980 下行：2110～2170	上行：1880～1920 下行：2010～2025
载波带宽	5MHz	1.25MHz	1.6MHz
码片速率	3.84Mcps	1.2288Mcps	1.28Mcps
同步方式	异步	同步	同步
发射分集	STTD、TSTD、FBTD	OTD、STS	无
接收检测	相干解调	相干解调	联合检测
功率控制	1500Hz	800Hz	200Hz
越区切换	软、硬切换	软、硬切换	接力切换

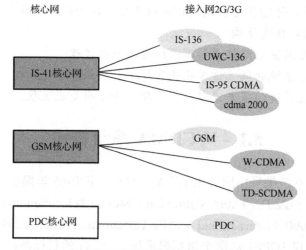

图 5-1　核心网与无线接入网的对应关系

　　自 3G 商用以来，WCDMA 技术迅速风靡全球并已占据 80% 的无线市场。截至 2013 年，全球 WCDMA 用户已超过 36 亿，遍布 170 个国家的 156 家运营商已经商用 WCDMA 业务。WCDMA 技术是 3G 三种主流技术商用最成功的技术，在这一章里重点介绍 WCDMA 技术。

5.1.1　WCDMA 网络的演进

　　WCDMA 系统结构是在 GSM/GPRS 网络基础上发展而来的。在 GSM 核心网家族中，GSM 系统提供话音和基本的数据服务，GPRS 或 EDGE 可以提供较高速率的数据服务。从技术演进的角度来看，下一代就是 WCDMA。图 5-2 显示了从 GSM 到 WCDMA 的演进示意图，演进的过程中，仅核心网部分是平滑的。而由于空中接口的革命性变化，无线接入网部分的演进将是革命性的。作为运营商可选用不同阶段、不同版本的 WCDMA 网络，不必遵循技术演进顺序。

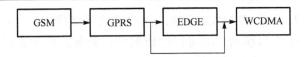

图 5-2　GSM 到 WCDMA 的演进

WCDMA 的标准分为不同的版本（Release），各个版本之间的时间间隔大约为 1 年，从 1999 年底的 R99 版本开始，经历了 R99、R4、R5、R6 等各个版本的发展演进。各个版本的基本情况及标准演进的变化特点如下：

（1）R99 版本

继承 2G 系统的 GSM/GPRS 核心网结构，扩大 PS 域的系统带宽，增加 QoS 的概念；引入全新的 UMTS 陆地无线接入网，定义了全新的空中接口技术 WCDMA，采用功控、软切换；基站只实现基带处理和扩频操作，接入系统由 RNC 统一管理，引入适于分组数据传输的协议和机制，峰值速率达 2Mb/s。Iub 接口基于 ATM 实现，Iu-CS 和 Iu-PS 接口分别基于 ATM AAL2 和 ATM AAL5 完成。

（2）R4 版本

核心网电路域引入了软交换的概念，实现控制与业务分离。由于分层结构的引入，可采用 ATM 和 IP 等新技术传输电路域的话音和信令，便于向全 IP 核心网过渡。无线侧增加了低码片速率的 TDD 模式，即 TD-SCDMA 系统的空中接口标准，完成 TD-SCDMA 标准化工作。

（3）R5 版本

将 IP 技术从核心网扩展到无线接入网，形成全 IP 的网络结构。核心网增加了 IP 多媒体子系统（IMS），完成了 IMS 子系统基本功能的描述；由于 IMS 的引入，可提供端到端的 IP 多媒体业务：VoIP、即时消息、MMS、在线游戏、多媒体邮件。无线传输中引入了高速下行分组接入（HSDPA）技术，下行峰值速率达 14.4Mb/s；Iu、Iur、Iub 接口增加了基于 IP 的可选传输方式，保证无线接入网能实现全 IP 化。

（4）R6 版本

与 R5 版本的网络结构基本一样。PS 域与承载无关的网络框架，提出将 SGSN 和 GGSN 分为 GSN Server 和媒体网关的形式。研究 IMS 与 PLMN/PSTN/ISDN 等网络的互操作；研究 WLAN-UMTS 网络互通，保证用户使用不同接入方式时的切换而不中断业务。可提供多媒体广播/多播业务、Push 业务、PoC 业务、网上聊天业务及数字权限管理等。采用无线新技术：OFDM、MIMO、高阶调制技术和新的信道编码方案等。引入 HSUPA 技术（理论上可达 5.76Mb/s）和 HSDPA 技术（理论上可达 30Mb/s）。

（5）R7 版本

继续进行新技术研究，如干扰消除技术、高阶调制、延迟降低等技术，用于 HSDPA 的 MIMO 技术，采用 OFDM 增强 HSDPA 和 HSUPS 的可行性研究。通过 CS 域承载 IMS 话音，支持 IMS 紧急呼叫，基于 WLAN 的 IMS 话音与 GSM 网络的电路域的互通等。位置业务的增强，通过 3GPP IP 接入系统中支持 SMS 和 MMS，MBMS 增强可视电话业务研究等。LTE 的可行性研究，FDD HSPA 演进工作范围研究；引入 AGNSS 的概念，分析了辅助 GPS 的最小性能。

（6）R8 版本

3G 长期演进 LTE 和 3G 系统架构演进 SAE。3G 家庭节点 B 与家庭演进型节点 B。网

络互通：LTE 和 3GPP2、移动 WiMAX 系统之间改进的网络控制移动性研究，3GPP WLAN
和 3GPP2 LTE 之间互操作和移动性的可行性研究等；业务：基于 SMS 的增值业务，地震
与海啸报警系统，IMS 多媒体电话与补充业务等。

（7）R9 版本

网络互通：移动网络和 WLAN 之间的无缝漫游和业务连续性的需求研究；对
WiMAX/LTE 移动性的支持；对 WiMAX/UMTS 移动性的支持。业务：对 IMS 紧急呼叫的
扩展性的支持，对 GPRS 系统和 EPS 系统中 IMS 紧急呼叫的支持，对 EPS 系统中增强话
音业务的需求研究。3G 家庭节点 B 与家庭演进型节点 B 安全性的研究，LTE－advanced
的研究。

WCDMA 是从 GSM 演进而来的，许多 WCDMA 的高层协议和 GSM/GPRS 基本相同
或相似，比如移动性管理（MM）、GPRS 移动性管理（GMM）、连接管理（CM）以及会
话管理（SM）等。移动终端中通用用户识别模块（USIM）的功能也是从 GSM 的用户识
别模块（SIM）的功能延伸而来。

5.1.2　WCDMA 系统结构

UMTS（通用移动通信系统）是采用 WCDMA 空中接口技术的第三代移动通信系统，
通常也就把 UMTS 系统称为 WCDMA 通信系统。UMTS 系统采用了与第二代移动通信系
统类似的结构，包括无线接入网络（RAN, Radio Access Network）和核心网络（CN, Core
Network）。其中 RAN 用于处理所有与无线有关的功能，而 CN 处理 UMTS 系统内所有的
话音呼叫和数据连接，并实现与外部网络的交换和路由功能。CN 从逻辑上分为电路交换域
（CS, Circuit Switched Domain）和分组交换域（PS, Packet Switched Domain）。RAN、CN 与
用户设备（UE, User Equipment）一起构成了整个 UMTS 系统，其系统结构如图 5-3 所示。

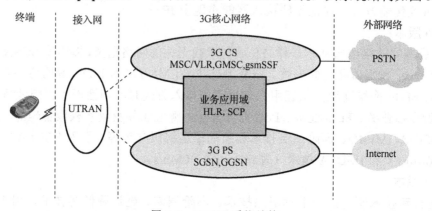

图 5-3　UMTS 系统结构

从 3GPP R99 标准的角度来看，UE 和 UTRAN（UMTS Terrestrial Radio Access Network,
UMTS 地面无线接入网络）由全新的协议构成，其设计基于 WCDMA 无线技术，无线接入
网负责处理所有与无线通信相关的功能。而 CN 则采用了 GSM/GPRS 的定义，这样可以实
现网络的平滑过渡，核心网负责对话音及数据业务进行交换和路由查找，以便将业务连接
至外部网络。为了完备整个系统，还要定义与用户和无线接口连接的用户设备（UE）。完
整的 WCDMA 系统结构如图 5-4 所示。

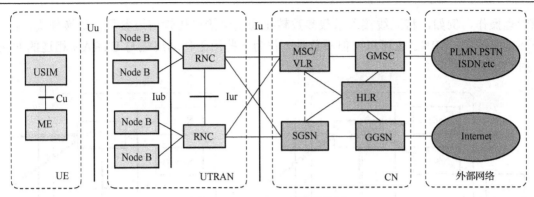

图 5-4　WCDMA 系统结构图

1. 用户终端设备（User Equipment，UE）

UE 完成人与网络间的交互，通过 Uu 接口与无线接入网相连，与网络进行信令和数据交换。包括两部分：

- 移动设备（ME）：是通过 Uu 接口进行无线通信的无线终端；
- UMTS 用户识别模块（USIM）：是一张智能卡，记载有用户标识，可执行鉴权算法，并存储鉴权、密钥及终端所需的一些预约信息。

2. 无线接入网（UMTS/Universal Terrestrial Radio Access Network，UTRAN）

UTRAN 位于两个开放接口 Uu 和 Iu 之间，完成所有与无线有关的功能。UTRAN 的主要功能有宏分集处理、移动性管理、系统的接入控制、功率控制、信道编码控制、无线信道的加密与解密、无线资源配置、无线信道的建立和释放等。

UTRAN 由一个或几个无线网络子系统（Radio Network Subsystem，RNS）组成，RNS 负责所属各小区的资源管理。每个 RNS 包括一个无线网络控制器（Radio Network Controller，RNC）、一个或几个 Node B（即通常所称的基站，GSM 系统中对应的设备为 BTS）。

（1）无线网络控制器（RNC）

RNC 主要完成连接建立和断开、切换、宏分集合并和无线资源管理控制等功能，分为如下 3 类：执行系统信息广播与系统接入控制功能；切换和 RNC 迁移等移动性管理功能；宏分集合并、功率控制、无线承载分配等无线资源管理和控制功能。

如果移动用户到 UTRAN 的连接要使用多个 RNS 的资源（见图 5-5），那么涉及的 RNC 有两个独立的逻辑功能（就该移动用户和 UTRAN 之间的连接而言）。

① 控制 RNC（CRNC）

对于某个 Node B 来说，直接控制它的 RNC 就是控制 RNC（CRNC），CRNC 负责所管理 Node B 和小区的无线资源（码资源等）的分配，负责它们的接纳控制、负载控制和拥塞控制。

② 服务 RNC（SRNC）

移动用户的 SRNC 负责终止传输用户数据和来自/流向 CN 的 RANAP 信令的 Iu 连接（该连接称为 RANAP 连接）；也负责终止无线资源控制信令，这是 UE 和 UTRAN 间的信令协议；还负责对来自/流向无线接口的数据进行 L2 层处理。SRNC 还执行一些基本无线资源管理操作，例如，将无线接入承载参数转化为空中接口传输信道参数、切换判决，以及外环功率控制。SRNC 也可以（但不总是）作为一些用于移动终端与 UTRAN 相连的 Node B 的 CRNC。

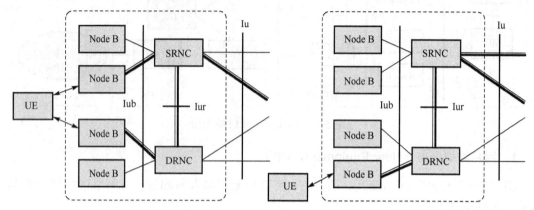

图 5-5　UE-UTRAN 连接中 RNC 的逻辑功能图

注：左图表示 UE 在 RNC 之间软切换的情况（在 SRNC 中执行合并），右图表示 UE 只使用来自一个 Node B 的资源的情况，由 DRNC 加以控制。

③ 漂移 RNC（DRNC）

DRNC 是除 SRNC 之外的其他任何 RNC，它们控制着该移动终端使用的小区。如果需要，DRNC 可以进行宏分集合并和分裂。除非 UE 正在使用一条公共或共享传输信道，否则 DRNC 不对用户平面数据进行 L2 层处理，而在 Iub 和 Iur 接口间透明地为数据选择路由。UE 可以没有或者有一个、多个 DRNC。注意，实际的 RNC 通常包含所有的 CRNC、SRNC 和 DRNC 的功能。

（2）Node B

Node B 是 WCDMA 系统的基站，受 RNC 控制，它主要由接口电路、基带处理单元、射频前端和控制单元部分组成，并通过 Iub 接口和基站控制器 RNC 互连。其中基带处理为核心功能，为小区内的移动用户提供无线收发服务，实现 RNC 和无线信道之间信息传输格式的变换，如信道编码/解码、信道复用/去复用、速率匹配、扩频/解扩，调制/解调和构成物理帧。另外，Node B 还负责完成更软切换、定位测量和执行无线资源分配与管理控制指令的功能。

3. CN 核心网络

CN 核心网络负责与其他网络的连接和对 UE 的通信和管理。主要分为两个域和 HLR：

（1）CS 域有 MSC/VLR、GMSC 等。

① MSC/VLR：MSC 的功能是用于处理电路交换型业务的交换和信令控制，包括移动性管理、呼叫接续接续及业务处理、短消息控制等功能；VLR 保存漫游用户的相关信息和 UE 在服务系统内精确的位置信息。

② GMSC：在某一个网络中完成移动用户路由寻址功能的 MSC，可以与 MSC 合设，也可分设。

（2）PS 域有 SGSN、GGSN 和 CG 等。

① SGSN：其功能与 MSC/VLR 类似，完成分组型业务的交换功能和信令控制功能，包括位置更新流程、PDP Context 上下文激活、切换控制、短消息控制和采用 GTP 隧道模式的数据包转发功能。

② GGSN：功能类似于 GMSC，移动分组网络与 Internet 间的网关设备，主要功能包括 GTP 隧道的管理与激活、GTP 隧道的封装与解封装。

③ CG：计费网关，收集并合并话单。

（3）HLR（归属位置寄存器）

一个位于用户归属系统的数据库，存储着用户信息：允许的业务信息、禁止漫游区域，以及诸如呼叫转发状态和呼叫转发数量等增值业务信息。这些信息在新用户向系统注册入网时创建，在用户的签约合同期内始终有效。为了寻找呼入业务（如来电或短消息）到 UE 的路由，HLR 还在服务系统级（MSC/VLR 级和 SGSN 级）上存储 UE 的位置信息。

4．接口

WCDMA 标准没有对网络元素的内在功能进行具体的规范，但定义了逻辑网络元素间的接口，其中主要的开放接口包括：

- Cu 接口：是 USIM 智能卡和 ME 间的电气接口，它遵循智能卡的标准格式。
- Uu 接口：是 WCDMA 的无线接口，也是本书的重点。Uu 是 UE 接入到系统固定部分的接口，是 UMTS 中最重要的开放接口之一。
- Iu 接口：连接 UTRAN 和 CN。它类似于 GSM 中相应的 A 接口（电路交换）和 Gb 接口（分组交换），开放的 Iu 接口使 UMTS 的运营商有可能采用不同厂商的设备来构建 UTRAN 和 CN，由此产生的市场竞争正是 GSM 成功的因素之一。
- Iur 接口：支持不同制造商的 RNC 间的软切换，它是开放的 Iu 接口的补充。
- Iub 接口：连接 Node B 和 RNC。UMTS 是第一个把控制器与基站之间的接口标准化作为全开放接口的商用移动电话系统。正像其他的开放接口一样，开放的 Iub 接口可能会进一步激发这一领域制造商之间的竞争，因此市场上可能出现一些专门研发 Node B 产品的新制造商。

5.1.3　UTRAN 接口协议

1．UTRAN 接口模型

WCDMA 网络的标准接口主要包括 Uu 、Iub、Iur、Iu 等。WCDMA 系统的无线接入部分（UTRAN）由多个无线网络子系统（RNS）组成，如图 5-6 所示。每个 RNS 包括 1 个无线网络控制器（RNC）和一个或多个 Node B。在 RNS 内部：

- Node B 通过空中接口 Uu 与 UE 通信；
- Node B 和 RNC 之间通过 Iub 接口相连；
- RNC 与 RNC 之间通过 Iur 相连；
- RNC 通过 Iu-ps 接口与 SGSN（CN 的分组域）相连，RNC 通过 Iu-cs 接口与 MSC（CN 的电路域）相连。

WCDMA 的网络接口具有以下三个特点：

- 所有接口具有开放性；
- 将无线网络层与传输层分离；
- 控制面和用户面分离。

Iu、Iub 和 Iur 接口控制平面的传输承载都采用 ATM AAL5，而用户平面，在 Iub 和 Iur 接口上都采用 AAL2，在 Iu 接口上则对 CS 域采用 AAL2，对 PS 域采用 AAL5。对系统来说，RNS 将负责控制所属各小区的资源。UTRAN 接口的协议模型如图 5-7 所示，主要体现区分无线层和传输层、区分用户面和控制面的思想。

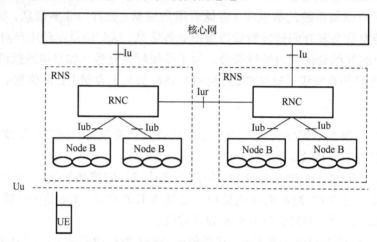

图 5-6　UTRAN 接口模型

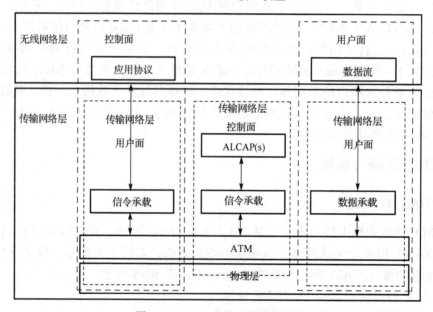

图 5-7　UTRAN 协议接口模型

协议接口模型结构基于层面分离的思想，水平上它分为传输网络层和无线网络层两层。UTRAN 协议中主要规定了无线网络层的标准和功能，而传输网络层主要使用其他标准的传输技术，在 R99 中传输网络层使用 ATM 技术，在 R4、R5 中引入 IP 传输。

垂直面上，UTRAN 的协议接口模型又可以分为控制面、用户面、传输网络控制面以及传输网络用户面。控制面包含了 UTRAN 有关的控制信令，例如 Iu 口的 RANAP，Iur 口的 RNSAP 以及 Iub 口的 NBAP 这些应用部分协议，另外还有承载这些应用协议的信令承载，R99 中一般使用 ATM 宽带信令，以后也可采用 IP 信令。这些应用层协议主要用来为 UE 创建无线接入承载、无线承载、无线链路等用户数据传输所必须的资源。

用户面主要用于在 UE 和核心网之间转发话音、数据等用户数据，它主要包括各个接口上的帧协议处理，以及媒体访问控制、链路控制等工作。

传输网络控制面主要负责传输层的控制信令。它不包含任何无线网络层的信息，它包含 ALCAP 协议以及承载它的信令承载协议。传输网络控制面是联系控制面和用户面的纽带，它可以使控制面不关心用户面所使用的具体的传输协议，帮助保持无线网络层和传输网络层的独立性和无关性。

用户面的数据承载、应用协议的信令承载等也都属于传输网络用户面，都使用 ATM 承载。一般来讲，用户面的数据承载直接由传输网络控制面实时控制，而信令承载的控制则主要通过 O&M 的配置。

2．UMTS 协议栈

WCDMA 系统具有各种各样的信令流程，从协议栈的层面来说，可以分为接入层的信令流程和非接入层的信令流程；从网络构成的层面来说，可以分为电路域的信令流程和分组域的信令流程。

所谓接入层的流程和非接入层的流程，实际是从协议栈的角度出发的。在协议栈中，RRC 和 RANAP 层及其以下的协议层称为接入层，它们之上的 MM、SM、CC、SMS 等称为非接入层。简单地说，接入层的流程，也就是指无线接入层的设备 RNC、NodeB 需要参与处理的流程。非接入层的流程，就是指只有 UE 和 CN 需要处理的信令流程，无线接入网络 RNC、NodeB 是不需要处理的。举个形象的比喻，接入层的信令是为非接入层的信令交互铺路搭桥的。通过接入层的信令交互，在 UE 和 CN 之间建立起了信令通路，从而便能进行非接入层信令流程了。

接入层的流程主要包括 PLMN 选择、小区选择和无线资源管理流程。无线资源管理流程就是 RRC 层面的流程，包括 RRC 连接建立流程、UE 和 CN 之间的信令建立流程、RAB 建立流程、呼叫释放流程、切换流程和 SRNS 重定位流程。其中切换和 SRNS 重定位含有跨 RNC、跨 SGSN/MSC 的情况，此时还需要 SGSN/MSC 协助完成。所以从协议栈的层面上来说，接入层的流程都是一些底层的流程，通过它们，为上层的信令流程搭建底层的承载。

非接入层的流程主要包括电路域的移动性管理、电路域的呼叫控制、分组域的移动性管理、分组域的会话管理。

（1）UTRAN 控制面协议栈（见图 5-8）

UTRAN 控制面协议栈是指协议和设备的对应关系。UE 里面实现的协议是最完备的，所有的 Node B 只实现第一层，从 Uu 口的角度来讲，RNC 实现第二层（从 MAC 到 RRC），CN 只实现 RRC 之上的。注意，协议不是死的，是和具体的物理实现有关系的。

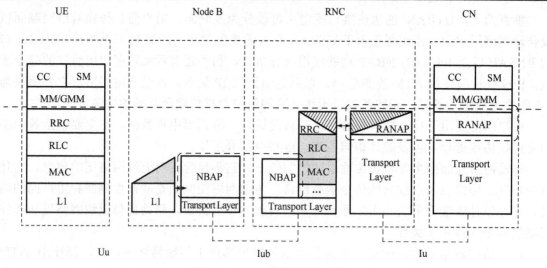

图 5-8　UMTS 控制面协议栈

（2）UTRAN 用户面协议栈（见图 5-9）

用户面有 CS 和 PS 域，从 UE 的角度讲，没有 RRC。从用户面过来到 Node B 是一系列的帧协议，到了 RNC，Iu 口是 Iu UP，下面是传输层，没有 RRC，只有 PDCP。Iu UP 下面如果是 AAL2，就是 CS 域；如果是 GTP-U、ALL5 的话就是 PS 域。

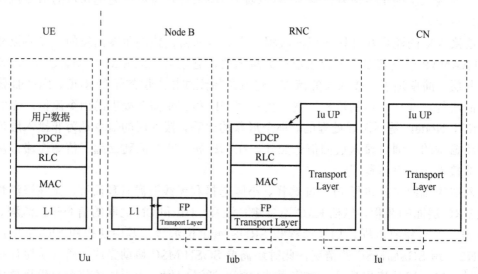

图 5-9　UMTS 用户面协议栈

5.2　WCDMA 系统的关键技术

5.2.1　WCDMA 系统的基本技术

基于图 1-7 数字通信系统模型，WCDMA 系统发射机和接收机的信号处理流程如图 5-10 所示。框图第一步是进行信源编码（话音编码），WCDMA 使用的是自适应多速率（Adaptive

MultiRate，AMR）编码技术。第二步是进行信道编码、交织，主要是用来抵抗无线传播环境中的各种衰落。第三步是进行扩频、加扰，这两步是 WCDMA 系统所特有的。第四步是把信息调制到要求的频段上发射出去。

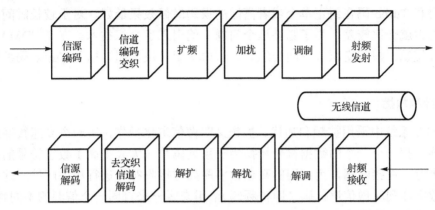

图 5-10　WCDMA 系统发射机和接收机的信号处理流程

1. 信源编码

对于话音业务来说，信源编码指的就是话音编码。WCDMA 系统的话音编解码器采用自适应多速率（AMR，Adaptive MultiRate）技术。多速率声码器是一个带 8 种信源速率的集成声码器，这 8 种速率包括：12.2kb/s、10.2kb/s、7.95kb/s、7.40kb/s、6.70kb/s、5.90kb/s、5.15kb/s、4.75kb/s。

AMR 多种话音速率与目前各种主流移动通信系统使用的编码方式兼容，有利于设计多模终端。另外 AMR 的自适应主要体现在：

- 根据用户离基站远近，系统可以自动调整话音速率，减少切换和掉话。当移动终端离开了小区覆盖范围，并且已经达到了它的最大发射功率，可以利用较低的 AMR 速率来扩展小区的覆盖范围。
- 根据小区负荷，系统可以自动降低部分用户话音速率，节省部分功率，从而容纳更多用户。
- 在高负荷期间，比如忙时，就有可能采用较低的 AMR 速率在保证略低的话音质量的同时提供较高的容量。

利用 AMR 技术可以在网络容量、覆盖以及话音质量间按运营商的要求进行折中。

2. 信道编码

在 WCDMA 系统中，主要采用卷积码和 Turbo 码这两种信道编码。不同的业务、不同的信道对于信道误码率和时延的要求不同，因此采用不同的信道编码方案。卷积码已经被广泛使用长达几十年，很多移动通信系统均采用卷积码作为信道编码，比如 GSM 系统、IS-95 系统以及第三代移动通信系统。Turbo 编码开始于 20 世纪 90 年代初期，目前已获得广泛应用。Turbo 编码在低信噪比条件下具有优越的纠错性能，能够有效地降低数据传输的误码率，适于高速率、对译码时延要求不高的分组数据业务。一般来说，在话音和对译码时延要求比较苛刻的低速率数据链路中使用卷积码，在接入、控制、基本数据、辅助码道等逻辑信道中也使用卷积码。当传输速率大于 32kb/s 或误码率要求为 $10^{-3} \sim 10^{-6}$ 的数据业务，则采用 Turbo 编码。

移动信道中的噪声或者衰落导致的信号误码一般都会影响连续的几个比特，而上面所述的卷积码和 Turbo 码在纠正单个或者离散的误码时候效果最好，对于较长时间的突发错误的纠错能力就会比较差。为了弥补这个问题，就引入了交织技术。在 WCDMA 系统中，用到了三种交织：帧间交织（块间交织）、帧内交织（块交织）以及 Turbo 码编码器内部的交织。

3. 扩频和加扰

WCDMA 系统中采用扩频和加扰。扩频又叫做信道化操作，用一个高速数字序列与数字信号相乘，把一个一个的数据符号转换为一系列码片，大大提高了数字符号的速率，增加了信号带宽。在接收端，用相同的高速数字序列与接收符号进行相关解扩。这个转换数据的高速数字序列叫做信道化码（即扩频码），用来区分来自同一个信源的不同物理信道；而加扰，则是通过扰码来区分不同的信源。

在 WCDMA 系统中，采用 OVSF（正交可变扩频因子，Orthogonal Variable Spreading Factor）码作为扩频码，采用 Gold 序列作为扰码。OVSF 码的互相关性好，但自相关性不是很好，而 Gold 序列的自相关性比较好，通过扩频后的加扰操作，就能够满足自相关性的要求，这样就同时满足了对抗多址干扰和多径干扰的要求。

4. 调制

调制的目的是为了使传送信息的基带信号搬移到相应频段的信道上进行传输，以解决信源信号与客观信道特性相匹配的问题。调制在实现时分为两个步骤：首先是将含有信息的基带信号调制至某一载波上，再通过上变频搬移至适合某信道传输的射频段。

在 WCDMA 的 R99、R4 版本中，使用的调制方式是 QPSK；在 WCDMA 的 R5 版本中，HSDPA 使用的调制方式是 16QAM。不同的调制方式单相位所携带的比特信息不同，相比而言，多进制调制方式可以携带更多的比特信息，因此空中接口能够提供更强传输数据业务的能力。

WCDMA 系统是建立在数字通信系统基础之上的，其特点是采用了宽带扩频技术，所以在具有扩频优点的同时还需要采取相应的措施解决 CDMA 带来的问题。

CDMA 依靠特征码来区分用户，在移动通信环境中将导致两个问题即多径干扰和多址干扰，多址干扰又分本小区干扰和小区外干扰两大类。为了克服多径干扰，需要特征码有很好的自相关特性，而为了克服多址干扰需要特征码之间有良好的互相关特性，如何寻找既有良好自相关又有良好互相关的特征码一直是 CDMA 研究的主要问题之一。换句话说，克服多径干扰和多址干扰单从特征码优选的角度看只能取得某种折中。所以多径干扰和多址干扰问题是 CDMA 系统的内在问题，依靠同步或准同步可以改善，但无论采用任何技术都只能减少多径干扰和多址干扰的影响，而无法从根本上消除。

多址干扰的表现形式主要是远近效应，即功率强的用户对功率弱的用户带来的多址干扰比相反方向即功率弱的用户对功率强的用户带来的多址干扰要大，因此需要功率控制技术，平衡用户功率。GSM 尽管也采用了功率控制技术，但区别在于两个方面：GSM

功率控制速率要慢得多；GSM 对功率控制依赖程度要低，而 CDMA 没有了功率控制将几乎无法工作。另外，在无线资源管理中还可采用软切换技术降低用户的发射功率以减小多址干扰。

为了克服多径干扰可以利用物理层技术，如 RAKE 接收、多用户检测和智能天线。RAKE 接收具有多径分离合并功能，还可有效抑制多址干扰，其抑制能力取决于不同用户特征码之间的互相关性。

5.2.2　RAKE 接收

在 CDMA 扩频系统中，信号带宽远远大于信道的平坦衰落带宽。不同于传统的调制技术需要用均衡算法来消除相邻符号间的码间干扰，CDMA 扩频码在选择时就要求有良好的自相关特性和足够高的速率，接收端利用相关解扩自动分离多径信号，从而克服多径干扰。由于在多径信号中含有可以利用的信息，所以利用 RAKE 接收将被分离的各条路径信号相位校准、幅度加权，并将矢量和变成代数和，如图 5-11 所示，通过合并多径信号来改善接收信号的信噪比。

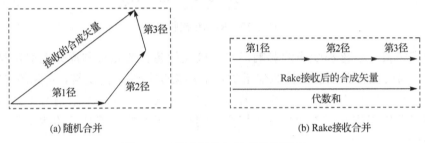

图 5-11　多径信号矢量合并示意图

与 IS-95 采用 1.2288Mcps 的扩频码不同的是，WCDMA 采用了 3.84Mcps 的高速扩频码，具有高 3 倍的多径分辨能力。另外，在 WCDMA 系统中，可以利用用户发射的导频信息，在反向链路进行相干合并，对于 WCDMA 理论分析显示，若在反向链路采用 8 个径的 RAKE 接收，75%以上的信号能量将被利用。这样，在无线信道中出现的时延扩展，就可以被看作只是被传信号的再次传送。如果这些多径信号相互间的延时超过了一个码片的长度，那么它们将被 CDMA 接收机看作是非相关的噪声，而不再需要均衡了。

图 5-12 所示为一个 RAKE 接收机，是 WCDMA 系统设计的经典的分集接收器，通过多个相关检测器接收多径信号中的各路信号，并把它们合并在一起。

带 DLL 的相关器是一个迟早门的锁相环。它由早和晚两个相关器组成，和解调相关器分别相差 1/2 或 1/4 个码片。迟早门的相关结果相减可以用于调整码相位。延迟环路的性能取决于环路带宽。

延迟估计的作用是通过匹配滤波器获取不同时间延迟位置上的信号能量分布（见图 5-12 右下方的小图），识别具有较大能量的多径位置，并将它们的时间量分配到 RAKE 接收机的不同接收径上。匹配滤波器的测量精度可以达到 1/4 或 1/2 码片，而 RAKE 接收机的不同接收径的间隔是一个码片。在实现中，如果延迟估计的更新速度很快，比如几十毫秒一次，就可以无须迟早门的锁相环。

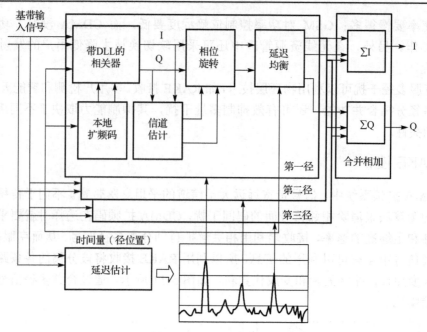

图 5-12　RAKE 接收机

　　由于信道中快速衰落和噪声的影响，实际接收的各径的相位与原来发射信号的相位有很大的变化，因此在合并以前要按照信道估计的结果进行相位的旋转，实际的 WCDMA 系统中的信道估计是根据发射信号中携带的导频符号完成的。根据发射信号中是否携带有连续导频，可以分别采用基于连续导频的相位预测和基于判决反馈技术的相位预测方法，如图 5-13 所示。

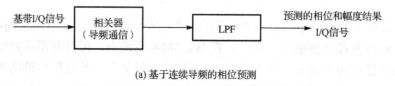

(a) 基于连续导频的相位预测

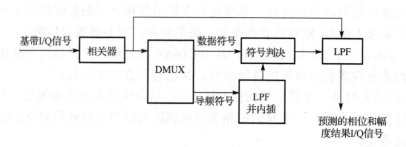

(b) 基于判决反馈技术的相位预测

图 5-13　相位预测方法

　　LPF 是一个低通滤波器，滤除信道估计结果中的噪声，其带宽一般要高于信道的衰落率。使用间断导频时，在导频的间隙要采用内插技术来进行信道估计。采用判决反馈技术时，先硬判决出信道中的数据符号，再将已判决结果作为先验信息（类似导频）进行完整的信道估计，通过低通滤波得到比较好的信道估计结果。这种方法的缺点是由于非线性和非因果预测技术，使噪声比较大的时候，信道估计的准确度大大降低，而且还引入了较大的解码延迟。

延迟估计的主要部件是匹配滤波器，如图 5-14 所示。匹配滤波器的功能是用输入的数据和不同相位的本地码字进行相关，取得不同码字相位的相关能量。当串行输入的采样数据和本地的扩频码和扰码的相位一致时，其相关能量最大，在滤波器输出端有一个最大值。根据相关能量，延迟估计器就可以得到多径的到达时间量。

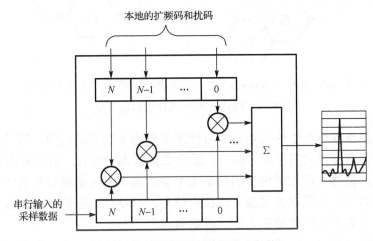

图 5-14　匹配滤波器的基本结构

从实现的角度而言，RAKE 接收机的处理包括码片级和符号级，码片级的处理有相关器、本地码产生器和匹配滤波器；符号级的处理包括信道估计，相位旋转和合并相加。码片级的处理一般用 ASIC 器件实现，而符号级的处理用 DSP 实现。移动台和基站间的 RAKE 接收机的实现方法和功能尽管有所不同，但其原理是完全一样的。

对于多个接收天线分集接收而言，多个接收天线接收的多径可以用上面的方法同样处理，RAKE 接收机既可以接收来自同一天线的多径，也可以接收来自不同天线的多径，从 RAKE 接收的角度来看，两种分集并没有本质的不同。但是，在具体实现上由于多个天线的数据要进行分路的控制处理，增加了基带处理的复杂度。

5.2.3　功率控制技术

蜂窝通信系统无论采用何种多址接入技术，除了存在不同的外部干扰，系统本身也会产生特定的干扰。对于各种不同的干扰而言，对蜂窝系统的容量起主要制约作用的是系统本身存在的自我干扰，比如，FDMA 与 TDMA 蜂窝系统的共道干扰和 CDMA 蜂窝系统的多址干扰。在 FDMA 和 TDMA 系统中，为了保证通信质量达到一定要求，通常要限定所需的信干比不小于某一门限值，即限制系统的频率再用距离不小于某一数值，从而也限制了蜂窝系统的通信容量。在 CDMA 蜂窝系统中，同一小区的许多用户以及相邻小区的用户都工作在同一频率上，从频率再用方面来说是一种最有效的多址接入方式，但是 CDMA 系统产生的多址干扰也制约了系统的容量。CDMA 蜂窝系统的多址干扰分两种情况：一是基站在接收某一移动台的信号时，会受到本小区和邻近小区其他移动台所发信号的干扰；二是移动台在接收所属基站发来的信号时，会受到所属基站和邻近基站向其他移动台所发信号的干扰。图 5-15 是两种多址干扰的示意图。

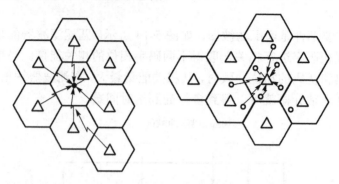

　　　　(a) 基站对移动台产生的正向多址干扰　　　　(b) 移动台对基站产生的反向多址干扰

图 5-15　CDMA 蜂窝系统的多址干扰

　　电磁波沿地面传播所产生的损耗近似与传播距离的 4 次方成比例。信号经过不同传播距离时，其损耗会有非常大的差异。例如，距离的比值为 100 时，损耗的比值达 $100^4 = 10^8$（相当于 80dB）。显然，近地强信号的功率电平会远远大于远地弱信号的功率电平。因为系统的许多电台共用一个频率发送信号或接收信号，所以近地强信号压制远地弱信号的现象很容易发生。人们把这种现象称之为"远近效应"。

　　解决这个问题的有效方法就是功率控制技术，即根据无线信道的变化状况和链路质量按照一定的规则调节发射信号的电平，使得信号达到接收机时，信号强度基本相等。因此功率控制的总体目标就是，在保证链路质量目标的前提下使发射信号的功率最小，既可以以减少多址干扰，又可以有效地防止"远近效应"，使系统维持高质量通信。所以，快速、准确的功率控制技术也是保证 WCDMA 系统性能的核心技术。

　　从通信链路的角度，功率控制可分为前向功率控制和反向功率控制；从功率控制方法的角度，功率控制可分为开环（Open Loop）功率控制和闭环（Closed Loop）功率控制。

1．反向功率控制

　　反向功率控制就是在反向链路进行的功率控制，用于调整移动台的发射功率，使信号到达基站接收机时，信号电平刚刚达到保证通信质量的最小信噪比门限，从而克服远近效应，降低干扰，保证系统质量。反向功率控制可以将移动台的发射功率调整至最合理的电平，从而延长电池的寿命；由于用户的移动性，不同的移动台到基站的距离不同，这导致不同用户之间的路径损耗差别很大，甚至可能相差 80dB，而且不同用户的信号所经历的无线信道环境也有很大的不同。因此反向链路必须采用大动态范围的功率控制方法，快速补偿迅速变化的信道条件。

2．前向功率控制

　　前向功率控制用来调整基站对每个移动台的发射功率，对信道衰落小和解调信噪比较高的移动台分配相对较小的前向发射功率，而对那些衰落较大和解调信噪比低的移动台分配较大的前向发射功率，使信号到达移动台接收机时，信号电平刚刚达到保证通信质量的最小信噪比门限。前向功率控制可以降低基站的平均发射功率，减小相邻小区之间的干扰。

在前向链路中的所有信道同步发射，而且对于某个移动台来说，前向链路的所有信道所经历的无线环境是相同的。在理想情况下，移动台解调时，本小区内其他用户的干扰可以通过码的正交性完全除去。但是由于多径的影响，使得码的正交性受到影响。因此，移动台可以利用基站的导频信道进行相干解调。因此，前向链路的质量要远好于反向链路。与反向链路相比，前向链路对功率控制的要求相对较低。

3．开环功率控制

开环功率控制指移动台（或基站）根据接收到的前向（或反向）链路信号的功率大小来调整自己的发射功率。开环功率控制由于补偿信道中的平均路径损耗及慢衰落，所以它有一个很大的动态范围。

开环功率控制的前提条件是假设前向和反向链路的衰落情况是一致的。以反向链路为例，移动台接收并测量前向链路的的信号强度，并估计前向链路的传播损耗，然后根据这种估计，调整其发射功率。即接收信号较强时，表明信道环境较好，将降低发射功率；接收信号较弱时，表明信道环境较差，将增加发射功率。

反向开环功率控制是在移动台主动发起呼叫或响应基站的呼叫时开始工作的，要先于反向闭环功率控制。它的目标是使所有移动台发出的信号到达基站时可以有相同的功率值。因为基站是一直在发射导频信号的，且功率保持不变，如果移动台检测接收到的基站导频信号功率小，说明此时前向链路的衰耗大，并由此认为反向链路的衰耗也大，因此移动台应该增大发射功率，以补偿所预测到的衰落。反之，认为信道环境较差，降低发射功率。

开环功率控制的优点是简单易行，不需要在基站和移动台之间交互信息，可调范围大，控制速度快。开环功率控制对于降低慢衰落的影响是比较有效的。但是，在 FDD 系统中，前反向链路所占用的频段相差 45MHz 以上，远远大于信号的相关带宽，因此前反向链路的快衰落是完全独立和不相关的，这会导致在某些时刻出现较大误差。这使得开环功率控制的精度受到影响，只能起到粗控的作用。对于慢衰落，它受信道不对称的影响相对小一些，因此开环功率控制仍在系统中采用。由于无线信道的快衰落特性，开环功率控制还需要更快速精确的校正，这由闭环功率控制来完成。

4．闭环功率控制

闭环功率控制建立在开环功率控制的基站上，对开环功率控制进行校正。

以反向链路为例，基站根据反向链路上移动台的信号强弱，产生功率控制指令，并通过前向链路将功率指令发送给移动台，然后移动台根据此命令，在开环功率控制所选择发射功率的基础上，快速校正自己的发射功率。可以看出，在这个过程中，形成了控制回路，因此称这种方式为闭环功率控制。闭环功率控制可以部分降低信道快衰落的影响。

闭环功率控制的主要优点是控制精度高，用于通信过程中发射功率的精细调整。但是从功率控制指令的发出到执行，存在一定的时延，当时延上升时，功率控制的性能将严重下降。

闭环功率控制又可以分为两部分：内环功率控制和外环功率控制，如图 5-16 所示。

以反向链路为例，内环功率控制指将基站测量接收到的移动台信号（通常是信噪比）与某个门限值（即"内环门限"）相比较，如果高于该门限，就向移动台发送"降低发射功率"的功率控制指令；否则发送"增加发射功率"的功率控制指令，以使接收到的信号强度接近于门限值。

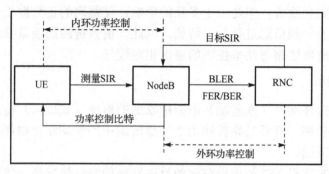

图 5-16　闭环功率控制

外环功率控制的作用是对内环门限进行调整，这种调整是根据接收信号质量指标（如误帧率 FER）的变化来进行的。通过测量误帧率，并定时地根据目标误帧率来调节内环门限，将其调大或调小以维持恒定的目标误帧率。当实际接收的 FER 高于目标值时，则提高内环门限；反之，当实际接收的 FER 低于目标值时，则适当降低内环门限。

可以看出外环功率控制是为了适应无线信道的变化，动态调整内环功率控制中的信噪比门限。这就使得功率控制直接与通信质量相联系，而不仅仅是体现在对信噪比的改善上。

在这几种机制的共同作用下，基站能够在保证一定接收质量的前提下，让移动台以尽可能低的功率发射，减小对其他用户的干扰，提高质量。

5. WCDMA 系统的功率控制

为了减少多址干扰和防止"远近效应"，使系统维持高质量通信，WCDMA 系统在进行正反向开环功率控制的基础上，同时在上/下行链路采用内环+外环的闭环功率控制，其中内环功率控制的速率高达 1500 次/秒，控制步长 0.25～4dB 可变。

（1）反向开环功率控制

反向开环功率控制有两个主要的功能：第一个是调整移动台初始接入时的发射功率；第二个是弥补由于路径损耗而造成的衰减的变化。移动台在接入状态时，还没有分配到前向业务信道（该信道中包含功率控制比特），移动台只能独自进行开环功率控制，来估计移动台初始接入时的发射功率，整个过程中移动台不需要进行任何前向链路的解调。

如图 5-17 所示，UE 测量公共导频信道 CPICH 的接收功率并估算 NodeB 的初始发射功率，然后计算出路径损耗，根据广播信道 BCH 得出干扰水平和解调门限，最后 UE 计算出上行初始发射功率作为随机接入中的前缀传输功率，并在选择的上行接入时隙上传送（随机接入过程）。开环功率控制实际上是根据下行链路的功率测量对路径损耗和干扰水平进行估算而得出上行的初始发射功率，所以，初始的上行发射功率只是相对准确值。

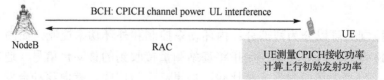

图 5-17　开环功率控制

WCDMA 系统采用的 FDD 模式，上行采用 1920～1980MHz、下行采用 2110～2170MHz，上下行的频段相差 190MHz。由于上行和下行链路的信道衰落情况是完全不同的，所以，开环功率控制只能起到粗略控制的作用。但开环功控却能相对准确地计算初始发射功率，从而加速了其收敛时间，降低了对系统负载的冲击；而且，由于开环功率控制是为了补偿平均路径损耗以及慢衰落，所以它必须有一个很大的动态范围。根据空中接口的标准，它至少应该达到 32dB。

（2）反向闭环功率控制

反向闭环功率控制是指基站根据测量到的反向信道的质量，来调整移动台的发射功率。其基本原则是，如果测量到的反向信道质量低于一定的门限，命令移动台增加发射功率；反之命令移动台降低发射功率。反向闭环功率控制是对反向开环功率控制的不准确性进行弥补的一种有效手段，需要基站和移动台的共同参与。WCDMA 系统的反向闭环功率控制包括内环和外环功率控制，具体如图 5-18 所示。

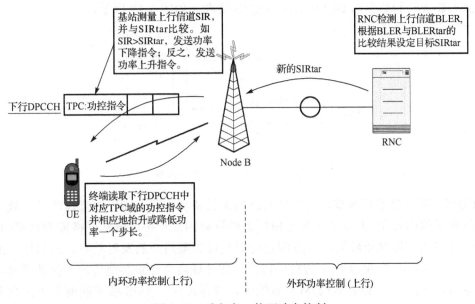

图 5-18　反向内、外环功率控制

内环功率控制是快速闭环功率控制，在 Node B 与 UE 之间的物理层进行，反向内环功率控制的目的是使基站接收到每个 UE 信号的比特能量相等。

首先，Node B 测量接收到的上行信号的信干比（SIR），并和设置的目标 SIR（目标 SIR 由 RNC 下发给 Node B）相比较，如果测量 SIR 小于目标 SIR，Node B 在下行的物理信道 DPCH 中的 TPC 标识通知 UE 提高发射功率，反之，通知 UE 降低发射功率。

因为 WCDMA 在空中传输以无线帧为单位，每一帧包含有 15 个时隙，传输时间为 10ms，所以，每时隙传输的频率为 1500 次/秒；而 DPCCH 是在无线帧中的每个时隙中传送，所以其传送的频率为每秒 1500 次，而且反向内环功控的标识位 TPC 包含在 DPCCH 里面，所以，内环功控的时间也是 1500 次/秒。

反向外环功控是 RNC 动态地调整内环功控的 SIR 目标值，其目的是使每条链路的通信质量基本保持在设定值，使接收到数据的 BLER 满足 QoS 要求。反向外环功控由 RNC

执行，RNC 测量从 Node B 传送来数据的 BLER（误块率）并和目标 BLER（QoS 中的参数，由核心网下发）相比较，如果测量 BLER 大于目标 BLER，RNC 重新设置目标 TAR（调高 TAR）并下发到 Node B；反之，RNC 调低 TAR 并下发到 Node B。外环功率控制的周期一般在一个 TTI（10ms、20ms、40ms、80ms）的量级，即 10～100Hz。

由于无线环境的复杂性，仅根据 SIR 值进行功率控制并不能真正反映链路的质量。而且，网络的通信质量是通过提供服务中的 QoS 来衡量，而 QoS 的表征量为 BLER，而非 SIR。所以，反向外环功控是根据实际的 BLER 值来动态调整目标 SIR，从而满足 Qos 质量要求。

（3）前正向闭环功率控制

前向闭环功控和反向闭环功控的原理相似。前向内环功率控制由手机控制，目的是使手机接收到 Node B 信号的比特能量相等，以解决下行功率受限；前向外环功控由 UE 的层 3 控制（10～100Hz），通过测量下行数据的 BLER 值，进而调整 UE 物理层的目标 SIR 值，最终达到 UE 接收到数据的 BLER 值满足 QoS 要求，如图 5-19 所示。

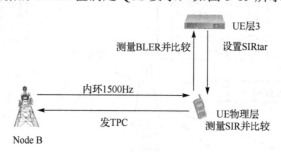

图 5-19　前向内、外环功率控制

WCDMA 属于自干扰系统，功率是最终的无线资源，而无线资源管理的过程就是控制自身系统内干扰的过程，所以最有效地使用无线资源的惟一手段就是严格控制功率的使用。但是控制功率的使用是矛盾的：一方面它能提高针对某用户的发射功率、改善用户的服务质量；另一方面，由于 WCDMA 的自干扰性，这种提高会导致其他用户干扰的增加，从而导致通话质量下降。所以在 WCDMA 系统中，在保证用户 QoS 要求的前提下，功率控制可最大限度地降低发射功率、减少系统干扰、增加系统容量，而这正是 WCDMA 功率控制技术的关键。

5.2.4　软切换

切换的基本目标是对移动的终端在蜂窝移动通信系统的范围内提供连续的无中断的通信服务，是保证系统正常工作的基本技术之一。WCDMA 系统允许相邻小区使用相同的频率，所以不同小区之间存在干扰是 WCDMA 系统必须考虑的一个问题；但是这种不同小区使用相同频率的特性也为增加信号分集提供了可能，即移动台可以同时与不同基站保持多条空中链路，也就是我们通常所说的软切换。如果希望移动台同时监听来自两个基站的信号，则移动台需要知道下行链路的物理信道资源，包括不同基站使用的下行扰码，以及特定物理信道所使用的信道码；如果要保证多个基站能够同时监听来自同一个移动台的信号，则需要基站侧知道移动台使用的上行链路扰码就行了。

在 WCDMA 系统中，不仅可以进行软切换，根据实际情况还可以进行硬切换，具体的切换分为以下几种类型：

- 软切换；
- 更软切换；
- 异系统硬切换；
- 同系统异频硬切换；
- 同系统同频异交换区硬切换；
- 同交换区异 RNC 间（RNC 不开启 Iur 的情况下）的硬切换。

切换过程一般分为三步曲：测量、判决、执行。在测量阶段，终端通过接收网络发送的测量控制信息，获取需要进行测量的参数，并将测量报告信息发送给网络；在切换判断阶段，网络做出切换的判断；在执行阶段，终端根据信令流程做出响应。下面重点介绍 WCDMA 系统的软切换和更软切换。

1. 软切换

WCDMA 系统的软切换有两种：一种是同 RNC 下不同基站间的软切换；另一种是同交换区控制下的不同 RNC 间（支持 Iur）的软切换。图 5-20 表示软切换的过程，在软切换期间，移动台处于属于不同基站的两个扇区覆盖的重叠部分。移动台和两个基站同时通过两条不同的空中接口信道进行通信，移动台采用 RAKE 接收机通过最大比值合并接收两个信道（信号）。

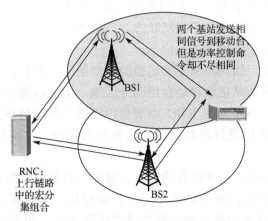

图 5-20　软切换

在软切换期间，每条连接的两个功率控制环路都是激活的，每个基站各用一个。在基站处理的连接中，约 20%～40% 的连接发生软切换。为了满足软切换连接需要，系统需要配置以下的额外资源，并且在网络规划阶段必须加以考虑：

- 在基站中额外的 RAKE 接收机信道；
- 在基站与 RNC 之间额外的传输链路；
- 在移动台中额外的 RAKE 指峰。

2. 更软切换

WCDMA 系统的更软切换是指同基站不同小区间的切换，更软切换时，移动台位于一个基站的两个相邻扇区的小区覆盖重叠区域。移动台和基站同时通过两条空中接口信道通信，每个扇区各有一条。这样，下行链路方向需要使用两个不同的扩频码，移动台可以区分这些信号。移动台通过 RAKE 处理接收这两个信号，为了能正确解扩操作需要为每个扇区产生各自的解扩码，这个过程非常类似于多径接收。图 5-21 表示了更软切换的方案。

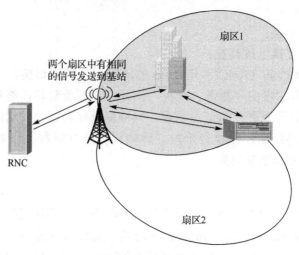

图 5-21　更软切换

在上行链路方向，在基站进行类似的过程：在每个扇区中接收移动台的码分信道，然后送入到同一基带 RAKE 接收机，并以通常的方式进行最大比例合并。在更软切换期间，每个连接只有一条功率控制环路处于激活状态。一般地，5%～15%的连接发生更软切换。还会出现更软切换和软切换同时发生的情形。

从移动台的角度来看，软切换和更软切换的差别很小。但是，在上行链路软切换和更软切换的差别很大：两个基站接收移动台的码分信道，但接收到的数据被发送到 RNC 进行合并。这样做的原因，是因为在 RNC 中要使用提供给外环功率控制的帧可靠性指示符来去选择这两个候选帧之中更好的帧。这个选择发生在每一次交织周期完成之后，即每10～80ms 发生一次。

为什么需要这些 CDMA 系统特有的切换类型呢？需要它们的原因和需要闭环功率控制的原因一样：如果没有软或更软切换，一个移动台从一个小区进入邻近小区时，如果邻近小区对这个移动台没有功率控制，就会导致远近效应。用非常快速和频繁的硬切换可以在很大程度上避免这一问题；但是硬切换的执行会有一些延迟，在延迟期间会产生远近问题。所以，如同快速功率控制一样，软切换/更软切换也是 WCDMA 中减轻干扰的有效手段。

5.3　WCDMA 的空中接口

在 WCDMA 系统中，UE 通过无线接口上的无线信道与 UTRAN 相连，该无线接口称为 Uu 接口，它是 WCDMA 系统中最重要的接口之一。无线接口技术是 WCDMA 系统的核心技术，各种 3G 移动通信体制的核心技术与主要区别也主要存在于无线接口上。

5.3.1　空中接口的分层结构

图 5-22 显示了 UTRAN 空中接口（Uu 接口）在接入层的有关协议结构。图中自上而下是发射路径，自下而上是接收路径。从协议结构上看，WCDMA 无线接口水平分为三个层，垂直分为两个面。

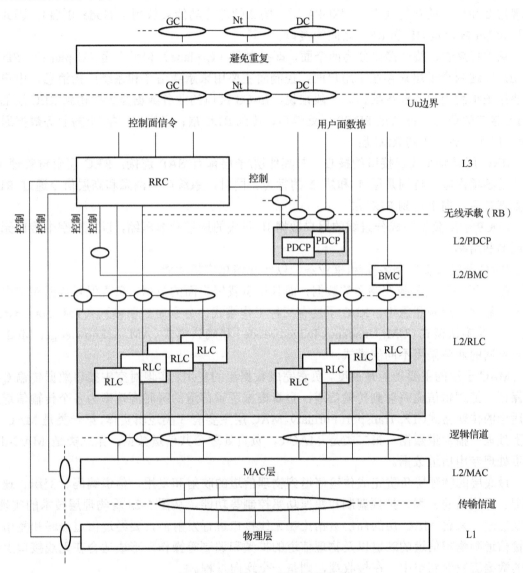

图 5-22　空中接口的协议栈结构

从水平来看，整个接口由层 1、层 2、层 3 组成。层 1 即物理层（PHY, Physical Layer）；层 2 即数据链路层，包括 MAC（媒体接入控制，Medium Access Control）、RLC（无线链路控制，Radio Link Control）、BMC（广播/组播控制，Broadcast/Multicast Control protocol）、PDCP（分组数据汇聚协议，Packet Data Converge Protocol）等子层；层 3 即网络层，包括 RRC（无线资源管理，Radio Resource Control）。图中的各个方块代表各自协议子层的一个实体，不同层/子层间的圆圈部分为它们之间的业务接入点（SAP, Service Access Point）。

从协议层次的角度看，WCDMA 无线接口上存在三种信道：物理信道、传输信道、逻辑信道。RLC 与 MAC 之间的 SAP 提供逻辑信道，MAC 与物理层之间的 SAP 提供传输信道，物理层上面就是物理信道。物理层通过传输信道向 MAC 层提供业务，而传输数据本身的属性决定了传输信道的种类和如何传输；MAC 层通过逻辑信道向 RLC 层提供业务，而发送数据本身的属性决定了逻辑信道的种类。Node B 实现层 1 即物理层的功能，RNC 实现层 2 和层 3 的功能（引入 HSDPA 后，层 2 的部分功能被放到了 Node B 端），因此可以认为 Uu 接口是 UE 和 RNS 之间的接口。

从垂直来看，整个接口分为两个面，即控制面（C-plane）和用户面（U-plane）。PDCP 和 BMC 这两个子层只存在于用户面。控制面主要用来承载信令和系统广播消息，用户面主要用来承载用户的业务数据。一般来说，Iu-CS 接口的业务数据是直接传到 RLC 层的；Iu-PS 接口的业务数据通过 PDCP 层处理后，传到 RLC 层；多媒体广播/组播业务数据通过 BMC 层处理后，传到 RLC 层。

RRC 层是整个 Uu 接口的核心，与其他层/子层都有 SAP 连接。RRC 层负责管理 Uu 接口的各项内容，特别是层 1 和层 2 的行为。同时，系统广播消息和高层信令通过 RRC 层处理之后，向下传到 RLC 层。

PDCP 子层负责完成分组域的用户数据 IP 包头的压缩和解压缩，以提高空中接口无线资源的利用率。

BMC 子层负责控制多播/组播业务，以实现消息广播功能。

RLC 子层不仅承载控制面的数据，而且也承载用户面的数据，负责保障数据在空中接口的可靠性、分割和重组。RLC 子层有三种工作模式，分别是透明模式（TM, Transparent Mode）、非确认模式（UM, Unacknowledged Mode）和确认模式（AM, Acknowledged Mode），针对不同的业务采用不同的模式。

MAC 子层的主要功能是调度，负责完成数据流的复用、实现对空中接口数据传输 QoS 的保证。把逻辑信道映射到传输信道，负责根据逻辑信道的瞬时源速率为各个传输信道选择适当的传输格式（TF, Transport Format）。MAC 层主要有 3 类逻辑实体，第一类是 MAC-b，负责处理广播信道数据；第二类是 MAC-c，负责处理公共信道数据；第三类是 MAC-d，负责处理专用信道数据。

最底层的物理层负责完成传输信道到物理信道的映射和复用、信道编码、交织、速率匹配、无线帧的分割、扩频调制和快速功率控制等功能。从图 5-23 看物理层技术的实现，在发射端，来自 MAC 层的高层数据流在无线接口进行发射前，要经过信道编码和复用、传输信道到物理信道的映射以及物理信道的扩频和调制等操作，形成适合在无线接口上传输的数据流发射到空中。在接收端，则是一个逆向过程。

空中接口的协议栈结构在移动终端和网络两侧是对称的。虽然从逻辑功能上将整个空中接口的协议栈在一个图上绘出，但在网络端这些协议并不是在同一个网络物理实体上实现的。例如物理层总是在 Node B 上完成的，RRC 层则总是终结在 SRNC 上，RLC 层的功能也总是终结在 SRNC 上，MAC 层根据实际呼叫情况的不同，可能终结在 SRNC 或 DRNC 上，在 R5 引入 HSDPA 以后，HSDPA 的 MAC 层 MAC-hs 是终结在 Node B 上的。

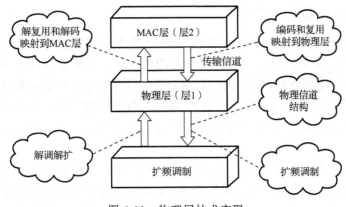

图 5-23　物理层技术实现

5.3.2　无线资源控制层 RRC

如果说物理层使用 WCDMA 技术为整个 UTRAN 接入网的核心动力，是接入网的心脏，则 RRC 层就是整个 UTRAN 的大脑。RRC 层作为整个 UTRAN 的指挥中心，负责用户无线资源的管理和控制，同时负责对核心网和用户之间信令进行透明传输。正确地理解 RRC 协议，是正确理解整个空中接口的关键所在，有助于对整个系统和 UE 工作状态的理解，同时对理解物理层的技术也会有所帮助。RRC 层位于 UE 和 UTRAN 之间，它负责完成 UE 无线信道资源的管理，RRC 层在网络侧总是终结于 SRNC 上。

1. RRC 连接

RRC 连接是正确理解 RRC 协议的一个很重要概念，一个 RRC 连接可以看作在 UE 和 SRNC 之间进行信令交互的一条逻辑通路，每个 UE 最多只有一个 RRC 连接。对 UE 来说，没有 RRC 连接的状态称为空闲模式（IDLE），有 RRC 连接的状态则称为 RRC 连接模式。UE 在空闲模式下没有专用信道资源，所以 UE 在空闲模式下只有通过公共控制信道和 SRNC 之间传送 RRC 消息。而在 RRC 连接模式下，UE 又有 4 个子状态，具体的 RRC 连接状态细节将在后面加以详细说明。

2. RAB、SRB、RB 以及逻辑信道

3GPP 中定义了 RAB、RB、逻辑信道、传输信道、物理信道的概念。从空中接口分层结构可以看出，层 2 协议向上层提供的服务称为无线承载 RB。无线承载 RB 的概念是相对于无线接入承载 RAB 而言的，从核心网的角度来看，一个从 UE 到核心网之间的承载用一个 RAB 来定义，而 RB 则表示从 UE 到 UTRAN（SRNC）之间的一个无线承载，RAB 和 RB 之间是有映射关系的，一个 RAB 在空中接口上可以对应于一个或多个 RB。

RB 可以通过层 2 的 RLC 协议映射到逻辑信道上，逻辑信道是 MAC 层向上层协议提供的服务，根据 3GPP 的规范，一个 RB 可以映射到一个或多个逻辑信道上。

但是因为层 3 协议分为用户面和控制面，所以 RB 又被进一步分为用于传送 RRC 信令的 SRB 和用于传送用户面消息的普通 RB。与 RAB 有映射关系的并不是 SRB，而是用户面的普通 RB，SRB 总是映射到控制信道 DCCH 上，而普通的 RB 总是映射到 DTCH 上。例如，一个普通话音呼叫的建立过程中，首先需要建立 UE 和 SRNC 之间的 SRB，用于 RRC 消息的交互，然后才会根据需要进行用户面 RB 的分配。

3. RRC 在呼叫过程中的应用

UE 在开机之后，首先需要选择驻留的小区，UE 是通过测量不同小区的导频信道强度来完成小区选择的。在 UE 没有专用信道资源的情况下，它需要读取小区的广播信道和寻呼信道，系统消息广播和寻呼都是 RRC 实现的功能。因为每个小区的系统消息广播使用的信道码都是固定的，而且系统消息会通过广播信道周期性地广播，所以 UE 就可以读取小区中特定的系统广播信息了，小区的系统广播信息中有些内容是专门和接入所使用的公共信道相关的。

因为空中接口的资源非常有限，在空闲状态下，系统不可能给每个用户都预留专用信道资源，所以最初 UE 是没有专用信道资源的，UE 只能通过公共信道来要求系统给它分配专用信道资源。通过上行公共信道上的 RRC 消息，UE 就可以和网络侧（SRNC）通信了，如果这时 SRNC 决定给 UE 分配专用信道，它就可以通过下行的公共信道告知专用信道（SRB）的相关参数，这样二者就可通过 SRB（映射到专用控制信道 DCCH）进行信令交互。

在分配专用的 SRB 以后，UE 可以使用 SRB 和 SRNC 以及核心网进行信令交互，接下来就可以通过这种信令交互将呼叫所需要的用户面资源进行分配。

4. RRC 状态和状态转移

WCDMA 系统的 RRC 子层根据是否有 RRC 连接存在将 UE 状态分为两种：空闲模式（IDLE Mode）和有一条 RRC 连接的 RRC 连接模式。而 RRC 连接模式下又根据无线资源分配的不同情况分为了四个状态：CELL_DCH 状态、CELL_FACH 状态、CELL_PCH 状态和 URA_PCH 状态。根据无线资源分配情况的变化，触发 RRC 子层状态间的转移；而通过 RRC 连接的建立和释放触发空闲模式和连接模式之间的转移，四个子状态之间的转移关系如图 5-24 所示。

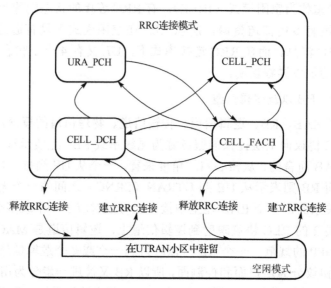

图 5-24　RRC 状态转移图

（1）CELL_DCH 状态

UE 有专用的传输信道 DCH 资源，这时用户的业务通常是电路域的服务或高速率的数据服务；此状态下，网络对 UE 的寻呼消息通过 DCH 实现下行方向的传输。

（2）CELL_FACH 状态

UE 使用 RACH/FACH 传输 DCCH（和 DTCH）专用信息，UE 在 CELL_FACH 状态下没有专用传输信道 DCH 资源；此状态下，网络对 UE 的寻呼消息通过 FACH 实现下行方向的传输。

（3）CELL_PCH 状态

UE 没有专用的传输信道 DCH 资源，UE 在此状态下监听寻呼信道，如有必要与网络进行信令交互，则可以通过 RACH/FACH 实现；此状态下，网络知道 UE 当前驻留的小区，如果需要对 UE 的进行寻呼，网络可以在 UE 所处的那个小区中使用 PCH 对 UE 进行寻呼。

（4）URA_PCH 状态

UE 没有专用的传输信道 DCH 资源，UE 在此状态下监听寻呼信道，如有必要与网络进行信令交互，则可以通过 RACH/FACH 实现。与 CELL_PCH 状态不同之处在于，URA_PCH 状态下，网络方只是知道 UE 具体位于哪一个 URA（路由区）范围内，而不能确定 UE 当前位于哪个小区。此状态下，如果需要对 UE 的进行寻呼，网络需要在 UE 所处的 URA 包含的所有小区中使用 PCH 对 UE 进行寻呼。

UE 开机后的首要任务是进行 PLMN 和小区的选择，并在最佳的小区驻留。另外，UE 开机后还需要完成位置更新过程，位置更新过程的目的是通过鉴权过程来完成用户和网络之间的相互的安全性认证，同时 UE 需要将自己当前的位置信息通知给自己的归属网络，这样其他用户向 UE 发起呼叫时，通过归属网络中的位置信息（当前所处的 VLR）就可以对用户发起寻呼过程，从而找到 UE。

UE 在一个小区中处于空闲模式下，UE 可以读取小区内的系统广播信息，同时 UE 还要监听寻呼信道 PCH（实际上首先是 PICH），这样就能够保证空闲模式下的 UE 可以被寻呼到。

另外一个需要注意的问题就是，在空闲模式下，UTRAN 没有 UE 任何的位置信息。这时，对用户的寻呼过程只能在位置区（LAI 标识）级别（CS 域）或路由区（RAI 标识）级别（PS 域）来进行，RNC 需要在所有相关的小区内对用户发起寻呼才可以保证能通过寻呼找到用户。

当 UE 需要和网络发起信令交互过程时，UE 就需通过上行公共控制逻辑信道 CCCH，该信道映射为 RACH，向网络发出 RRC 连接建立请求。在 RRC 连接建立请求消息中，UE 需要将自己的身份标识和建立连接请求的原因加以说明。

有很多个信令规程需要 UE 发起建立 RRC 连接的请求，例如 UE 希望发起移动台始呼的话音呼叫、UE 向网络方发送寻呼回应消息、移动台的位置更新过程等。

RRC 连接请求发送到 SRNC 上，SRNC 根据 UE 请求的原因将决定 UE 进入 RRC 连接状态的哪个子状态。

UE 在空闲模式下，只能进入两个状态，即 CELL_DCH 和 CELL_FACH 状态：CELL_DCH 状态是指网络此时为用户分配了专用传输信道；CELL_FACH 状态是指用户使用 FACH/RACH 来进行用户信息的传输（此时专用逻辑信道 DCCH 和 DTCH 映射到 FACH（下行）和 RACH（上行））。

5.3.3　信道类型及其映射关系

在第二代移动通信系统 GSM 中，只有逻辑信道和物理信道的概念，GSM 主要支持电路域的话音服务，信道的传输速率要求是恒定不变的。WCDMA 需要支持多媒体的服务，另外根据服务特性的不同，还要支持不同的传输速率，这就要求 WCDMA 提供尽可能灵活的信道复用机制，从而满足在同一个物理信道上传输 QoS 需求不同的多媒体业务。理清WCDMA 不同层次、不同种类信道的功能是什么，它们之间的映射和复用关系如何，是理解 WCDMA 空中接口的关键。

WCDMA 中不仅有逻辑信道和物理信道的概念，WCDMA 还新引入了许多其他移动通信系统中没有的一些概念，例如 RAB、RB 和传输信道等。下面较详细地介绍这些内容。

在 UE 和 UTRAN 之间存在 3 个层次的信道，分别是逻辑信道、传输信道和物理信道，如图 5-25 所示。所有的信道都是用来在 UE 和 UTRAN 之间传送数据的通道，只是它们在整个空中接口协议栈中的层次不同。

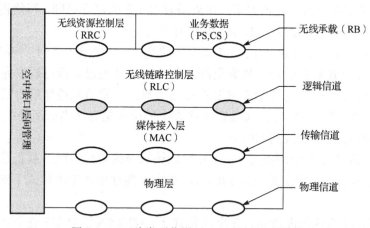

图 5-25　三种类型信道以及 RB 之间的关系

1. 无线接入承载

无线接入承载（RAB）是一个从 UE 到核心网的概念，RAB 和 UE 的呼叫（或会话）相关。UE 建立的每一个呼叫（或者会话）都需要某种特定的承载服务。UE 呼叫类型不同，需要的承载服务也可能有些不同，如速率、QoS 要求等。例如一个 AMR 话音呼叫，只需要 12.2kb/s 的承载就可以了；而同样属于 CS 域的可视电话业务就需要 64kb/s 速率的承载服务。UE 每建立一个呼叫或会话，就需要有一个特定的 RAB 资源。RAB 可以形象地理解为 UE 和核心网之间一个双向的数据传输通道，如图 5-26 所示。这个数据传输通道可以看作由两部分构成：一部分是 Iu 接口上的传输层资源；另一部分是空中接口上的无线承载（RB）资源。这两部分资源的传输特性都需要满足 RAB 的要求。例如，如果 UE 建立的是一个实时业务，那么 Iu 接口的传输层资源和空中接口的 RB 就都要满足实时业务的特定传输要求。

如果一个 UE 同时建立多个呼叫（即 UE 处于并发业务状态），则网络方需要相应地给 UE 分配多个 RAB。

核心网负责 UE 的呼叫/会话控制，当核心网决定为 UE 建立一个呼叫的时候，会发送 RAB 分配命令给 RNC，RNC 负责无线资源的管理和控制，也负责根据 RAB 的建立请求来分配相应的 RB 资源。核心网分配 RAB 时只关心其资源的传输特性，而并不关心 RAB 资源将使用空中接口的何种信道，RNC 根据 RAB 中包含的传输特性信息，分配相应的空中接口资源。这个过程可以看作是 RNC 将 RAB "翻译"为空中接口上的无线承载（RB）。需要说明的是，这种 RAB 到 RB 的映射关系并不一定是一对一的。

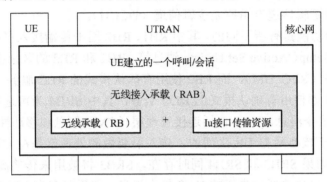

图 5-26　RAB 与 RB 之间的关系

2. 无线承载

无线承载（RB）顾名思义是一个空中接口的概念，无线承载是空中接口的层 2 向上层（层 3）提供的服务。RB 可以被看作 UE 层 3 协议实体和接入网层 3 协议实体之间数据传输的双向通道。根据数据传输的内容不同，通常又可以分为传输控制信令的信令无线承载（SRB）与传输业务数据的无线承载（通常也称为 RB）。RRC 层作为无线资源控制协议，使用层 2 提供的 SRB 服务，如图 5-27 所示。

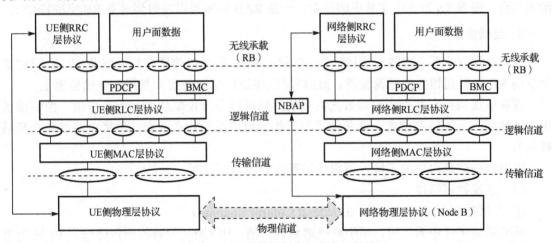

图 5-27　与物理层相关的协议栈结构

无线承载（RB）是层 2 协议向层 3 提供的服务，层 3 以 RB 为传输控制信令和用户数据的单元，每个 RB 都有在 RLC 层中相应的处理实体，通过 RLC 层将 RB 映射为逻辑信道。层 3 的用户面和控制面使用的 RB 是不同的，通常将用于传送层 3 控制面 RRC 信令的 RB 称为信令无线承载（SRB, Signalling Radio Bearer）。

传输公共 RRC 信令消息则使用 RB0，RB0 实际映射到公共控制逻辑信道（CCCH），UE 在发起随机接入过程的时候并没有任何的专用空中接口资源，只能使用公共控制信道（CCCH）发送信令消息，使用 RB0/CCCH 发送的 RRC 消息有 RRC Connection Request、RRC Connection Setup、Cell Update 和 URA Update 等。

用户专用的 SRB 通常有 3 或 4 条，分别是 RB1、RB2、RB3 和 RB4。在 RRC 连接建立的过程中，将在 UE 与 SRNC 之间建立起 3 条或者 4 条 SRB（其中，RB4 为可选）。这 4 条 SRB 分别映射到逻辑信道专用控制逻辑信道（DCCH）。

这 4 条 SRB 的功能是有所不同的。其中 RB1、RB2 用于传输接入层的消息，例如 RRC 层的 Radio Bearer Setup、Active Set Update 消息等。RB1 和 RB2 的区别在于 RB1 使用无确认模式的 RLC 服务（RLC_UM），而 RB2 使用有确认模式的 RLC 服务（RLC_AM）。

SRB3 和 SRB4 都使用有确认模式的 RLC 服务，其中 SRB4 为可选的，它们用来传输非接入层（NAS）信令消息。NAS 包括连接管理层（CM）消息和移动性管理层（MM）消息，它们都是终结于核心网与 UE 之间的，接入层要做的处理就是在 UE 与核心网之间透明传输这些消息。如果 SRB3 和 SRB4 同时存在，SRB3 将被用来传输高优先级的 NAS 信令消息，SRB4 被用来传输低优先级的 NAS 信令消息；如果只存在 SRB3，则只使用 SRB3 传输 NAS 层信令消息。在 RRC 层 Uplink Direct Transfer 用来在空中接口上传输从 UE 到核心网的 NAS 信令消息；Downlink Direct Transfer 用来在空中接口上传输从核心网到 UE 的 NAS 信令消息。因为 NAS 消息是在 UE 和核心网之间传输的，所以在 Iu 接口上也存在与空中接口 Uplink Direct Transfer、Downlink Direct Transfer 相对应的 RANAP 消息。

用于传送层 3 用户面数据（电路域或分组域）的无线承载称为 RB，这些承载用户面数据的 RB 实际上可以看作 Iu 接口上用户面的无线接入承载（RAB）在空中接口上的映射，或者说一条 RAB 可以看作是在 Iu 接口上的传输层资源与在空中接口上的一条或多条 RB 资源的集合，根据 TS 25.331 文件中的规定，一条 RAB 最多可以映射到 8 条 RB 空中接口上。

3. 逻辑信道

从协议层次来看，逻辑信道属于 MAC 层向 RLC 层提供的数据传输服务，RLC 层将更上层的 RB 映射到相应的逻辑信道。MAC 层则将逻辑信道映射和复用到传输信道上。

逻辑信道根据在其上传输的数据内容的不同可以分为控制信道和业务信道，控制信道用于传输用户面的控制信息，业务信道用于传输用户面的业务数据（包括电路域和分组域数据）。

根据传输信息内容的不同，逻辑信道可以分为以下几类。

（1）逻辑控制信道

① 广播控制信道（BCCH，Broadcast Control Channel）

此信道是下行逻辑信道，用于系统消息的广播。BCCH 一般映射到传输信道 BCH 上进行传输，在特殊情况下，也可以映射到 FACH 上进行传输。

② 寻呼控制信道（PCCH，Paging Control Channel）

该信道为下行逻辑信道，用于寻呼消息的发送。该消息映射到 PCH 上进行传输。

注：寻呼消息有两种类型：一种叫做 1 型寻呼消息（Paging Type 1），该类型寻呼消息使用 PCCH；另一种称为 2 型寻呼消息（Paging Type 2），该消息将使用 DCCH。

③ 公共控制信道（CCCH， Common Control Channel）

该信道为双向逻辑信道，在上行方向映射到 RACH 上进行传输；在下行方向该信道映射到 FACH 传输。

④ 专用控制信道（DCCH，Dedicated Control Channel）

该信道为双向逻辑信道，传输 UE 专用控制信息。可以映射到 DCH 或者 RACH/FACH 上传输。

（2）业务逻辑信道

① 公共业务信道（CTCH，Common Traffic Channel）

该信道为下行逻辑信道，用于点到多点的组播业务。该信道映射到 FACH 上传输。

② 专用业务信道（DTCH，Dedicated Traffic Channel）

该信道为双向逻辑信道，用于传输 UE 专用业务信息，包括 PS 域和 CS 域的业务数据。可以映射到 DCH、RACH/FACH、DSCH 或者 CPCH 上进行传输。

当 RRC 的状态是 CELL_FACH 时，UE 使用成对的 RACH/FACH 传输用户专用的信令和业务数据，这种状态下，UE 没有专用的物理信道资源，DCCH 和 DTCH 在下行方向映射到 FACH 上进行传输，在上行方向映射到 RACH 上进行传输。

4. 传输信道

传输信道是物理层向 MAC 层提供的服务，MAC 层可以根据上层需要传输的数据服务种类的不同以及 QoS 要求的不同，选择使用不同的传输信道，传输信道的类型如图 5-28 所示。

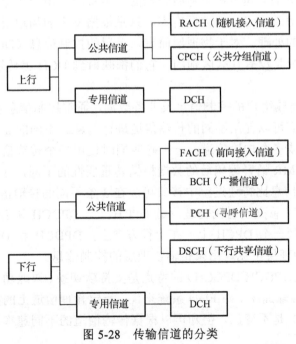

图 5-28　传输信道的分类

从协议层次来看，传输信道是物理层向 MAC 层提供的服务。逻辑信道到传输信道的复用和映射是在 MAC 层中完成的，而传输信道到物理信道的复用和映射是在物理层中完成的。

3G 的一个重要特征就是对多媒体业务的支持，不同类型的业务（例如文本、声音、视频等）其要求的传输特性也是不同的，在空中接口上可以通过不同的传输信道来满足传输要求。WCDMA 系统可以将这些具有不同传输特性的业务数据放在同一条物理链路上来进行传输，即通过传输信道在物理信道上的复用和映射来实现。

在 WCDMA 中，每个传输信道都与某个特定的 QoS 信道要求相关，一个复杂的应用可以同时有多条传输信道来支持，而这些不同的传输信道可以使用同一条（或者多条）物理信道来传输。这种传输信道在物理信道上的复用和映射也就实现了不同的 QoS 应用在同一个物理链路上传输的要求。

MAC 层直接与物理层相连，MAC 向上层提供的服务是逻辑信道，MAC 向下使用物理层提供的服务，物理层提供给 MAC 使用的是传输信道。在 UE 侧，MAC 层与物理层在同一个物理实体上实现，它们之间信息传递使用原语实现，但在网络侧，MAC 层一般在 SRNC 或者 CRNC 上实现，物理层在 Node B 上实现，这样它们之间传递数据就需要一个特定的协议，不同的传输信道在 Iub 和 Iur 接口上有不同的帧协议（FP）来实现这种数据传输。

一个 UE 可以同时建立多条传输信道，每条传输信道都分别有自己的传输特性（如特定的信道编码方式、特定的速率匹配参数等），每个传输信道都可以满足不同的 QoS 要求。

公共传输信道是多个 UE 共用的道资源，而专用传输信道则对应于只能为一个用户使用的传输信道资源。专用传输信道只有 DCH 一种；公共传输信道共有 6 种，除用于传输信令消息外，有些公共传输信道也可以被用来传输低速分组数据业务，如 FACH/RACH、DSCH，公共传输信道用于传输数据业务时不支持软切换。

（1）DCH

专用传输信道（DCH）是 UE 被网络分配的专用资源，用于传输信令和业务数据。物理信道并不关心传输信道中包含的数据内容，只是根据特定的物理层的配置参数对传输信道上的数据进行相应的处理。对于物理层而言，上层的控制信息（DCCH 信令消息）和业务数据（DTCH 数据）是没有什么区别的，它们都映射到 DCH 上传输，只是对应的 DCH 参数会相应不同。

专用信道，用于传输用户的控制信息及业务数据，通常控制信息和业务数据的 QoS 要求是不同的，所以它们可以使用不同的传输信道进行传输。不同的业务根据其业务特点的不同，可以使用一个或多个传输信道。一个呼叫同时使用多个传输信道的一个典型的例子是 AMR 话音数据。AMR 话音编码后的数据根据其重要性的不同，可以分为 A 类、B 类和 C 类，A、B、C 类的信息比特通过空中接口可放在 3 条不同的传输信道上传输。

在下行方向，DCH 总是映射到物理信道 DPCH 上，DPDCH 和 DPCCH 使用同一个信道码，二者时分复用到一个 DPCH 上；在上行方向上，DPDCH 和 DPCCH 使用不同的信道码。DPCCH 只对物理层可见，用来传输物理层的控制信息。

物理信道 DPCH（DPDCH/DPCCH）的特点是支持软切换、快速功率控制（每秒钟 1500 次）以及快速变化的传输速率。对 FDD 系统来说，特定物理信道上的数据传输速率在一个物理帧时间内（10ms）是不变的，但却可以根据传输信道的不同速率，改变每帧的实际传输速率。

（2）BCH（Broadcast Channel）

广播信道（BCH）用于传输系统广播信息，它是下行传输信道，在物理层上映射到 P-CCPCH，在每个小区内 P-CCPCH 都使用固定的信道码 C（256, 0）。BCH 用于广播网络特定的系统信息，以及某个小区特定的系统信息，例如 UE 随机接入过程必需使用的一些参数。每个小区有且只有一个 BCH 信道。成功读取 BCH 系统广播信息是小区内的每个用户在小区中成功接入的前提条件，所以为了使小区内的每个用户都能够获得需要的系统广播信息，BCH 需要使用相对较低的数据速率、较大的发射功率发射。

（3）PCH（Paging Channel）

寻呼信道（PCH）为下行传输信道，传输网络方的寻呼消息，在物理层映射到 S-CCPCH。网络方希望主动发起和 UE 的通信时就使用寻呼消息来寻找用户，当 UE 没有任何空中接口专用资源的时候，如 RRC 的 IDLE 模式、CELL_PCH 模式和 URA_PCH 模式，UE 都需要能够监听寻呼信道，以知道何时网络对 UE 发起寻呼请求。每个小区都有自己的寻呼信道。根据网络系统的配置不同，以及 UE 所处的 RRC 状态不同，系统寻呼消息可能在一个或多个小区内进行发送。来自核心网的寻呼消息发送范围是以位置区（Location Area）为单位的，而在 SRNC 级别，根据 UE 所处的 RRC 状态不同，SRNC 可以决定是在一个 URA 的范围内寻呼 UE（一个 URA 可以包含一个或多个小区），或仅在一个小区内寻呼 UE，也可能在整个 RNC 范围内寻呼 UE。因为 UE 并不知道何时才有给自己的寻呼消息到达，所以在没有专用空中接口资源的时候它必须对寻呼信道（PCH）进行监听。PCH 的设计将直接影响到 UE 的电池使用时间，PCH 设计的原则就是使 UE 以尽可能少的时间去听取寻呼信道的消息。在物理层映射的 S-CCPCH 是和物理层的寻呼指示信道（PICH）配合使用的。

（4）FACH（Forward Access Channel）

前向接入信道（FACH）是下行信道，映射到物理信道 S-CCPCH 上，可以与 PCH 一起复用，也可以单独映射到 S-CCPCH 上。

FACH 总是与上行的 RACH 配对使用。FACH 可以用来传输用户控制信令消息，此时逻辑信道 CCCH 或 DCCH 映射到 FACH 上，FACH 同时也可以用来传输分组数据，此时逻辑信道 DTCH 映射到 FACH 上。一个小区可以有一条或多条 FACH。

（5）RACH（Random Access Channel）

随机接入信道（RACH）是上行信道，可以用于发送控制信息及业务数据，与下行的 FACH 配合使用。在物理层 RACH 映射到 PRACH 上，PRACH 在物理层与下行物理信道 AICH 配合使用完成随机接入过程。

（6）DSCH（Downlink Shared Channel）

下行共享信道（DSCH）用于多个 UE 共享下行数据传输。DSCH 总是映射到 PDSCH 上。DSCH 可以被多个用户共享。在一定程度上，DSCH 与 FACH 比较相象，不同之处在于 DSCH 支持快速功率控制，并且 DSCH 可以像 DCH 一样以物理帧为单位改变数据传输速率。一个 DSCH 总是要与一个 DCH 相关联的，DSCH 在物理层的控制信息也使用 DPCCH 传输。

（7）CPCH（Common Packet Channel）

公共分组信道（CPCH）是上行信道，在物理层映射到 PCPCH 上。该信道与 RACH 类似，可以认为是 RACH 的扩展，它的提出是为了解决在 RACH 上同时传输信令和数据所带来的矛盾。CPCH 被用来专门传输上行业务信道信息，在系统中是可选的。CPCH 与 RACH 的主要不同有：CPCH 支持快速功率控制、支持基于物理层的碰撞检测机制、支持 CPCH 状态监测过程。

5. 物理信道

物理信道是物理层使用的一组特定物理层资源相关的信道。物理层中最重要的一个信道资源就是信道码，除同步信道 P-SCH 和 S-SCH，每个物理信道都有一个属于自己的信道码，信道码（OVSF 码）是系统中一个非常重要的资源。这里将只对物理信道分类进行简要介绍，详细的有关物理信道的内容将在后面介绍。

物理信道也可以分为公共信道和专用信道两大类，但也可以根据它们的功能层次分为以下两种。

一种是和上层信道无关的物理信道，这些信道仅仅用于特定的物理层过程，它们只是对于物理层才有意义，对于上层协议是不可见的。

（1）P-SCH：主同步信道（P-SCH）是为了使 UE 获得时隙同步。

（2）S-SCH：次同步信道（S-SCH）是为了让 UE 尽快获得帧同步，并确定小区使用的下行扰码为 64 组中的哪一组。

（3）P-CPICH：小区的主导频信道（P-CPICH）则用于下行信道的信道估计和相干解调，并给出小区使用下行扰码的信息。

（4）S-CPICH：小区的辅助导频信道（S-CPICH）对一个小区是可选的。

（5）AICH： AICH 是为了让基站在收到 UE 的接入先导信息后，指示 UE 是否可以继续发送随机接入请求的消息部分。

（6）PICH： PICH 用于指示在相应寻呼消息中是否有特定用户的寻呼消息。

（7）DPCCH： DPCCH 是为了传送物理层特定 DPDCH 所需要的控制信息，如快速功率控制命令 TPC。

小区中的另一种物理信道则是用来在 UE 和基站之间实现上层信道的数据传输。

（1）PRACH：与 RACH 相对应。

（2）P-CCPCH：与 BCH 相对应。

（3）S-CCPCH：与 PCH 和（或）FACH 相对应。

（4）DPDCH：与 DCH 相对应。

（5）PDSCH：与 DSCH 相对应。

DPDCH 用于 UE 专用信息（信令和业务数据）的交互；P-CCPCH 用于系统广播信息的发送；S-CCPCH 根据上层传输信道类型的不同可以用于寻呼消息的发送，也可以用于随机接入过程中收到 PRACH 上接入请求后网络方下行快速接入信息的发送。

6. 逻辑信道、传输信道和物理信道之间的映射关系

图 5-29 基本包含了 WCDMA R99 系统的所有信道。在图中，将信道分为逻辑信道、传输信道、物理信道 3 种类型，并对其映射关系加以概括总结。其中物理层的物理信道又可以细分为两种子类型：一种类型为专门用于传递物理层控制信息的物理信道，如 P-SCH、AICH 等，这种物理信道对于上层不可见，与传输信道/逻辑信道之间不存在映射关系；另一种类型为用于承载传输信道信息，如 PRACH、DPDCH 等，这种信道与传输信道/逻辑信道之间存在直接映射关系。

在图 5-29 中的物理信道部分，每个小区都包含一个主同步信道（P-SCH）与次同步信道（S-SCH）。UE 在一个小区中驻留时，必须先通过搜索 P-SCH 进行时隙同步，进而使用

S-SCH 进行帧同步。通过帧同步后，UE 就获得了小区中 P-CPICH 与 P-CCPCH 物理帧的时间同步，同时也获得了小区 P-CPICH 下行扰码所在的码组号（一个码组包含 8 个扰码）。

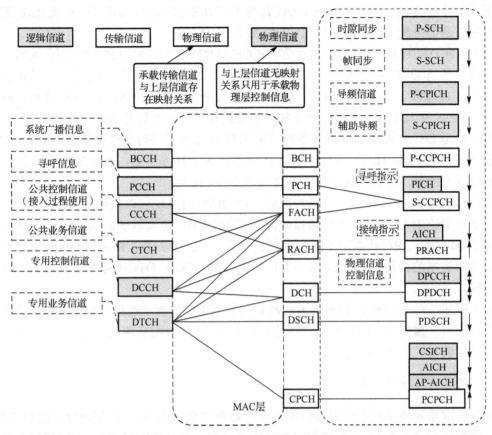

图 5-29　WCDMA 空中接口各层信道映射关系

通过帧同步获得子码组号后，UE 就可以通过 P-CPICH 获得小区使用的扰码信息（8 选 1），也可以使用辅助导频信道（S-CPICH）。

UE 在获得了小区使用的扰码后，就可以解码小区中的广播信道信息了。广播信道信息包含 UE 需要的系统/小区资源信息。广播信道使用的逻辑信道为 BCCH，对应的传输信道为 BCH，对应的物理层信道为 P-CCPCH。

UE 在通过 BCCH/BCH/P-CCPCH 获得了系统广播消息中包含的参数之后，可以通过 PCCH/PCH 接收网络的寻呼消息。

PCCH/PCH 被映射在物理信道 S-CCPCH。而物理层的 PICH 用于提供寻呼指示信息，通过 PICH 可以使得 UE 在保证监听 PCH 的同时，有效减少 UE 的电量损耗。

除了可以被寻呼以外，在读取系统广播消息后，UE 还可以在该小区中执行接入过程。

例如 UE 可能执行位置更新信令流程，或者发起一个分组呼叫，这种情况下，UE 总是要使用上行 CCCH/RACH/PRACH 进行对网络的接入。UE 使用 CCCH（而非 DCCH），是因为在最初的接入过程中 UE 并没有任何专用资源，而只能使用小区的公共资源 CCCH。

物理层的 AICH 用于对 UE 接入前导的确认，协助 PRACH 完成接入过程。

FACH 与 PCH 可以映射到同一个 S-CCPCH，也可以分别映射到不同的 S-CCPCH。

下行公共业务信道（CTCH）也可以映射到 FACH，例如小区广播业务的情况。

与上行的 CCCH/RACH/PRACH 对应，下行 CCCH/FACH/S-CCPCH 用于 UE 在接入过程中下行信令的传输。通过 RACH/PRACH 与 FACH/S-CCPCH，UE 可以实现 RRC 连接的建立过程，进而分配 UE 的专用资源：DCCH 以及 DTCH。

DCCH 和 DTCH 是双向的，通常而言，DCCH 与 DTCH 可以映射到传输信道 DCH，DCH 映射到物理信道 DPDCH 进行传输，物理信道 DPCCH 用于物理层特定的专用信道控制信息，如 TFCI、TPC。在上行方向上，DPDCH 与 DPCCH 分别使用不同的信道码，在下行方向上，DPDCH 与 DPCCH 通过时分复用的方式使用同一个码分信道。

对于使用 DSCH 的情况，下行逻辑信道 DTCH 还可以映射到传输信道 DSCH，DSCH 映射到物理信道 PDSCH。与下行的 DSCH 类似，在上行方向上，上行逻辑信道 DTCH 还可以映射到 CPCH，而 CPCH 映射到物理信道 PCPCH 上。

上行 DCCH 与 DTCH 不仅可以映射到上行 DCH，而且还可以映射到 RACH 进行传输；同理，下行 DCCH 与 DTCH 不仅可以映射到下行 DCH，也可以映射到 FACH 进行传输。

对于 UE 处于 RRC 状态的 CELL_FACH 情况，UE 可以使用 RACH 与 FACH 进行上、下行信令和数据的传输。这种情况下，上行与下行的 DCCH、DTCH 将使用 RACH 与 FACH 进行传输。

综上所述，对 WCDMA 物理信道的映射关系与 UE 的物理过程有密切关联。通过了解 UE 同步、监听广播信道、寻呼信道，进而进行随机接入，并分配资源的过程，可以将 WCDMA 的各个信道映射关系理解清楚。

5.3.4　物理信道的结构

物理信道是各种信息在无线接口传输时的最终体现形式。每一种使用特定的载波频率、扰码、信道化码（可选）、开始和结束的时间段（有一段持续的时间）、上行信道中载波的相对相位（I 或 Q）的物理信道都可以理解为一类特定的信道。也就是说，以上任何一个因素的不同，就可以用来区分两条不同的物理信道。对 WCDMA 来讲，物理信道的持续时间用码片（chip）衡量，物理信道包括三层结构，如图 5-30 所示。

① 超帧：一个超帧长 720ms，包括 72 个无线帧，超帧的边界用系统帧序号 SFN（SFN 由 BCH 广播）定义，当 SFN 为 72 的整数倍时，该帧为超帧的起始无线帧。

② 无线帧：一个无线帧长 10ms，包括 15 个时隙的处理单元，共 38400chips。

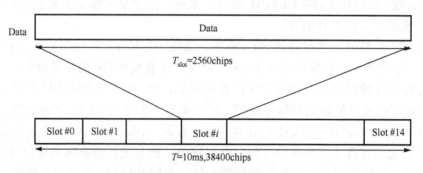

图 5-30　WCDMA 帧和时隙的关系

③ 时隙：一个时隙长 0.6667ms，包括一组信息符号单元，每个符号包括许多码片，码片数量与该物理信道的扩频因子相同。符号数目和扩频因子都由物理信道类型确定。信道的信息速率随符号率变化，符号率取决于扩频因子。通常一个时隙长度为 2560chips，对应一个功率控制周期。物理信道是由无线帧和时隙所组成的，每一个无线帧的长度是 10ms，即 38400chips。

1. 上行物理信道结构

上行物理信道包含公共物理信道 PRACH、PCPCH，和专用物理信道 DPDCH、DPCCH，UE 在某一时刻要么使用公共物理信道，要么使用专用物理信道，不能同时使用这两类物理信道。UE 可以使用公共物理信道传输专用逻辑信道的内容。

对于专用物理信道而言，DPCCH 只是用于传输物理层的控制信息，例如功率控制信息、TFCI 和 FBI，所有高层信令以及业务数据都放在 DPDCH 中传输。

（1）随机接入信道 PRACH

PRACH 用来承载 RACH，RACH 随机接入信道的传输基于带有快速捕获指示的时隙 ALOHA 方式。UE 可以在一个预定的时间偏置开始 PRACH 的传输，这个时间表示为接入时隙。每两帧有 15 个接入时隙，间隔为 5120chip。图 5-31 所示为接入时隙的数量和它们之间的相互间隔。当前小区中哪个接入时隙的信息可用，由系统广播信息给出。UE 可以在一个预先定义的时间偏置开始传输，表示为接入时隙。

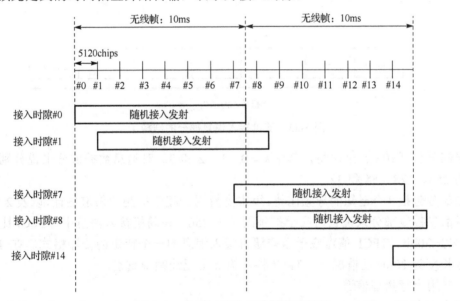

图 5-31　RACH 接入时隙数量和间隔

随机接入发射的结构如图 5-32 所示。随机接入发射包括一个或多个长为 4096chip 的前缀和一个长为 10ms 或 20ms 的消息部分。

PRACH 的接入前导部分长度为 4096chip，是对长度为 16 码片的一个特征码 s（Walsh 码）的 256 次重复，总共有 16 个不同的特征码可用。

图 5-33 显示了随机接入的消息部分的结构。10ms 的消息被分为 15 个时隙，每个时隙的长度为 T_{slot} = 2560 码片。每个时隙包括两部分，一个是数据部分，RACH 传输信道映射

到这部分；另一个是控制部分，用来传送层 1 控制信息。数据和控制部分是并行发射传输的。一个 10ms 消息部分由一个无线帧组成，而一个 20ms 的消息部分由两个连续的 10ms 无线帧组成。消息部分的长度等于当前使用的 RACH 传输信道的传输时间间隔。这个 TTI 长度可以由高层配置。

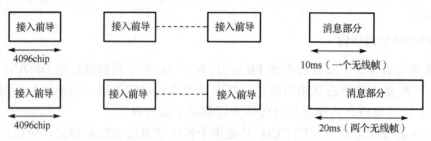

图 5-32　随机接入发射的结构

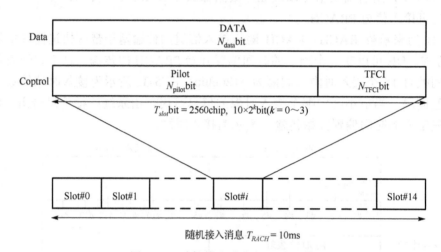

图 5-33　随机接入消息部分的结构

　　数据部分包括 10×2^k 个比特，其中 $k = 0$、1、2 和 3。对消息数据部分来说分别对应扩频因子为 256、128、64 和 32。

　　控制部分包括 8 个已知的导频比特，用来支持用于相干检测的信道估计，以及 2 个 TFCI 比特，对消息控制部分来说它对应于扩频因子为 256。在随机接入消息中，TFCI 比特的总数为 $15 \times 2 = 30 \text{bit}$。TFCI 值对应于当前随机接入消息的一个特定的传输格式。在 PRACH 消息部分长度为 20ms 的情况下，TFCI 将在第 2 个无线帧中重复。

　　（2）专用上行物理信道

　　上行专用物理信道分为上行专用物理数据信道 DPDCH 和上行专用物理控制信道 DPCCH，这两个物理信道在每个无线帧内是 I/Q 码分复用的。上行 DPDCH 用于传输专用传输信道 DCH，在每个上行链路中可以有 0、1 或几个 DPDCH。

　　上行 DPCCH 用于传输物理层中的控制信息。物理层的控制信息包括支持信道估计以进行相干检测的已知导频比特，发射功率控制指令 TPC、反馈信息 FBI 以及一个可选的传输格式组合指示 TFCI。TFCI 将复用在上行 DPCCH 的不同传输信息的瞬时参数通知接收机，并与同一帧中要发射的数据相对应起来。在每个物理信道中有且仅有一个上行 DPCCH。

上行专用物理信道如图 5-34 所示。每个帧长 10ms，分成 15 个时隙，每个时隙长度为 $T_{slot}=2560$chip，对应一个功率控制周期。

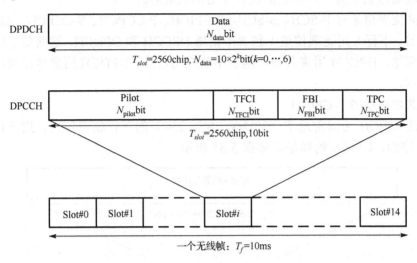

图 5-34　上行 DPCCH/DPDCH 的帧结构

图 5-34 中的参数 k 决定了每个上行 DPDCH/DPCCH 时隙的比特数。它与物理信道的扩频因子 SF 有关，$SF=256/2^k$。DPDCH 的扩频因子的变化范围为 4～256；而 DPCCH 的扩频因子就取 256，即每个上行 DPCCH 时隙有 10 比特。FBI 的结构如下：

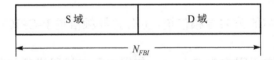

其中 S 域用于 SSDT（小区选择的发射分集）；D 域用于闭环功率发射分集。

上行专用物理信道可以进行多码操作。当使用多码传输时，几个并行的 DPDCH 使用不同的信道化码进行发射。值得注意的是，每个连接只有一个 DPCCH。

上行 DPDCH 开始发射前的一段时期（上行 DPCCH 功率控制前缀）被用来初始化一个 DCH。功率控制前缀的长度是一个高层参数 Npcp，由网络通过信令方式给出。

表 5-2 列出了上行 DPDCH 可能使用的比特数，使用哪一种时隙格式由高层配置（允许高层重配置）。

表 5-2　DPDCH 字段

时隙格式#i	信道比特率（kb/s）	信道符号率（kSymbol/s）	SF	比特/帧	比特/时隙	N_{data}
0	15	15	256	150	10	10
1	30	30	128	300	20	20
2	60	60	64	600	40	40
3	120	120	32	1200	80	80
4	240	240	16	2400	160	160
5	480	480	8	4800	320	320
6	960	960	4	9600	640	640

2. 下行物理信道结构

下行物理信道也分为公共物理信道和专用物理信道。

下行公共物理信道有 P-SCH、S-SCH、P-CPICH、P-CCPCH、S-CCPCH、AICH、PICH 和 P-DSCH 等。下行专用物理信道中包含子信道 DPCCH 和 DPDCH，这两信道时分复用在同一个码分信道，DPCCH 用来传输物理层中的控制信息，DPDCH 用来传输来自高层的信令和业务数据。

（1）公共导频信道 P-CPICH

小区中的 CPICH 为固定速率（30kb/s，SF = 256）的下行物理信道，用于传输预定义的比特/符号序列。CPICH 的帧结构如图 5-35 所示。

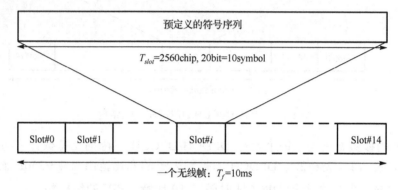

图 5-35　公共导频信道的帧结构

WCDMA 有两种类型的公共导频信道，主公共导频信道 P-CPICH 和辅助公共导频信道 S-CPICH。

P-CPICH 使用的信道码固定为 $C_{ch,256,0}$，使用小区主扰码进行加扰操作，每个小区有且仅有一个 CPICH，在整个小区内进行广播，终端接收 P-CPICH 进行切换测量；并为各个下行物理信道提供相位参考和信道估计；也可通过高层信令通知移动台 P-CPICH 作为下行 DPCH 及 PDSCH 信道相位参考和信道估计。

S-CPICH 可使用 SF = 256 的任何一个信道码，可以使用小区主扰码或辅助扰码进行加扰操作，每个小区有 0、1 或多个 S-CPICH，可以在全小区或部分小区进行发射。

（2）基本公共控制物理信道 P-CCPCH

P-CCPCH 是一个固定速率（30kb/s，SF = 256）的下行物理信道，使用的信道码固定为 $C_{ch,256,1}$，用于传输 BCH。其帧结构如图 5-36 所示。

在 P-CCPCH 中没有 TPC 指令，没有 TFCI，也没有导频比特。与同步信道 SCH 时间复用，在每个时隙的前 256 码片用于发射 P-SCH 和 S-SCH。

（3）辅助公共控制物理信道 S-CCPCH

S-CCPCH 用于传送 FACH 和 PCH，在 S-CCPCH 是否传输 TFCI 由 UTRAN 来确定。其帧结构如图 5-37 所示。

图 5-37 中的参数 k 确定了每个 S-CCPCH 时隙的总比特数，并与物理信道的扩频因子有关 $SF = 256/2^k$，$4 \leqslant SF \leqslant 256$。

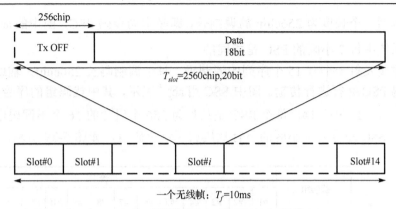

图 5-36　基本公共物理信道的帧结构

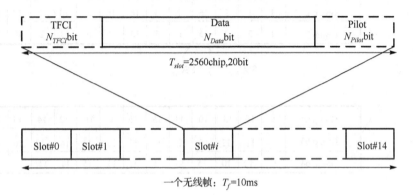

图 5-37　S-CCPCH 的帧结构

FACH 和 PCH 可以映射到相同或不同的 S-CCPCH，如果映射到相同的 S-CCPCH，就可映射到同一个物理信道。S-CCPCH 中不包含内环功率控制信息，所以没采用快速功率控制。

（4）同步信道 SCH

同步信道 SCH 是一个用于小区搜索的下行链路信号，包括两个子信道 P-SCH 和 S-SCH，两种信道的 10ms 无线帧分成 15 个时隙，每个长度为 2560chip。SCH 无线帧的结构如图 5-38 所示。

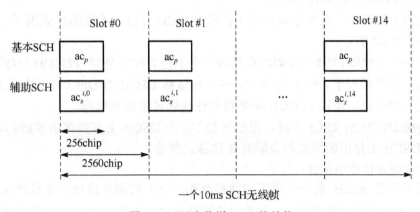

图 5-38　同步信道 SCH 的结构

P-SCH 包括一个长度为 256chip 的调制码，即基本同步码 PSC，图中的 ac_p，每个时隙发射一次。系统中每个小区的 PSC 是相同的。

S-SCH 重复发射一个有 15 个序列的调制码，每个调制码长 256chip，辅助同步码 SSC 与基本同步码 PSC 并行进行传输。图中 SSC 用 $ac_s^{i,k}$ 表示，其中扰码组的序号 $i = 0，1，\cdots，63$，时隙号 $k = 0，1，\cdots，14$。每个 SSC 是从长为 256 个码片的 16 个不同码组中挑选出来的，S-SCH 的 SSC 序号表示小区的下行扰码属于哪个码组，如图 5-39 所示。

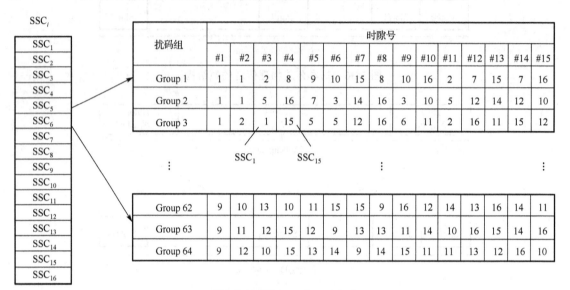

图 5-39　辅助同步码 SSC 与扰码组序号的关系图

（5）物理下行共享信道 PDSCH

物理下行共享信道 PDSCH 用于传送下行共享信道 DSCH 的数据。一个 PDSCH 对应于一个 PDSCH 根信道码或下面的一个信道码。PDSCH 在一个无线帧内，基于一个单独的 UE 进行分配。在一个无线帧内，UTRAN 可以在相同的 PDSCH 根信道码下，基于码复用，给不同 UE 分配不同的 PDSCH。在同一个无线帧中，具有相同扩频因子的多个并行的 PDSCH，可以被分配给一个单独的 UE。这是多码传输的一个特例。在相同的 PDSCH 根信道码下的所有 PDSCH 都是帧同步的。

在不同的无线帧中，分配给同一个 UE 的 PDSCH 可以有不同的扩频因子。PDSCH 的帧和时隙如图 5-40 所示。

对于每一个无线帧，每个 PDSCH 总是与一个下行 DPCH 随路，PDSCH 与随路的 DPCH 不需要有相同的扩频因子，也不需要帧对齐。在随路 DPCH 的 DPCCH 部分发射所有与物理层相关的控制信息，所以 PDSCH 不需携带任何物理层控制信息。

使用随路 DPCH 的 TFCI 字段，可以告知 UE 在 DSCH 上有数据需要解码，也可以告诉 UE 在 PDSCH 上使用的信道码及瞬时传输格式参数。

（6）捕获指示信道 AICH

捕获指示信道 AICH 是一个用于传输捕获指示 AI 的物理信道，捕获指示 AI_s 对应于 PRACH 接入前导使用的特征码 s：如果 AI 被设为 +1，则表示对一个接入前导 s 肯定的响应；如果 AI 被设为-1，则表示对一个接入前导 s 否定的响应；如果 AI 被设为 0，则表示特征码 s 不属于与之对应的 PRACH 的所有接入级别可使用的特征码集。AICH 信道化的扩频因子 SF 固定为 256，它的相位参考是 P-CPICH。AICH 的帧和时隙如图 5-41 所示，每帧由重复的 15 个连续的接入时隙 AS 的序列组成。每个时隙 5120chip，由两部分组成：一个是接入指示 AI 部分，由 32 个实数值符号 a_0，a_1，…，a_{31} 组成；另一部分是持续 1024bit 的空闲部分。

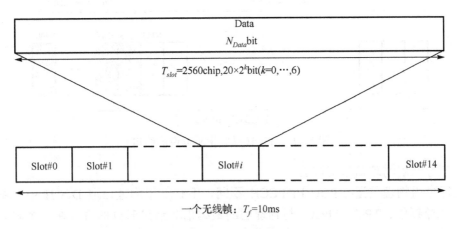

图 5-40　PDSCH 的帧结构

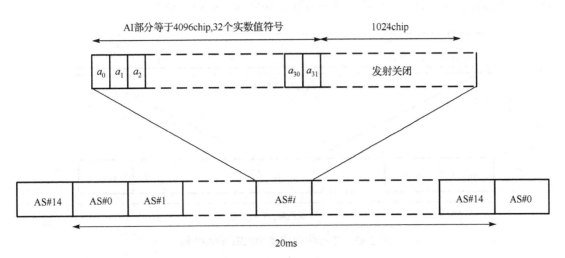

图 5-41　AICH 的帧结构

（7）寻呼指示信道 PICH

寻呼指示信道 PICH 是一个固定速率（SF =256）的物理信道，用于传输寻呼指示。PICH 总是与一个 S-CCPCH 随路，此时的 S-CCPCH 只映射 PCH 的物理信道。PICH 的帧结构如图 5-42 所示，帧长 10ms，包括 300 比特（前 288 比特用于传输寻呼指示，余下的 12 比特未使用）。

在每个 PICH 帧内，发射 N_p 个寻呼指示 $\{P_0, \cdots, P_{N_{p-1}}\}$，其中 N_p=18、36、72 或 144。高层为某 UE 计算的 PI 是与某个寻呼指示 P_q 相关联的（其中 q 是按照一个特定函数式计算），而在 Iub 上的 PCH 数据帧中的 PI 位图包括与高层所有可能的 PI 值相对应的指示值，位图中的比特表示与某一特定的 PI 相关联的寻呼指示应被设为 0 或 1。当 UE 处于 Idle、URA_PCH 和 CELL_PCH 状态下，PCH 信道承载 UE 的寻呼消息。UE 首先监视寻呼指示信道 PICH，如果对应寻呼指示为 1，则指示与这个 PI 相关的 UE 应该读取随路的 S-CCPCH 物理信道中 PCH 传输信道中的寻呼消息。

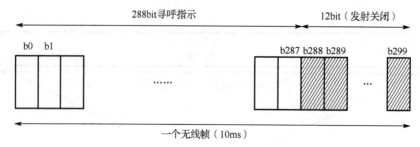

图 5-42　PICH 寻呼指示信道的结构

（8）下行专用物理信道 DPCH

与上行专用物理信道 DPDCH/DPCCH 不同，下行专用物理信道 DPCH 中，物理层的控制信息（导频位、TPC、TFCI）与物理层的数据信息通过时分的方式在一个码分信道中传输，其结构如图 5-43 所示。下行信道采用可变扩频因子的传输方式，每个下行 DPCH 时隙中可传输的总比特数由扩频因子 $SF = 512/2^k$ 决定（ $4 \leqslant SF \leqslant 512$ ）。

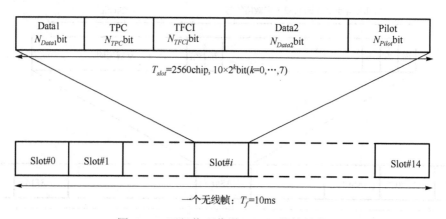

图 5-43　下行物理信道 DPCH 的帧结构

下行链路还可采用多码并行传输。一个或几个传输信道的信息经编码复接后，组成的一个编码复合传输信道 CCTrCH 可使用几个并行的扩频因子相同下的 DPCH 进行传输。此时，为了降低干扰，物理层的控制信息仅放在第一个下行 DPCH 上，其他 DPCH 上不传输控制信息，即采用不连续发射 DTX（在 DPCCH 的传输时间不发送任何信息）。另外，当几个 CCTrCHs 映射到几个不同的 DPCH 中发送给同一个 UE 时，也采用多码传输技术，各 DPCH 可以采用不同的扩频因子。物理层控制信息也仅在主下行链路 DPCH 中发送，在其他附加 DPCH 对应的时间内，采用非连续发送（DTX）方式。图 5-44 所示是一个多码发射的情况。

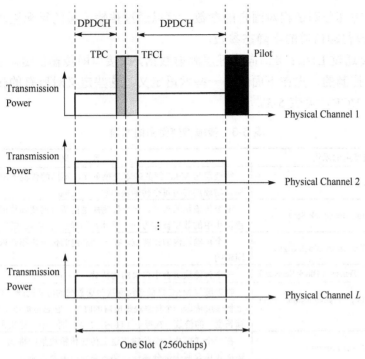

图 5-44　下行链路的多码并行传输

5.4　WCDMA 物理层

WCDMA 的基本特色体现在无线接口物理层。物理层主要完成基带处理过程,具体实现由 Node B 节点和 UE 完成,但基带处理需要 RNC 设定许多上层参数才能正确完成。物理层在空中接口的协议结构模型中处于最底层,物理层的主要功能就是把不同传输信道经过附加 CRC、信道编码、交织、速率匹配等过程之后复用至同一个 CCTrCH,映射到物理信道的帧结构,而后物理信道的数据再经过信道化码扩频、加扰、QPSK 调制、载波调制等过程之后发到空中。物理层提供物理介质中比特流传输所需要的所有功能。

5.4.1　MAC 层到物理层的数据处理

通过前面介绍空中接口各层协议的关系以及各种信道之间的映射关系,在数据发送端,来自上层的信令和业务数据通过层 2 的 MAC 子层发送到物理层,数据经物理层处理后通过天线发送给接收端。下面介绍数据是怎样从 MAC 层传送给物理层的。

在 WCDMA 中所有的传输信道都被定义为单向的,这表明 UE 在上下行链路可同时拥有一个或多个传输信道(取决于业务及 UE 状态)。一个 UE 可同时建立多个传输信道,每个传输信道都有其特征(如提供不同的纠错能力)。每个传输信道都可为一个无线承载提供信道比特流的传输,也可用于传输层 2 和高层的信令消息。物理层实现传输信道到一条或多条物理信道的复用。另外,在当前的无线帧中,传输格式组合指示 TFCI 字段用于唯一标识编码复合传输信道 CCTrCH 中每个传输信道的传输格式。

传输信道参数中包含动态部分和半静态部分,动态部分在每个传输时间间隔 TTI 中是可变的；而半静态部分则是相对固定的参数，可以通过传输信道的重配置功能，在 UE 和 UTRAN 之间修改传输信道的半静态参数。

MAC 层负责通过 L1/L2 接口向物理层映射数据，此接口即传输信道。为了描述映射是如何实现和如何控制的，先在下面给出一些术语定义。这些定义对所有的传输信道类型通用，而不是专指 DCH，见表 5-3。

表 5-3　传输信道使用的术语

传输信道使用的术语	含　义
传输块（TB，Transport Block）	物理层与 MAC 间的基本交换单元。不同的传输信道可以有不同的传输块。物理层将为每个传输块添加一个 CRC
传输块集（TBS，Transport Block Set）	多个传输块的集合，一个传输块集内所有的传输块的大小是相同的。传输块集中的数据被作为一个整体在物理层与 MAC 层之间进行传送
传输块大小（TBS，Transport Block Size）	一个传输块内的比特数。在一个给定的传输块集合内，传输块大小总是固定的
传输块集大小（TBSS，Transport Block Set Size）	一个传输块集合中包含的比特数
传输时间间隔（TTI，Transmission Time Interval）	物理层与 MAC 之间连续两次传送数据的时间间隔。TTI 等于在无线接口上物理层传送一个传输块集所需的时间。它总是最小交织周期（10ms，无线帧长度）的倍数。在每个 TTI 内，MAC 把一个传输块集传送到物理层
传输格式（TF，Transport Format）	在一个 TTI 内一个传输信道上传送传输块集的格式。一个传输信道的传输格式包含两个部分属性：动态部分和半静态部分
传输格式集（TFS，Transport Format Set）	是一个传输信道上可用的传输格式的集合。在同一个传输格式集内传输格式半静态部分是相同的，而传输格式动态部分属性决定了传输信道的瞬时比特率。传输信道的可变比特速率依赖于映射到传输信道上的服务类型，其实现可以通过在每个 TTI 内改变传输块的大小和传输集的大小实现
传输格式组合（TFC，Transport Format Combination）	在一个给定的时间点上，传输信道与物理信道数据交互时各个传输信道有效的传输格式组合
传输格式组合集（TFCS，Transport Format Combination Set）	所有可以用于传输信道与物理信道之间数据交互的传输信道组合（TFC）构成 TFCS

物理层向上层提供数据传输服务，这些服务都是通过 MAC 子层调用传输信道实现的。传输格式（或格式集）定义了传输信道的特征，它同时也指明了物理层对这些传输信道的处理过程，如信道卷积编码与交织，以及服务所需的速率匹配。

物理层的操作严格按照物理层无线帧的定时进行。传输块定义为物理层从上层接收的、将被同时编码的数据，于是传输块的定时就与物理层无线帧严格对应，也就是说，每 10ms 或 10ms 整数倍产生一个传输块。传输信道使用的术语之间关系如图 5-45 所示。

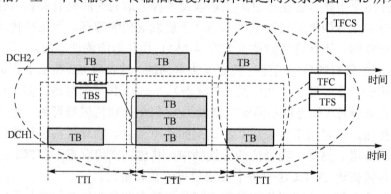

图 5-45　传输信道使用的术语图示

　　一个传输信道的属性由半静态部分和动态部分构成，动态部分决定数据速率，半静态部分决定数据在物理层中的处理过程。

　　动态部分属性：传输块（或传输块集）大小。

　　半静态部分属性：传输时间间隔（TTI）、CRC 的长度、采用的错误保护机制（错误保护类型 Turbo 码、卷积码、或无信道编码；码速率；静态速率匹配参数；上行链路的打孔限制）。

　　MAC 层与物理层之间的数据交换，是根据传输块集（TBS）来定义的。在传输信道上，一个传输块集 TBS 可以在每一个传输时间间隙（TTI）内传送。一个 TBS 可能包括一个或几个传输块 TB，一个传输块等同于一个 MAC PDU。

　　在 MAC 层，多个逻辑信道可以复用在一起并映射到传输信道（在 MAC 层逻辑信道的复用要求具有相同的 QoS），传输信道分为公共传输信道和专用传输信道，公共传输信道会被许多 UE 同时收到，需要对 UE 进行带内识别，以确定这些信息是发给/来自哪个（些）UE 的。专用传输信道具有快速功率控制和快速数据数率可变的特点，与每个 UE 完全一一对应，通过装载该传输信道的物理信道的扩频码、扰码和频率就可以完全识别。

　　在物理层，多个传输信道可以被复用到一起并映射到物理信道。被复用的传输信道可以具有不同的 QoS。物理层各传输信道的传输格式组合集 TFCS 是在每次连接建立时，由接纳控制所定义的。MAC 层依据瞬时数据传输速率为每条传输信道从 TFCS 中选择一个适当的传输格式 TF。具有不同 TF 的几条 TrCH 可以被复用到一起。

　　下面以 WCDMA 中 AMR 话音呼叫时可能存在的传输信道组合说明以上传输信道参数的含义。

　　AMR 话音业务在空中接口上下行分别使用 3 条传输信道，另外在上下行还分别包含一条用于传输空中接口信令的 3.4kb/s 的传输信道。这里只看其中一个方向上 MAC 层到物理层的数据传输。

　　传输信道的参数如图 5-46 所示。每个传输信道向物理层传送数据使用的传输块不同，而且每个传输信道都有其自己使用的传输格式集 FTS，每个传输格式集中会包含多个传输格式。

　　并不是每种可能的传输信道组合都是可用的，在这个实例中，传输信道向物理层传输数据可以使用的 TFC 共有 12 种可能的组合，这些组合构成 TFCS。

　　在每个传输信道上，每个传输格式都对应有一个传输格式指示 TFI。而每个 TFC 都对应一个 TFCI。TFCI 在空中接口编码后传输，接收端可以根据 TFCI 获知来自发送端的物理信道使用的是什么样的传输信道组合。

5.4.2　WCDMA 物理层工作流程

1. 基带发送部分和基带接收部分

（1）基带发送部分

　　基带发送单元接收 MAC 产生的 TrCH、TFI、TFS，同时接收 RRC 产生的一系列与传输信道相关的控制信息（如 TTI、CRC 校验位长度、编码方式、速率匹配特性、分裂模式指示、固定/灵活位置指示等），完成传输信道向物理信道的映射；另外，需要知道 RRC 分配的与扩频调制相关的信息（如下行专用物理信道帧时间偏移量、Node B 下行扰码的掩码、发射分集指示、扩频码的选择、功率加权信息等），基带发送模块为了支持下行盲传输格式检测、下行压缩模式，还需要一系列相关的来自 RRC 层的参数。将在 5.4.3 节中以基带发送部分的处理流程为主要内容进行描述。基带发送部分，对应下行链路基带处理流程，首先完成传输信道到物理信道的映射，然后完成对物理信道的处理。

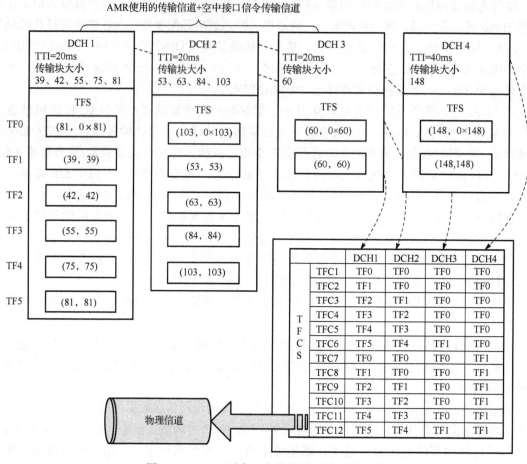

图 5-46　ARM 话音业务使用的传输信道参数

（2）基带接收部分

基带接收单元在完成解调/解扩、物理信道向传输信道的映射过程中所需参数类型基本与基带发送单元一致，但是不需要上行盲传输格式检测指示和上行 DPDCH 扩频码的信息。物理层把 TrCH、TFI 和 TB 差错校验结果上报给 MAC 层。基带接收单元需要更软切换的指示信息来进行相应扇区间信号的合并，还需要外环功率控制门限来做反向功率控制。对每个专用物理信道而言，基带接收模块会把上行 TPC、FBI 与正向功率控制信息每时隙一次通知到基带发送模块；为了产生 AICH、AP-AICH、CD-AICH 等物理层产生的信道，基带接收部分还需要通过同步捕获过程把 PRACH、PCPCH 的前导部分捕获结果通知到基带发送部分。由于 MAC 层以上的空中接口非物理层部分处理都在 RNC 中进行（只有 BCCH 例外），因此来自 RRC 层或 MAC 层的参数实际上直接来自 RNC，其中 RRC 层参数来自 Iub 接口的 NBAP，MAC 层参数来自 Iub 接口的用户平面。

物理层的基带接收单元与基带发送单元的交互关系如图 5-47 所示，图中灰线表示控制数据，虚线表示用户数据。基带发送单元分为编码与复用、完整物理信道形成和扩频和调制三个基本过程，编码与复用也称为信息调制，扩频和调制对应扩频系统特有的扩频码调制和传统的载波调制。基带接收单元分为基带滤波、同步捕获、RAKE 接收机、处理和解复用解码四个基本过程。RAKE 接收机利用上行物理信道中的导频信号来做多径搜索和信道估值，并利用估值结果作多径的相干解调、解扩与最大比合并。RAKE 接收机的输出分为数据部分支路（DPDCH）和控制部分支路（DPCCH），两部份的处理频率不同，数据部分支路按传输时间间隔 TTI（10ms、20ms、40ms 或 80ms）进行，控制部分支路又按不同比特域进行不同时段处理：① 对每一时隙，处理导频比特 Pilot 和功控比特 TPC，对导频比特估计 SIR；将 TPC 译码，按其值调整下行链路功率；在下行加 TPC 命令控制；② 对每两个或四个时隙将 DPCCH 反馈比特 FBI 译码，为发射分集模式调整分集天线的相位、幅度；③ 对每 15 个时隙（每一无线帧）：对 DPCCH TFCI 译码得到 DPDCH 的比特速率和信道译码参数用于指导数据部分支路处理。

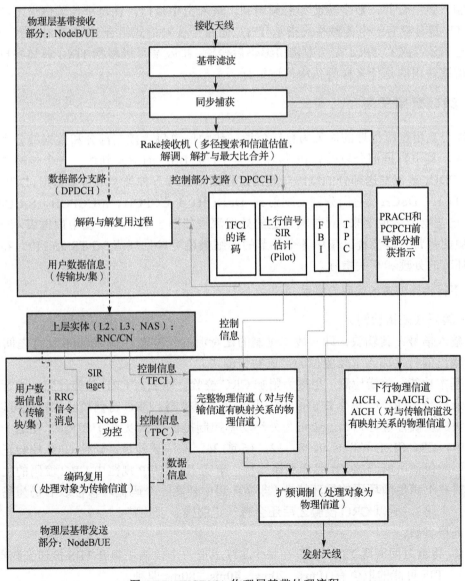

图 5-47　WCDMA 物理层基带处理流程

2. 编码复用子层和扩频调制子层

（1）编码复用子层

编码复用子层完成传输信道到物理信道的映射。在发送端，编码复用子层的输入是一条传输信道或者多条并行的传输信道，处理单元是以块为单位，每一块先后加上 CRC 校验、信道编码、交织、速率匹配之后，经过传输信道复用单元，成为编码组合传输信道 CCTrCH。需注意的是，多条并行的传输信道常常对应于不同业务类型的信息流或者相同业务类型下不同 Qos 的信息流。在接收端，解码解复用子层的输入是物理信道的数据，根据接收到的 DPCCH 中的 TFCI，接收端可以得到解码解复用过程各个阶段的参数，从而可以按照与发送端相反的过程恢复真实信息。

（2）扩频调制子层

扩频调制子层完成从比特级的数据流到码片级的数据流的映射。通过扩频/扰码操作、基带调制、数字合并，数字滤波和射频调制，进入空中接口。在每个传输信道上，每个传输格式 TF 都对应有一个传输格式指示 TFI；而每个传输格式组合 TFC 都对应有一个传输格式组合指示 TFCI。TFCI 在空中接口编码后传输，接收端可以根据 TFCI 获知来自发送端的物理信道使用的是什么样的传输信道组合。

5.4.3　编码复用子层

编码与复用过程处理的对象为传输信道。传输信道包含控制部分和数据部分到达基带发送模块，其中数据部分以传输块/传输块集（TB/TBS）的形式到达，一个传输块对应一个 MAC PDU。基带发送部分的编码与复用过程需要处理五种类型的传输信道：DCH、BCH、FACH、PCH、DSCH，它们分别要映射到 DPDCH、P-CCPCH、S-CCPCH、S-CCPCH 和 PDSCH 这些物理信道上来。对传输信道的处理流程如图 5-48 所示。图中虚框表示一个 TTI 的传输块的基带处理流程。图中各个环节的详细描述可参见规范 3G TS 25.212，在此简要描述各环节的处理和有关指标。

1. 下行传输信道的编码与复用

（1）编码（差错检测）
- **输入信号**：传输块，即一段二进制的比特流，长度在 0 到 200000 比特之间。
- **输出信号**：加入了校验位的二进制传输块。
- **基本功能**：差错检测，也称为附加 CRC 校验，即插入 CRC 校验比特，进行循环冗余校验（CRC）。每个传输信道均需通过差错检测。CRC 奇偶校验比特既可以对 TB 块的正确性进行判断，也可为外环功率控制提供指示以调节 SIR_{tar}。在这一步操作中，CRC SIZE 可以是 0，8，12，16 或 24。需注意的是：即使 CRC 校验正确，也不能保证所解码的 TB 完全无误比特，事实上，3GPP 规范中 CRC 编码的生成多项式并不满足循环码的循环特性（即循环码中任意一个码循环移位以后仍为码组中的一个码），所以 CRC 校验之后还会有一定的残余误比特。
- **高层参数**：
  - 传输时间间隔 TTI，MAC 在每个 TTI 上把一个传输块集合 TBS 投递到物理层上，TTI 可能的取值有 10ms、20ms、40ms、80ms 四种。

■ 每个 TrCH 使用 CRC 的校验位长度（即 CRC 比特数）可能的取值为 24,16,12,8 或 0 比特。

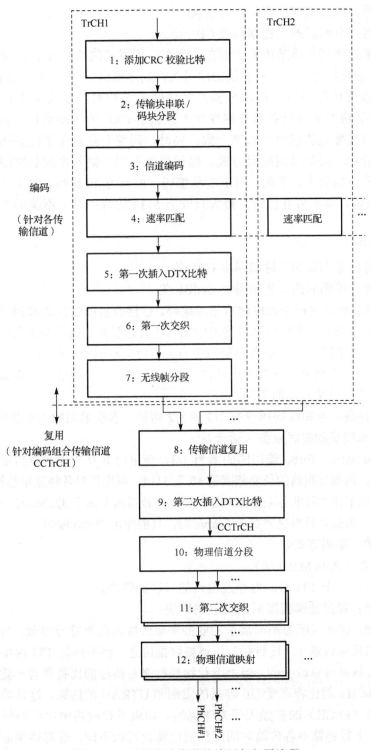

图 5-48　下行传输信道的编码与复用流程

- **其他参数**：来自 MAC 层的 TFCI，其中包含传输块的大小、数目等信息。

（2）传输块的级联和码块分割

- **输入信号**：经过差错检测后的传输块。
- **输出信号**：分割后的二进制码块 CBL 集。
- **基本功能**：级联是将某传输信道在一个 TTI 内发来的所有含 CRC 的 TB 级联到一起，把传输块的内容按照传输块的序号进行顺序输出。这个过程不会改变比特数目，也不会改变比特内容。码块分割是把级联后的数据分割为完全相同尺寸的码块 CBL，是否进行码块级联和分割取决于添加了 CRC 的传输块长度是否与选定的信道编码方式确定的编码块长度一致；同时，码块分割避免了过长码块处理复杂的问题。针对不同的信道编码方式，编码器有不同的输入序列长度限制，即对应分割尺寸有不同的上、下限。对于卷积编码，最小为 40 比特，最大为 514 比特；对 Turbo 编码，最小为 0 比特，最大尺寸为 5114 比特；对于不编码方式最大尺寸没有限制。

（3）信道编码

- **输入信号**：分割后的二进制码块 CBL 集。
- **输出信号**：编码后的二进制码块 CedBL 集。
- **基本功能**：通过对每个码块进行信道编码，使接收机能够检测和纠正由于传输媒介带来的信号误差，同时在原数据流中加入了冗余信息，提高数据传输的可靠性。共有三种信道编码方式，不同类型的传输信道使用不同的编码方式。
  - 不编码：不编码方式对每个码块不做任何处理，一般用于信道条件较好情况。通过重传解决出现的错误；
  - 卷积编码：卷积编码码率有 1/3 和 1/2 两种，卷积编码的约束长度为 9，一般用于速率较低的实时业务（话音）；
  - Turbo 编码：Turbo 编码的码率为 1/3，使用由 8 状态编码器组成的并行级联卷积码，内部交织器的长度范围是 40 至 5114。可提供对各种速率数据业务的支持，一般用于非实时业务（分组数据）。当业务数据速率高于 32kb/s 时，可以使用 Turbo 编码，当业务数据速率高于 64kb/s 时，只能使用 Turbo 编码。
- **高层参数**：编码方式。

（4）速率匹配（Rate Matched）

- **输入信号**：一个 TTI 时间内经过编码的二进制码块。
- **输出信号**：经过速率匹配后的二进制码块。
- **基本功能**：速率匹配为不同质量的业务平衡所需的信道符号能量，为适应高层固定分配的物理信道速率（比特率）而调整数据信息。在不同的 TTI 内每条传输信道传输的比特数是可以改变的，但上下行物理链路对传输的比特率有一定的要求：物理信道（PhCH）的比特率受 UE 容量的限制和 UTRAN 的约束，这种约束是通过限制物理信道（PhCH）的扩频因子来体现的。如果下行链路中比特率低于最小值就会被中断；上行链路中各传输时间间隔的比特数可以不同，但需要保证第二次交织后总比特数等于所分配的专用物理信道的总比特数。因此需要对传输信道进行速率匹配以调整其速率。上下行物理链路对所有业务的 DPDCH 符号都按相同的功率发送，因此需要调整不同业务的相对符号速率以平衡信道符号所需的功率。

速率匹配通过对一个传输信道上的比特进行重发或打孔来实现，使传输信道速率比较符合物理信道的速率要求，被打孔的比特需要被剔除。比特重发或者打孔的数量根据速率匹配特性来计算。速率匹配的实现以重复方式最好，因为打孔方式会受终端发射机或基站接收机的限制，而且打孔需要避免多码传输。速率匹配根据 TrCHs 在无线帧中的位置情况、压缩方式、编码方法不同而有所区别。

● **高层参数：**

■ 速率匹配特性（RM）：相当于复用到同一个 CCTrCH 的不同 TrCHi 在重复（或打孔）时的权重。RM 由高层给每一个传输信道分配一个，并且只能由高层来改变，只有当比特被重复或打孔时，速率匹配特性才被使用。

■ TrCHs 在无线帧中的位置情况：固定位置还是灵活位置。对 TrCHs 在无线帧中为固定位置（没用 TFCI），则对于一个特定的传输信道，总是占用相同的符号量。如果传输速率低于要求的最大值，则必须在空闲符号位置进行 DTX 指示比特的插入。对固定位置而言，其压缩方法和编码方式是任意的。对 TrCHs 在无线帧中为灵活位置（使用 TFCI），则传输信道中一个未被业务使用的比特位置，可以用于另一个需要它的业务。对灵活位置决不会使用打孔的压缩模式，只能使用减小扩频比 SF 的压缩模式。

■ 打孔限制（PL）：只在当一条 SF=4 的物理信道不能满足要求时使用。PL 取值如果太大则会大大降低信道的编码增益，使 BER 增大，但当其取合适的值时，则能够利用打孔有效地避免多码发射，不会因为少量的比特而增加额外的物理信道。

■ TFCS 的大小。

（5）第一次 DTX 比特插入（1st insertion of DTX）

● **输入信号：** 速率匹配后的二进制码块。

● **输出信号：** 三进制码块。

● **基本功能：** 第一次 DTX 比特插入是可选步骤，如果速率匹配后传输信道的信息仍然无法填充满无线帧中的位置，就需要使用非连续发送技术 DTX，在剩余的空闲位置中插入 DTX 比特。DTX 比特并不会在无线接口上发送，仅用来向发射机指示应该在当前传输比特位关闭传输。

针对 TrCHs 在无线帧中是固定位置还是灵活位置两种情况，插入 DTX 的方法相应有所区别（见图 5-49），具体算法可参阅有关规范。第一次 DTX 比特插入（即固定位置的 DTX 比特插入）只针对固定位置，对于灵活位置由第二次 DTX 比特插入（即灵活位置的 DTX 比特插入）阶段完成。

固定位置是指物理层根据每个传输信道的所有传输格式中信息的最大值来决定该传输信道在物理信道中占的位置，在固定位置的情况下，盲速率检测成为可能，即在接收端不知道 TFCI 的情况下，将物理信道中的数据恢复成为传输信道上的数据（下行链路需要支持固定位置的盲速率检测）。对于固定位置盲检测的方法可以参见 TS 25.212 的附录 A。灵活位置指传输信道中一个未被业务使用的比特位置，其可以被另一个需要它的业务使用。在这种情况下，各个传输信道不能同时进行满速率传输，只能轮流进行传输。固定位置与灵活位置的区别如图 5-50 所示。

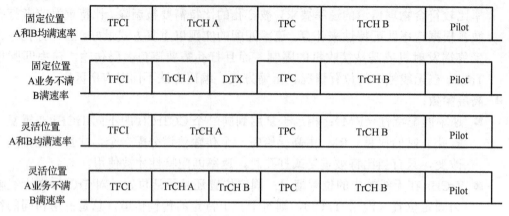

图 5-49 下行链路中传输信道的固定和灵活位置插入 DTX 比特

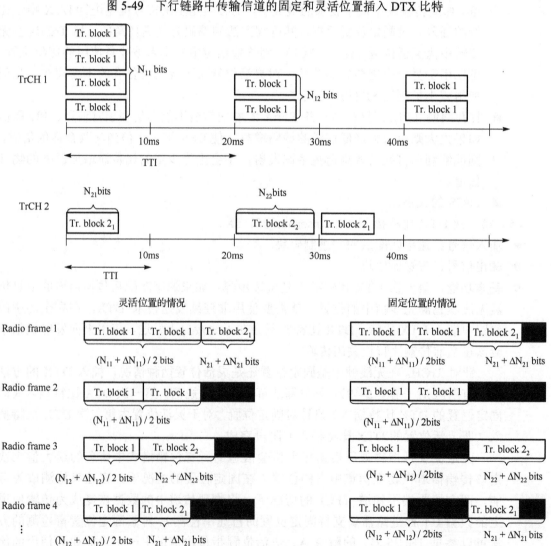

图 5-50 固定与灵活位置示意图

插入 DTX 比特之后的数据不再是简单的二进制比特流，因为每个"比特"会有 3 种状态：1，0，DTX。这种情况下，需要用两个实际的物理比特来表示一个具有三种状态的"比特"。

- **高层参数：**TrCHs 在无线帧中的位置情况（固定位置还是灵活位置）。

（6）第一次交织（1st Interleaving）

- **输入信号：**经过第一次 DTX 比特插入的三进制码块。
- **输出信号：**经过交织的三进制码块。
- **基本功能：**第一次交织，也称为帧间交织，是对码块做交织，交织相当于对码块进行时间分集，其目的在于改善信道，打乱数据比特的顺序，使原来相邻的数据比特交织后其相对位置变得较远，使连续出现的错误随机化（离散化），以改善码组的误码率性能，以抵抗无线信道的噪声、快衰落的影响。第一次交织完成帧之间的位置的变换，第一次交织的长度规定为 20、40 或 80ms，交织的列数（交织周期）是由每一个传输信道的 TTI（TTI 指示从高层到物理层的数据到达频率）所决定的，一个 TTI 跨几个 10ms（10ms 为最小交织周期）则有几列。不同 TTI 的码块的交织时应满足：CFN mod（interleaving size）=0（e.g. interleaving size: 2,4,8）。单个连接中复用在一起的不同传输信道的 TTI 起始位置相同，从信令角度而言，即必须对可能的传输格式组合进行限制。
- **参数：**交织块（交织码）的大小，与前一级模块（第一次 DTX 比特插入）输出块一样。

（7）分段为无线帧

- **输入信号：**经过第一级交织的三进制码块。
- **输出信号：**无线帧集，即分段后的三进制码块集。
- **基本功能：**将 TTI>10ms 的码块按整数 F_i（F_i=TTI/10ms，速率匹配/第一次 DTX 比特插入阶段已保证无线帧分段的输入块长是 F_i 的整数倍）分割，即将第一级交织后的数据分段到与交织长度（10ms）一致的多个连续帧上。无线帧的分段能保证可以和其他的传输信道码块复用到一个 CCTrCH，并映射到物理信道的一个无线帧中。
- **高层参数：**TTI。

以上各环节都是针对单个传输信道来做处理的，以下各环节将针对需要进行组合的多个传输信道进行。

（8）传输信道的复用

- **输入信号：**需要进行组合的多个传输信道的三进制数据块。
- **输出信号：**组合后的 CCTrCH 三进制数据块。
- **基本功能：**经过无线帧的分段后，来自每个传输信道的无线帧每 10ms 一次被送给传输信道的复用模块，这些无线帧被连续地复用到一个编码合成传输信道（CCTrCH）中。一个 CCTrCH 可能会映射到一个或多个物理信道上，但是不同 CCTrCH 不会映射到相同的物理信道上。在一个给定连接中可以有多个 CCTrCH，但只能有一个物理层控制信道。传输间隔有固定位置和灵活位置两种。只有特定格式的一些传输信道才可以复用到一个 CCTrCH 中，在 TS 25.302 中描述了对不同 CCTrCHs 类型的限制。通过 TFI 可以获得 CCTrCH 的格式。

不同传输信道的码块按照各自的 CFN 和 TTI 将被映射到 1～8 个无线帧中，以

无线帧为单位的各个 CCTrCH 由各传输信道速率匹配后的码块串连而成。下列规则
适用于复用到 CCTrCH 的不同 TrCHs：

- 复用到一个 CCTrCH 的 TrCHs 应该有协调的定时，即一致的时序关系。当一个
或多个 TrCHs 加到 CCTrCH，或者 CCTrCH 内部重新配置，再或者从 CCTrCH
中删除 TrCH，CCTrCH 会发生改变。在复用到相同 CCTrCH 的 TrCHs 的时间
间隔内，用 Fmax 表示这个传输间隔内无线帧最大数目，包括加入的、重新配
置的或被删除的传输信道 i，用 CFN 表示已改变的 CCTrCH 中第一个无线帧连
接帧的数目，当 CFN 满足 CFN mod Fmax=0 时，无线帧会在始端发生这些改变。
将 TrCHi 加入或重新配置到 CCTrCH 后，TrCHi 的传输时间间隔开始于无线帧
中，且 CFN$_i$ 满足：CFN$_i$ mod F_i=0；
- 只有具有相同激活集的 TrCHs 才可以被映射到相同的 CCTrCH；
- 专用传输信道和公用传输信道不能被复用到相同的 CCTrCH；
- 对于公用传输送信道，只有 FACH 和 PCH 可以处于相同的 CCTrCH 中。一个 PCH
可以和一个或几个 FACH 经过编码复用形成 CCTrCH（每个 CCTrCH 只有一个 TFCI
用来标识 PCH 及每个 FACH 的传输格式）。FACH 或 PCH 可单独映射到不同的物
理信道，PCH 同携带 PI 的独立物理信道 PICH 相关，PI 用于触发 UE 对承载 PCH
的物理信道的接收。BCH 则总是映射到一个物理信道而不和其他传输信道复用。

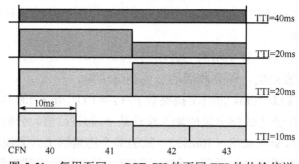

图 5-51　复用至同一 CCTrCH 的不同 TTI 的传输信道

CCTrCH 有两种类型：

- 专用类型的 CCTrCH，相应于一个或者几个 DCHs 信道编码和复用；
- 公用类型的 CCTrCH，相应于一个公用信道的信道编码和复用，在上行链路中
是 RACH，在下行链路中是 DSCH、BCH，或者 FACH/PCH。

一个 UE 最多有一个 UL CCTrCH，CCTrCH 可能是一个专用类型的 CCTrCH 或
一个公用类型的 CCTrCH，即上行链路只需用一个 TFCI 来指示 CCTrCH 中所有 DCH
的传输格式。一个 UE 允许多个 DL CCTrCH，其可能组合为：x 条专用类型 CCTrCH
+ y 条公用类型 CCTrCH。这些不同的 CCTrCH 只需要一个快速功控环，但不同的
CCTrCH 可能要求有不同的 C/I，以保证这些被映射的传输信道能提供不同的 QoS。
当一个 UE 使用多个 CCTrCH 时，可使用一个或多个 TFCI，但每个 CCTrCH 对应
的 TFCI 不多于一个。不同的 TFCI 映射到同一个 DPCCH。UE 所允许的 DL CCTrCH
组合由 UE 的无线接入能力给定。因为 UL 只有一条 DPCCH，所以在 UL 中一条
TPC 比特流可能控制 DL 中不同的 DPDCH，且它们可能属于相同或不同的几个

CCTrCH。即对于多个 DL CCTrCH 只有一个 DPCCH 与之对应，此 DPCCH 在具有最小 SF 的 CCTrCH 所映射的物理信道上发射。因此，在 DL 中，即使有多个 CCTrCH，也只有一个 TPC 控制流和一个 TFCI 码字。对于 DSCH，最大有一个公用类型的 CCTrCH，对于 FACH，最大也有一个公用类型 CCTrCH。对于 DSCH，一个公用类型的 CCTrCH 只能对应一个专用类型的 CCTrCH。

CCTrCH 的数据流经过解复用/分割单元后，被分割成一个或几个物理信道数据流。

- **高层参数**：CCTrCH 对应的传输信道数目。

（9）第二次插入 DTX 比特（2st insertion of DTX）

- **输入信号**：组合后的 CCTrCH 三进制数据块。
- **输出信号**：插入 DTX 后的 CCTrCH 三进制数据块。
- **基本功能**：第二次插入 DTX 仅用于使用灵活位置的传输信道。通过第二次插入 DTX 可以使传输信道在每一无线帧的比特数满足相应的时隙结构。

（10）编码合成传输信道分段

- **输入信号**：经过第二次插入 DTX 的三进制数据块。
- **输出信号**：得到物理信道 Ph-i（i 表示一个或多个）上的三进制数据块，由 Ph-i 表示。
- **基本功能**：当一个 CCTrCH 会用到超过的一个物理信道时（一个 CCTrCH 帧在一个物理信道中无法放下时），需要对 CCTrCH 做分段，即把 CCTrCH 上的数据平均分成多个（1~6 个）不同的物理信道，每个物理信道比特数=Y/N（Y 为 CCTrCH 上的数据流比特数；N 为产生的物理信道个数），且所有的物理信道具有相同的 SF，不同的信道码。注意为保证 CCTrCH 的均匀分为多个物理信道，CCTrCH 的尺寸必为物理信道数的整数倍。不同的 CCTrCH 不能被映射到相同的物理信道。
- **高层参数**：CCTrCH 对应的物理信道个数。

以下步骤针对的是不同物理信道。

（11）第二级交织（2st Interleaving）

- **输入信号**：物理信道分段后的一个物理信道上的三进制数据块 Ph-i。
- **输出信号**：经过交织的三进制数据块 Ph-i。
- **基本功能**：也称为帧内交织，是在 10ms 时间内的数据块做物理帧的帧内交织，即在一个 10ms 的帧内将不同传输信道的数据加以扰序，即对一个 10ms 的帧内的数据比特位置进行变换操作。第二次交织的列数（交织周期）是确定的 30，不同于第一次交织的列数（由每一个传输信道的 TTI 跨几个 10ms 决定）。
- **高层参数**：交织块的大小。

（12）物理信道的映射

- **输入信号**：第二级交织后的三进制数据块 Ph-i。
- **输出信号**：映射到物理信道上的三进制数据流 Data-i。
- **基本功能**：物理信道的映射是在每个 TTI 时间内，将二级交织的输出写到对应的无线帧的每个时隙的数据域中。下行链路物理信道映射时并不需要在每一无线帧中都充满比特，因为可能有 DTX。在压缩模式时的物理信道的无线帧，可以有几个连续的时隙关闭，即不被填充，对这几个特定的时隙不进行比特映射。此阶段提供给物理信道的比特数与这一帧中发送使用的扩频因子相同。

● **高层参数**：压缩模式指示，物理层根据 RRC 的指令产生。

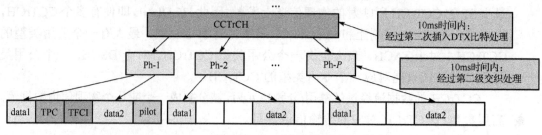

图 5-52　CCTrCH 处理

2. 上行传输信道的编码与复用

上行链路编码与复用由 UE 完成，其流程如图 5-53 所示，其中灰色部分表示的与下行链路编码与复用流程不同，同时没有下行链路编码与复用流程中的第一次插入 DTX 和第二次插入 DTX 阶段。

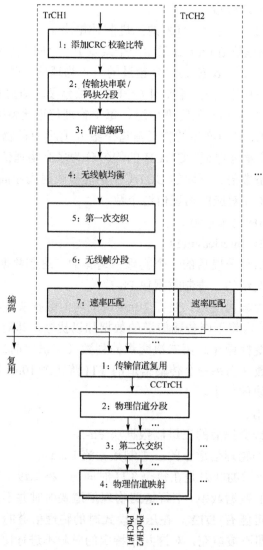

图 5-53　上行链路编码与复用流程图

　　与下行链路相比，上行链路主要有以下特点：

　　① 通过无线帧均衡步骤保证数据在多个 10ms 的无线帧传输时被分成相等的块，使码块可以被平均分布到不同的无线帧中，即对上行链路传输信道编码后的数据进行长度的均匀化。均衡过程主要是通过填加必要的比特数目（在码块的末尾补 0 或 1）以使码块的长度能够被 F_i 整除，F_i=TTI/10ms，即达到每一帧的数据长度相等。

　　② 速率匹配在交织之后进行，上行链路速率匹配由速率匹配算法自适应决定每一个无线帧的 SF，而下行链路每一个无线帧的 SF 由高层确定。UL 的 SF 确定原则为：用尽量少的物理信道、用尽量大的 SF。上行链路没有 DTX 比特插入阶段是因为上行链路的速率匹配算法比较灵活，只要上行专用物理数据信道（UL DPDCH）需要发送信息，它就一定能把这一帧填满。

　　③ 物理信道的映射时，因上行物理信道没有 DTX 比特的插入阶段，在正常的上行物理信道中，一个无线帧中的信道或者充满比特，或者全处于未使用状态，只有在压缩模式时的物理信道的无线帧，可以有几个连续的时隙关闭，即不被填充，对这几个特定的时隙不进行比特映射。

3. 形成完整的物理信道

　　经过编码与复用过程之后，一些物理信道仍然需要一些其他的控制信息比特才能构成一个完整的物理帧，如发射功率控制信息 TPC、传输格式组合指示 TFCI、导频比特 Pilot，这包括 DPCH 中的 DPCCH 部分（TPC、TFCI、Pilot）、S-CCPCH 中的 TFCI 和 Pilot。另外还有一些物理信道并不由传输信道映射产生，包括 SCH 和指示信道（AICH、CPICH、AP-AICH、PICH、CSICH、CD/CA-ICH）。

　　形成完整物理信道示意图如 5-54 所示，其中导频域 Pilot 用于接收端进行信道估计以进行相干检测，由物理层上行基带信息得到；TPC 为功率控制指示，由物理层上行基带功率控制信息和参考上层功率控制信息得到；TFCI 为传送格式组合指示，由上层信息得到。下面重点介绍 TFCI 的编码。

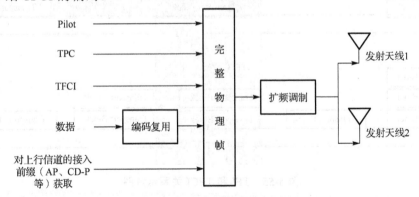

图 5-54　形成完整物理信道示意图

- **输入信号**：与一个 CCTrCH 对应的各个 TrCH 的 TFI。
- **输出信号**：编码后的 TFCI，30 比特。
- **基本功能**：物理层将传输层有关传输信道的传输格式指示 TFI 组合为传送格式组合指示 TFCI。TFCI 字段用于唯一标识编码复合传送信道 CCTrCH 中一个时间点每个传输信道的传输格式（即当前帧哪些传输信道是激活的）。CCTrCH 上所有的 TFCI 构成传输格式组合集 TFCS，TFCS 由层 3 确定，用于控制 MAC。在 Node B 发送 TFCI 的信息时（即移动台没有进行盲传输格式检测时），把 TrCHs 的 TFI 映射成为 TFCI，并对 TFCI 进行信道编码。TFCI 的长度不超过 10 个比特，不够的则经过补 0 变为 10 比特。经过信道译码过程，变为 30 比特。这 30 个比特将分拆到一个无线帧上，平均分到各个时隙中，每时隙 2 比特。

　　每一个从高层来的传输信道都伴随有一个 TFI，复用至同一 CCTrCH 的所有传输信道的 TFI 在物理层被合成一个 TFCI 之后，经 Reed-Muller 编码被映射到物理控制信道之中；接收机根据解码之后得到 TFCI，进而通过 TFI 获知每一个传输信道的传输格式，从而进行正确的基带解码。除了基于 TFCI 的传输格式检测之外，还有一种盲传输格式检测（BTFD）。没用 TFCI 时，DPDCH 比特在帧中位置是固定的（下行链路的扩频因子是固定的），BTFD 决定选择多个数据速率中的哪一个，它可以是利用 CRC 的，也可以是利用接收功率比率的。在限定传输格式组合集时，TFCI 信令可忽略，并代之为盲传输格式检测 BTFD。终端在处理相对较低速率业务，如 AMR 话音业务，必须具有 BTFD 功能。TFI 和 TFCI 关系如图 5-55 所示。

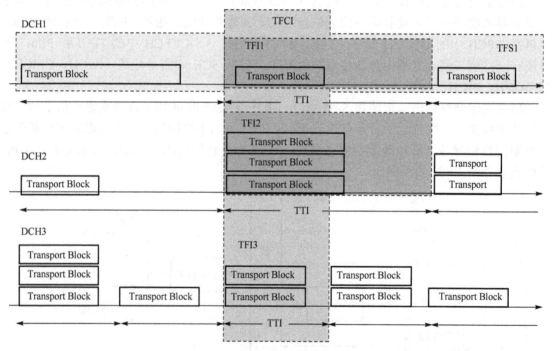

图 5-55　TFI 和 TFCI 关系示意图

　　当一个下行 CCTrCH 上传输的全部比特速率超过下行物理信道的最大比特速率时，需要采用多码传输，即几路并行的下行 DPCH 在采用相同的 SF 的一个 CCTrCH 上传输（见图 5-56），其控制信息仅放在第一条 DPCH 中，其余 DPCH 在相同位置填 DTX（当各条 DPCH 有独立的 SF 或控制信息时成为码分多路传输 Code Multiplex）。

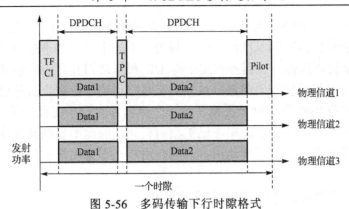

图 5-56　多码传输下行时隙格式

● **高层参数**：下行盲传输格式检测状态指示；分裂模式指示。

5.4.4　扩频调制子层

物理层将数据进行信道编码、速率匹配及交织等处理后，通过 CCTrCH 映射到一个或多个物理信道上。扩频与调制过程的处理对象就是物理信道，具体的流程如图 5-57 所示。WCDMA 扩频系统中调制和解调不同于一般非扩频系统的调制和解调，需进行两次调制/解调，第一次是特有的扩频码调制，第二次是传统的载波调制；解调过程则需先进行载波解调，再进行解扩处理。

图 5-57　扩频调制子层流程图

1. 正交扩频与加扰

● **输入信号**：除 SCH 外的每个物理信道，三进制（0、1、DTX）码流，码速率为 15000×2^n b/s，其中 n 的取值为 0 到 7。

● **输出信号**：扰码后的物理信道，三进制复数码流，码率为 3.84Msymbol/s。

● **控制信号**：P-CCPCH 的帧时钟，作为定时基准。

● **基本功能**：正交扩频与扰码，简称扩频，是区别于传统通信系统最重要的操作。正交扩频与扰码如图 5-58 所示，分为两步进行：

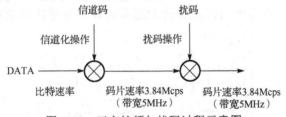

图 5-58　正交扩频与扰码过程示意图

① **第一步信道化操作**，也称为正交扩频，是基于正交可变扩频因子（OVSF）的技术，用信道码（一个高速数字序列，也称为扩频码/地址码/正交码）与数字信号相乘，将数据符号转化为一系列码片，提高数字符号的速率（成为码片速率 3.84Mcps），增加信号带宽到 5MHz（扩频通信的基本特征：扩频后的扩频码序列带宽远大于扩频前的信息码元带宽）。信道化操作后，实数值的扩频信号由增益因子加权，加权后将 I/Q 两路的实数值码片流相加作为一个复数值的

码片流（复值码片速率）；信道码是正交可变扩频因子 OVSF 码，可以改变扩频因子并保持不同长度的不同扩频码（不同用户的物理信道之间）的正交性。

② **第二步扰码操作**，扰码操作用于将 UE 和基站相互之间区别开，解决了多个发射机使用相同扩频码问题。具体实现是用扰码与信道化后的已扩频码相乘，对信号进行加密和定位无线帧（第一个扰码片对应于无线帧的开始），不影响传输带宽。扰码的码字速率与已扩频码相同，因此不影响符号速率。下行链路用扰码区分小区，上行链路用扰码区分用户（不同用户的信道码可能相同）。

- 高层参数：
  - 物理信道相对于 P-CCPCH 的相位偏移；
  - 扩频信道码的参数：包括码号，扩频因子等；
  - 扰码的参数：如掩码等。

（1）信道码

OVSF 码的结构如图 5-59 中的码数所示，用于保持用户不同物理信道之间的正交性。

在图 5-59 中，信道化码被唯一地定义为 $C_{ch,SF,k}$。其中，SF 是码的扩频因子，k 是码的序号，$0 \leqslant k \leqslant SF-1$。

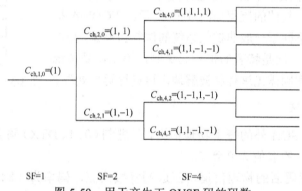

$$C_{ch,4,0}=(1,1,1,1)$$
$$C_{ch,2,0}=(1,1)$$
$$C_{ch,4,1}=(1,1,-1,-1)$$
$$C_{ch,1,0}=(1)$$
$$C_{ch,4,2}=(1,-1,1,-1)$$
$$C_{ch,2,1}=(1,-1)$$
$$C_{ch,4,3}=(1,1,-1,-1)$$

SF=1　　　　SF=2　　　　SF=4

图 5-59　用于产生正 OVSF 码的码数

码数的每一级定义了长度为 SF 的信道化码，对应于图 5-59 中的扩频因子 SF。WCDMA 中可以使用的 SF 值为 4、8、16、32、64、128 和 256，下行方向还允许使用 SF 等于 512 的信道码。SF 值越小，对应的信道数据传输速率越高。信道化码的产生方法定义如下：

$$C_{ch,1,0} = 1,$$

$$\begin{bmatrix} C_{ch,2,0} \\ C_{ch,2,1} \end{bmatrix} = \begin{bmatrix} C_{ch,1,0} & C_{ch,1,0} \\ C_{ch,1,0} & -C_{ch,1,0} \end{bmatrix} = \begin{bmatrix} 1 & 1 \\ 1 & -1 \end{bmatrix}$$

$$\begin{bmatrix} C_{ch,2^{(n+1)},0} \\ C_{ch,2^{(n+1)},1} \\ C_{ch,2^{(n+1)},2} \\ C_{ch,2^{(n+1)},3} \\ \cdots \\ C_{ch,2^{(n+1)},2^{(n+1)}-2} \\ C_{ch,2^{(n+1)},2^{(n+1)}-1} \end{bmatrix} = \begin{bmatrix} C_{ch,2^n,0} & C_{ch,2^n,0} \\ C_{ch,2^n,0} & -C_{ch,2^n,0} \\ C_{ch,2^n,1} & C_{ch,2^n,1} \\ C_{ch,2^n,1} & -C_{ch,2^n,1} \\ \cdots & \cdots \\ C_{ch,2^n,2^n-1} & C_{ch,2^n,2^n-1} \\ C_{ch,2^n,2^n-1} & -C_{ch,2^n,2^n-1} \end{bmatrix}$$

下行链路信道码区分同一小区（一个扇区）中不同用户的下行链路（即区分用户，同小区内不同用户扰码相同）。上行链路信道码区分同一 UE 的物理数据信道（DPDCH）和物理控制信道（DPCCH）。下行链路信道化码是 WCDMA 系统中最宝贵的资源，由于 OVSF 码树自身的特点（一小区主扰码对应一个扩频码树，码树的每一级定义长度为 SF 的信道码，扩频码树某一节点的占用将导致其所有子码树节点和直连高层节点的闭塞，即以选定码为根节点和所有的上辈码都不能被使用），需要尽量减小码表破网的可能性。Node B 采用的信道码是由 NBAP 消息通知的，UE 通过 RRC 消息知道扩频码。专用信道的信道码必须按照最大比特速率预留。上行链路信道化码不需要规划，由 UE 的物理层自适应决定。

（2）扰码

WCDMA 中上行和下行使用的信道码都是 OVSF 码，但使用的扰码则不同，上行有两种扰码：2^{24} 个长扰码（Gold 序列）和 2^{24} 个短扰码（S（2）扩展码）；下行只有一种 Gold 序列作为扰码。下面重点介绍下行扰码。

WCDMA 的扰码是将两个实数序列合并成一个复数序列构成一个扰码序列，共有 $2^{18}-1=262143$ 个，扰码编号为 0～262142。但并不是所有的扰码都可以用，共有 8192（512×16）个下行扰码可用。所有可用的下行扰码被分为两种：主扰码 512 个，辅助扰码 15×512 个；每个主扰码对应 15 个辅助扰码。

主扰码编号为 $n = 16 \times i$ 的扰码，其中 $i = 0, 1, 2, \cdots, 511$；第 i 阶辅助扰码包括序号为 $n = 16 \times i + k$ 的扰码，其中 $k = 1, 2, \cdots, 15$。因此，序号为 0～8191 的扰码为可用扰码。主扰码又分为 64 组，每组包含 8 个主扰码，如图 5-60 所示。

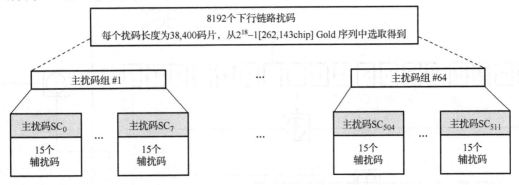

图 5-60　下行扰码的组成

WCDMA 中，每一个小区只分配一个下行主扰码。P-CCPCH、P-CPICH、PICH、AICH、AP-AICH 和 PCH 映射的 S-CCPCH 总是使用主扰码来加扰。其余的下行物理信道既可以用主扰码也可以用辅助扰码进行加扰。

WCDMA 的扰码的具体实现是，通过两个 18 阶的生成多项式产生两个二进制的 m 序列，m 序列的 38400 个码片模 2 加构成两个实数序列，这两个实数序列再构成一个 Gold 序列，扰码每 10ms 重复一次。

假设 x 和 y 代表两个 m 序列。x 序列由生成多项式 $x^{18} + x^{7} + 1$ 产生；y 序列由生成多项式 $x^{18} + x^{10} + x^{7} + x^{5} + 1$ 产生。

依赖于扰码号 n 的序列记为 z_n。设 $x(i)$ 代表序列 x，$y(i)$ 代表序列 y，$z_n(i)$ 代表序列 z_n 的第 i 个值。

m 序列 x 和 y 构成如下：

初始条件为：

$$x(0) = 1, \quad x(1) = x(2) = x(16) = x(17) = 0$$
$$y(0) = y(1) = \cdots = y(16) = y(17) = 1$$

则：

$$x(i+18) = x(i+7) + x(i) \bmod 2, \quad i = 0, \cdots, 2^{18} - 20$$
$$y(i+18) = y(i+10) + y(i+7) + y(i+5) + y(i) \bmod 2, \quad i = 0, \cdots, 2^{18} - 20$$

Gold 序列 z_n 定义为：

$$z_n(i) = x(i+n) 模 (2^{18} - 1) + y(i) \bmod 2, \quad i = 0, 1, 2, \cdots, 2^{18} - 2$$

Gold 序列 z_n 实数值义为：

$$Z_n(i) = \begin{cases} +1 & z_n(i) = 0 \\ -1 & z_n(i) = 1 \end{cases}, \quad i = 0, 1, 2, \cdots, 2^{18} - 2$$

最后，n 阶复数值的扰码序列 $S_{dl,\,n}$ 定义为：

$$S_{dl,\,n}(i) = Z_n(i) + jZ_n((i+131072) 模 (2^{18} - 1)), \quad i = 0, 1, \cdots, 38399$$

下行链路扰码产生器的构成如图 5-61 所示。

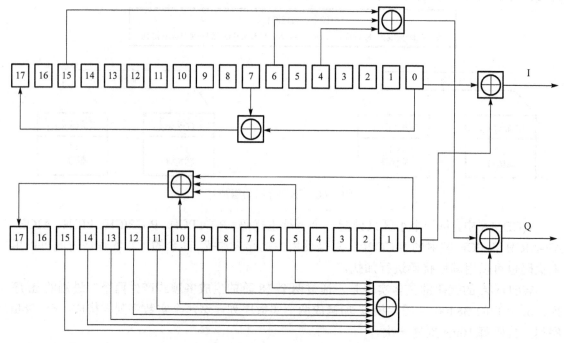

图 5-61　下行链路扰码产生器

分析完 WCDMA 中正交扩频用的信道码、加扰用的扰码，现在将这两类码做一个比较，如表 5-4 所示。

表 5-4　WCDMA 中信道码和扰码

	信道化码	扰　　码
用途	下行链路：区分同一小区中不同用户的下行连接；上行链路：区分同一 UE 的物理数据信道（DPDCH）和物理控制信道（DPCCH）	下行链路：区分小区；上行链路：区分用户
长度	4～256 个码片；下行链路还包括 512 个码片	下行链路：38400 个码片（10ms）；上行链路：38400 个码片（10ms）或 256 个码片（高级基站接收使用）
码字数目	一个扰码下的码字数目=扩频因子（下行链路信道化码需要规划）	下行链路：512；上行链路：几百万
码族	正交可变扩频因子（OVSF 码）	长码（10ms）：Gold 码；短码：扩展的 S（2）码族
扩频	是，增加带宽	否，不影响带宽
数字符号的速率	提高为码片速率 3.84Mcps	不变

（3）上行专用物理信道的扩频

上行专用物理信道使用信道码来区分 DPCCH 和 DPDCH。在只使用一个 DPDCH 的情况下，DPDCH 和 DPCCH 对应于 QPSK 调制的 I、Q 两条支路。

扩频应用在物理信道上包括两个操作：第一个是信道化操作，它将每一个数据符号通过信道码转换为若干个码片，因此增加了信号的带宽，每一个数据符号转换的码片数称为扩频因子；第二个是加扰操作，也就是将扰码加在扩频信号上。

在信道化操作时，I 路和 Q 路的数据符号分别和 OVSF 码相乘。在加扰操作时，I 路和 Q 路的信号再乘以复数值的扰码。在此，I 和 Q 分别代表实部和虚部。

在上行专用物理信道中，在只使用一个 DPCH 的情况下，数据信道 DPDCH 和控制信道 DPCCH 分别放在 I 支路和 Q 支路上进行扩频操作。DPDCH 和 DPCCH 使用不同的信道码，二者是通过码分复用来实现的；而在下行专用物理信道中，DPDCH 和 DPCCH 使用同一个信道码，二者时分复用到一个 DPCH 上。

上行链路之所以使用这种方式，一个原因是在上行方向上，不同 UE 使用上行扰码区分各自信号，上行方向不存在太多对信道码使用的限制。另一方面考虑到根据 UE 的 EMC 要求，UE 应避免因为断续的脉冲发射对其他设备引起的干扰（如对助听器的干扰）。通过一个与上行 DPDCH 相对独立并连续发射的 DPCCH，UE 可以有效避免上述干扰的产生。

上行专用物理信道的数据发送如图 5-62 所示。

图 5-63 所示为上行链路专用物理信道 DPCCH 和 DPDCH 的扩频原理。用于扩频的二进制 DPCCH 和 DPDCH 信道用实数序列表示，即二进制的"0"映射为实数+1，二进制的"1"映射为实数-1。DPCCH 信道通过信道码 c_c 扩频到指定的码片速率，第 n 个 DPDCH 信道 $DPDCH_n$ 通过信道码 $c_{d, c}$（$1 \leqslant n \leqslant 6$）扩频到指定的码片速率，并可以同时发射。

信道化后，实数值的扩频信号进行加权处理，对 DPCCH 信道用增益因子 β_c 进行加权处理，对 DPDCH 信道用增益因子 β_d 进行加权处理。在任意时刻，β_c 和 β_d 的幅度值至少有一个为 1.0。

加权处理后，I 路和 Q 路的实数值码流相加成为复数值的码流，复数值的信号再通过

复数值的 $S_{dpch,n}$ 码进行加扰，扰码和无线帧对应，也就是说扰码的第一个码片将对应于无线帧的开始码片。

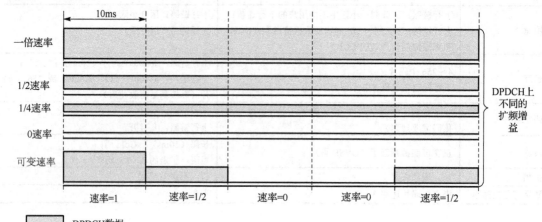

图 5-62　上行专用物理信道的数据发送

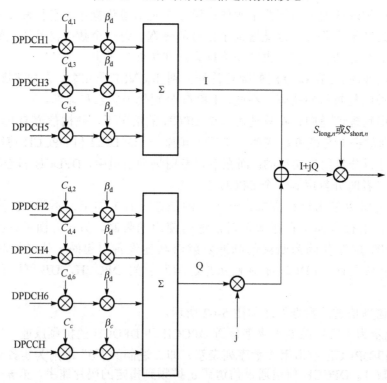

图 5-63　上行链路专用物理信道 DPCCH 和 DPDCH 扩频

上行 DPCCH 和 DPDCH 的码分配遵循以下原则：

上行 DPCCH 信道总是用码 $c_c = C_{ch,256,0}$ 扩频。

上行链路可以使用一个或多个信道码。在数量速率较低的情况下，UE 选择使用一个 DPDCH 信道码来完成与上行 DPCCH 的 I、Q 复用。如果上行链路数据速率增加，UE 会通过降低上行 DPDCH 信道的 SF 值来实现数据速率的增加。如果 DPDCH 的 SF 降低到 4，仍不能满足数据速率的要求，则 UE 可以选择使用多个 SF 值为 4 的上行 DPDCH。

当只使用一个上行 DPDCH 信道时，DPDCH$_1$ 用码 $C_{ch,\ SF,k}$ 扩频，SF 是信道的扩频因子，$k=$ SF/4。例如，若使用的扩频因子 SF 是 64，则上行 DPDCH 使用的信道码就是 $C_{ch,64,8}$。

上行链路如果用多个 DPDCH 信道时所有 DPDCH 信道的 SF 值都等于 4。上行链路最多可以同时使用 6 个 DPDCH。

DPDCH$_n$（$n=1,2,\cdots,6$）使用的信道码为 $C_{ch,\ n}=C_{ch,4,k}$，其中 $k=1$ 如果 $n\in\{1,2\}$；$k=3$ 如果 $n\in\{3,4\}$；$k=2$ 如果 $n\in\{5,6\}$。

在完成信道化操作之后，通过上行扰码对上行 DPCCH 和 DPDCH 进行加扰。上行扰码是在无线链路建立时由网络方分配的，上行扰码可以是长扰码或短扰码。

（4）下行专用物理信道的扩频

与上行链路不同，小区中的物理信道（同步信道除外）使用同一个小区主扰码来区分与其他相邻小区的信号。不同的物理信道通过 OVSF 信道码相互区分。这样，下行链路信道码资源相对于上行链路就显得更加有限，物理信道的信道码分配就没有上行链路那样灵活了。

在下行方向上，如果专用物理信道仅使用一个信道码，则 DPCCH 和 DPDCH 时分复用在同一个码分信道上，这可以有效地减少系统信道码的开销。

对于很多呼叫而言，在通话过程中，其数据传输速率往往是可变的。在上行方向上，UE 可以通过调节速率匹配参数和 SF 来满足这种速率变化；但在下行方向上，因为所有小区用户共享同一棵码树，此时的物理信道不能像上行物理信道那样进行灵活调整。网络在分配下行专用物理信道资源时，通过满足下行链路最大数据传输速率来满足各种可能的数据速率要求。当下行链路不使用最大速率发送数据时，通过下行链路的不连续发射技术避免该链路对其他链路不必要干扰。下行链路的数据发送示意图如图 5-64 所示。

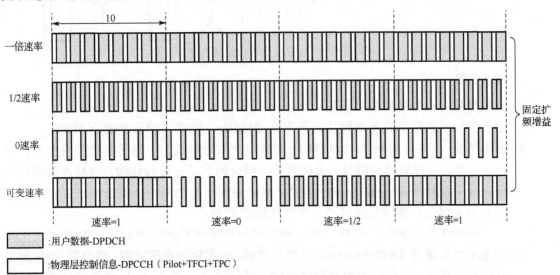

图 5-64　下行专用信道的数据发送示意图

各个下行物理信道（除去 SCH）扩频和调制的方式相似，这包括 P-CCPCH、S-CCPCH、CPICH、AICH、PICH、PDSCH 和下行 DPCH。

未扩频的物理信道包括一个实数值符号的序列，符号可以取值+1、−1 和 0，这里的 0 代表 DTX。对于 AICH，符号的取值取决于基站侧对该时刻为 PRACH 接入前导所作的回应。

每一对连续的两个符号在经过串并转换后分成 I 路和 Q 路。分路原则是偶数位的符号分到 I 路，奇数位的符号分到 Q 路。除 AICH 以外的所有信道，编号为 0 的符号定义为每一帧的第一个。对于 AICH，符号为 0 的符号定义为每一接入时隙的第一个。I 路和 Q 路通过相同的实数值的信道码 $C_{ch,\,SF,k}$ 扩频到指定的码片速率。实数值的 I 路和 Q 路序列就变为复数值的序列。这个序列经过复数值的扰码 $S_{dl,\,n}$ 进行加扰处理。对于 P-CCPCH，扰码用于 P-CCPCH 的帧边缘，即扩频的 P-CCPCH 帧的第一个复数码片和扰码的第 0 位相乘。对于其他的下行链路，使用的扰码与 P-CCPCH 相同。这种情况下，扰码不必与将进行加扰的物理信道的帧边缘对齐。

图 5-65 所示为不同的下行链路的合并方式。

除同步信道外，每个物理信道经过信道化操作和扰码操作后（各个物理信道使用的信道码不同，而扰码相同），得到扩频后的复信号 S，各个物理信道的 S 分别与不同的加权因子 G_n 进行加权，然后相加输出，再与 P-SCH 和 S-SCH 信道进行合并。其中 P-SCH 和 S-SCH 分别用加权因子 G_P 和 G_S 进行加权。这样所有下行链路物理信道的复数信号相加得到的复数值码片再使用 QPSK 方式进行调制。

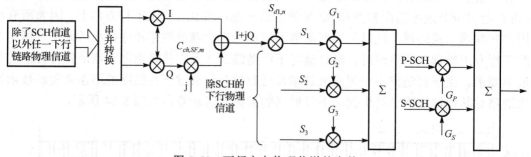

图 5-65　下行方向物理信道的合并

2．载波调制

● **输入信号**：合路后的复数码流。

● **输出信号**：整形后的复数码流，频率 15.36MHz，实部与虚部宽度为 16bit。

● **基本功能**：调制，也称为信息调制、载波调制或数据调制，是使传送信息的基带信号（信源，也称为调制信号）搬移至相应频段的信道上进行传输，以解决信源信号与客观信道特性相匹配。具体实现为，对合路后信号的两个支路分别进行数字根升余弦滚降滤波，使信号频谱适合空中传输的要求。

下行物理信道除了 SCH 之外，所有信道都采用 QPSK 调制。SCH 中同步比特的速率本身就是 3.84Mb/s，因此不经过扩频，也不经过扰码过程，并且同 P-CCPCH 是时分复用的。每个码道的基带调制输出经过数字合并之后，经过数字滤波和射频调制，进入空中接口。上行物理信道 DPDCH/DPCCH 采用 BPSK 调制，DPDCH 的个数最大是 6，可用的 SF 从 4 到 256，DPCCH 的个数是 1，SF 固定为 256。最后经过数字滤波和射频调制，进入空中接口。

5.4.5　传输信道到物理信道映射的实例

本节通过一个 AMR 话音业务中上行链路信道映信道编码的实例，说明物理层中数据处理的详细情况。

在业务层面，空中接口业务配置为 12.2kb/s 的 AMR 话音业务+3.4kb/s 信令，对于 AMR 话音，3 类 AMR 编码信息分别使用 3 个不同的 RB，而这 3 个 RB 分别使用 3 个专用控制 DCCH（逻辑信道），再分别映射到 3 个不同的专用传输信道 DCH 上。对于 3.4kb/s 的信令，RRC 层使用 4 个 RB 用于传输不同的 RRC 消息，这 4 个 RB 使用 4 个 DCCH 最后映射到同一个专用传输信道 DCH。

为了简化起见，在此仅分析上行方向上的数据处理过程。12.2kb/s 的 AMR 话音业务 +3.4kb/s 信令业务使用的空中接口参数见表 5-5。

表 5-5　AMR 话音+信令使用的空中接口参数

	12.2kb/s AMR+3.4kb/s 信令使用的空中接口资源详细参数						
高层	数据/信令	Class A	Class B	Class C	RRC	RRC	高优先级 NAS_DT	低优先级 NAS_DT
	无线承载（RB）	RB	RB	RB	SRB#1	SRB#2	SRB#3	SRB#4
RLC 层	逻辑信道	DTCH	DTCH	DTCH	DCCH	DCCH	DCCH	DCCH
	RLC 模式	TM	TM	TM	UM	AM	AM	AM
	数据报文大小（bit）	39，81	103	60	136	128	128	128
	最大数据速率（b/s）	12200	12200	12200	3400	3200	3200	3200
	PLC PDU 头字段（bit）	0	0	0	8	16	16	16
MAC	MAC 头字段（bit）	0	0	0	4	4	4	4
	MAC 复用	无逻辑信道到传输信道复用			4 个逻辑信道映射到一个传输信道			
物理层	传输信道类型	DCH 1	DCH 2	DCH 3	DCH 4			
	传输块（TB）大小（bit）	39，81（或 0,39,81）	103	60	148（或 0，148）			
	TTI（ms）	20	20	20	40			
	编码类型	卷积码（1/3 速率）	卷积码（1/3 速率）	卷积码（1/2 速率）	卷积码（1/3 速率）			
	CRC（bit）	12	—	—	16			
	速率匹配前一个 TTI 内最大的数据尺寸（bit）	303	333	136	516			
	上行：速率匹配前每个无线帧中包含的该传输信道最大数据量	152	167	68	129			
	速率匹配属性（取值范围）（RM Attribute）	180~220	170~210	215~256	155~185			
	使用的扩频增益	SF=64						
	每个物理帧包含的数据（bit）	600						

根据表 5-5 中所列出的参数信息，下面逐步介绍传输信道数据到达物理层后的数据处理过程。

（1）MAC 层将每个传输信道的传输块发送给物理层。这 4 个传输信道对应的传输块数据大小分别为：

81　（DCH1-AMR Class A）；

103　（DCH2-AMR Class B）；

60　（DCH3-AMR Class C）；

148　（DCH4-RRC 信令）。

（2）传输块到达物理层后数据处理的第一步就是添加 CRC，根据数据的重要性，只有信令数据与 AMR Class A 的数据需要添加 CRC。

（3）添加完 CRC 后，各个信道需要经过信道编码处理。其中 DCH1、DCH2 和 DCH4 都使用 1/3 速率的卷积编码，而 DCH3 使用 1/2 速率的卷积编码。

（4）在信道编码工作完成后，物理层需要对信道编码后的数据进行无线帧平衡处理，以保证每个无线帧中包含相同大小的数据。根据信道编码的输出结果，DCH1、DCH2 需要添加一位数据（TTI=2，需要保证数据大小可以被 2 整除）；而对于 DCH3、DCH4 的信道编码数据，则不需要进行帧平衡处理（DCH3 的数据大小可以被 2 整除，DCH3 的数据大小可以被 4 整除）。

（5）在帧平衡处理后，需要进行无线帧的分割，以保证传输信道的数据被分配到每个无线帧中进行传输。

（6）在完成传输信道到物理信道的复用之前，需要进行速率匹配，以保证物理帧可以刚好被经过速率匹配的传输信道数据填充满。速率匹配的本质是让传输信道的数据可以匹配网络信道数据的大小。根据每个传输信道的传输特性不同，系统会给每个传输信道分配一个速率匹配特性值。在 3GPP TS 34.108 规范中，给出不同业务类型中，每个传输信道的速率匹配参数建议参考值的范围。

在本实例中，分别给出 4 个传输信道的速率匹配特性值如下：

180　（DCH1-AMR Class A）；

170　（DCH2-AMR Class B）；

215　（DCH3-AMR Class C）；

185　（DCH4-RRC 信令）。

速率匹配的计算方法如下：首先计算 Z 值。

$$Z_{0,j} = 0$$

$$Z_{i,j} = \left\lfloor \frac{\left(\left(\sum_{m=1}^{i} RM_m \times N_{m,j} \right) \times N_{data,j} \right)}{\sum_{m=1}^{I} RM_m \times N_{m,j}} \right\rfloor \qquad \text{其中，} i = 1, \cdots, I$$

$$\Delta N_{i,j} = Z_{i,j} - Z_{i-1,j} - N_{i,j} \qquad \text{其中，} i = 1, \cdots, I$$

其中，$N_{m,j}$ 为该传输信道 m 速率匹配前的数据大小；$N_{data,j}$ 为物理信道 j 上包含的数据总量；i 则代表映射到同一物理信道的传输信道序号（此处 $i=1，2，3，4$）。

根据上述公式，可以得出以下计算结果：

① $Z_0 = 0$

② $Z_1 = 174$

$\Delta_{DCH1} = Z_1 - Z_0 - N_1 = 174 - 0 - 152 = 22$　（DCH1 需要 22bit 速率重复）

重复后的数据大小为：$N_1 = 152 + 22 = 174$

③ $Z_2 = 354$

$\Delta_{DCH2} = Z_2 - Z_1 - N_2 = 354 - 174 - 167 = 13$（DCH2 需要 13bit 速率重复）

重复后的数据大小为：$N_2 = 167 + 13 = 180$

④ $Z_3 = 448$

$\Delta_{DCH3} = Z_3 - Z_2 - N_3 = 448 - 154 - 68 = 26$（DCH3 需要 26bit 速率重复）

重复后的数据大小为：$N_3 = 68 + 26 = 94$

⑤ $Z_4 = 600$

$\Delta_{DCH4} = Z_4 - Z_3 - N_4 = 600 - 448 - 129 = 23$（DCH4 需要 23bit 速率重复）

重复后的数据大小为：$N_4 = 129 + 23 = 152$

通过速率匹配后，4 个专用传输信道的数据就可以复用到物理帧上进行传输了。各阶段的数据处理见表 5-6，各个传输信道到物理信道的复用情况如图 5-66 所示。

表 5-6　12.2kb/s AMR + 3.4kb/s 的物理层数据处理

处理步骤	数据状态	AMR Class A	AMR Class B	AMR Class C	RRC 信令
（1）	传输块	81	103	60	148
（2）	添加 CRC 后	93（81+12CRC）	103	60	164（148+16CRC）
（3）	卷积编码后	303	333	136	516
（4）	无线帧平衡处理后	304（=303+1）	334（=333+1）	136	516
（5）	帧分割后	152（=304/2）	167（=334/2）	68（=136/2）	129（=516/4）
（6）	速率匹配前每个物理帧中包含的数据	152（N_1）	167（N_2）	68（N_3）	129（N_4）
	速率匹配特性	180（RM_1）	170（RM_2）	215（RM_3）	185（RM_4）
	速率匹配后的数据	174	180	94	152

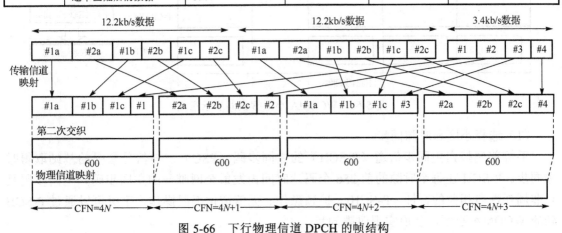

图 5-66　下行物理信道 DPCH 的帧结构

5.5　WCDMA 的基本工作过程

5.5.1　WCDMA 的同步过程

WCDMA 的物理层过程，也称为物理层进程，是指手机和 UTRAN 间为实现通信所必须遵循的顺序互动标准，包括同步过程、功率控制、随机接入和发射分集模式等。因为前

面已经介绍过功率控制和随机接入，在此仅重点介绍同
步过程。

　　同步过程是在 UE 开机时进行的过程，如图 5-67 所
示，通过小区搜索和信道同步完成。WCDMA 系统因为
各个小区使用不同的扰码，扩频码间相位差无法确定，
因此需要进行同步过程。

1．小区搜索

　　小区搜索，也称为码同步（包括帧同步和时间同步），
完成 UE 和系统间无联系到时序同步的过程，需对整个
相位区进行搜索，码同步搜索时间长，且小区搜索是数
据解调的先决条件，是系统运行的第一步，因此是系统

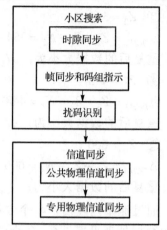

图 5-67　WCDMA 物理层同步流程

的一个关键指标。码同步通常和帧同步结合，利用码序列起始确定决定帧的起始。用户建
立通话的前提是进行同步捕获（初始同步）和跟踪（相位调整）。小区搜索分为三步进行：
时隙同步、帧同步和码组识别、扰码识别，图 5-68 给出这一过程的图示。

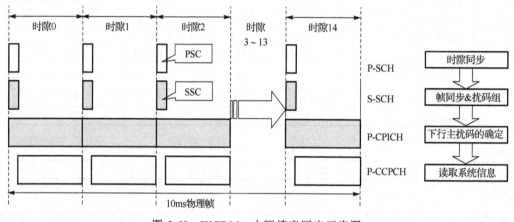

图 5-68　WCDMA 小区搜索同步示意图

　　（1）选择小区和时隙同步

　　手机首先搜索主同步信道（P-SCH）的主同步码（PSC），与信号最强的基站取得时
隙同步。P-SCH 在每个时隙的前 256 个码片时间内发射全网唯一的主同步码，主同步码具
有非周期性自相关的特性。P-SCH 无扩频操作、无信道化编码操作，手机可以通过 P-SCH
判断 WCDMA 小区，从而实现时隙同步。

　　（2）帧同步和确定扰码组

　　接收主同步信道（P-SCH）上的主同步码 PSC 后，再接收辅同步信道（S-SCH）上的
辅同步码（共有 16 个 SSC）。从 16 个中选择 15 个（无线帧只有 15 个时隙），这样不同
的排列组合有很多，选择 64 个（经过精心挑选）分别区分 64 个主扰码组。图 5-69 为一个
帧同步过程中确定小区物理帧起始点的图示。在该图中，SSC 码组与 21 组相匹配。则 UE
可以确定 SSC 1 处为广播信道物理帧的起始点。（注：在图中，各个 SSC 是连续的，实际
SSC 只占据每个时隙的 1/10，即 256 个码片。）

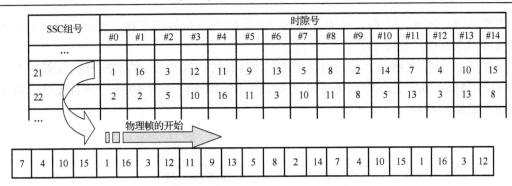

图 5-69　小区物理帧起始点的确定

（3）第三步：确定扰码号

接收主公共导频信道（P-CPICH），确定到底是哪个主扰码。P-CPICH 是预先定义的符号序列，它是一个全 "0" 序列，使用固定的信道化编码 $C_{ch,256,0}$，扰码使用的是主扰码。在手机确定是哪个主扰码组后，它只剩下 8 个主扰码（将 512 个主扰码分成 64 组，每组有 8 个主扰码）。手机依次用这 8 个下行主扰码对 P-CPICH 进行解码，直到得到全"0"，这样就确定了该小区的下行主扰码。

得到主扰码后接收主公共控制物理信道（P-CCPCH），P-CCPCH 包括当前的 SFN（System Frame Number）和系统广播消息，固定使用 $C_{ch,256,1}$ 进行信道化编码。P-CCPCH 也是用主扰码来加扰的，手机用主扰码对 P-CCPCH 承载的 BCCH 信道进行解码，获得系统广播。通过读 BCH，根据 MIB 的消息内容，UE 可判断 PLMN：是则读 SIB3，取得小区选择和重选信息；不是，UE 从小区搜索重选开始。

2．公共信道同步

所有公共物理信道的无线帧定时都可以在小区搜索完成之后确定。在小区搜索过程中可以得到 P-CCPCH 的无线帧定时，然后根据给出的其他公共物理信道与 P-CCPCH 的相对定时关系确定这些信道的定时。图 5-70 描述了下行物理信道之间的定时关系。

同步信道帧和导频信道帧在时间上是完全同步的。

负责发送系统广播信息的 P-CCPCH 也是与 CPICH 帧同步的，但是 P-CCPCH 在每个时隙的前 256 个码片内（即 SCH 使用的时间段内）并没有发送任何数据。

一个小区内可以有一个或多个 S-CCPCH，其中必须有一个 S-CCPCH 用于发送寻呼消息。映射 PCH 的 S-CCPCH 都与一个 PICH 相关，PICH 用于给出同一个 S-CCPCH 帧内的寻呼消息指示，每个 UE 可以通过读取 PICH 知道 S-CCPCH 帧内有没有自己的寻呼消息，从而决定是否进一步读取 S-CCPCH 上发送的数据。PICH 总是超前于 S-CCPCH 7680 个码片发送。

AICH 与 PRACH 配合使用，用于给出 UE 随机接入前导的响应，UE 根据 AICH 给出的信息，查看系统是否允许它发送随机随机接入的消息部分。AICH 帧的长度是 20ms，它的物理帧起始时间与 P-CCPCH 的物理帧起始时间对齐。

PDSCH 物理帧也和 P-CCPCH 的物理帧的开始时间对齐。

在下行方向，每个 UE 可以被分配一个或多个 DPCH，各个 UE 的 DPCH 的帧起始位置在时间上都与 CPICH 的帧起始位置相差 256 个码片的整数倍，之所以这样，是为了保证各个物理信道之间的正交性，从而减少各个下行物理信道间的干扰。256 个码片长度值也是由信道码的特性所决定的。

图 5-70 中并没有给出上行物理信道 DPDCH/DPCCH 和下行的 DPCH 的实际关系。在 FDD 中，UMTS 规定上行物理信道帧总是落后下行物理信道帧 1024 个码片发送，以满足快速功率控制的要求。

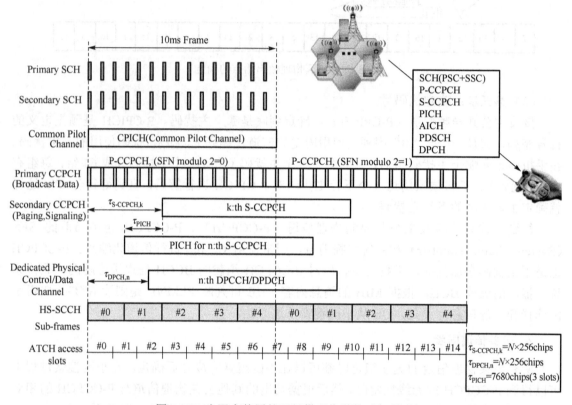

图 5-70　小区中使用的下行物理信道的时间关系

HS-SCCH 为 HSDPA 使用的下行控制物理信道，HS-SCCH 的子帧长度为 3 个时隙，HS-SCCH 子帧#0 的起始与 P-CCPCH 物理帧的起始时间对齐。

3．专用信道同步

专用物理信道采用同步原语向上层 RRC 指示上下行无线链路的同步状态（基站的无线链路状态分为初始状态、同步状态和失步状态，转换关系如图 5-71 所示），一般采用基于接收到的 DPCCH 质量或 CRC 校验确定同步原语类型，触发上层进行相应操作（恢复过程或失败过程）。下行同步原语是 UE 层 1 测量下行专用物理信道的同步状态向高层报告；上行同步原语是 NodeB 层 1 测量所有无线链路集合的每一物理帧的状态类型向 RL 失败/恢复触发函数报告。

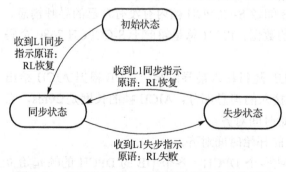

图 5-71　WCDMA 基站无线链路集状态转换流程

5.5.2　呼叫建立过程

WCDMA 系统可以完成多种类型的呼叫业务，主要包括电路域的话音业务、视频业务，分组域的数据业务，话音和数据的并发业务等。话音业务采用自适应多速率（AMR）业务的形式。下面分别介绍 AMR 话音业务和分组数据业务的呼叫流程。

1．电路域话音呼叫过程（移动用户主叫 MOC）

移动用户 AMR 话音业务主叫过程如图 5-72 所示。主要过程如下：

图 5-72　移动用户主叫过程

（1）建立 RRC 连接

起呼时，首先由 UE 的 RRC 接收到非接入层的请求发送 RRC 连接建立请求消息给 UTRAN，在该消息中包含被叫 UE 号码，业务类型，等等。UTRAN 接收到该消息后，根据网络情况分配无线资源，并在 RRC CONNECTION SETUP 消息中发送给 UE，UE 将根据消息配置各协议层参数，同时返回确认消息。RRC 连接建立。为了成功进行呼叫，UE 将发起 RRC 连接建立过程，建立与 RNC 之间的信令连接。RRC 连接可建立在 FACH 或 DCH 上。

（2）CM 业务处理

Iu 信令连接的建立。在空口上，使用 RRC 连接用于传输 NAS 信令消息，Iu 接口上通过 SCCP 连接来实现，RANAP 消息通过 SCCP 来承载。

UE 发送 CM 业务接入请求消息到 CN 表明所需的服务，其中连接管理（CM）为 UMTS 电路域非接入层的子层（包括 CS 域连接建立、短消息传输和定位服务等），SRNC 直接将消息传送给 CN。

（3）鉴权和安全模式

Iu 信令连接建立后，CN 需要对 UE 进行鉴权（非接入层功能）。完成网络和 UE 之间相互的鉴权认证、UE 和核心网之间的安全性算法相关的键值的更新（完整性保护键 IK、加密键 CK）、安全模式的设定等。实现 CN、SRNC、UE 间有关系统完整性保护、加密需要的参数、算法的协商。

（4）呼叫控制

UE 向 MSC 发送呼叫控制 CC 建立消息（包括主被叫号码信息、呼叫需要的传输承载资源信息等）；CN 向 UE 回送呼叫处理消息，用于指示 CN 已经确认 UE 发出的被叫号码正确与否，正确将按照 UE 的呼叫请求进行路由处理。

（5）无线接入承载（RAB）的建立

UE 业务请求被网络接收后，CN 将根据业务情况分配无线接入承载（RAB），以提供业务所需的 QoS 和用户面信息。同时在空中接口将建立相应的无线承载（RB）。

- CN 向 UTRAN 发送 RAB 指配请求（RAB Access Bearer Assignment Request）消息，请求建立 RAB；
- SRNC 收到 RAB 建立请求后，SRNC 发起建立 Iu 接口（ALCAP 建立）与 Iub 接口的数据传输承载；
- SRNC 向 UE 发起 RB 建立请求（Radio Bearer Setup）消息，UE 完成 RB 建立后，向 SRNC 返回 RB 建立完成（Radio Access Bearer Assignment Response）消息，结束 RAB 的建立过程。

RAB 建立过程中，SRNC 会给出 UE 所有与 RB 有关的 RLC 层、逻辑信道、传输信道、物理层的参数等，还会给出参数间的相互配合关系和空中接口资源的分配。

（6）呼叫建立成功

MSC 发送初始地址信息 IAM 到被叫局方，对方分配发送地址完成消息 ACM 到 MSC。此时 UE 将等待被呼叫方应答，进入通话状态。

- 来自被叫的振铃（Alerting）消息通过 MSC 发送给 SRNC，SRNC 转发至 UE；
- 对方应答后，被叫方向主叫回送连接（Connet）消息和应答响应（ANM），表示可以接收呼叫；
- UE 收到连接（Connet）消息后，将发送连接确认（Connet Acknowledge）消息作为应答。

至此，主叫和被叫间成功建立了话音通路。

2. 分组域话音呼叫过程

分组域呼叫与电路域呼叫一样，也可以分为移动用户主叫和移动用户被叫两种情况。呼叫过程主要包括如下子过程。

- RRC 连接的建立；
- GPRS 附着/业务请求过程；
- 鉴权和安全模式；
- PDP 上下文激活过程；
- 无线接入承载（RAB）建立。

RRC 连接的建立、鉴权和安全模式、无线接入承载（RAB）建立的应用在电路域的呼叫过程中已经进行了分析，下面将介绍 GPRS 附着/业务请求过程和 PDP 上下文激活过程，最后简单介绍分组域呼叫过程。

（1）GPRS 附着/业务请求过程

① GPRS 附着过程

移动台进行 GPRS 附着后才能获得分组业务的使用权。下面以 GPRS 网络的附着过程为例，即移动台如果通过 GPRS 网络接入 Internet 或者查看电子邮件，首先必须使移动台附着 GPRS 网络（与 SGSN 网元相连接）。在附着过程中，MS 将提供身份标示（P-TMSI 或者 IMSI）、所在区域的路由区标示（RAI）以及附着类型。GPRS 附着完成后，MS 进入 PMM 状态，并在 MS 和 GGSN 中建立起 MM 上下文，然后才可以发起 PDP 上下文激活过程。附着类型包括 GPRS 附着、IMSI 附着后的 GPRS 附着、GPRS/IMSI 联合附着。GPRS 附着过程也可以用于开机注册、位置更新过程等。

GPRS 附着通过 SGSN 进行，下面介绍分组域 GPRS 附着过程，如图 5-73 所示。图中假设 RRC 连接已建立，由终端发起附着过程。

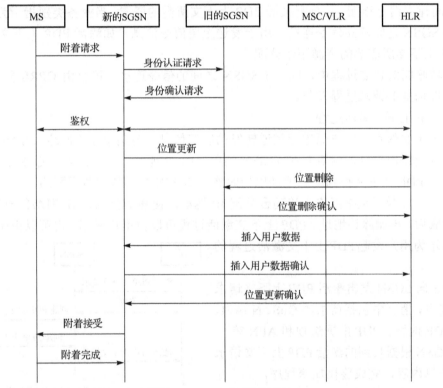

图 5-73　GPRS 附着过程

● 首先移动台向新的 SGSN 发送附着请求消息，消息中包括 P-TMSI（若没有 P-TMSI 则用 IMSI）、旧的 RAI、附着类型、旧的 P-TMSI 签名等参数；

● 新的 SGSN 收到附着请求消息后，向旧的 SGSN 发出身份认证请求，消息中包括 P-TMSI（若没有 P-TMSI 则用 IMSI）、旧的 RAI、附着类型、旧的 P-TMSI 签名等参数。旧的 SGSN 若能识别该移动台，将向新的 SGSN 发送身份确认响应消息，消息中包括移动台的 IMSI 和鉴权参数；

● 新的 SGSN 取得移动台的标识和鉴权参数后，将完成鉴权加密程序，完成安全模式设置；

- 通过 HLR 获得用户签约信息，在终端、HLR 与 SGSN 内部形成用户的移动管理上下文（MM Context）；
- 如果新的 SGSN 接受了移动台的附着请求，向移动台发送附着接受消息，消息中包括新的 P-TMSI、P-TMSI 签名等。移动台向新的 SGSN 发回附着完成消息。

终端在未进行附着之前脱离 UMTS 网络，处于 PMM 空闲状态（PMM-Idle），不能处理数据业务。附着之后进入 PMM 连接（PMM-Connected）状态，可以进行 PDP 上下文激活过程，进行 IP 地址的申请。

② 业务请求过程（Service Request）

Service Request 过程可以用处于 PMM-Idle 状态的 3G SGSN 之间的安全连接，Service Request 流程也可以用处于 PMM-Connected 状态的 3G UE 为激活的 PDP 上下文预留专用资源。业务请求的原因可以为信令或者数据。当业务类别指示为数据时，在移动用户和 SGSN 之间建立信令连接，且分配激活 PDP 上下文所需的资源。当业务类别指示为信令时，在 MS 和 SGSN 之间建立信令连接，用于发送上层信令信息，如激活 PDP 上下文请求等，激活 PDP 上下文所需要的资源不予分配。

分组域呼叫的建立过程中，UE 与 SGSN 之间的信令连接，可以由 GPRS 附着过程发起，也可以由业务请求过程发起。

（2）PDP 上下文激活过程

PDP 上下文保存了用户面进行隧道转发的所有信息，与某个接入网络（APN）相关的地址映射以及路由信息，包括 RNC/GGSN 的用户面 IP 地址、隧道标识和 QoS 等。移动用户通过激活 PDP 上下文得到动态地址以随时通过 GGSN 接入特定数据网络。

PDP 上下文激活是指网络为移动台分配 IP 地址，使移动台成为 IP 网络的一部分，数据传送完成后，再删除该地址。PDP 上下文激活过程可以由用户发起，也可以由网络发起。图 5-74 所示为用户发起 PDP 上下文激活过程的示意图。

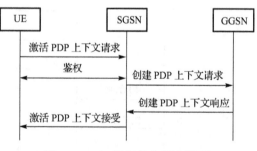

图 5-74　UE 发起的上下文激活

- UE 向 SGSN 发出激活 PDP 上下文请求消息，消息中包括请求的 QoS、NSAPI、PDP 地址、PDP 配置选项和 APN 等。
- SGSN 根据收到的激活 PDP 上下文请求消息内容，完成鉴权加密程序。
- SGSN 根据收到的 APN 消息，解析出 GGSN 地址。SGSN 创建一个从 GGSN 到 SGSN 的 GTP 隧道，传送分组数据，用 TID 标识。SGSN 向 GGSN 发出"创建 PDP 上下文请求"消息，消息内容包括 APN、TID、PDP 地址和请求的 QoS。接着 GGSN 将向 SGSN 返回创建 PDP 上下文响应消息，消息内容包括 TID、PDP 地址和协商的 QoS 等。
- SGSN 收到创建 PDP 上下文响应消息后，将在 PDP 上下文中插入相应新的消息。向 MS 返回激活 PDP 上下文接受消息，该消息中包括 LLC SAPI、协商 QoS、PDP 地址和无线优先权等。

移动台收到激活 PDP 上下文接受消息后，即进入 PDP 激活状态，表明 UE 与 GGSN 间可以进行分组数据传输。

（3）分组域呼叫建立过程

分组域主叫呼叫建立过程如图 5-75 所示。

● RRC 连接的建立：如果 RRC 连接不存在，则首先需要建立 RRC 连接。

● GPRS 附着过程/业务请求过程：UE 可以通过初始 UE 消息发送 NAS Service Request 消息到 SGSN，其中包括 P-TMSI、RAI、密钥序列号（CKSN）和业务类别等内容。UE 也可以通过 GPRS 附着过程介入分组域核心网，进而发起 PDP 上下文激活过程。

图 5-75　分组域呼叫建立过程

● 鉴权和安全模式：完成核心网与 UE 之间的鉴权过程，在分组核心网、SGSN、UE 间实现键值与安全模式的协商。

● PDP 上下文激活请求：如果网络在 PMM-Connected 模式，UE 将发送 PDP 上下文激活请求消息到 SGSN，包括请求的 QoS、NSAPI、PDP 地址、APN 消息协议配置选项等。

● 创建 PDP 上下文：GGSN 检查 UE 的 PDP 上下文是否已经存在，并根据 APN 信息为用户分配 IP 地址，或者执行可选的网络鉴权过程。如果请求的 QoS 不支持，GGSN 可以拒绝 PDP 请求。然后，GGSN 回应消息到 SGSN。

习题与思考题 5

1．WCDMA 空中接口的特点是什么？

2．WCDMA 网络中有哪些主要接口？

3．一个可独立运行的最简的 WCDMA 系统应由哪些基本单元组成？

4．请简述 RRC 连接与 RAB、SRB、RB 的关系。

5．请画出 WCDMA 逻辑信道、传输信道和物理信道的映射关系。

6．WCDMA 的上、下行专用物理信道有何区别？WCDMA 的上、下行扩频和调制有何异同？

7．简述 WCDMA 物理层中的数据处理过程。

8．UE 首次开机，在开始呼叫之前，UE 有哪些过程？

9．简述 WCDMA 的小区搜索过程。

10．简述 WCDMA 网络中的话音业务和分组数据业务的呼叫流程。

第6章　LTE移动通信系统

学习重点和要求

本章主要介绍 LTE 系统的特点及其网络结构、LTE 系统所涉及的 OFDM 和 MIMO 等关键技术、LTE 系统的空中接口信道和信号结构类型及其物理层的数据处理过程、LTE 系统的基本物理层过程。通过本章学习：

- 了解 LTE 系统的总体架构和无线接口协议栈，掌握 LTE 系统的主要技术特点；
- 了解 LTE 系统无线接口的帧结构和信道结构类型，理解物理信道、传输信道和逻辑信道以及信道间的映射关系，主要掌握物理信道的特性；
- 掌握 LTE 系统物理层的关键技术：多址技术、多天线技术等；
- 理解 LTE 系统主要的物理层过程：下行同步过程、随机接入过程、功率控制等。

6.1　LTE 系统概述

6.1.1　LTE 启动背景

随着 GSM、CDMA 等移动网络在过去二十年中的广泛普及，全球话音通信业务获得了巨大的成功。目前，全球的移动话音用户已超过了 18 亿。同时，我们的通信习惯也从以往的点到点演进到人与人。

个人通信的迅猛发展极大地促使了个人通信设备的微型化和多样化，结合多媒体消息、在线游戏、视频点播、音乐下载和移动电视等数据业务的能力，大大满足了个人通信和娱乐的需求。

另外，尽量利用网络来提供计算和存储能力，通过低成本的宽带无线传送到终端，将有利于个人通信娱乐设备的微型化和普及化。GSM 网络演进到 GPRS/EDGE 和 WCDMA/HSDPA 网络以提供更多样化的通信和娱乐业务，降低无线数据网络的运营成本，已成为 GSM 移动运营商的必经之路。但这也仅仅是往宽带无线技术演进的一个开始。WCDMA/ HSDPA 与 GPRS/EDGE 相比，虽然无线性能大大提高，但在专利权的掣肘，应对市场挑战和满足用户需求等领域，还是有很多局限。

由于 CDMA 通信系统形成的特定历史背景，3G 所涉及的核心专利被少数公司持有，在专利权上形成了一家独大的局面。专利授权费用已成为厂家的承重负担。可以说，3G 厂商和运营商在专利问题上处处受到掣肘，业界迫切需要改变这种不利局面。

面对高速发展的移动通信市场的巨大诱惑和大量低成本、高带宽的无线技术快速普及，众多非传统移动运营商也纷纷加入了移动通信市场，并引进了新的商业运营模式。互联网业务提供商等新兴力量给传统移动运营商带来了前所未有的挑战，加快现有网络演进，满足用户需求，提供新型业务成为在激烈的竞争中处于不败之地的唯一选择。

与此同时，用户期望运营商提供任何时间任何地点不低于 1Mb/s 的无线接入速度，小于 20ms 的低系统传输延迟,在高移动速率环境下的全网无缝覆盖的服务。而最重要的一点是具备广大用户负担得起的廉价终端设备和网络服务。

这些要求已远远超出 2G/3G 网络的能力,因此寻找突破性的空中接口技术和网络结构势在必行。与 WiFi 和 WiMAX 等无线接入方案相比,WCDMA/HSDPA 虽然在支持移动性和 QoS 方面有较大优势,但空中接口和网络结构过于复杂,传输每比特耗费成本方面明显落后。根据 3GPP 标准组织原先的时间表,4G 最早要在 2015 年才能正式商用,在这期间传统电信设备商和运营商将面临前所未有的挑战。用户的需求、市场的挑战和专利权的掣肘共同推动了 3GPP 组织在 4G 出现之前加速制定新的空中接口和无线接入网络标准。2004年 11 月,3GPP 加拿大多伦多"UTRAN 演进"会议收集了无线接入网 R6 版本之后的演进意见,在随后的全体会议上,"UTRA 和 UTRAN 演进"研究项目得到了二十六个组织的支持,并最终获得通过。这也表明了 3GPP 组织运营商和设备商成员共同研究 3G 技术演进版本的强烈愿望。3GPP 开始了 UMTS 技术的长期演进(Long Term Evolution,LTE)技术的研究。这项受人瞩目的技术被称为"演进型 3G"(Evolved 3G,E3G)。但对这项技术稍作了解,就会发现,这种以 OFDM 为核心的技术,与其说是 3G 技术的"演进",不如说是"革命",它和 3GPP2 AIE(空中接口演进)、WiMAX 以及最新出现的 IEEE 802.20 MBFDD/MBTDD 等技术,由于已经具有某些"4G"特征,甚至可以被看作是"准 4G"技术。

2008 年 12 月正式发布了 LTE R8 版本,它定义了 LTE 的基本功能。在 R9 版本里主要增加了波束赋形(Beamforming)、定位等功能,同时继续完善 LTE 家庭基站,特别是增强了管理和安全方面以及 LTE 微微基站自组织管理的功能。R10 版本可以运行在 100 MHz 带宽上,并且进一步提升 LTE 的上行传输性能,实现增强型多媒体广播多播业务(eMBMS)以及自组织网络(SON)功能。

目前 3GPP 已经演进到 R11 版本,世界主要运营商 Vodafone、NTT、AT&T、Verizon、中国移动、中国电信、中国联通等都已经决定采用 LTE 技术。

与 LTE 物理层相关的协议编号及内容,具体可查阅 http://www.3gpp.org 网站:

TS36.201——LTE 物理层总体描述

TS36.211——物理信道、参考信号、帧结构

TS36.212——信道编码、交织、速率匹配、复用

TS36.213——随机接入等物理层的工作过程

TS36.214——物理层的测量技术

TS36.302——物理层向高层提供的数据传输服务

LTE 并非人们普遍误解的 4G 技术,而是 3G 与 4G 技术之间的一个过渡,是 3.9G 的全球标准,它改进并增强了 3G 的空中接入技术,为用户提供更高速率的网络业务应用,改善了小区边缘用户的性能,提高了小区容量并且降低了系统延迟。

LTE 包括 TDD(时分双工)和 FDD(频分双工)两种双工模式。

6.1.2 LTE 主要技术指标

- 支持 1.4、3、5、10、15 和 20MHz 带宽,支持对已使用频率资源的重复利用,上下行都支持成对或非成对的频谱。
- 峰值速率:下行 100Mb/s,上行 50Mb/s;频谱效率达到 3GPP R6 的 2～4 倍。

- 提高小区边缘用户的传输速率。
- 移动性：
  - 0～15km/h（最佳性能）；
  - 15～120km/h（较好性能）；
  - 120～350km/h（保持连接，确保不掉线）。
- 覆盖范围：
  - 0～5km（较高频谱利用率）；
  - 5～30km（稍差的频谱利用率）。
- 用户面延迟（单向）小于 5ms，控制面延迟小于 100ms。
- 支持增强型的广播多播业务。
- 支持增强的 IMS（IP 多媒体子系统）和核心网。
- 取消 CS（电路交换）域，CS 域业务在 PS（分组交换）域实现，如采用 VoIP。
- 支持与现有 3GPP 和非 3GPP 系统的互操作：
  - 与 GERAN/3G 系统在相同地区邻频；
  - 与其他运营商在相同地区邻频；
  - 在边境两侧重合或相邻的频谱内；
  - 与 UTRAN 和 GERAN 切换；
  - 与非 3GPP 技术（CDMA2000、WiFi、WiMAX）切换 。

6.1.3　LTE 基本传输方案

LTE 的基本传输方案如表 6-1 所示。表中对 TD-SCDMA、LTE 和 802.16e 三种系统的传输方案进行了简要对比。

表 6-1　LTE 基本传输方案

	TD-SCDMA	3GPP LTE	802.16e
多址技术	CDMA	下行 OFDMA；上行 SC-FDMA	OFDMA
双工方式	TDD	FDD 和 TDD 尽可能融合，FDD 半双工	FDD、TDD 和 FDD 半双工
帧结构	10ms 无线帧分为 2 个 5ms 子帧	帧长 10ms，分为 10 个子帧，20 个时隙	规定了 5ms、10ms 和 20ms 等多种不同的帧结构
子帧结构	每个子帧分为 7 个正常时隙和 DwPTS、GP、UpPTS 三个特殊时隙	下行 7 或 6 个 OFDM 符号；上行 7 或 6 个 OFDM 符号	每个帧分为下行子帧和上行子帧，两者之间用适当的保护时隙分隔
调制方式	QPSK、16QAM	QPSK、16QAM 和 64QAM	BPSK、QPSK、16QAM、64QAM
编码方式	卷积编码和 Turbo 码	以 Turbo 码为主，正在考虑 LDPC 码	有卷积码、卷积 Turbo 码和低密度奇偶校验码
多天线技术	智能天线	基本 MIMO 模型：下行 2×2，上行 1×2 个天线，考虑最多 4×4 配置	支持 MIMO（多入多出）和 AAS（自适应天线阵）两种不同的多天线实现方式
HARQ	Chase 合并与增量冗余 HARQ	Chase 合并与增量冗余 HARQ，正在考虑异步 HARQ 和自适应 HARQ	采用最为简单的停-等（SAW）机制，HARQ 的控制开销最小并且对发射和接收的缓存要求最小

6.1.4　OFDM 基本原理

1. OFDM 原理介绍

OFDM 起源于 20 世纪 40 年代的第二次世界大战时期，早期用于美国军队的高频通信项目，主要技术特点是采用多个并行传输信道进行信号传输。1966 年，Robert W. Chang 第一次提出了一种在有限带宽下并行传输多个数据流，并确保各数据流间的无符号间干扰（ISI，Inter-Symbol Interference）和无载波间干扰（ICI，Inter-Carrier Interference）的并行信号传输方案，并于 1970 年获得了 OFDM 的第一个专利。OFDM 的基本原理图如图 6-1 所示。

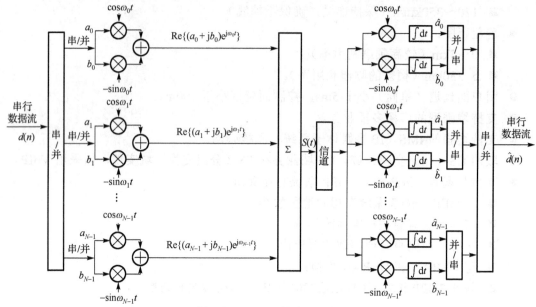

图 6-1　OFDM 基本原理图

图 6-1 中，$\cos\omega_k t = \cos 2\pi(f_c + k\Delta f)t$，$\sin\omega_k t = \sin 2\pi(f_c + k\Delta f)t$，分别表示第 k（$0 \leqslant k \leqslant N-1$）个子载波的两个正交载波信号（$\int_0^T (\cos\omega_k t \cdot \sin\omega_k t)\,dt = 0$），$f_c$ 表示 OFDM 载波中心频率，Δf 表示子载波间的间隔，N 表示子载波总数。在每个子载波上，可以采用 BPSK、QPSK 或 QAM 等数字调制方式，a_k, b_k 表示输入第 k 个子载波的两个正交支路的基带调制信号，假设其周期（符号持续时间）为 T_s，即 OFDM 符号周期。由于经过串并变换，该周期明显远远大于输入串行数据流 $d(n)$ 的符号周期。当子载波间隔 $\Delta f = 1/T_s$ 时，可以证明各子载波间是正交的，即满足下式：

$$\int_0^{T_s}(\cos 2\pi f_k t \cdot \cos 2\pi f_j t)\,dt = \int_0^{T_s}(\sin 2\pi f_k t \cdot \sin 2\pi f_j t)\,dt = 0 \quad （当 k \neq j 时）$$

以下给出简要的证明过程。

$$\int_0^{T_s}\cos(2\pi f_k t + \varphi_k)\cos(2\pi f_j t + \varphi_j)\,dt$$
$$= \frac{1}{2}\int_0^{T_s}\{(\cos[2\pi(f_k+f_j)t + \varphi_k + \varphi_j] + \cos[2\pi(f_k-f_j)t + \varphi_k - \varphi_j]\}dt$$
$$= \frac{1}{2}\int_0^{T_s}\cos[2\pi(f_k+f_j)t + \varphi_k + \varphi_j]dt + \frac{1}{2}\int_0^{T_s}\cos[2\pi(k-j)\Delta f t + \varphi_k - \varphi_j]dt$$
$$= 0 + \frac{1}{2}\int_0^{T_s}\cos\left[2\pi\frac{k-j}{T_s}t + \varphi_k - \varphi_j\right]dt$$
$$= 0(k \neq j)$$

当 f_c 为较大的频率时，$\displaystyle\int_0^{T_s}\cos[2\pi(f_k+f_i)t+\varphi_k+\varphi_i]\mathrm{d}t\approx 0$，

因为正好是整数个 $(k-j)$ 积分周期，所以 $\displaystyle\int_0^{T_s}\cos\left[2\pi\frac{k-j}{T_S}t+\varphi_k-\varphi_j\right]\mathrm{d}t=0$，证毕。

普通的频分复用（FDM）调制，为了避免载波间干扰，要求各载波之间留有一定的保护间隔（GP）。FDM 信号的功率谱如图 6-2 所示。图中 f_n 表示载波中心频率，Δf 表示调制信号带宽，GP 表示载波间隔。如果不同的载波传输不同用户的数据，则形成 FDMA 多址方式。

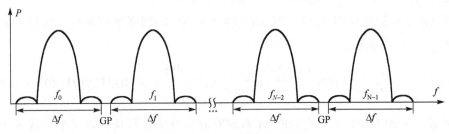

图 6-2　FDM 信号功率谱

OFDM 信号的功率谱如图 6-3 所示。图中 f_n 表示 OFDM 子载波频率。从图中可以看出，OFDM 各子载波之间是相互重叠的，没有保护间隔，和 FDM 调制相比，频谱利用率明显提高。应该说 OFDM 各子载波间功率谱的重叠不是随机的，而是有规律的，即在任意子载波的中心频率处的其他子载波的功率为零，这正是各子载波间相互正交特性在功率谱上的体现。

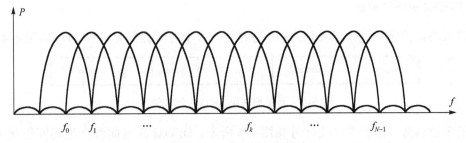

图 6-3　OFDM 信号功率谱

但此时的 OFDM 多址接入技术在实际系统应用中还存在众多难以克服的困难，主要表现有：每个子载波需要单独的信号振荡器用于信号的生成和调制，这对于硬件要求比较高，且由于信号振荡器间的非同步，容易造成子载波间干扰；同时，由于子载波信号的单独调制和生成，在子载波数量比较大的情况下，基带信号处理计算复杂度也很高。

OFDM 的两个重要实用化设计方案的提出，为 OFDM 的大规模应用铺平了道路。一个是 1971 年 Weinstein 和 Ebert 提出的采用离散傅里叶变换（DFT，Discrete Fourier Transform）进行 OFDM 信号的调制和解调，使得 OFDM 各子载波信号的生成只需要一个信号振荡器，从而使得 OFDM 调制的实现更为简便。另一个重要设计是，Peled 和 Ruiz 在 1980 年提出了在 OFDM 各子载波符号中引入循环前缀（CP，Cyclic Prefix）的设计，从而使得 OFDM 各子载波调制信号在复杂的传输信道中仍然能够保证正交性。

2. OFDM 与 FFT

以下给出 OFDM 调制实现与 FFT/IFFT 之间关系的推导过程。参照图 6-1，可以写出 OFDM 发端合成信号如下式：

$$s(t) = \mathrm{Re}\left\{\sum (a_k + jb_k)\,\mathrm{e}^{j\omega_k t}\right\} = \mathrm{Re}\left\{\sum X(k)\,\mathrm{e}^{j2\pi(f_c + k\Delta f)t}\right\}$$

$$= \mathrm{Re}\left\{\sum X(k)\,\mathrm{e}^{j2\pi k\Delta ft} \cdot \mathrm{e}^{j2\pi f_c t}\right\} = \mathrm{Re}\left\{x(t) \cdot \mathrm{e}^{j2\pi f_c t}\right\}$$

其中，$\mathrm{Re}\{\cdots\}$ 表示取复数的实部；$X(k) = a_k + jb_k$（基带调制信号的星座映射，即基带调制信号的复数表示）；$x(t) = \sum X(k)\mathrm{e}^{j2\pi k\Delta ft}$（OFDM 复包络）。

在一个 OFDM 符号周期 T_s 内，对 $x(t)$ 以 $1/(N \cdot \Delta f)$ 的间隔进行采样，时域上看，一个 OFDM 符号有 N 个样值表示：

$$x(n) = x(t)\Big|_{t=\frac{n}{N\Delta f}} = \sum_{k=0}^{N-1} X(k)\mathrm{e}^{j2\pi k\Delta f \frac{n}{N\Delta f}} = \sum_{k=0}^{N-1} X(k)\mathrm{e}^{\frac{j2\pi nk}{N}} = N \cdot \mathrm{IDFT}[X(k)]\ (0 \le n \le N-1)$$

综上所述，采用 IDFT 变换的 OFDM 系统发射信号的过程是：对每个子载波上基带调制信号进行星座映射，得到序列 $X(k)$；对该序列数据进行 IDFT 变换，得到 $x(n)$，即 OFDM 符号复包络的 N 点采样，实部送入 I 支路去调制载波 $\cos 2\pi f_c t$，虚部送入 Q 支路去调制载波 $\sin 2\pi f_c t$，I/Q 两路射频信号叠加在一起即得到 OFDM 调制的射频信号，送入天线发射出去。接收过程则反之。为了提高 IDFT 的运算速度，可以通过补零的方式使子载波数 N 为 2 的指数次幂，采用基 2IFFT 算法来实现 IDFT 的运算；当然也可通过补零来实现基 4IFFT，甚至更高阶的 IFFT 蝶形运算。

3. OFDM 的循环前缀

从时域看，无保护间隔的 OFDM 调制信号的各个符号之间紧密排列，如图 6-4 所示。

图 6-4　无保护间隔 OFDM 时域符号

由于多径效应，接收端接收信号如图 6-5 所示。OFDM 符号间将产生码间干扰（ISI）。多径 2 的 OFDM 符号 1 和多径 n 的 OFDM 符号 1 落入到多径 1 的 OFDM 符号 2 区间，对多径 1 的 OFDM 符号 2 形成符号间干扰（ISI）。

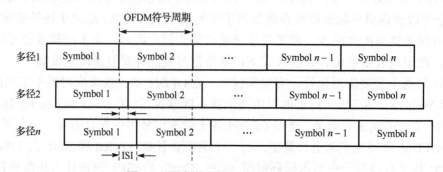

图 6-5　无保护间隔 OFDM 多径效应

为了避免由于多径效应造成的 OFDM 符号之间干扰（ISI），可以在符号之间加入保护间隔（GP），如图 6-6 所示。只要多径时延不大于保护间隔，符号间可以有效避免 ISI 的影响。

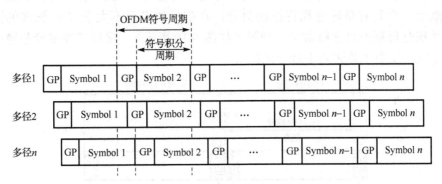

图 6-6 加入保护间隔 OFDM 多径效应

加入保护间隔（GP）可以消除 ISI 的影响，但在 OFDM 符号积分周期内，由于多径信号引入的子载波之间不再正交（积分区间不再是整数个积分周期），由此会引入子载波间干扰（ICI）。如果积分区间包含整数个子载波周期，则子载波间是正交的，如图 6-7 所示。如果在积分区间内不是整数个子载波周期，则子载波间不再正交，如图 6-8 所示。

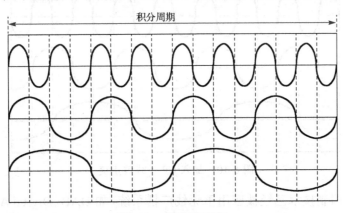

图 6-7 子载波正交

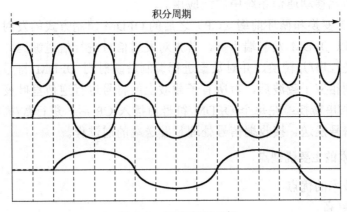

图 6-8 子载波不正交

采用循环前缀的 OFDM 符号方式如图 6-9 所示。一个 OFDM 符号后部的部分信号采样点被复制并放在 OFDM 符号的最前端，占据原 GP 的位置。相比原有的在 OFDM 符号间插入空时隙保护间隔（GP）的方法，插入循环前缀方式使得 OFDM 符号在接收处理时，信道实现类似于一个具有循环卷积特征的信号；在信号的多径不大于 CP 长度的情况下，OFDM 符号积分周期内包含整数个子载波（如图 6-10 所示），保证了在多径信道中各子载波间的正交性，减少子载波间干扰（ICI）。

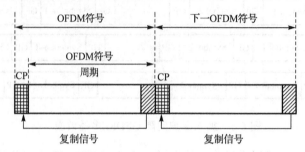

图 6-9　OFDM 符号的循环前缀 CP 生成示意图

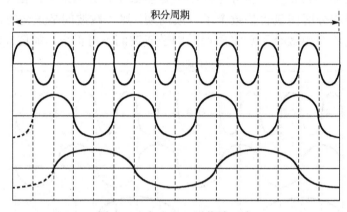

图 6-10　加入 CP 子载波正交

目前，OFDM 调制技术已经被应用于无线广播系统，如 DAB（Digital Audio Broadcast）、DVB（Digital Video Broadcast）以及无线局域网和近距离通信，如 IEEE 802.11g/a、802.15.3a 等系统，并在第四代移动通信系统中广泛应用。

引入 IFFT/FFT 变换和循环前缀（CP）之后的 OFDM 调制方式的发射端及接收机结构如图 6-11 所示。以 OFDM 发射端为例，首先对发送信号进行信道编码并交织，然后将交织后的数据比特进行串/并转换，并对数据进行调制后映射到 OFDM 符号的各子载波上；将导频符号插入到相应子载波后，对所有子载波上的符号进行逆傅里叶变化后生成时域信号，并对其进行并/串转换；在每个 OFDM 符号前插入 CP 后，进行数/模转换并上变频到发射频带上进行信号发送。接收端信号处理是发送端的逆过程。

4．OFDM 技术的主要优缺点

（1）OFDM 技术的优点

① 频谱效率更高

如前所述，相对于传统的频分复用技术，各子载波可以部分重叠，理论上可以接近

Nyquist 极限；同时，由于具有良好的多址正交性，保证较低的用户间干扰，以 OFDM 为调制多址方式的系统具有更高频谱效率。

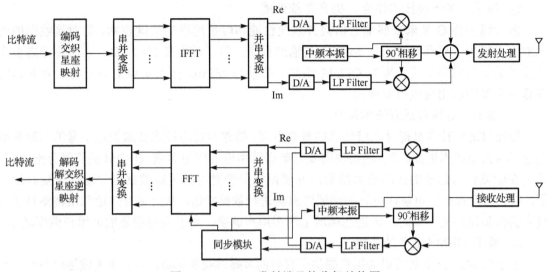

图 6-11　OFDM 发射端及接收机结构图

② 可利用 FFT 实现调制解调

OFDM 用 IFFT 和 FFT 实现信号的调制与解调，目前 FFT 易于用 DSP 或 FPGA 实现，比之前用传统的滤波器实现容易，体积小。

③ 受频率选择性衰落影响小

对于宽带无线传输系统，信号多径传输时延会造成接收信号的频率选择特性。频率选择信道的相关带宽与多径时延的时间弥散长度成反比，多径时延越大，相关带宽越小。宽带系统信号的多径时延通常为几微秒至几十微秒，而一个符号的调制时间却远小于信号的多径时延。例如，对于 10MHz 带宽的系统，其调制符号的时间长度为 0.1μs。多径时延长度远超过调制符号的时间长度，因此存在严重的频率选择特性。

对于传统的窄带无线传输系统，由于多径所带来的频选特性并不明显，一般通过采用时域自适应滤波器来补偿衰落信道的损失和减少符号间的干扰。但对于宽带系统，符号间的串扰将达几十甚至几百个符号，如果仍然采用时域自适应滤波器方式来补偿信道的损失，这会给接收端带来很高的复杂度，甚至是不可实现的。

对于 OFDM 多址的符号调制方式，数据并行地在多个窄带的子载波上进行传输。对于每个子载波，多径时延对传输数据造成的影响并不严重，采用简单的自适应滤波器就可以补偿信道传输带来的损失。因此，对于宽带系统，OFDM 可以极大地减少接收端的处理复杂度。

④ 抵抗窄带干扰

OFDM 通过把高速串行数据映射到并行的多个子载波上，窄带干扰只能影响一部分子载波，接收端可以通过纠错译码恢复干扰引起的错误。

⑤ 支持灵活的带宽扩展性

由于采用了傅里叶变换的实现方式，采用 OFDM 多址方式的系统，其带宽可扩展性非常灵活。例如，对于 TD-LTE R8 系统支持的 1.4～20MHz 载波带宽，不需要为接入每个载波带宽特别定制一种终端，一个具有 20MHz 接收能力的终端可以灵活地支持所有带宽系统，并不会带来额外的复杂度。

⑥ 易于与多天线技术结合，提升系统性能

多天线 MIMO 是未来移动通信提升系统性能和峰值速率的关键技术，但对接收端的处理能力也提出了更高要求。在 MIMO 传输过程中，除了前面提到的 ISI，还需要考虑多个并行传输数据流间干扰。采用 OFDM 调制，将使得 MIMO 技术实现更为简化，为 MIMO 在宽带系统中应用提供重要保证。

⑦ 易于与链路自适应技术结合

链路自适应技术是提升系统性能的重要保证。链路自适应技术要求发送信号的调制和编码速率与信道状态更加匹配，进而使得发送数据速率逼近信道容量。OFDM 的资源分配方式，使其在频域资源划分的区间更为精细，并使得相关带宽内的传输数据与信道状态更好地匹配，可让用户选择信道条件更好的频域资源块进行数据发送，从而更有效地利用链路自适应技术提升系统性能。同时，通过在频域上的多用户调度，可以获得明显的多用户调度增益。

⑧ 易于 MBMS 业务的传输

多小区 MBMS 业务可以为用户提供更有效的多媒体业务体验，是未来无线通信系统中重要的业务。对于多小区 MBMS 业务发送，OFDM 采取不同地理位置的多个基站同时发射相同数据业务，在终端对信号进行合并接收方式。由于地理位置不同，信号到达终端的时间不一致，接收信号的时延更为明显，通常情况下可达几十微秒。因此，采用 OFDM 调制方式，可以克服多径带来的时延，使得接收端实现更为简单，有效地提升 MBMS 业务的接收性能。

（2）OFDM 技术的主要缺点

① 对频率偏差敏感

OFDM 的子载波互相交叠，只有保证接收端精确的频率取样才能避免子载波间干扰。无线终端移动引起的 Doppler 频移也会使接收端发生频率偏移，接收端本地振荡器与发射端的频率偏差也是一种频率偏移。频率偏移会引起子载波间干扰（ICI），对频率偏移敏感是 OFDM 的缺点之一。

② 较高的峰均比（PAPR）

OFDM 发送端输出信号是多个子载波相加的结果，目前应用的子载波数量从几十个到几千个，如果各个子载波同相位，相加后就会出现很大的幅值，信号的功率峰均比很大，即调制信号的动态范围很大，这对后级 RF 功率放大器要求很高。

5. TD-LTE 下行多址传输

OFDM 是一种调制复用技术，相应的多址接入技术为 OFDMA，用于 LTE 的下行。OFDMA 其实是 TDMA 和 FDMA 的结合。在 OFDMA 系统中，可以为每个用户分配固定的时间-频率方格图，使每个用户使用特定的部分子载波，而且各个用户之间所用的子载波是不同的，如图 6-12 所示。

OFDM 系统发送端的输出是多个子载波信道信号的叠加，因此，如果多个信号的相位一致，所得到的叠加信号的瞬时功率就会远远高于信号的平均功率，即引起高的峰均功率比（PAPR）。高的 PAPR 对发射端功率放大器的线性区间范围提出很高的要求。因此，基于 OFDM 的多址接入技术并不适合用在 UE 侧使用。

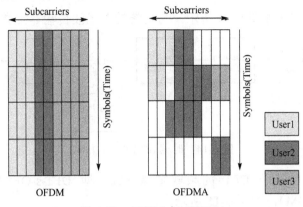

图 6-12　OFDM 与 OFDMA

在 TD-LTE 下行传输中，将资源的最小分配单位定义为连续的 12 个子载波，即资源块（RB，Resources Block）的概念。在整个传输带宽的频域上将资源划分为一系列的 RB，每个 UE 可以使用其中一个或多个 RB 资源承载数据。如图 6-13 所示，单个用户可以使用连续或离散的 PRB 进行数据传输，不同用户通过资源的频域正交性保证不同用户之间没有多址干扰。

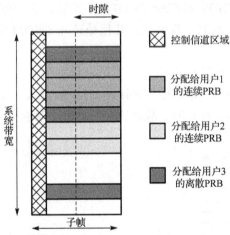

图 6-13　下行 OFDM 资源块示意图

6．TD-LTE 上行多址传输

与基站比较，终端设备对成本更敏感，耗电问题也是人们非常关注的问题。TD-LTE 下行采用 OFDM 技术，但上行采用单载波 DFT-s-OFDM 技术方案，其优势是具有更低的峰均比，可以降低对硬件（主要是放大器）的要求，提高功率利用效率。OFDM 的峰均比问题是近年来的一个研究热点，有多种降峰均比的方法被提出来。由于这些方法基本上都会导致额外的处理复杂度或频率效率的下降，因此也不利于控制用户终端的成本。DFT-s-OFDM 技术既具有低峰均比的性质，也与下行 OFDM 技术保持了良好的一致性，例如大部分参数都可以重用，这为实现带来了简化。

理论上，单载波的 FDMA 信号可以在频域或时域产生，二者从功能上看是等价的，但从带宽效率来看，因为时域滤波器的爬升滚降时间会有一定损失，因此频域实现的方式效率更高。

一种时域的实现方式如图 6-14 所示，与传统的单载波传输非常类似。

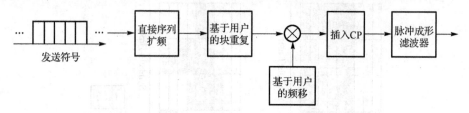

图 6-14　时域 SC-FDMA 方案

TD-LTE 上行采用基于 DFT 的频域实现方式，即 DFT-s-OFDM（Discrete Fourier Transform-spread OFDM），如图 6-15 所示。

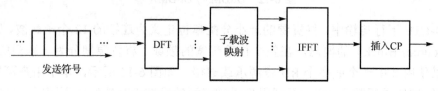

图 6-15　频域 SC-FDMA 方案

从图 6-15 可以看出，DFT-s-OFDM 与 OFDM 比较，在于信号先经过一个 DFT，从时域变换到频域，再映射到频域的子载波上，其他处理与 OFDM 完全一致，保持了非常好的一致性。

从 DFT 到 IFFT 的子载波映射有两种方式可以保持信号的单载波特性。一种是集中式，即 DFT 产生的频域信号按原有顺序集中映射到 IFFT 的输入，如图 6-16(a)所示；另一种是分布式，即均匀地映射到间隔为 L 的子载波上，中间的子载波插入 $L-1$ 个"0"，如图 6-16(b)所示。

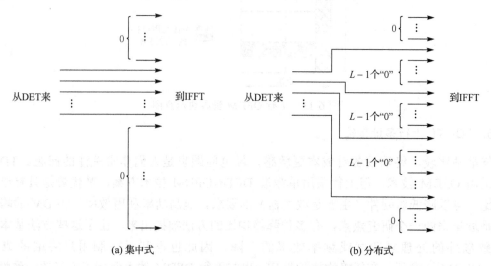

(a) 集中式　　　　　　　　　　　(b) 分布式

图 6-16　保证单载波特性的子载波映射方式

SC-FDMA 调制信号具有单载波调制信号的特征，与 OFDMA 调制信号相比，可以有效降低信号峰均功率比，减小对信号放大器线性区间的要求。因此在 LTE 上行采用 SC-FDMA 方式，可以有效降低终端的成本。OFDMA 和 SC-FDMA 信号对比如图 6-17 所示。

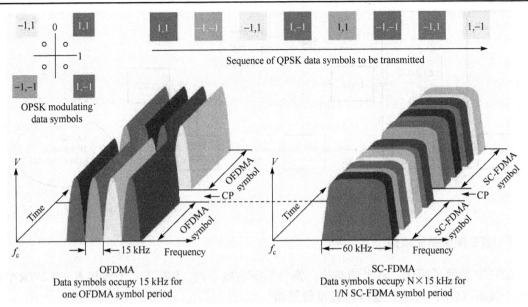

图 6-17　OFDMA 与 SC-FDMA 对比

6.2　LTE 系统结构与接口

6.2.1　LTE 系统结构

　　3GPP 在 2004 年底经过认真讨论后决定在 3G 频段采用之前为 B3G 或 4G 发展的技术，以便于占有宽带无线接入市场，并制订了长期演进计划（LTE）。除了对无线接入网演进的研究，3GPP 还要研究系统架构方面的演进，并将其定义为 SAE（系统架构演进），系统架构演进如图 6-18 所示。而演进分组系统（EPS）是 3GPP 标准委员会制定的 3G UMTS 演进标准，主要包括无线接口长期演进（Long Term Evolution，LTE）和系统结构演进（System Architecture Evolution，SAE）。整个 EPS 系统由核心网（EPC）、无线接入（E-UTRAN）和用户设备（UE）三部分组成，如图 6-19 所示。但是，由于 LTE 名称使用起来比 E-UTRAN 更简单明了，也更加通俗易懂，更具备可宣传性。目前，LTE 已成为整个系统对普通公众宣传的名称。

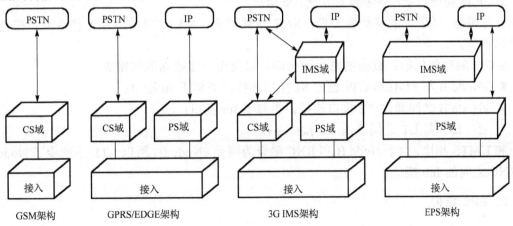

图 6-18　系统架构的演进

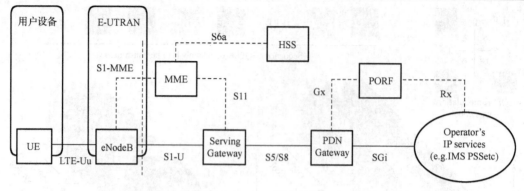

图 6-19　EPS 网络架构

1. LTE 网络简化结构

LTE 中采用了简化、扁平的结构，整个系统由核心网（EPC）、无线接入（E-UTRAN）和用户设备（UE）三部分组成，其系统网络架构如图 6-20 所示。

E-UTRAN 负责接入网部分，以前的 NodeB 和 RNC 融合为网元 eNode B（具有独立的资源管理功能），各个 eNode B 之间通过直接的互联实现相互的协调与合作。这样简化的结构能有效地提高系统的整体通信效率，为系统新引入的全分组交换的设计理念提供更好的配合。

LTE 系统中，eNode B 的功能包括：RRM（无线资源管理）功能；IP 头压缩及用户数据流加密；UE 附着时的 MME 选择；寻呼信息的调度传输；广播信息的调度传输；设置和提供 eNode B 的测量等。

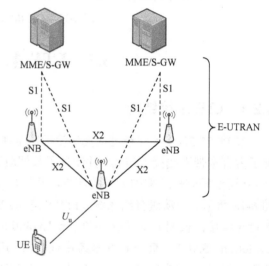

图 6-20　LTE 网络简化结构

MME 的功能包括：寻呼消息发送；安全控制；空闲态（Idle）的移动性管理；SAE 承载管理；NAS（非接入层）信令的加密及完整性保护等。

S-GW 的功能包括：数据的路由和传输，以及用户面数据的加密等。

- eNode B 与 MME/S-GW 通过 S1 接口连接，类似于 Iu 接口；
- eNode B 之间通过 X2 接口连接，类似于 Iur 接口；
- eNode B 与 UE 之间通过 Uu 接口连接。

和 UMTS 相比，由于 Node B 和 RNC 融合为网元 eNode B，所以 LTE 系统少了 Node B 和 RNC 之间的 Iub 接口。

2. EPC 结构

EPS 中的核心网 EPC 由移动性管理实体（MME）、服务网关（S-GW）、PDN 网关（P-GW）、

服务 GPRS 支持节点（SGSN）、用于存储用户签约信息的 HSS（归属用户服务器）以及
策略和计费控制单元（PCRF）等组成，如图 6-21 所示。EPC 是一个提供全 IP 连接的承载
网络，对所有基于 IP 的业务都是开放的，能提供所有基于 IP 业务的能力集。

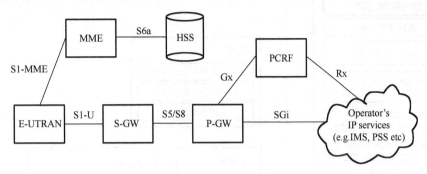

图 6-21　EPC 组成结构

LTE/SAE 核心网负责 UE 的控制和承载建立，EPC 包含的逻辑节点有：

（1）PDN 网关（P-GW）：面向 PDN 终结于 SGi 接口的网关，如果 UE 访问多个 PDN，
UE 将对应一个或多个 P-GW。P-GW 的主要功能包括基于用户的包过滤功能、合法侦听功
能、UE 的 IP 地址分配功能、在上行链路中进行数据包传送级标记、进行上下行服务等级
计费以及服务水平门限的控制、进行基于业务的上下行速率的控制等。

（2）业务网关（S-GW）：终止于 E-UTRAN 接口的网关，其主要功能包括：进行 eNode
B 间切换时，作为本地锚定点，并协助完成 eNode B 的重排序功能；在 3GPP 不同接入系
统间切换时，作为移动性锚点（终结在 S4 接口，在 2G/3G 系统和 P-GW 间实现业务路由）；
执行合法侦听功能；进行数据包的路由和前传；在上行和下行传输层进行分组标记；用于
运营商间的计费等。

（3）移动管理实体（MME）：支持 NAS（非接入层）信令及其安全、跟踪区域（TA）
列表的管理、P-GW 和 S-GW 的选择、跨 MME 切换时进行 MME 的选择、在向 2G/3G 接
入系统切换过程中进行 SGSN 的选择、用户的鉴权、漫游控制以及承载管理、3GPP 不同
接入网络的核心网络节点之间的移动性管理（终结于 S3 节点），以及 UE 在 ECM_IDLE
状态下可达性管理（包括寻呼重发的控制和执行）。

（4）归属用户服务器（HSS）：是用于存储用户签约信息的数据库，归属网络中可以
包含一个或多个 HSS。HSS 负责保存跟用户相关的信息，例如用户标识、编号和路由信息、
安全信息、位置信息、概要（Profile）信息等。

（5）策略和计费控制单元（PCRF）：终结于 Rx 接口和 Gx 接口，非漫游场景时，在
HPLMN 中只有一个 PCRF 跟 UE 的一个 IP-CAN 会话相关；在漫游场景并且业务流是本地
疏导时，可能会有两个 PCRF 跟一个 UE 的 IP-CAN 会话相关。

3. E-UTRAN 和 EPC 之间的功能划分

与 3G 系统相比，由于重新定义了系统网络架构，核心网和接入网之间的功能划分也
随之有所变化，需要重新明确以适应新的架构和 LTE 的系统需求。E-UTRAN 和 EPC 之间
的功能划分可以从 LTE 在 S1 接口的协议栈结构图来描述，如图 6-22 所示。

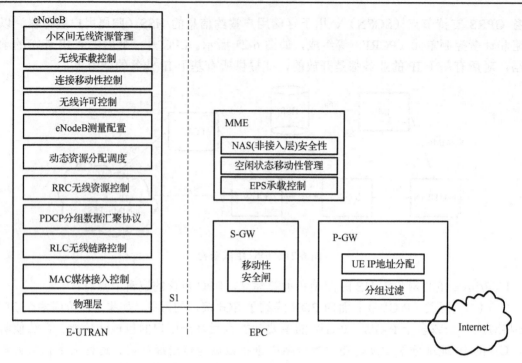

图 6-22 E-UTRAN 和 EPC 之间的功能划分

6.2.2 LTE 接口协议

LTE/SAE 总体的协议结构及信令流程如图 6-23 所示。协议栈的控制面和用户面完全分离，控制面从 UE 到 MME，用户面从 UE 到 SGW。

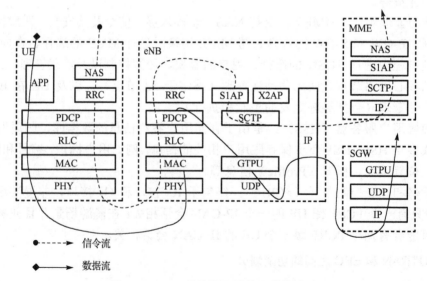

图 6-23 LTE 总体协议结构及信令流程

用户面部分包括 PDCP 子层、RLC 子层、MAC 子层和物理层，用户面协议栈结构如图 6-24 所示。

在网络侧，PDCP 子层位于 aGW（接入网关），RLC 子层、MAC 子层和物理层位于 eNB。PDCP 子层完成 IP 头压缩、完整性保护和加密，RLC 子层、MAC 子层完成调度、ARQ 和 HARQ 功能，物理层完成信道编/解码、调制解调、MIMO 处理、测量和指示、HARQ 合并、功率控制、频率和时间同步、切换、链路适配、物理资源映射、射频信号传输等。

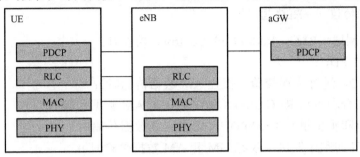

图 6-24　用户面协议栈

控制面协议栈结构如图 6-25 所示，控制面部分包括 NAS、PDCP 子层、RRC 子层、RLC 子层、MAC 子层和物理层。RLC 和 MAC 层功能与用户面中的功能一致，PDCP 层完成加密和完整性保护，RRC 层完成广播、寻呼、RRC 连接管理、资源控制、移动性管理和 UE 测量报告控制，NAS 层完成核心网承载管理、鉴权及安全控制。

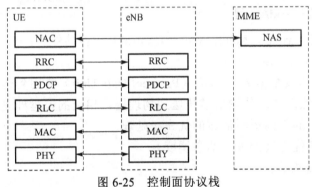

图 6-25　控制面协议栈

下面逐一简要介绍协议栈中各层的功能。

1．无线接口协议——PDCP 层

PDCP（Packet Data Convergence Protocol）层的主要功能有：

（1）用户面的功能

● 头压缩/解压缩：ROHC；
● 用户数据传输：接收来自上层 NAS 层的 PDCP SDU，然后传递到 RLC 层，反之亦然；
● RLC 确认模式 AM 下，在切换时将上层 PDU 顺序传递；
● RLC 确认模式 AM 下，在切换时下层 SDU 的副本侦测；
● RLC 确认模式 AM 下，在切换时将 PDCP SDU 重传；
● 加密；
● 基于计时器的上行 SDU 丢弃。

（2）控制面的功能

● 加密及完整性保护；

- 控制数据传输：接收来自上层 RRC 层的 PDCP SDU，然后传递到 RLC 层。

（3）PDCP PDU 结构

- PDCP PDU 和 PDCP header 均为 8 位格式；
- PDCP header 长度为 1 或 2 字节。

2. 无线接口协议——RLC 层

无线链路控制层（RLC，Radio Link Control）功能有：

- 传送 RLC PDU；
- 通过 ARQ，进行错误校验（仅在 AM 数据传输时）；
- 分段、组合和重组 RLC SDU（仅在 UM 和 AM 数据传输时）；
- 重新分段和重新组合 RLC PDU（仅在 AM 数据传输时）；
- 上层 PDU 的顺序发送（仅在 UM 和 AM 数据传输时）；
- 复制检测，检测收到的 RLC PDU 复制（仅在 UM 和 AM 数据传输时）；
- RLC SDU 丢弃（仅在 UM 和 AM 数据传输时）；
- RLC 连接重建；
- 协议的错误发现和恢复机制；
- eNB 和 UE 之间的流控制。

3. 无线接口协议——MAC 层

媒体接入控制层（MAC，Media Access Control）主要功能有：

- 逻辑信道和传输信道的映射；
- 将 RLC 层的协议数据单元 PDU（Protocol Data Unit）复用到传输块 TB（Transport Block）中，然后通过传输信道传送到物理层。相反的过程即是解复用的过程；
- 属于一个 UE 的不同逻辑信道的优先级处理；
- 不同 UE 间的优先级处理（动态调度）；
- 传输流量测量报告；
- HARQ 纠错；
- 传输格式选择等。

4. 无线接口协议——物理层

对于 LTE 的物理层的多址方案，在下行方向上采用基于循环前缀的正交频分复用（OFDM），在上行方向上采用基于循环前缀的单载波频分多址（SC-FDMA）。为了支持成对的和不成对的频谱，支持频分双工（FDD）模式和时分双工（TDD）模式。

物理层是基于资源块（PRB）以带宽不可知的方式进行定义的，从而允许 LTE 的物理层适用于不同的频谱分配。一个资源块在频域上或者占用 12 个宽度为 15kHz 的子载波，或者占用 24 个宽度为 7.5kHz 的子载波。

LTE 支持两种类型的无线帧结构；类型 1，适用于 FDD 模式；类型 2，适用于 TDD模式。每一个无线帧的长度为 10ms，由 20 个时隙构成，每个时隙长度为 0.5ms。

5. 各层间数据流小结

网络侧协议栈各层之间数据流转或处理流程如图 6-26 所示，UE 侧协议栈各层之间数据流转或处理流程如图 6-27 所示。来自上层的数据包加头封装后传递到下层；反之，来自下层的数据包被拆封去头后传递到上层。调度器在 RLC，MAC 和物理层均起作用。多个用户的数据包在 MAC 层实现复用。

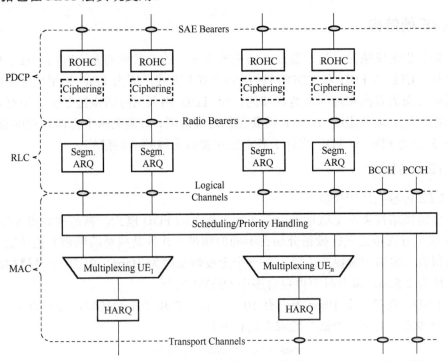

图 6-26　网络侧协议栈信息处理流程

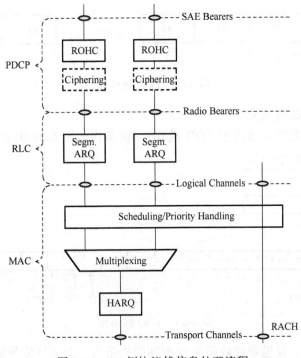

图 6-27　UE 侧协议栈信息处理流程

6.3 LTE 的空中接口

6.3.1 LTE 帧结构

帧结构是指无线帧的结构，通过帧结构的定义，约束数据的发送时间参数以保证收发的正确执行。LTE 分 FDD 和 TDD 两种不同的双工方式：因为 FDD 采用频率来区分上、下行，其单方向的资源在时间上是连续的；而 TDD 则采用时间来区分上、下行，其单方向的资源在时间上是不连续的，而且需要保护时间间隔，来避免两个方向之间的收发干扰，所以 LTE 分别为 FDD 和 TDD 设计了各自空中接口无线帧的帧结构。

1. LTE 帧结构

（1）LTE 传输帧结构类型 1

LTE 传输帧结构类型 1 适用于全双工和半双工的 FDD 模式，帧结构如图 6-28 所示。

FDD 双工方式指上下行数据分别在不同的频带（并且是成对的频带）里传输，上下行频带之间留有一定的频段保护间隔。每一个无线帧长度为 10ms，由 20 个时隙构成，每一个时隙长度为 0.5ms，每个时隙内包含多个 OFDM 符号。

对于 FDD，在每一个 10ms 中，有 10 个子帧可以用于下行传输，并且有 10 个子帧可以用于上行传输。上下行传输在频域上进行分开。

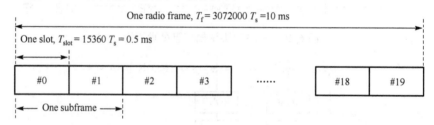

图 6-28 FDD 帧结构

（2）LTE 传输帧结构类型 2

LTE 传输帧结构类型 2 适用于 TDD 模式 ，帧结构如图 6-29 所示。

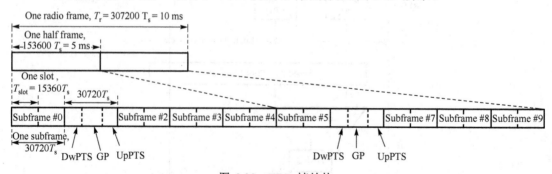

图 6-29 TDD 帧结构

TDD 双工方式指，发送和接收信号在相同的频带内，上下行信号通过在时间轴上不同的时间段内发送进行区分，可以使用非成对的频段内传输数据。

在 TDD 帧结构中，一个长度为 10ms 的无线帧由 2 个长度为 5ms 的半帧构成，每个半帧由 5 个长度为 1ms 的子帧构成，其中包括 4 个普通子帧和 1 个特殊子帧。普通子帧由两个 0.5ms 的时隙组成，而特殊子帧由 3 个特殊时隙（DwPTS、GP 和 UpPTS，各长度可灵活配置但总长度为 1ms）组成。

2. 资源栅格（Resource grid）

在 LTE 帧结构的每个时隙中（TD-LTE 的特殊时隙除外）传送的 OFDM 符号由资源栅格来描述，如图 6-30 所示。横向表示时间，即 OFDM 符号；纵向表示频率，即子载波。横向和纵向的焦点，用一个浅灰色的占位方格表示，即资源粒子（RE，Resource Element），用坐标 (k, l) 在一个时隙中来唯一标识，其中，$k = 0, \cdots, N_{RB}^{DL} N_{sc}^{RB} - 1$，$l = 0, \cdots, N_{symb}^{DL} - 1$，分别表示频域和时域标号。以下行为例：一个 OFDM 符号包含的资源粒子总个数用 $N_{RB}^{DL} * N_{sc}^{RB}$ 表示。N_{RB}^{DL} 是下行链路中包含的资源块数，N_{sc}^{RB} 一个资源块中包含的子载波数。一个时隙中包含的 OFDM 符号数用 N_{symb}^{DL} 表示。N_{sc}^{RB} 和 N_{symb}^{DL} 的典型配置如表 6-2 所示。资源块配置与系统带宽相关，如表 6-3 所示。对于 1.4MHz 带宽的 LTE 系统，$N_{RB}^{DL} = 6$，对于 20MHz 带宽的 LTE 系统 $N_{RB}^{DL} = 100$。

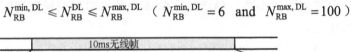

$$N_{RB}^{min, DL} \leqslant N_{RB}^{DL} \leqslant N_{RB}^{max, DL} \quad (\ N_{RB}^{min, DL} = 6 \ \text{ and } \ N_{RB}^{max, DL} = 100 \ )$$

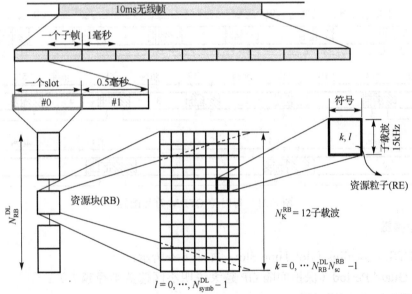

图 6-30　资源栅格

表 6-2　每资源块子载波数及每时隙 OFDM 符号配置表

配　　置		N_{sc}^{RB}	N_{symb}^{DL}
常规 CP	$\Delta f = 15$kHz	12	7
扩展 CP	$\Delta f = 15$kHz		6
	$\Delta f = 7.5$kHz	24	3

表 6-3　资源块配置表

系统带宽[MHz]	1.4	3	5	10	15	20
RB 数	6	15	25	50	75	100
子载波	72	180	300	600	900	1200

从时域看，帧中每个时隙包含多个 OFDM 符号。LTE 系统中，每时隙的典型 OFDM 符号配置如图 6-31 所示。图中从上至下分别表示一个时隙中包含 7 个、6 个和 3 个 OFDM 符号的情形，分别对应常规 CP（子载波宽度 15kHz）、扩展 CP（子载波宽度 15kHz）和扩展 CP（子载波宽度 7.5kHz）的配置，如表 6-2 所示。

下面以常规 CP，子载波宽度为 15kHz，每时隙 7 个 OFDM 符号情形为例进行说明：每个 OFDM 符号包含 2048 个采样点（即 IFFT 运算点数），第零个符号循环前缀为 160 个采样点，其余六个符号的循环前缀均为 144 个采样点。一个时隙（7 个符号）合计 15360 个采样点，一个子帧（两个时隙）合计 30720 个采样点，一个帧（10ms）合计 307200 个采样点，所以，帧速率为每秒 30720000 个采样点，采样周期为 $T_{\text{sample}}=1/30720000$。每个 OFDM 符号周期为 $2048 \times T_{\text{sample}}$，每个 OFDM 符号周期的倒数为 $\dfrac{1}{2048 \times T_{\text{sample}}}=15000$，正好是载波的宽度。如前文证明的那样，当满足在载波符号周期与子载波宽度互为倒数的条件时，各子载波相互正交。

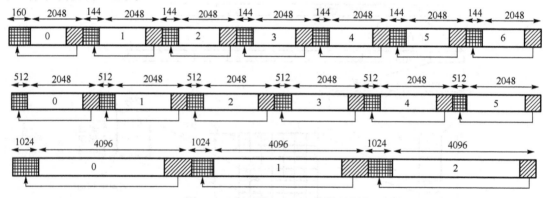

图 6-31　每时隙 OFDM 符号配置

3．典型参数

- DwPTS: Downlink Pilot Time Slot，如表 6-4 所示；
- GP: Guard Period（保护间隔 GP 越大说明小区覆盖半径越大）；
- UpPTS: Uplink Pilot Slot；
- $T_{\text{sample}} = 1/(15000 \times 2048)$s
- Frame（帧）的长度：$T_f = 307200 \times T_{\text{sample}} = 10$ms；
- Subframe（子帧）的长度：$T_{\text{subframe}} = 30720 \times T_{\text{sample}} = 1$ms；
- Slot（时隙）的长度：$T_{\text{slot}} = 15360 \times T_{\text{sample}} = 0.5$ms；
- 1 Sub-Carrier = 15kHz；
- 1 TTI = 1 ms ⇒ 1 sub-frame ⇒ 2 slots（0.5ms×2）（对一个用户而言，至少分配 2 个无线资源块）；

- 1 RB = 12 sub-carriers during 1 slot（0.5ms）⇒12×15kHz = 180kHz（Bandwidth）；⇒ 12×7 symbols= 84REs；
- 1 RE = 1 sub-carrier×1 symbol period（每个符号是 BPSK，QPSK，16QAM 或 64QAM 调制方式）；
- LTE 支持可变带宽：1.4、3、5、10、15 和 20MHz，如表 6-5 所示；
- 一个小区最少使用 6 个 RB，即最少包含 72 个 sub-carriers: 6 RB×12 sub-carriers/RB = 72 sub-carriers；
- 一个小区最多支持 110 个 RB，相当于 1320 个 sub-carriers: 110 ×12 =1320 sub-carriers；

表 6-4　特殊时隙配置

特殊子帧配置	常规 CP			扩展 CP		
	DwPTS	GP	UpPTS	DwPTS	GP	UpPTS
0	3	10	1	3	8	1
1	9	4	1	8	3	1
2	10	3	1	9	2	1
3	11	2	1	10	1	1
4	12	1	1	3	7	2
5	3	9	2	8	2	2
6	9	3	2	9	1	2
7	10	2	2	-	-	-
8	11	1	2	-	-	-

表 6-5　带宽配置

Channel bandwidth BW Channel [MHz]	1.4	3	5	10	15	20
Transmission bandwidth configuration N RB	6	15	25	50	75	100

- TD-LTE 特殊帧子帧配置说明：（如表 6-4 所示）
  - 特殊子帧配置格式 5：
    DwPTS:GP:UpPTS ⇒$(6592T_s-16T_s):(19744T_s-16T_s): 4384T_s$⇒ 3:9:2；
  - 特殊子帧配置格式 7：
    DwPTS:GP:UpPTS⇒$(21952T_s-32T_s): 4384T_s : 4384T_s$=> 10:2:2；

注：最小分配单位为：$2192T_{sample}$

表 6-6　上下行配置

Uplink-downlink configuration	Downlink-to-Uplink Switch-point periodicity	Subframe number									
		0	1	2	3	4	5	6	7	8	9
0	5ms	D	S	U	U	U	D	S	U	U	U
1 2:2	5ms	D	S	U	U	D	D	S	U	U	D
2 3:1	5ms	D	S	U	D	D	D	S	U	D	D
3	10ms	D	S	U	U	U	D	D	D	D	D
4	10ms	D	S	U	U	D	D	D	D	D	D
5	10ms	D	S	U	D	D	D	D	D	D	D
6	5ms	D	S	U	U	U	D	S	U	U	D

- TDD 支持 5ms 和 10ms 的周期转换：

  5ms 转换周期：一个帧的上下半帧的特殊帧格式配置相同；

  10ms 转换周期：一个帧分成上下半帧，下半帧的特殊帧为 DwPTS=1ms，用于 DL 传输。

- RE：Resource Element，称为资源粒子，是上下行传输使用的最小资源单位；
- 1 RE = 1 subcarrier×1 symbol period；
- RB：Resource Block，称为资源块，用于描述物理信道到资源粒子的映射。一个 RB 包含若干个 RE。一个 RB 由 12 个在频域上的子载波和时域上的一个 slot 周期构成（1 RB = 12 subcarriers×1 slot）。
- 1 个 RB 在频域上对应 180kHz：1 RB = 12 subcarriers×15kHz = 180kHz；
- 1 个 RB 在时域上对应 1 个时隙，1 slot =0.5ms；
- CCE：Control Channel Element，称为控制信道粒子，PDCCH 在一个或多个 CCE 上传输，CCE 对应于 9 个 REG，每个 REG 包含 4 个 RE，CCE 从 0 开始编号。（1 CCE = 9 REGs = 9×4 REs = 36 REs）。

  PDCCH format 与 CCE 之间的关系如表 6-7 所示：

- REG：Resource Element Group，用来定义控制信道到 RE 的映射（1 REG = 4 REs）；
- RBG：Resource Block Group，RBG 是连续的 PRB 的集合，其大小根据系统带宽配置的不同而定，如表 6-8 所示。

表 6-7　PDCCH format 与 CCE 之间的关系

PDCCH 格式	CCE 个数	REG 个数	PDCCH 比特数（QPSK）
0	1	9	72
1	2	18	144
2	4	36	288
3	8	72	576

表 6-8　RBG 配置

系统带宽（Number of DL RBs）	RBG 大小
≤10	1
11～26	2
27～63（e.g.: 10MHz - 50RBs）	3
64～110（e.g.: 20MHz - 100RBs）	4

4. 天线端口（Antenna port）

天线端口是指传输的逻辑端口，它可以对应一个或者多个实际的物理天线。天线端口是从接收机角度来定义的，即如果用接收机区分来自不同空间位置的信号，就需要定义多个天线端口；相反，如果接收机对来自不同空间位置（如多个物理天线）的信号不加以区分（也就是说多个物理天线同时传输相同内容的数据，对于终端来看，它不会去区分来自哪个或者哪几个物理天线，而认为是一个逻辑天线端口发射的数据），就只需定义一个天线端口。每个天线端口使用一个资源网格用于传送参考信号。天线端口使用的参考信号就标识了这个天线端口。

天线端口的使用取决于小区中参考信号的配置，具体说明如下：

小区专用参考信号（Cell-specific reference signals）可分别在 1、2、4 个天线端口配置（$p=0$，$p \in \{0,1\}$，$p \in \{0,1,2,3\}$）下传送。LTE（Rel.8）中支持至多 4 个小区专用参考信号，天线端口 0 和 1 的参考信号位于每个 Slot 的第 1 个 OFDM 符号和倒数第 3 个 OFDM 符号。天线端口 2 和 3 的参考信号位于每个 Slot 的第 2 个 OFDM 符号上。在频域上，对于每个天线端口而言，每 6 个子载波插入一个参考信号，天线端口 0 和 1 以及天线端口 2 和 3 在频域上互相交错，正常 CP 情况下，1，2 和 4 个天线端口的 RS 分布如图 6-32 所示。

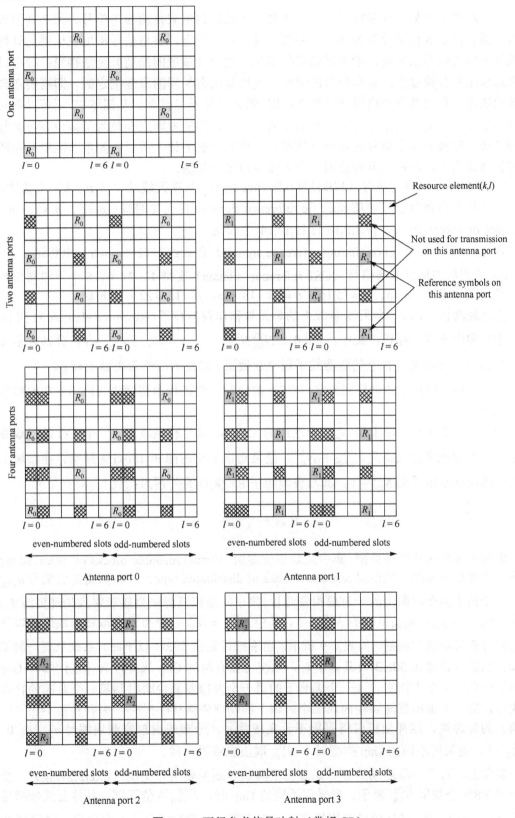

图 6-32　下行参考信号映射（常规 CP）

　　一个时隙中的某一资源粒子，如果被某一天线端口用来传输参考信号，那么其他天线端口必须将此资源粒子设置为 0，以降低干扰。在频域上，参考信号密度在信道估计性能和系统开销之间寻求平衡，参考过疏则信道估计性能（频域的插值）无法接受；参考过密则会造成 RS 开销过大。参考信号的时域密度也是根据相同的原理确定的，即需要在典型的运动速度下获得满意的信道估计性能，RS 的开销又不是很大。从图 6-32 还可以看到，参考信号 2 和 3 的密度是参考信号 0 和 1 的一半，这样的考虑主要是为了减少参考信号的系统开销。较密的参考信号有利于高速移动用户的信道估计，所以，如果小区中存在较多的高速移动用户，则不太可能使用 4 个天线端口进行传输。

　　① 多播单频网参考信号（MBSFN reference signals）在天线端口（ $p=4$ ）上传送。

　　② UE 专用参考信号（UE-specific reference signals）在天线端口（ $p=5$ ， $p=7$ ， $p=8$ ，或者 one or several of $p \in \{7,8,9,10,11,12,13,14\}$ ）传送。

　　③ 定位参考信号（Positioning reference signals）在天线端口（ $p=6$ ）上传送。

　　④ 信道状态信息参考信号（CSI reference signals）支持 1、2、4、8 个天线端口的配置，在天线端口（ $p=15$ ， $p=15,16$ ， $p=15\cdots18$ and $p=15\cdots22$ ）上传送。

　　在资源栅格中，每一个天线端口 P 的单元被称作资源粒子（Resource element），用 (k,l) 在一个时隙中来唯一标识，其中， $k=0,...,N_{RB}^{DL}N_{sc}^{RB}-1$ ， $l=0,...,N_{symb}^{DL}-1$ ，分别表示频域和时域标号。天线端口 P 上的资源粒子用复合数 $a_{k,l}^{(p)}$ 来表示，通常去掉上标 p 。

　　资源块用于物理信道向资源粒子（RE）的映射，包括物理资源块（PRB）和虚拟资源块（VRB）。

　　物理资源块在时间域上用 N_{symb}^{DL} 个连续的 OFDM 符号和频域上 N_{sc}^{RB} 个连续的子载波来表示。一个物理资源块就是 $N_{symb}^{DL} \times N_{sc}^{RB}$ ，通常对应一个时隙和 180kHz 频宽。在频域上，物理资源块从 0 编号到 $N_{RB}^{DL}-1$ ，其与资源粒子 RE (k,l) 的关系为：

$$\eta_{PRB} = \left\lfloor \frac{k}{N_{sc}^{PB}} \right\rfloor$$

　　虚拟资源块包括两种类型：集中式虚拟资源块（Virtual resource blocks of localized type）和分布式虚拟资源块（Virtual resource blocks of distributed type）。虚拟资源块编号 n_{VRB} 表示一个子帧中两个时隙上的一对虚拟资源块。集中式虚拟资源块直接映射到物理资源块上，所以， $n_{PRB}=n_{VRB}$ ， n_{VRB} 从 0 到 $N_{VRB}^{DL}-1$ ，其中 $N_{VRB}^{DL}=N_{RB}^{DL}$ 。分布式虚拟资源块通过以下表格向物理资源块进行映射，如表 6-9 所示。当系统带宽在 50RB 以下时，系统只有一种 Gap 选择；当系统带宽在 50RB 及其以上时，系统可以有两种 Gap 选择，具体选用哪种 Gap，将由下行调度指配中指定。（一个编号下的第一个虚拟资源块映射到第一个时隙的物理资源块后，第二个虚拟资源块在向第二个时隙上的物理资源块映射时，选取具备 Gap（一定间隔）的资源块，这样做可以得到频率分集增益）。分布式虚拟资源块编号 n_{VRB} 从 0 到 $N_{VRB}^{DL}-1$ ，当采用不同的 Gap 类型时， N_{VRB}^{DL} 取值也将不一样。

　　事实上，对于一组连续的分布式虚拟资源块，还需要进行交织（Interleaving），交织块中的 VRB 个数用 $\bar{N}_{VRE}^{DL}$ 表示。当采用不同的 Gap 时， $\bar{N}_{VRE}^{DL}$ 取值不同，具体公式参考协议 ts36.211。待交织的 VRB 经过交织矩阵（交织矩阵，或称交织公式）变化后，映射到 PRB

上。这样，连续的 VRB 映射到了离散的 PRB 上（满足 Gap 要求），实现了跳频（Frequency hopping）。（在上行信道中，不存在类似的交织，因为单个用户始终分配连续的子载波。）

表 6-9　资源块间隔值表

System BW (N_{RB}^{DL})	Gap (N_{gap})		System BW (N_{RB}^{DL})	Gap (N_{gap})	
	1st Gap ($N_{gap,1}$)	2nd Gap ($N_{gap,2}$)		1st Gap ($N_{gap,1}$)	2nd Gap ($N_{gap,2}$)
6~10	$\lceil N_{RB}^{DL}/2 \rceil$	N/A	45~49	27	N/A
11	4	N/A	50~63	27	9
12~19	8	N/A	64~79	32	16
20~26	12	N/A	80~110	48	16
27~44	18	N/A			

6.3.2　LTE 物理信道和物理信号

1. 信道概述

LTE 采用和 UMTS 相同的空中接口分层结构，也分为逻辑信道、传输信道和物理信道，如图 6-33 所示。

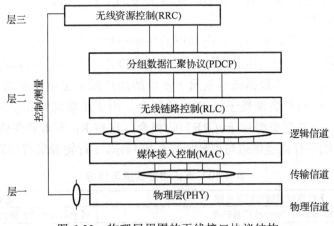

图 6-33　物理层周围的无线接口协议结构

（1）信道分类

① 逻辑信道

逻辑信道定义传送信息的类型，这些数据流包括所有用户的数据。MAC 向 RLC 以逻辑信道的形式提供服务。逻辑信道由其承载的信息类型所定义，分为 CCH 和 TCH，前者用于传输 LTE 系统所必需的控制和配置信息，后者用于传输用户数据。LTE 规定的逻辑信道类型如下：

● BCCH 信道，广播控制信道，用于传输从网络到小区中所有移动终端的系统控制信息。移动终端需要读取在 BCCH 上发送的系统信息，如系统带宽等。

● PCCH，寻呼控制信道，用于寻呼位于小区级别中的移动终端，终端的位置网络不知道，因此寻呼消息需要发到多个小区。

- DCCH，专用控制信道，用于传输来去于网络和移动终端之间的控制信息。该信道用于移动终端单独的配置，诸如不同的切换消息。
- MCCH，多播控制信道，用于传输请求接收 MTCH 信息的控制信息。
- DTCH，专用业务信道，用于传输来去于网络和移动终端之间的用户数据。这是用于传输所有上行链路和非 MBMS 下行用户数据的逻辑信道类型。
- MTCH，多播业务信道，用于发送下行的 MBMS 业务。

② 传输信道

传输信道是物理层向 MAC 层提供的服务。逻辑信道到传输信道的复用和映射是在 MAC 层中完成的，而传输信道到物理信道的复用和映射是在物理层中完成的。对物理层而言，MAC 以传输信道的形式使用物理层提供的服务。LTE 中规定的传输信道类型如下：

- BCH：广播信道，用于传输 BCCH 逻辑信道上的信息。
- PCH：寻呼信道，用于传输在 PCCH 逻辑信道上的寻呼信息。
- DL-SCH：下行共享信道，用于在 LTE 中传输下行数据的传输信道。它支持诸如动态速率适配、时域和频域依赖于信道的调度、HARQ 和空域复用等 LTE 的特性。类似于 HSPA 中的 CPC。DL-SCH 的 TTI 是 1ms。
- MCH：多播信道，用于支持 MBMS。
- UL-SCH：上行共享信道，和 DL-SCH 对应的上行信道。

③ 物理信道/信号

物理信道是将属于不同用户、不同功用的传输信道数据流分别按照相应的规则确定其载频、扰码、扩频码、开始结束时间等进行相关的操作，并在最终调制为模拟射频信号发射出去；不同物理信道上的数据流分别属于不同的用户或者是不同的功用。

- 物理信道：一系列资源粒子（RE）的集合，用于承载源于高层或物理层的信息。
- 物理信号：一系列资源粒子（RE）的集合，这些 RE 不承载任何源于高层的信息。

LTE 系统支持的下行物理信道与信号如表 6-10 所示，上行物理信道与信号如表 6-11 所示。

表 6-10　下行物理信道与信号

下行物理信道与信号名称		功能简介
PBCH	Physical Broadcast Channel/广播信道	用于承载系统广播消息
PDSCH	Physical Downlink Shared Channel/下行共享数据信道	用于承载下行用户数据
PCFICH	Physical Control Format Indicator Channel/控制格式指示信道	用于指示下行控制信道使用的资源
PDCCH	Physical Downlink Control Channel/下行控制信道	用于下行调度、功控等控制信令的传输
PHICH	Physical Hybrid ARQ Indicator Channel/HARQ 指示信道	用于上行数据传输 ACK/NACK 信息的反馈
PMCH	Physical Multicast Channel/多播信道	用于传输广播多播业务
RS	Reference Signal/参考信号	用于下行数据解调、测量和时频同步等
SCH	Synchronization Signal/同步信号	用于时频同步和小区搜索

表 6-11　上行物理信道与信号

上行物理信道与信号名称		功 能 简 介
PRACH	Physical Random Access Channel/随机接入信道	用于用户随机接入请求信息
PUSCH	Physical Uplink Shared Channel/上行共享数据信道	用于承载上行用户数据
PUCCH	Physical Uplink Control Channel/上行公共控制信道	用于 HARQ 反馈、CQI 反馈、调度请求指示等 L1/L2 控制信令
DM RS	Demodulation Reference Signal/解调参考信号	用于上行数据解调、时频同步等
SRS	Sounding Reference Signal/测量参考信号	用于上行信道测量、时频同步等

（2）上下行信道映射关系

LTE 系统中，下行逻辑信道、传输信道和物理信道之间的映射关系如图 6-34 所示。

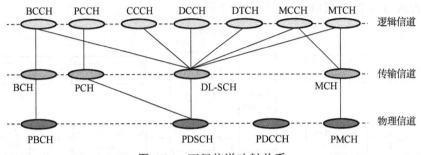

图 6-34　下行信道映射关系

LTE 系统中，上行逻辑信道、传输信道和物理信道之间的映射关系如图 6-35 所示。

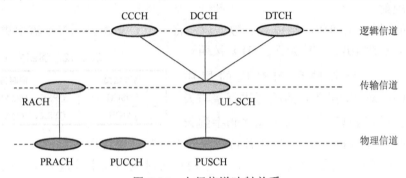

图 6-35　上行信道映射关系

2. 下行信道与信号

（1）下行传输信道与物理信道的映射关系

LTE 系统中下行传输信道与物理信道的映射关系如图 6-36 所示。

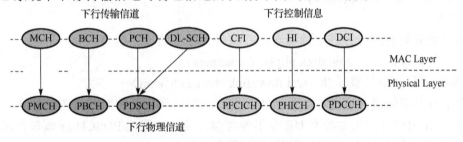

图 6-36　传输信道和物理信道的映射关系

（2）下行物理信道处理（Downlink physical channel processing）

LTE 系统中，下行物理信道处理流程如图 6-37 所示。

① 加扰

在下行中，加扰的作用有两点：对输入的 codewords 使用伪随机序列进行 XOR 运算，改变原传输信息的特征，使原信号流不可预测（接收端用相同的伪随机序列进行解码），这也间接达到区分小区和信道的目的；同时，避免成串的 '0' 或者 '1' 出现，使信号串更加均匀，降低峰均比。信道类型的不同（PDSCH 和 PMCH），加扰序列初始化会不同。

② 调制

调制映射，即将基带调制信号实数序列根据调制方式映射为复数序列。下行物理信道 PDSCH 和 PMCH 支持的调制方式如表 6-12 所示。

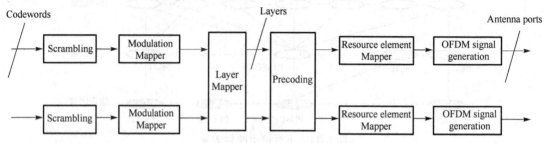

图 6-37　下行物理信道处理流程

③ 分层映射

将串行的数据流空间化，形成多个数据流（将一个 CW 映射到多个流中进行传输）。码字中的符号 （$d^{(q)}(0),...,d^{(q)}(M_{symb}^{(q)}-1)$）按照一定的"规则"，分别映射到对应的层中（$x(i)=[x^{(0)}(i) \cdots x^{(\upsilon-1)}(i)]^{T}$），后续再进行层与天线端口的映射（预编码），从而实现"码字到天线端口的映射"，即码字中的符号在各自对应的天线端口中传送。

表 6-12　调制方式

物理信道	调制方式
PDSCH	QPSK、16QAM、64QAM
PMCH	QPSK、16QAM、64QAM

注：层数应该小于等于天线端口数，一个用户所对应的码字数量为 1 个或者 2 个，层的数量可以为 1，2，3，4 层。

根据天线端口数的不同，层映射的方法/原则有所不同，具体分为：

● 在单天线端口下的映射规则；
● 在空间复用下的映射规则；
● 在发射分集下的映射规则。

④ 预编码

对每层的复数调制符号进行预编码，并映射到相应的天线端口。

（3）下行物理信道（Downlink physical channels）

① 物理下行共享信道（Physical downlink shared channel）

物理下行共享信道处理过程如前所述。同时，在进行资源映射时，需要注意：

● 如果使用的资源块中没有 UE 专用参考信号传送，那么 PDSCH 应该与 PBCH 使用相同的天线端口集，{0}，{0,1}，或 {0,1,2,3}；

● 如果使用的资源块中有 UE 专用参考信号传送，那么 PDSCH 应该在天线端口 {5},{7},{8}，或者 $p \in \{7,8,\cdots,\upsilon+6\}$ 上进行传输；

● PDSCH 可以在不用于 PMCH 传送的 MBSFN 子帧上传送，使用 $p \in \{7,8,\cdots,\upsilon+6\}$ 中的 1 个或者多个天线端口。

② 物理多播信道（Physical multicast channel）

物理多播信道处理过程如前所述（加扰时，序列初始化会与 PDSCH 有所不同）。同时，在进行资源映射时，需要注意：

● 不适用发射分集的场景；

● 采用单天线端口（层映射和预编码都按单天线端口设计），使用天线端口号 4。

PMCH 只在 MBSFN（Multicast Broadcast Single Frequency Network，多播广播单频网络）子帧上的 MBSFN 区域传送，并使用扩展前缀（extended cyclic prefix）。

注：MBSFN，在一个单频网络上进行多播或者广播，这个单频网络指的是网络中的同一频点上。在一个单频网上进行广播或者多播，有利于增强覆盖（终端可以接收来自不同基站的同一频段的广播，形成接收分集等。）

③ 物理广播信道（Physical broadcast channel）

广播信道在处理上与前述过程中的方法有所不同。

在加扰时，加扰序列初始化会与 PDSCH 和 PMCH 都不相同。在调制时，只采用 QPSK 的方式。在做层映射和预编码时，天线端口数可以为 1 个、2 个或者 4 个（端口号 0, 1, 2, 3）。作资源粒子 (k, l) 映射时，在天线端口上进行连续 4 个无线帧的映射，在这 4 个无线帧中，使用第 0 个子帧的第 1 个时隙（每个子帧两个时隙，编号从 0 开始）的前 4 个符号进行映射。映射公式为：

$$k = \frac{N_{RB}^{DL} N_{sc}^{RB}}{2} - 36 + k', \qquad k' = 0, 1, \cdots, 71, \ l = 0, 1, \cdots, 3$$

从公式中亦可以看出，广播信道的频宽为 72×15=1.08MHz，位于整个带宽中心上下各 3 个 RB，位置是相对固定的。

④ 物理控制格式指示信道（Physical control format indicator channel）

PCFICH 的唯一作用是用来指示在一个子帧中，多少 symbols 可以用来作为 PDCCH。具体可以参考表 6-13。

在一个小区中，PCFICH 的位置是固定的，由 N_{ID}^{cell}，N_{sc}^{RB}，N_{RB}^{DL} 三个参数决定。调制采用 QPSK 方式。在做层映射和预编码时，天线端口数可以为 1 个、2 个或者 4 个（端口号 0，1，2，3），与 PBCH 使用相同的天线端口集。作物理资源粒子映射时，是进行元素组（resource-element group）的映射，即天线端口上的 4 个 symbol quadruplets（ $z^{(p)}(0)$，$z^{(p)}(1)$，$z^{(p)}(2)$，$z^{(p)}(3)$ ）按照一定规则（与 N_{ID}^{cell}，N_{sc}^{RB}，N_{RB}^{DL} 有关）映射到下行子帧中的第一（编号为 0）个符号上。

表 6-13　可以用于 PDCCH 传输的 OFDM 符号个数

	当 $N_{RB}^{DL} > 10$ 时，可用于 PDCCH 传输的 OFDM 符号个数	当 $N_{RB}^{DL} \leqslant 10$ 时，可用于 PDCCH 传输的 OFDM 符号个数
帧结构类型 2 中的子帧 1 和子帧 6	1, 2	2
在 1 到 2 个具体小区端口下，支持 PDSCH 传输的载波 MBSFN 子帧	1, 2	2
在 1 到 2 个具体小区端口下，支持 PDSCH 传输的载波 MBSFN 子帧	2	2
不支持 PDSCH 传输的载波中的 MBSFN 子帧	0	0
已知位置参考信号下，非 MBSFN 子帧（除了帧结构类型 2 中的子帧 1 和子帧 6）	1, 2, 3	2, 3
所有其他子帧	1, 2, 3	2, 3, 4

⑤ 物理下行控制信道（Physical downlink control channel）

物理下行控制信道主要包括资源分配、调度的信息（上行和下行）以及其他控制信息。一个物理下行控制信道包括一个或者多个 CCE（control channel element），一个 CCE 包括 9 个资源粒子组（resource element group）。PDCCH 一共有四种格式，均采用 QPSK 调制（携带 2 个信息位），如表 6-14 所示。

- 格式 0 主要用于 PUSCH 资源分配信息；
- 格式 1 及其变种主要用于 1 个码字的 PDSCH；
- 格式 2 及其变种主要用于 2 个码字的 PDSCH；
- 格式 3 及其变种主要用于上行功率控制信息。

表 6-14　PDCCH 配置

PDCCH 格式	CCE 个数	资源粒子组个数	PDCCH 比特数
0	1	9	72
1	2	18	144
2	4	36	288
3	8	72	576

下行控制信道的物理层映射采用向资源粒子组（resource element group）映射的方式。先进行时域上的映射（一个子帧中可以用于 PDCCH 的 symbol，PCFICH 中定义），再进行频域上的映射（子载波），以资源组为单位，其中要避免使用分配给 PCFICH 和 PHICH 的资源组（由于 PCFICH 使用的资源是静态分配的，PHICH 使用的资源半静态分配的，所以系统首先为这两个信道分配资源组，剩下的再分配给 PDCCH）。

⑥ 物理混合 ARQ 指示信道（Physical hybrid ARQ indicator channel）

PHICH 携带混合 ARQ 的 ACK/NACK 消息，用于指示上行数据被 eNodeB 接收的情况。多个 PHICH 形成一个 PHICH 组映射到同一资源粒子组（REG），组内的 PHICH 通过正交序列扩展 CP 进行区分。对于 FDD 而言，PHICH 组的数量在所有子帧中是恒定的（与小区带宽相关，同时，上层可以控制参数因子 $N_g \in \{1/6, 1/2, 1, 2\}$ 的取值来改变 PHICH 组的数量，所以 PHICH 组的数量是半静态的），普通循环前缀常规 CP 和扩展循环前缀扩展 CP 下算法不同。

PHICH 采用 BPSK 方式对编码（重复 3 次）后的 3 比特进行调制，调制后的符号与一个正交序列（存在扩频）相乘，并进行扰码，得到调制后的符号序列。其中，每个 PHICH 采用的正交序列索引与该 PHICH 所在的 PHICH 组中的序号对应，从而使得每个 PHICH 采用不同的正交序列，对于常规 CP 情况，扩频码（正交序列）长度为 4，有 0~7 共 8 个（即该组中可包括 8 个 PHICH 信道），扩频后输出 12 个符号；对于扩展 CP 情况，扩频码（正交序列）长度为 2，有 0~3 共 4 个（即该组中可以包括 4 个 PHICH 信道），扩频后输出 6 个符号。

在做层映射和预编码时，天线端口数可以为 1 个、2 个或者 4 个（端口号 0，1，2，3），与 PBCH 使用相同的天线端口集。

PHICH 组中的所有 PHICH 序列（在前面步骤中已经正交化）进行相加，得出 PHICH 组序列（12 符号，8 个 PHICH 信道；对于扩展 CP 情况，为 6 个符号，但后续映射时，需将前后两个组进行合并后映射，从而形成 12 个符号），将这个组序列进行物理资源映射。基本过程如下：12 个符号被分成 3 个 4 元组，$z^{(p)}(i) = \left\langle \tilde{y}^{(p)}(4i), \tilde{y}^{(p)}(4i+1), \tilde{y}^{(p)}(4i+2), \tilde{y}^{(p)}(4i+3) \right\rangle$，$i = 0, 1, 2$，i 为四元组号。每个四元组按照协议中所示公式在时域（计算后最终取值范围为 0，1，2）和频域（与小区物理标识相关）上进行物理资源映射，一个四元组对应一个 REG（资源粒子组）。

PHICH duration 指的是 PHICH 信道可以持续多少个 OFDM 符号，对于常规 CP 和扩展 CP 情况会有所不同，取值范围为 1，2，3。

（4）参考信号（Reference signals）

在下行参考信号中，包括三种类型（Rel 8）：小区专用参考信号、MBSFN 参考信号和 UE 专用参考信号。

① 小区专用参考信号（Cell-specific reference signals, CRS）

小区专用参考信号有下行信道质量测量和下行信道估计（UE 以此进行相干检测和解调）两个作用。在每一个非 MBSFN 的子帧上传输。同时，其放置的位置不同，也会表征不同的天线端口。

小区专用参考信号用于波束赋形技术（不基于码本）以外的其他下行传输技术的信道估计和相关解调，对应基站的天线端口。它在所有支持 PDSCH 传输的子帧中发送，可以在 0～3 号天线端口中的 1 个，2 个或者 4 个天线端口中传送，占用 15kHz 的带宽。参考信号序列的生成与小区 ID 和最大可用 RB 数（110）相关。

在子帧使用常规 CP 的情况下，参考信号在各天线端口物理资源映射如图 6-38 所示（映射公式可参考协议，图中为 2 个 RB 中映射图例，与整个 Band 中其他 RB 映射相同）。

在子帧使用扩展 CP 的情况下，参考信号在各天线端口物理资源映射如图 6-39 所示。

小区专用参考信号的位置在各个小区不一定相同，各小区会在频域上使用各自偏置，但一共只有 6 种偏置情况。

$$v_{\text{shift}} = N_{\text{ID}}^{\text{cell}} \bmod 6$$

② 多播单频网参考信号（MBSFN reference signals，MBSFN-RS）

在 MBSFN 子帧中传送。在多播业务情况下，用于下行测量、同步、以及解调 MBSFN 数据。

MBSFN 参考信号用于 MBSFN 的信道估计和相关解调，只在传输 PMCH 信道的子帧（MBSFN 子帧）存在（此子帧中包括 PMCH，也可能包括其他信道），在天线端口 4 上传送，只定义扩展 CP 的情况。

对于占用 15kHz 带宽的 MBSFN 参考信号，其物理资源映射如图 6-40 所示（注意，子帧中头 2 个符号采用常规 CP，可以供其他信道使用，并插入其他参考信号）。

对于占用 7.5kHz 带宽（MBSFN 专用小区）的 MBSFN 参考信号，其物理资源映射如图 6-41 所示。

多播单频网参考信号的位置在各小区中是相同的（从协议中映射公式可以看出）。

③ UE 专用参考信号（UE-specific Reference Signals，UE-RS）

终端专用参考信号只在分配给传输模式 7（transmission mode）的终端的资源块（Resource Block）上传输，在这些资源块上，小区级参考信号也在传输，这种传输模式下，终端根据终端专用参考信号进行信道估计和数据解调。终端专用参考信号一般用于波束赋形（Beamforming），此时，基站（eNodeB）一般使用一个物理天线阵列来产生定向到一个终端的波束，该波束代表一个不同的信道，因此需要根据终端专用参考信号进行信道估计和数据解调。

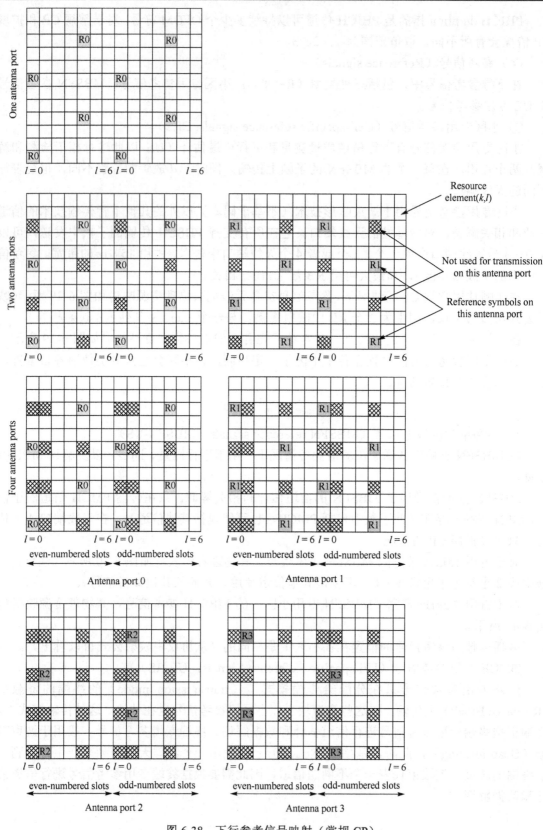

图 6-38 下行参考信号映射（常规 CP）

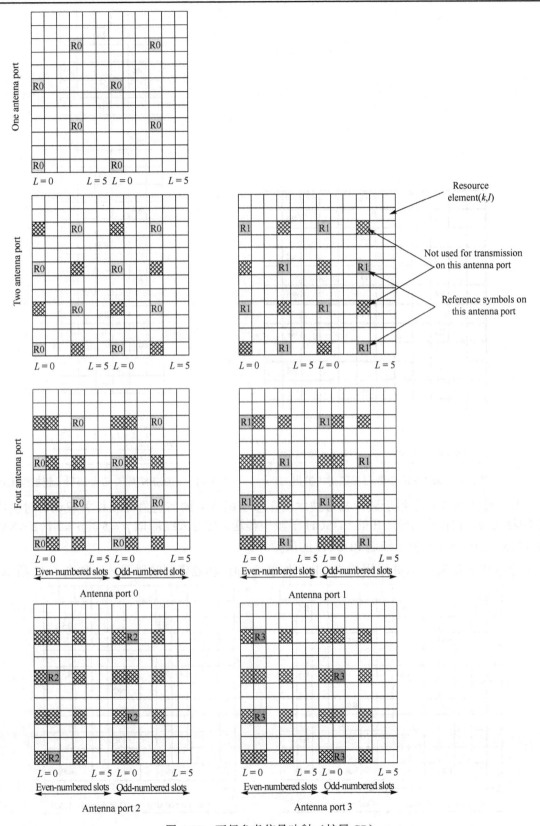

图 6-39　下行参考信号映射（扩展 CP）

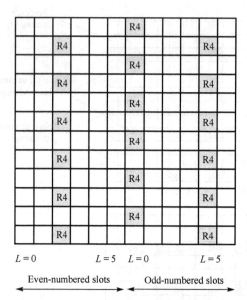

图 6-40　MBSFN 参考信号映射（扩展 CP）　　图 6-41　MBSFN 参考信号映射（超扩展 CP）

UE 专用参考信号用于波束赋形技术（不基于码本）的信道估计和相关解调，对应特定的移动台。它在给对应 UE 的 PDSCH 子帧中传送，使用天线端口 $p=5$，$p=7$，$p=8$ 或 $p=7,8,\cdots,\upsilon+6$（υ 表示传送 PDSCH 的层数）。

当使用天线端口 5，并采用常规 CP 和扩展 CP 时，物理资源映射图分别如图 6-42 所示。

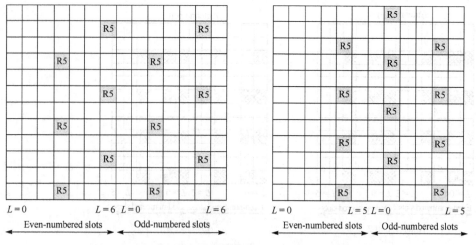

图 6-42　终端专用参考信号映射（常规 CP、扩展 CP）

（5）同步信号（Synchronization signals）

物理层小区标识（physical-layer cell identity）一共有 504 个，被分成 168 组，每个组含有 3 个 PCI，即：$N_{\mathrm{ID}}^{\mathrm{cell}} = 3N_{\mathrm{ID}}^{(1)} + N_{\mathrm{ID}}^{(2)}$，$N_{\mathrm{ID}}^{(1)}$ 的取值范围为 0～167，代表物理层小区标识组，$N_{\mathrm{ID}}^{(2)}$ 的取值范围为 0～2，代表组内的物理层小区标识。

① 主同步信号（Primary synchronization signals, PSS）

主同步信号的序列由 Zadoff-Chu 根序列按照协议中公式生成，而 Zadoff-Chu 根序列的选取与 $N_{\mathrm{ID}}^{(2)}$ 的取值相关。主同步信号在物理资源上的映射按照如下公式进行（FDD 方式下）：

$$n = 0, \cdots, 61$$

$$k = n - 31 + \frac{N_{\mathrm{RB}}^{\mathrm{DL}} N_{\mathrm{sc}}^{\mathrm{RB}}}{2}$$

频域上，主同步信号占用频段中间的 62 个子载波（实际分配 1.08MHz）。

时域上，主同步信号占用一个无线帧中的 slot0 和 slot10 的最后一个 OFDM 符号。

② 辅同步信号（Secondary synchronization signals, SSS）

辅同步信号由两个长度为 31 的二进制序列串联得到（要经过交织），再被由主同步信号给出的序列进行加扰，得到辅同步信号的序列，在子帧 0 和子帧 5 上的生成方法各有不同，公式如下：

$$d(2n) = \begin{cases} s_0^{(m_0)}(n)c_0(n) & \text{in subframe 0} \\ s_1^{(m_1)}(n)c_0(n) & \text{in subframe 5} \end{cases}$$

$$d(2n+1) = \begin{cases} s_1^{(m_1)}(n)c_1(n)z_1^{(m_0)}(n) & \text{in subframe 0} \\ s_0^{(m_0)}(n)c_1(n)z_1^{(m_1)}(n) & \text{in subframe 5} \end{cases}$$

其中，$s_0^{(m_0)}(n)$，$s_1^{(m_1)}(n)$ 与 $N_{\mathrm{ID}}^{(1)}$ 的取值有关。辅同步信号在物理资源上的映射按照如下公式进行（FDD 方式下）：

$$n = 0, ..., 61$$

$$k = n - 31 + \frac{N_{\mathrm{RB}}^{\mathrm{DL}} N_{\mathrm{sc}}^{\mathrm{RB}}}{2}$$

频域上，辅同步信号占用频段中间的 62 个子载波（实际分配 1.08MHz）。

时域上，辅同步信号占用一个无线帧中的 slot0 和 slot10 的倒数第二个 OFDM 符号（即主同步信号前一个位置）。

3．上行信道与信号

（1）传输信道与物理信道映射关系

LTE 系统中，上行传输信道与物理信道的映射关系如图 6-43 所示。

（2）上行信道处理过程

LTE 系统中，上行物理信道的处理流程如图 6-44 所示。

● 加扰：信息比特 0、1 随机化，以利用信道编码的译码性能；

● 调制映射：对加扰后的码字进行调制，生成对应的复数值的调制符号；

● 转换预编码：生成复数值的符号，就是 DFT 操作；

- RE 映射：将复数符号映射到相应的 RE 上；
- SC-FDMA 信号生成：每个天线端口信号生成 SC-FDMA 信号。

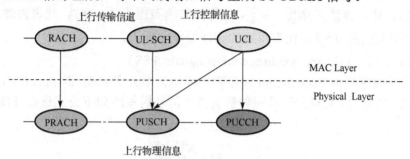

图 6-43　上行传输信道和物理信道的映射关系

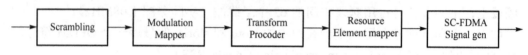

图 6-44　上行物理信道的处理流程

上行物理信道的调制方式如表 6-15 所示。

（3）上行物理信道

① 物理上行控制信道 PUCCH

在无上行数据传输（即无 PUSCH）的子帧中，用户使用 PUCCH 反馈与该用户下行 PDSCH 数据传输有关的控制信息，其中，各类反馈信息长度不能超过 20 比特，大于 20 比特则使用 PUSCH 传输。PUCCH 信道格式如表 6-16 所示。PUCCH 传输的控制信息包括：

表 6-15　上行物理信道调制方式

物理信道	调制方式
PUCCH	BPSK、QPSK
PUSCH	QPSK、16QAM、64QAM
PRACH	Zadoff-Chu 序列

- 已接收到的下行数据是否需要重传（ACK/NACK）；
- 当前用户的信道状态信息（CQI/PMI/RI）；
- 调度请求（SR）。

表 6-16　PUCCH 格式

PUCCH 格式	用途	调制方式	比特数
1	SR	N/A	N/A
1a	ACK/NACK	BPSK	1
1b	ACK/NACK	QPSK	2
2	CQI	QPSK	20
2a	CQI+ACK/NACK	QPSK+BPSK	21
2b	CQI+ACK/NACK	QPSK+QPSK	22

在频带内，不同的 PUCCH 格式所占用的物理资源区域如图 6-45 所示，其中：

- PUCCH 格式 2/2a/2b 位于最边带；
- 若格式 2/2a/2b 区域内的最后一个 RB 中资源冗余，且数量大于 2，则可以用于格式 1/1a/1b 的传输，即混合传输；
- 每个 slot 内最多支持一个 RB 用于混合传输；
- 控制区域内的其他 RB 用于 PUCCH 格式 1/1a/1b 传输。

② 物理上行共享信道 PUSCH

PUSCH 可以承载数据信息和 UCI 信令信息，传输上行数据的同时需要传输 UCI 信令信息时，把 UCI 放到 PUSCH 里，与数据一起传输。

PUSCH 的资源分配方式包括集中式分配（如图 6-46 所示）和跳频分配（如图 6-47 所示）。跳频分配又分为时隙间跳频（Inter-TTI Frequency Hopping）和时隙内跳频（Intra-TTI Frequency Hopping）。

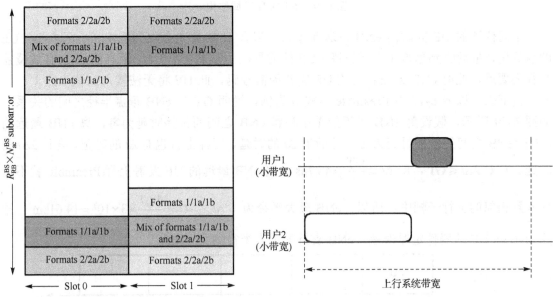

图 6-45　PUCCH 格式所占用的物理资源区域　　　　　图 6-46　Localized 资源分配方式

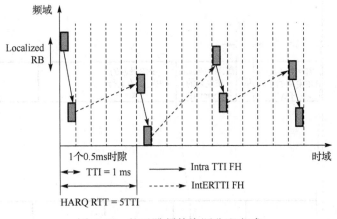

图 6-47　基于跳频的资源分配方式

③ 物理随机接入信道 PRACH

PRACH 信道用作随机接入，是用户进行初始连接、切换、连接重建立，重新恢复上行同步的唯一途径。UE 通过上行 RACH 来达到与 LTE 系统之间的上行接入和同步。

用户使用 PRACH 信道上的 Preamble 码接入，每个小区同一时间只分配 64 个给 UE 做随机接入，Preamble 码共有 64 位，是 UE 在物理随机接入信道中发送的实际内容，由长度

为 T_{CP} 的循环前缀 CP 和长度为 T_{SEQ} 的序列 Sequence 组成。PRACH 的时域结构如图 6-48 所示，Preamble= CP + Sequence，Preamble 之后需要预留保护间隔（GT）。

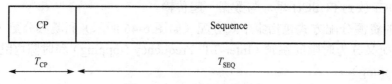

图 6-48 PRACH 时域结构

不同位置的 UE 同时向 eNB 发送前导码，那么 eNB 首先会收到近端（小区中心）UE 的前导码，最后收到远端（小于边缘）UE 的前导码。如果有个 UE，距离比 eNB 有效覆盖半径还要远，此时 eNB 无法收到该 UE 完整的前导码，此 UE 将无法接入到该小区。

接下来，以表 6-17 中 Preamble 格式 0 为例，说明 GT 与 eNB 覆盖半径之间的关系。如图 6-49 所示，假设离 eNB 最近的 UE 和和 eNB 之间的传播时延为零，离 eNB 最远的 UE 和 eNB 之间的传播时延为 Δt。下行有 Δt 的时延，同样上行也有 Δt 的时延，合计 $2\Delta t$ 的时延。只要 $2\Delta t \le GT$，即 $\Delta t \le \dfrac{GT}{2} = 48.7\mu s$，离 eNB 最远的 UE 发射上行 Preamble 就不会落入到相邻的上行子帧中。所以，eNB 最大半径为：$\Delta t_{max} \cdot C = \dfrac{48.7}{10^6} \times 3 \times 10^8 = 14.61 km$。扣除 eNB 和 UE 的器件定时误差，eNB 支持的最大半径约为 14km。

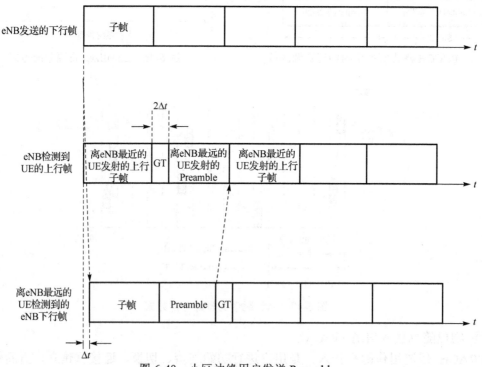

图 6-49 小区边缘用户发送 Preamble

④ PRACH 格式

根据时域结构、频域结构以及序列长度的不同，可以将 Preamble 分为如下五种格式，如表 6-17 所示，表中 T_s 参数表示 OFDM 符号的采样间隔。格式 4 只用于 TDD 的 UpPTS。

表 6-17　Preamble 格式

Preamble 格式	时间长度	T_{CP}	T_{SEQ}	序列长度	GT
0	1ms	$3152 \times T_s$	$24576 \times T_s$	839	$\approx 97.4\mu s$
1	2ms	$21012 \times T_s$	$24576 \times T_s$	839	$\approx 516\mu s$
2	2ms	$6224 \times T_s$	$2 \times 24576 \times T_s$	839（传输两次）	$\approx 197\mu s$
3	3ms	$21012 \times T_s$	$2 \times 24576 \times T_s$	839（传输两次）	$\approx 716\mu s$
4（只能用于 FS2）	157.3μs	$448 \times T_s$	$4096 \times T_s$	139	$\approx 9.4\mu s$

不同的小区覆盖半径配置不同的 PRACH 格式，格式 0～3 分别对应到小区半径 14/77/29/100km。

Format0～3 频域资源位置如图 6-50 所示：

● 子载波间隔 1.25kHz，常规子载波间隔的 1/12；

● 1 个 PRACH 信道包含 864 个子载波（6×12×12=864）；

● 长度为 839 的 preamble 序列被映射至中间的 839 个子载波上。

Format4 的频域资源位置如图 6-51 所示：

● 子载波间隔 7.5kHz，常规子载波间隔的 1/2；

● 1 个 PRACH 信道包含 144 个子载波（6×12×2=144）；

● 长度为 139 的 preamble 序列被映射至中间的 139 个子载波上。

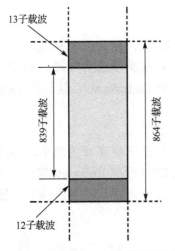

图 6-50　Format0～3 频域资源位置

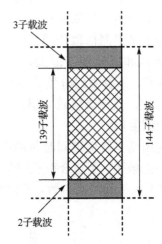

图 6-51　Format4 频域资源位置

⑤ PRACH 资源映射

一个上行子帧（包括 UpPTS）中可以同时存在多个 PRACH 信道：

● 当存在多个上行 PRACH 信道时，优先考虑占用不同的子帧，如果时间上分配不开，再考虑一个子帧中支持多个 PRACH 信道；

● 不同小区的 PRACH 信道在时域尽量错开；

● 对于 Format 0～3，Preamble 与 PUCCH 相邻，对于多于一个 PRACH 时，分别与频带两侧的 PUCCH 相邻；

- 对于 Format 4，Preamble 放置在频带边缘，并且根据系统帧号变换是高频的一侧，还是低频的一侧。

（4）上行物理信号

上行物理信号主要用于上行信道估计（即用于 eNodeB 端的相干检测和解调）和上行信道质量测量，上行参考信号 RS 有两种：

① DM RS：解调用参考信号（Demodulation Reference Signal），PUSCH 和 PUCCH 传输时的伴随导频信号。

② SRS：探测用参考信号（Sounding Reference Signal），无 PUSCH 和 PUCCH 传输时的导频信号。

6.3.3　LTE 系统中的多天线传输

无线通信系统可以利用的资源包括：空间、时间、频率和功率。在 B3G/4G 系统中，空间资源和频率资源被重新开发使用，从而大大提高了系统的性能。多天线技术通过在发送端和接收端同时使用多根天线，扩展了空间域，充分利用了空间扩展所提供的特征，从而带来了系统容量的提高。目前多天线技术已成为 B3G/4G 系统的关键技术之一。多天线构成的信道称为 MIMO（Multiple Input Multiple Output）信道，使用多天线技术的系统称为 MIMO 无线通信系统。

在 LTE 系统中，多天线的使用分为发射分集、空间复用和波束赋形三类，通过层映射和预编码实现，具体实现方式参考 3GPP TS36.211。

（1）发射分集（见图 6-52）

发射分集是多路信道传递相同的信息，包括时间分集，空间分集和频率分集等；提高接收的可靠性和提升覆盖范围，适用于需要保证可靠性或覆盖的环境。根据 LTE 标准 Release9 规范，下行发射分集只支持一个码字（即一个 CodeWord），且层数（layers）和天线端口数一致，支持 2 层或 4 层。

（2）空间复用

空间复用是多路信道同时传输不同信息，理论上可成倍提高峰值速率，适合密集城区信号散射多的地区，不适合有直射信号的情况。根据 LTE 标准 Release9 规范，空间复用情形下，层数不大于天线端口数。下行空间复用支持 1～2 个码字，支持 1～4 层（见图 6-53）。

图 6-52　发射分集　　　　　　　　　　　图 6-53　下行空间复用

受限于终端的成本和功耗，实现单个终端上行多路射频发射和功放的难度较大。因此，LTE 正研究在上行采用多个单天线用户联合进行 MIMO 传输的方法，称为 Virtual-MIMO。调度器将相同的时频资源调度给若干个不同的用户，每个用户都采用单天线方式发送数据，系统采用一定的 MIMO 解调方法进行数据分离。采用 Virtual-MIMO 方式能同时获得 MIMO

增益以及功率增益（相同的时频资源允许更高的功率发送），而且调度器可以控制多用户数据之间的干扰。同时，通过用户选择可以获得多用户分集增益。如图 6-54 所示。

（3）波束赋形（见图 6-25）

波束赋形是将多路天线阵列赋形成单路信号传输，通过对信道的准确估计，针对用户形成波束，降低用户间干扰可以提高覆盖能力，同时降低小区内干扰，提升系统吞吐量。

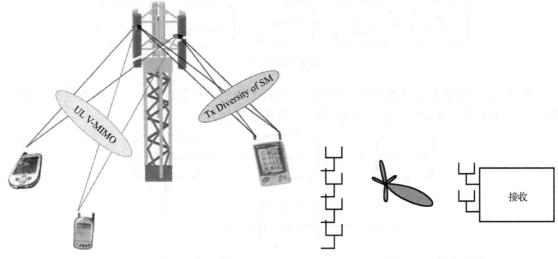

　　图 6-54　上行空间复用　　　　　　　　　　图 6-55　波束赋形

LTE 系统根据发射分集、空间复用和波束赋形三种多天线情形的不同使用场景，定义了传输模式，如表 6-18 所示。传输模式是针对单个终端的，即同小区不同终端可以有不同传输模式。eNB 自行决定某一时刻对某一终端采用什么传输模式，并通过 RRC 信令通知终端。当信道质量快速恶化时，eNB 可以快速切换到发射分集模式。

表 6-18　LTE 下行传输模式

Mode	传输模式	技术描述	应用场景
1	单天线传输	信息通过单天线进行发送	无法布放双通道室分系统的室内站
2	发射分集	同一信息的多个信号副本分别通过多个衰落特性相互独立的信道进行发送	信道质量不好时，如小区边缘
3	开环空间复用	终端不反馈信道信息，发射端根据预定义的信道信息来确定发射信号	信道质量高且空间独立性强时
4	闭环空间复用	需要终端反馈信道信息，发射端采用该信息进行信号预处理以产生空间独立性	信道质量高且空间独立性强时。终端静止时性能好
5	多用户 MIMO	基站使用相同时频资源将多个数据流发送给不同用户，接收端利用多根天线对干扰数据流进行取消和零陷。	
6	单层闭环空间复用	终端反馈 RI=1 时，发射端采用单层预编码，使其适应当前的信道	
7	单流 Beamforming	发射端利用上行信号来估计下行信道的特征，在下行信号发送时，每根天线上乘以相应的特征权值，使其天线阵发射信号具有波束赋形效果	信道质量不好时，如小区边缘
8	双流 Beamforming	结合复用和智能天线技术，进行多路波束赋形发送，既提高用户信号强度，又提高用户的峰值和均值速率	

6.3.4 HARQ

传统的前向纠错编码系统如图 6-56 所示。它的优势是：较高的系统传输效率；自动错误纠正，无需反馈及重传；低时延。它的劣势是：可靠性较低；对信道的自适应能力较低；为保证更高的可靠性需要较长的码，因此编码效率较低，复杂度和成本较高。

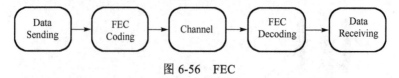

图 6-56　FEC

传统 ACK/NACK 系统如图 6-57 所示。它的优势是：复杂性较低；可靠性较高；适应性较高。劣势是：连续性和实时性较低；传输效率较低。

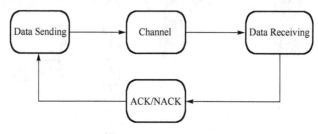

图 6-57　ACK/NACK

HARQ 实际上是 FEC 和 ARQ/NARQ 的结合，如图 6-58 所示。HARQ 既有 ARQ 的高可靠性，又有 FEC 的高效率。

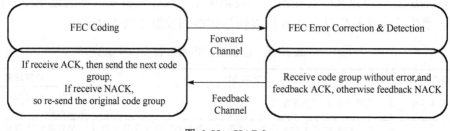

图 6-58　HARQ

6.3.5 小区间干扰消除

传统的蜂窝移动通信技术在小区中心和小区边缘有着差距很大的数据率。以 UMTS 为例，小区中心的数据率和小区边缘的数据率，影响了系统的覆盖范围和容量，同时小区边缘的用户体验质量亟待提高。在第一代移动通信系统中，就存在了小区间干扰的问题，于是第一代移动通信系统采用了频率规划，在不同的小区间复用频率来实现频率资源的有效利用。一般来说，频率复用指数有几个固定的选择，比如传统的三扇区小区划分用的就是频率复用指数因子为 3。除此之外，频率复用因子还有 1、7 等。当复用因子为 1 的时候，则网内的所有小区用的频率都是一样的，随之而来的是严重的小区间干扰。选择较大的复用因子造成的负面影响是频谱效率变小，比如复用因子为 3 的时候，频谱效率是 1/3，复用因子为 7 的时候，频谱效率是 1/7，依此类推。

与 3G 相比，LTE 和 LTE-Advanced 的小区内干扰虽然得到了很好的解决，但由于 3.9G/4G 对频谱效率要求很高，都希望频谱效率接近 1 是最好的，这就导致小区间干扰非常的严重。为了降低小区间干扰同时提高小区边缘数据速率，LTE 提出几种干扰抑制技术：干扰随机化、干扰消除、干扰协调和波束赋形。

小区间干扰消除技术或方法包括加扰、跳频传输、发射端波束赋形、IRC、小区间干扰协调和功率控制。

1．小区间干扰随机化

干扰随机化就是使干扰信号随机化，这种方法虽然不能降低干扰信号的能量，但是能使干扰信号接近白噪声，然后用处理白噪声的方法在 UE 处理，干扰随机化原理如图 6-59 所示。干扰随机化方法主要有以下三种。

图 6-59　干扰随机化

（1）小区特定的加扰

对各小区的信号在信道编码和信道交织后采用不同的伪随机扰码进行加扰，以获得干扰白噪声化的效果。

（2）小区特定的交织

这种交织叫做多址交织——IDMA，就是对各个小区的信号进行信道编码后采用不同的交织图案进行信道交织，以期获得干扰白噪声化的效果。交织多址方法中，交织图案与 cell ID 绑定，小区搜索过程中确定小区 ID，就可以确定交织图案。

注意：离得比较远的小区可以用相同的交织图案，因为相距较远小区之间几乎不存在干扰。LTE 最终采用的是小区扰码来进行干扰随机化，504 个小区 ID 对应于 504 个扰码。

从性能上来说，加扰和交织的效果很类似。

（3）小区特定的跳频

目前 LTE 上下行都可以支持跳频传输，通过跳频传输可以随机化小区之间的干扰。除了 PBCH 之外，其他下行物理信道的资源映射均与小区 ID 有关；PDSCH、PUSCH 以及 PUCCH 采用子帧内跳频传输；PUSCH 可以采用子帧间的跳频传输。

2．小区间干扰消除

干扰消除就是对干扰信号进行某种程度的解调或者解码，然后利用接收机的增益处理，从接收信号中消除干扰信号分量。

干扰消除方法有两种：

（1）基于多天线终端的空间干扰抑制技术

又称为干扰抑制合并接收（IRC）技术，仅需要空分手段。

（2）基于干扰重构的干扰消除技术

基于 IDMA 的迭代干扰消除技术。

LTE 最终采用的是不需要标准化的 IRC 接收的干扰消除技术。并未采用更加先进的干扰消除技术。

当接收端存在多根天线时，接收端也可以利用多根天线降低用户间干扰，其主要的原理是通过对接收信号进行加权，抑制强干扰，称为 IRC（Interference Rejection Combining）。下行 IRC 原理如图 6-60 所示，上行 IRC 原理如图 6-61 所示。

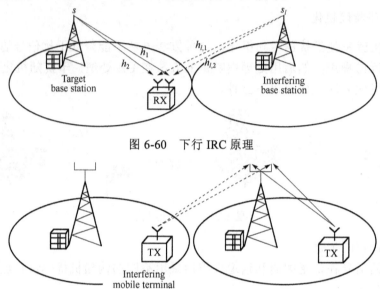

图 6-60　下行 IRC 原理

图 6-61　上行 IRC 原理

3．小区间干扰协调

以小区间协调的方式对资源的使用进行限制，包括限制哪些时频资源可用，或者在一定的时频资源上限制其发射功率。小区间干扰协调分为静态的小区间干扰协调和半静态小区间干扰协调。静态的小区间干扰协调不需要标准支持，属于调度器的实现问题，可以分为频率资源协调和功率资源协调两种，这两种方式都导致频率复用系统小于 1，一般称为软频率复用（Soft Frequency Reuse）或者 FFR（Fractional Frequency Reuse）。频率资源协调原理如图 6-62 所示。

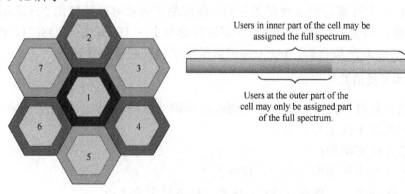

图 6-62　频率资源协调

一种功率资源协调方法如图 6-63 所示，频率资源被划分为 3 部分，所有小区都可以使用全部的频率资源，但是不同的小区类型只允许一部分频率可以使用较高的发射功率，比如位于小区边缘的用户可以使用这部分频率，而且不同小区类型的频率集合不同，从而降低小区边缘用户的干扰。

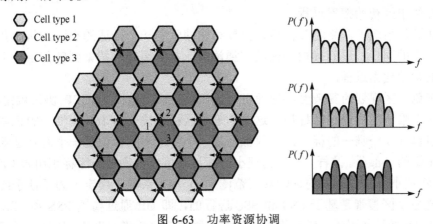

图 6-63　功率资源协调

半静态小区间干扰协调需要小区间交换信息，比如资源使用信息。目前 LTE 已经确定，可以在 X2 接口交换 PRB 的使用信息进行频率资源的小区间干扰协调（上行），即告知哪个 PRB 被分配给小区边缘用户，以及哪些 PRB 对小区间干扰比较敏感。同时，小区之间可以在 X2 接口上交换过载指示信息（OI，Overload Indicator），用来进行小区间的上行功率控制。

4．发射端波束赋形

通过发射端波束赋形，可以有效提高期望用户的信号强度，降低信号对其他用户的干扰，如图 6-64 所示。特别地，如果波束赋形时已经知道被干扰用户的方位，可以主动降低对该方向辐射能量。

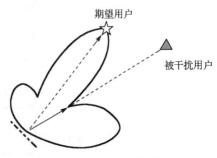

图 6-64　波束赋形降低干扰

6.4　LTE 系统物理层过程

LTE 的物理层过程包括同步过程（小区搜索和定时同步）、随机接入过程、功率控制过程、物理上行共享信道相关过程、物理下行共享信道相关过程、物理下行控制信道过程、物理上行控制信道过程、物理多播信道相关过程。本节以 TD-LTE 系统为例，简要介绍小区搜索（同步）过程、随机接入过程和功率控制过程。

6.4.1　TD-LTE 的小区搜索过程

小区搜索过程是指终端搜索潜在的小区作为未来候选目标小区的过程。通过该过程，终端能够实现与小区时间和频率上的同步，并检测物理小区标识。LTE 系统的小区搜索功能支持 1.4～20MHz 的各种带宽。小区搜索的目的：

● UE 通过小区搜索过程完成与基站之间的下行时间和频率的同步，并识别小区 ID；

● 完成小区初搜后，UE 接收基站发出的广播信息，获取系统信息；

● 小区搜索是 UE 接入系统的第一步，关系到 UE 能否快速、准确地接入系统。

LTE 系统中，主要涉及两类小区搜索过程，包括小区初始搜索过程和邻小区搜索过程，下面主要介绍小区初始搜索过程。

在移动通信系统中，终端开机后，需要尽快搜索到一个合适的小区，从而获得与小区时间和频率上的同步，进而读取小区的广播消息。从终端开机搜索到驻留合适小区的过程即为小区的初始搜索过程。

为了避免小区规划的复杂度，物理小区标识数应该足够大。3GPP 协议规定，LTE 系统支持 504 个唯一的物理小区标识，这些物理小区标识被分为 168 个唯一的物理小区标识组，每一组包含 3 个唯一的标识。分组保证每一个物理小区标识是一个而且是唯一一个物理小区标识组的一部分。这样，一个物理小区标识就可以由物理小区标识组数（范围是 0～167）和该物理小区标识组中的标识数（范围是 0～2）来唯一确定。为了便于终端搜索，LTE 系统提出小区搜索是基于 PSS 和 SSS 进行的，即 UE 通过检测 PSS 和 SSS 来完成时隙同步、帧同步等同步过程，然后终端通过解码物理广播信道来获取相应小区的系统信息。小区初始搜索的具体过程如图 6-65 所示。

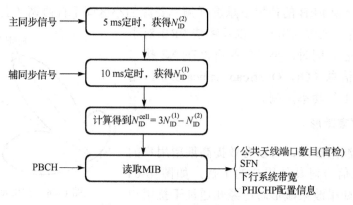

图 6-65　小区初始搜索过程

从图 6-65 可以看出，LTE 小区搜索过程采用了类似 WCDMA 系统的三步小区搜索法，具体如下：

（1）UE 通过检测 PSS 获得时隙同步和物理小区标识组内的标识数。

对于 TDD 系统，PSS 每 5ms 发送 1 次，时域上占用时隙、符号位置如图 6-66 所示。UE 通过对 PSS 序列（ZC）的搜索，完成时隙同步，即获得 5ms 定时；同时获得小区组内标识 $N_{ID}^{(2)}$。

在图 6-67 中，给出了一个 5MHz 带宽 TD-LTE 帧（下行）示例。图中网格部分表示主同步信号（PSS），占用载频中央 72 个子载波（实际用到 62 个子载波，两边各有 5 个子载波间隔）用于调制 ZC 序列。

（2）终端通过检测 SSS 获得无线帧同步、物理小区组号、CP 长度，以及小区所使用的双工模式（如 FDD 或 TDD），完成小区同步过程。

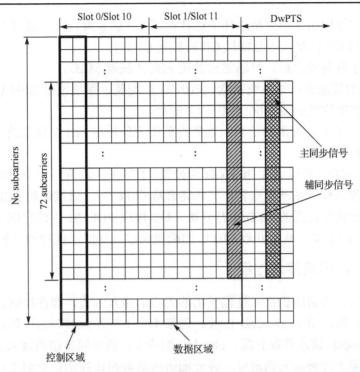

图 6-66　同步信号在帧中位置

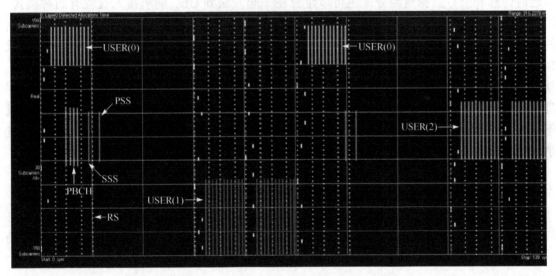

图 6-67　5MHz 的 TD-LTE 帧（下行）示例

SSS 位于子帧 0 和子帧 5 的最后一个 OFDM 符号位置，如图 6-66 和图 6-67 所示。在某一个特定小区中，一个无线帧中发送的 2 个 PSS 是完全相同的，而对应的两个 SSS 采用不同的序列，有 168 种组合，代表了 168 个小区组。因此，UE 通过对 SSS 的识别，可以完成无线帧的边界的定位和物理小区组号 $N_{ID}^{(1)}$ 的检测。加之从 PSS 检测中获取的 $N_{ID}^{(2)}$，至此，UE 获取到完整的物理小区标识 PCI，即 $N_{ID}^{cell} = 3N_{ID}^{(1)} + N_{ID}^{(2)}$。

FDD 系统和 TDD 系统所采用的帧结构不同，其主同步信号和辅同步信号在时域上的位置也不同，因此，通过同步信号的位置检测可判定系统为 FDD 系统还是 TDD 系统。

SSS 的具体位置取决于小区所选择的循环前缀 CP 的长度，因此通过对 SSS 位置的盲检测，还可以获知 CP 长度，即是常规 CP 或扩展 CP。

（3）在完成小区同步之后，终端通过解码 PBCH 获取 MIB。

MIB 中包括的信息有：如系统带宽、PHICH 的配置、系统帧号 SFN 以及系统的天线配置。PBCH 在帧中位置如图 6-66 和图 6-67 所示。

MIB 中只携带了非常有限的信息，更多的系统信息是在 SIB 中携带的。而 SIB 的信息是通过 PDSCH 来传送的。

UE 通过同步过程，可以获知 PCFICH 的位置（PCFICH 总是位于子帧的第一个 OFDM 符号上，具体位置依赖于系统带宽和小区的物理标识 PCI），通过解码 PCFICH，UE 可以获知 PDCCH 在子帧内占用的 OFDM 符号数，UE 读取 PDCCH 中的控制信息，就能够正确解码 PDSCH 中的数据，从而获取 SIB 中的配置信息，完成小区搜索过程。

6.4.2　TD-LTE 的随机接入过程

LTE 系统上行链路的随机接入过程采用非同步的接入方式，即在终端还未获得上行时间同步或丧失同步时，用于 eNodeB 估计、调整 UE 上行发射时钟的过程，这个过程也同时用于 UE 向 eNodeB 请求资源分配。eNodeB 响应 UE 的非同步随机接入尝试，向 UE 发送时间信息来调整上行链路发送定时，并分配所传送数据或控制信令的上行链路资源，而且定时信息和上行数据资源分配也可以组合在一起发送到 UE。随机接入过程有两种模式：①基于竞争的随机接入；②无竞争的随机接入。在 LTE 系统中，每个小区中有 64 个可用的前导序列，对于基于竞争的随机接入过程来说，UE 随机选择一个前导序列向网络侧发起随机接入过程。这样，如果同一时刻多个 UE 使用同一个前导序列发起随机接入过程，就会发生冲突，有可能导致接入失败。而无竞争的随机接入使用 eNodeB 所分配的前导序列发起随机接入过程，故接入成功率较高。但考虑到仅在切换或有下行数据发送两个场景下，eNodeB 能够事先知道 UE 需要发起随机接入过程，所以仅在这两个场景可以使用无竞争的随机接入，对于其他应用场景，只能使用基于竞争的随机接入。随机接入的目的有：

- 随机接入是一个重要的物理层过程，通过随机接入 UE 才能与基站进行信息交互，完成后续如呼叫，资源请求，数据传输等操作；
- UE 通过随机接入，实现与系统的上行时间同步；
- 随机接入的性能直接影响到用户的体验，其设计目标是设计出能够适应各种应用场景、快速接入、容纳更多用户的方案。

1. 随机接入（Random Access）基本原理

随机接入是 UE 与 E-UTRAN 实现上行时频同步的过程。随机接入前，物理层应该从高层接收到下面的信息：

- 随机接入信道 PRACH 参数：PRACH 配置，频域位置，前导（preamble）格式等；
- 小区使用 preamble 根序列及其循环位移参数，以解调随机接入 preamble。

物理层的随机接入过程包含两个步骤：

- UE 发送随机接入前导 preamble；
- E-UTRAN 对随机接入的响应。

2．随机接入信道格式

TD-LTE 的随机接入信道配置与无线帧上下行配置密切相关。与 LTE-FDD 相比，TD-LTE 制式下上行子帧数有限，为保证随机接入的时效性，在同一个子帧中允许出现多个用于随机接入的时频资源块。TD-LTE 的随机接入信道密度为：每 10ms 内 0.5、1、2、3、4、5、6 次，TD-LTE 的随机接入信道配置通过一组向量指示：$(f_{RA}, t_{RA}^0, t_{RA}^1, t_{RA}^2)$。其中，

f_{RA} 指示 PRACH 的频域资源索引；

t_{RA}^0 指示 PRACH 出现的无线帧编号：

0：所有无线帧；1：偶数号无线帧；2：奇数号无线帧

t_{RA}^1 指示 PRACH 出现的半帧编号：

0：前半帧；1：后半帧

t_{RA}^2 指示 PRACH 出现的子帧编号。

所有的 PRACH 配置都遵从先时分后频分的原则进行时频资源映射，目的是将 PRACH 平均分布在各个上行子帧中，以免某一上行子帧的 PRACH 资源占用过多，对 PUSCH 传输造成较大的影响。

对 Format0~3 的 PRACH，其频分原则为：

$$n_{PRB}^{RA} = \begin{cases} n_{PRB\,offset}^{RA} + 6\left\lfloor \dfrac{f_{RA}}{2} \right\rfloor, & \text{if } f_{RA} \bmod 2 = 0 \\ N_{RB}^{UL} - 6 - n_{PRB\,offset}^{RA} - 6\left\lfloor \dfrac{f_{RA}}{2} \right\rfloor, & \text{otherwise} \end{cases}$$

其中 N_{RB}^{UL} 为系统上行带宽；$n_{PRB\,offset}^{RA}$ 为第一个 PRACH 信道的频域起始 PRB 编号，目前已经确定使用 7bit 的广播消息通知。

从上式可以看出：对于 Format 0-3 的 PRACH，同一个子帧频分的多个 PRACH 依次占用频带的两端的边带。

UpPTS 中的 PRACH 配置也遵从先时分后频分的原则进行时频资源映射，以减小对 UpPTS 中与 PRACH 频分发送的 SRS 的影响。

对 Format4 的 PRACH，其频分原则为：

$$n_{PRB}^{RA} = \begin{cases} 6f_{RA}, & \text{if } ((n_f \bmod 2) \times (2 - N_{SP}) + t_{RA}^1) \bmod 2 = 0 \\ N_{RB}^{UL} - 6(f_{RA} + 1), & \text{otherwise} \end{cases}$$

其中 n_f 为无线帧编号；N_{SP} 为一个无线帧内的切换点个数。

Format 4 的 PRACH 在频域上放置在系统带宽的边缘，多个 PRACH 连续放置，并在高频端和低频端之间跳变。

3．随机接入流程

（1）UE 侧的物理层操作

随机接入过程中 UE 侧的物理层操作流程如图 6-68 所示。

● 解析传输请求，获得随机接入配置信息。

● 选择 preamble 序列：

　　　■ 基于竞争的随机接入：随机选择 preamble；

　　　■ 无竞争的随机接入：由高层指定 preamble。

● 按照指定功率发送 preamble。

● 盲检 RA-RNTI 标识的 PDCCH：

　　　■ 若检测到，接收对应的 PDSCH 并将信息上传；

　　　■ 否则直接退出物理层随机接入过程，由高层逻辑决定后续操作。

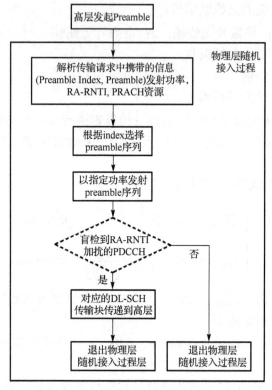

图 6-68　随机接入流程

（2）随机接入流程（基于竞争的随机接入，适用于初始接入）

基于竞争的随机接入流程如图 6-69 所示。

● UE 端通过在特定的时频资源上，发送可以标识其身份的 preamble 序列，进行上行同步；

● 基站端在对应的时频资源对 preamble 序列进行检测，完成序列检测后，发送随机接入响应；

● UE 端在发送 preamble 序列后，在后续的一段时间内检测基站发送的随机接入响应；

● UE 在检测到属于自己的随机接入响应，该随机接入响应中包含 UE 进行上行传输的资源调度信息；

● 基站发送冲突解决响应，UE 判断是否竞争成功。

（3）随机接入流程（无竞争的随机接入，适用于切换或有下行数据到达且需要重新建立上行同步时）

无竞争的随机接入流程如图 6-70 所示。

- 基站根据此时的业务需求，给 UE 分配一个特定的 preamble 序列（该序列不是基站在广播信息中广播的随机接入序列组）；
- UE 接收到信令指示后，在特定的时频资源发送指定的 preamble 序列；
- 基站接收到随机接入 preamble 序列后，发送随机接入响应。进行后续的信令交互和数据传输。

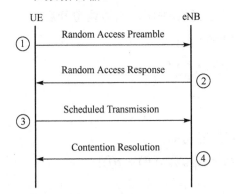 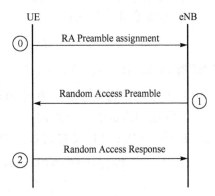

图 6-69　随机接入流程（基于竞争的随机接入）　图 6-70　随机接入流程（基于无竞争的随机接入）

6.4.3　TD-LTE 的功率控制和功率分配

1．功率控制的目的

CDMA 系统中使用功率控制的主要目的是降低系统自干扰，从而提升系统的容量；OFDMA 系统中，由于子载波之间具有良好的正交性，功率控制的主要目的是降低功耗（上行）和降低小区间干扰（上下行）。

2．功率控制分类

（1）小区内功率控制

- 上行功率控制决定每一个上行物理信道上的一个 SC-OFDMA 符号的功率；
- 下行功率分配决定每个资源单元（RE）上的符号能量。

（2）小区间功率控制

小区间功率控制通过小区之间信息交互实现。

3．小区内功率控制

（1）上行功率控制

① 上行共享信道的功率控制

UE 在子帧 i 发送 PUSCH 时按照以下公式计算发射功率：

$$P_{\text{PUSCH}}(i) = \min\{P_{\text{MAX}}, 10\log_{10}(M_{\text{PUSCH}}(i)) + P_{\text{O\_PUSCH}}(j) + \alpha \cdot PL + \Delta_{\text{TF}}(i) + f(i)\}$$

其中：

P_{MAX} 为 RAN4 定义的与终端功率等级对应的最大发射功率；

$M_{\text{PUSCH}}(i)$ 为该次 PUSCH 传输分配的 PRB 个数；

$P_{\text{O\_PUSCH}}(j)$ 为 PUSCH 期望接收功率，它是小区专属部分 $P_{\text{O\_NOMINAL\_PUSCH}}(j)$ 和 UE 专属

部分 $P_\text{O\_UE\_PUSCH}(j)$ 两者之和，其中包括两套参数，$j=0$ 对应非动态调度的 PUSCH 传输，$j=1$ 对应动态调度的 PUSCH 传输；

$\alpha \in \{0, 0.4, 0.5, 0.6, 0.7, 0.8, 0.9, 1\}$ 为路径损耗补偿因子，通过选择合适的因子可以获得小区边缘吞吐量和小区间干扰之间的折中；

PL 为 UE 测量的下行路径损耗；

$\Delta_\text{TF}(i)$ 为传输格式相关调整量，该调整可基于 UE 开启/关闭，当该调整开启时

$$\Delta_\text{TF}(i) = 10\log_{10}(2^{1.25*MPR(i)} - 1)$$

其中 $MPR(i) = TBS(i) / N_{RE}(i)$、$N_{RE}(i) = M_\text{PUSCH}(i) \cdot N_\text{sc}^\text{RB} \cdot N_\text{symb}^\text{PUSCH}$；

$f(i)$ 为闭环功率调整命令，通过 PDCCH 发送。

② 上行控制信道的功率控制

UE 在子帧 i 发送 PUCCH 时按照以下公式计算发射功率

$$P_\text{PUCCH}(i) = \min\{P_\text{MAX}, P_\text{O\_PUCCH} + PL + \Delta_\text{F\_PUCCH}(F) + g(i)\}$$

其中：

$P_\text{O\_PUCCH}$ 为 PUCCH 期望接收功率，它是小区专属部分 $P_\text{O\_NOMINAL\_PUCCH}$ 和 UE 专属部分 $P_\text{O\_UE\_PUCCH}$ 两者之和；

$\Delta_\text{F\_PUCCH}(F)$ 为 PUCCH 格式相关的功率调整量，定义为每种 PUCCH 类型相对于基准 PUCCH 格式（PUCCH format 1a）的功率偏置；

$g(i)$ 为闭环功率调整命令，通过 PDCCH 发送。计算公式中其他参数与 PUSCH 相同。

③ 上行 Sounding Reference Signal 的功率控制

UE 在子帧 i 发送 SRS 时按照以下公式计算发射功率：

$$P_\text{SRS}(i) = \min\{P_\text{MAX}, P_\text{SRS\_OFFSET} + 10\log_{10}(M_\text{SRS}) + P_\text{O\_PUSCH}(j) + \alpha \cdot PL + f(i)\}$$

其中：

$P_\text{SRS\_OFFSET}$ 为与 PUSCH 相比的 SRS 功率偏移量，该偏移量有两套参数，具体选择哪一套参数中的哪个值由高层配置；

M_SRS 为当前子帧中的 SRS 发送带宽；

计算公式中其他参数与 PUSCH 相同。

④ 随机接入的功率控制

随机接入 Preamble 的发射功率按照如下公式计算：

P_last_preamble = min(Pmax, PL + Po_pre + Δ_preamble+(N_pre-1)*dP_rampup)

其中：

Po_pre 是随机接入 Preamble 的发射功率初始值，其动态范围为[−120, −90]dBm，并以 2dB 为颗粒度，用 4bits 信令指示；

dB_rampup 是随机接入 Preamble 的发射功率调整步长，其取值可能为 [0, 2, 4, 6]dB，用 2bits 信令指示；

Δ_Preamble 是不同随机接入 Preamble 格式的特定的偏移量，随机接入 Preamble 长度越短，需要的发射功率越高：

对于格式 0 和格式 1 的 Preamble，Δ_Preamble= 0dB；

对于格式 2 和格式 3 的 Preamble ，Δ_Preamble= -3dB；

对于格式 4 的 Preamble ，Δ_Preamble= 8dB。

（2）下行功率分配

下行基站发射总功率一定，需要将总功率分配给各个下行物理信道；为下行公共参考信号分配合适的功率，满足小区边缘用户下行测量性能和信道估计性能；为下行公共信道/信号 PCFICH、PHICH、PDCCH、同步信号、广播信息、寻呼、随机接入相应等分配合适的功率，满足小区边缘用户的接收质量；为下行用户专属数据信道分配合适的功率，在满足用户接收质量的前提下，尽量降低发射功率，减少对邻小区的干扰；保持不同 OFDM 符号上的总功率尽量一致，保证功放效率并减少功率浪费。

下行功率分配的基本概念和术语如下：

- EPRE:每资源单元能量；
- ECRS ：每个天线端口上 CRS 的 EPRE；
- E_A：下行每个天线端口上不包含 CRS 的 OFDM 符号上的数据 EPRE；
- E_B：下行每个天线端口上包含 CRS（或导频空洞）的 OFDM 符号上的数据 EPRE；
- $\rho_A = E_A/ECRS$；
- $\rho_B = E_B/ECRS$。

① 下行公共参考信号的功率分配

下行公共参考信号的功率分配由基站决定，决定原则为根据小区大小，信道环境等因素，考虑小区边缘用户的下行测量性能和信道估计性能进行静态或半静态配置。下行公共参考信号 EPRE 通过系统信息向小区广播，用户可依此计算路损等。

② 下行公共信道/信号的功率分配

包括广播信道、同步信号、寻呼信道、控制信道等。这些信道的功率设置根据各自的解调/检测性能，通过链路预算的方法按照保证小区边缘用户接收质量进行静态或半静态配置。具体的功率设置结果不需通知用户。

③ 下行用户数据的功率分配

基于 UE 的下行数据功率分配，具体是设置分配给某一 UE 的物理资源上数据 RE 的能量，即 E_A 和 E_B，具体的分配和调整原则是根据用户的反馈（例如 CQI），为接收质量较差的用户分配较大的功率。具体如何根据反馈信息决定功率的升降以及调整幅度，属于算法实现问题，标准上不进行规定。

基站进行下行功率调整时保持 E_B/E_A 比不变，并通过系统参数 P_B 向小区内所有用户广播该比值，用户获知此比值则可在进行数据解调时对发射能量分别为 E_B 和 E_A 的调制符号进行相同尺度的幅度归一化。

P_B 的取值实际是和 CRS 的功率开销 η 相对应的（CRS 功率开销定义为一个 PRB 内一个 OFDM 符号上 CRS 总功率占该符号上总功率的比值），由于天线端口配置的不同导致相同的 CRS 所占物理资源不同，因此 P_B 的取值与 CRS 功率开销之间的对应关系也不同（这里 P_B 计算都是基于一个 PRB 内包含 CRS 或导频空洞和仅包含数据 RE 的 OFDM 符号上的总发射功率相等来进行的）。

当前规范中的定义如表 6-19 所示。

表 6-19　P_B 参数

P_B	ρ_B/ρ_A	
	One Antenna Port	Two and Four Antenna Ports
0(η=1/6)	1	5/4
1(η=1/3)	4/5	1
2(η=1/2)	3/5	3/4
3(η=2/3)	2/5	1/2

在保持 E_B/E_A 比值不变的条件下，基站对用户的功率调整是通过调整 E_A/ECRS 的比值实现的。进行功率调整的同时，基站需要通过用户专属的 RRC 信令 P_A 通知用户 E_A/ECRS 的比值，当前规范中定义的 P_A 为 3bits 信令，其取值集合为[3, 2, 1, 0, –1, –2, –3, –6]dB。则在 ECRS 相对恒定的前提下，E_A 调整的动态范围由如上范围约束。由于在功率调整过程中基站需要保持 E_B/E_A 比值不变，则 E_B 也随 E_A 升高或降低，并呈正比调整关系。

① 下行用户专属参考符号（DRS）的功率分配

DRS 的 EPRE 与其所在 OFDM 符号上数据符号的 EPRE 相等，即等于 E_A 或 E_B。

② 下行物理多播信道（PMCH）的功率分配

PMCH 上数据 RE 的 EPRE 与 ECRS 相等且不进行功率调整。

4．小区间功率控制

通过基站间 X2 接口交互信息的方式实现小区间的功率控制，如图 6-71 所示。

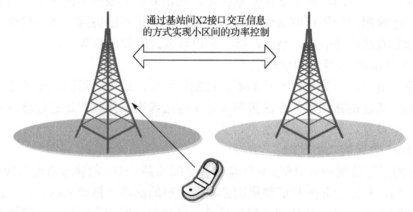

图 6-71　小区间功率控制

（1）上行方向

基站之间交互过载指示（OI）信息，向邻小区通知本小区在哪些 PRB 上检测到高干扰。基站之间交互高干扰指示（HII）信息，向邻小区通知本小区使用的哪些 PRB 上可能对邻小区造成高干扰。基站根据 OI 和 HII 信息，对邻小区标记为高干扰的 PRB 的调度做一定的限制，例如将其调度给低功率的用户。

（2）下行方向

基站之间交互相对窄带发射功率（RNTP）信息，向邻小区通知本小区在哪些 PRB 上发射了高功率。基站根据 RNTP 信息，对邻小区标记为高功率的 PRB 的调度做一定的限制，例如将其调度给低功率的用户。

习题与思考题 6

1. 与传统的 2G/3G 系统比较，LTE 系统架构有哪些主要变化，这样设计的理由是什么？

2. 简述 LTE 系统中 FDD 与 TDD 两种帧结构的异同？

3. 简述 LTE 上行为什么不采用 OFDMA，而采用 SC-FDMA？

4. LTE 系统中引入循环前缀的主要作用是什么？

5. 资源栅格、资源块、资源粒子、资源单元组、控制信道单元以及传输时间间隔的基本概念是什么？

6. 物理信道、传输信道和逻辑信道的基本概念是什么？

7. LTE 系统中，下行传输信道与物理信道映射关系如何？

8. 画出 LTE 系统中上行物理信道处理流程框图，并简述其步骤。

9. 简述空中分集、空中复用和波束赋型的基本原理。

10. 简述 FEC、ARQ 和 HARQ 技术的工作原理。

11. LTE 系统中，对于扩展 CP（郊区宏小区广覆盖），每子帧有 12 个符号，每个符号的 I/Q 样值数目为 2048，每个扩展 CP 的 I/Q 样值数目大约为 512，请计算：

（1）按照单倍采样速率的采样频率；

（2）循环前缀（CP）的时间长度；

（3）假定同步估计与跟踪完全准确，则可认为约束多径之间的最大传播路径不超过多少千米，才不会引起符号段间干扰。

12. 简述 LTE 系统的竞争随机接入流程。

13. LTE 系统为什么要采用同步技术？

14. LTE 系统采用功率控制技术的目的是什么？

第7章 新一代宽带移动通信

学习重点和要求

为了进一步提升移动互联网用户的体验、扩展物联网的支撑能力，第五代移动通信（5G）、天空地一体化通信等新一代宽带移动通信系统应运而生。本章主要介绍 5G 系统架构、研究现状及关键技术，同时简要介绍未来天空地一体化网络的研究现状和网络架构。

要求：

- 了解新一代宽带移动通信的发展趋势；
- 熟悉第五代移动通信的系统架构、研究现状及关键技术；
- 了解天空地一体化移动通信系统的研究现状和网络架构。

7.1 概　　述

如前所述，移动蜂窝系统几乎是每 10 年出现新的一代，从 1G 到 2G 的演进是以话音业务为核心的模拟移动通信系统向数字移动通信系统的演进，从 2G 到 3G 是从以话音业务为核心的数字移动通信系统向以数据业务为核心的数字移动通信系统的演进，从 3G 到 4G 则是从支持互联网浏览的低数据速率向支持移动视频的高数据速率的演进，第五代蜂窝系统（5G）将于 2020 年之后完成标准化并开始部署。

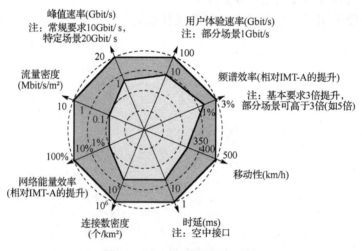

图 7-1　4G/5G 关键能力对比

关于 5G，目前学术界和工业界已经形成了一些基本的共识：提供光纤般的移动互联网体验，往返传输时延小于 1ms，峰值速率在静止或低速状态下达到 10Gb/s、在高速移动（移动速度超过 300km/h）或用户处于小区边缘时保证 1Gb/s。因此，从 4G 到 5G 意味着移动通信网络设计方法开始从单一准则系统向多准则系统演进，图 7-1 对比了 4G 和 5G 的关键能力。

5G 网络架构如图 7-2 所示。采用宏小区和小小区组成的密集异构网络架构，将成为最具发展前景且开销较低的 5G 解决方案。首先，5G 不仅是一项特定的无线接入技术，更是现有无线接入技术的演进，辅以新型革命性设计。因此，为了提供千倍容量的宽带移动服务，首选且最经济的解决方案应是优化现有无线接入技术的频谱效率、能效和时延，并支持不同制造商设备的无线接入网灵活共享。其次，在 4G 系统基础上，为了实现 5G 愿景：10～100 倍的峰值速率、1000 倍的网络容量、10 倍的能量效率、10～30 倍的时延降低、千兆级的无线通信，需要将传统互联网业务和当前移动通信网络标准有机融合，建立一个 "在高速宽带异构网络中传输的移动互联网"。最后，5G 网络将是一个通过无线网络协同工作为终端用户提供无缝通信媒介的更加绿色节能的移动生态系统。5G 网络的商用部署，预计将于 2020 年前后启动，并为移动用户提供良好的连接性能和光纤般的使用体验。超宽带和绿色蜂窝系统将成为未来连接型社会的驱动引擎，使得任何人和物体可随时随地被连接。

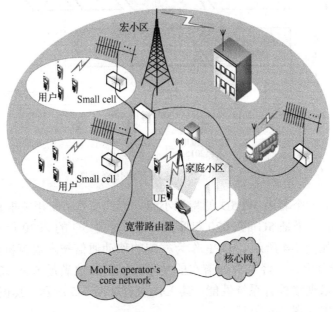

图 7-2　5G 网络架构

在未来的连接型社会中，所有人和所有物体都互相连接，数据可由人与机器在任何地点产生，数十甚至数百个设备将同时服务于单个用户，从而实现所谓的 "万物互联（IoE）"。连接设备数量的不断增加将给未来的移动通信网络带来一定挑战。同时，受移动设备的激增、支持数据业务的移动设备加速普及（尤其是智能手机），以及不断增长的新型业务需求（如：社交网络对于移动用户的重要性不断提升带来的新的消费行为和可观的移动数据流量消耗）等重要因素的影响，近年来通过移动通信网络传输的数据流量呈现指数级增长。因此，海量连接设备和千倍数据流量的增长，要求新一代宽带移动通信将能够提供无所不在的覆盖、超大宽带的容量和超低时延的质量。

7.2　第五代移动通信系统

7.2.1　5G 的标准化及产业化进程

1. 5G 标准化进展

标准化，是确保全球连接和互操作，使各制造商相互协调从而实现产业规模效应的基础。国际电信联盟无线通信部门（ITU-R）负责定义下一代蜂窝系统的 IMT 规范，ITU-R 每三到四年举办一次世界无线电大会（WRC），对无线电规则进行审阅和调整。5G 标准化及产业化路线图如图 7-3 所示。

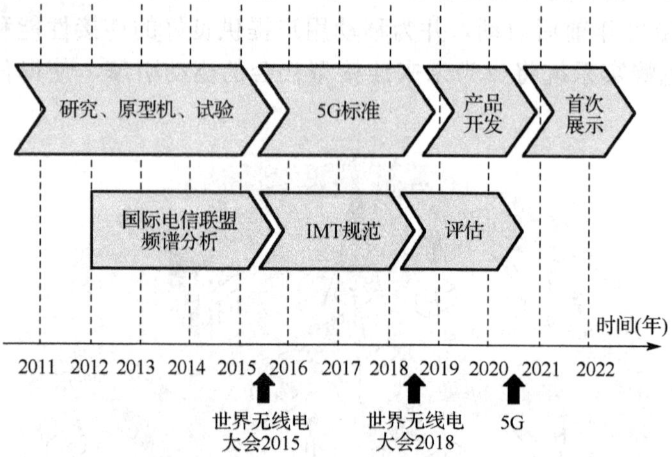

图 7-3　5G 标准化及产业化路线图

ITU-R 中设置了一个名为 WP5D 的特殊小组，专门负责 5G 相关事宜。目前，该小组主要起草两个文件，一个是 5G 的 2020 年愿景，另一个是 5G 的 2020 年系统技术，ITU 5G 标准可能的时间表如图 7-4 所示。3GPP 作为权威的移动通信技术规范机构，目前主要工作集中在 R12 的标准制定，已经有部分潜在的技术可以部分地满足未来 5G 的需求，未来也会持续地引入新技术继续提升系统性能，其工作内容如图 7-5 所示，其正式发布的关于 5G 标准化的拟定时间表如图 7-6 所示。

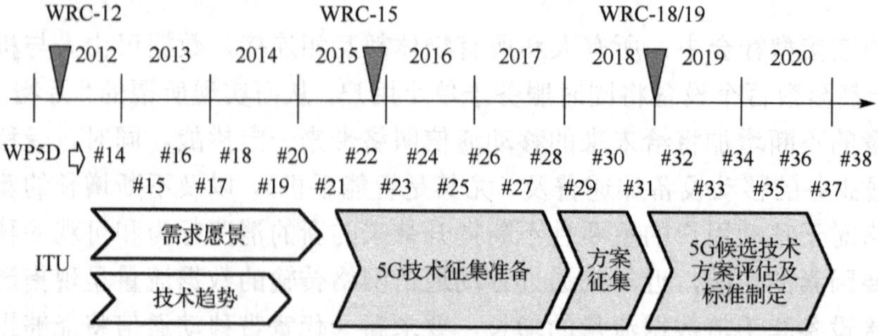

图 7-4　ITU 5G 标准化时间表

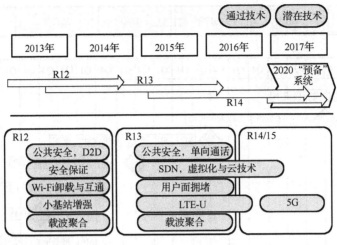

图 7-5 3GPP 5G 研究内容

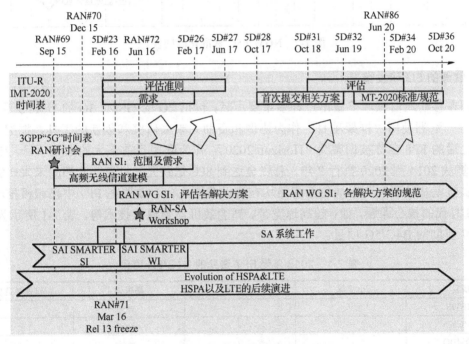

图 7-6 3GPP 5G 标准化时间表

随着 ITU-R 最近的相关推动，作为全球未来 5G 系统研发的一部分，3GPP 承诺将会向 IMT-2020 提交第五代移动通信候选技术文档。因此，从 IMT-2020 的角度来看，其面临的关键制约因素将主要来自以下两个技术文档提交的最后期限：① 2019 年 6 月的 ITU-R WP5D #32 会议上，提交初步的技术文档；② 2020 年 10 月的 ITU-R WP5D #36 会议上，提交详尽的技术规范文档。

NGMN，是于 2006 年在英国由七大运营商（中国移动、NTT DoCoMo、沃达丰、Orange、Sprint Nextel、T-Mobile、KPN）发起成立的一个机构，也是一个以市场为导向的、旨在推动下一代网络技术发展的开放技术标准平台。NGMN 于 2015 年 2 月发布了其关于 5G 的白皮书，展示了其对于 5G 的展望和发展路标，如图 7-7 所示。

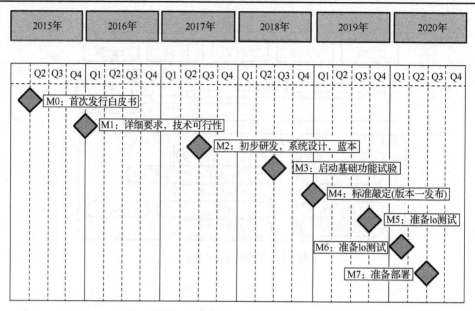

图 7-7　NGMN 5G 标准化时间表

2. 欧洲的 5G 研发情况

欧洲在移动通信领域曾做出过许多重要贡献，包括 2G 的 GSM、3G 的 UMTS 及 4G 的 LTE 标准。欧洲使用"框架项目"作为协调和资助其未来研究和创新的工具，框架项目 7（FP7）之后的 FP8 名称被调整为"Horizon 2020"。作为欧盟目前最大的框架项目，Horizon 2020 打算从 2014 到 2020 执行 7 年，总资金达到 800 亿欧元，将资助欧洲的未来研究和创新，从实验室基础研究到市场创新思路均在资助范围之内。欧盟在 FP7 中已积极推动布局面向 5G 时代的核心课题，如：超高速宽带、高能效机器类通信技术等。表 7-1 所示为 2013 年受 FP7 资助的 B4G/5G 项目。

表 7-1　2013 年受 FP7 资助的 B4G/5G 项目

项目	小小区	虚拟化	毫米波	机器类通信
METIS	√	—	—	√
MCN	—	√	—	—
COMBO	—	√	—	—
iJOIN	—	√	√	—
TROPIC	√	√	—	—
E3NETWORK	—	—	√	—
MOTO	—	—	—	√
MiWEBA	√	—	—	—

WWRF（Wireless World Research Forum），也是欧盟的 5G 研究组织，由西门子、诺基亚、爱立信、阿尔卡特、摩托罗拉、法国电信、IBM、Intel、Vodafone 等世界著名电信设备制造商、电信运营商于 2001 年发起成立，致力于移动通信技术研究和开发，目标是在行业和学术界内对未来无线领域研究方向进行规划，提出、确立发展移动及无线系统技术的研究方向，为全球无线通信技术研究提供建设性的帮助。

目前，欧盟在 B4G/5G 网络架构和功能方面的最新项目包括：METIS、5GNOW、iJOIN、TROPIC、移动云网络、COMBO、MOTO、PHYLAWS、E3NETWORK 和 MiWEBA 等。METIS（实现 2020 信息社会的移动和无线通信项目），是 FP7 框架下的一个 5G 研究项目，也是目前欧盟最大的项目，共有 29 个成员单位，包括电信制造商、网络运营商、汽车厂商和高校，由爱立信公司负责总协调，其目标是开发高效、多功能且可扩展的系统，研究可实现此系统的关键技术并评估和验证关键的系统功能。图 7-8 展示了 METIS 项目的概念性架构，该项目力争引领欧洲未来移动和无线通信系统的开发，并通过构建符合全球初步共识的系统为 5G 奠定基础。iJOIN 项目则主要是由大学和一些学术机构组成的，其影响力和对行业的推进力远不如 METIS。

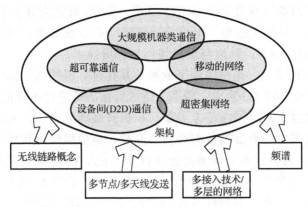

图 7-8　METIS 项目的概念性架构

3．北美的 5G 研发情况

与欧洲不同，在美国和加拿大没有用于协调研究的公共资金，美国高校的研究经费来源于国家科学基金会或国防高级研究项目机构等公共部门。因此，北美的研究主要以学术界或产业界自身为基础开展，研究内容大多基于其个体意向。在 5G 研究方面，一般表现为高校和个体的业界伙伴共同选定有潜力的技术，如：美国纽约大学理工学院和三星公司合作开展了用于 5G 的毫米波技术研究，加拿大卡尔顿大学和华为、苹果、黑莓等公司进行了 5G 项目的合作研究。

作为全球最大的专业学术组织，IEEE 在学术研究领域发挥着重要的作用，其下设有 IEEE 标准学会（IEEE Standard Association，IEEE-SA）负责标准化工作。IEEE 对 5G 的研究工作主要是从其 802.11 WLAN 技术系列增强演进（High Efficiency WLAN，HEW）开始，主要有 Intel、LG、三星、Apple、Orange、NTT 等公司加入。HEW 致力于改善 WLAN 的效率和可靠性，主要研究物理层和 MAC 层技术。

4．亚洲的 5G 研发情况

亚洲在 5G 发展路线方面与欧洲有着相似的诉求。

在韩国，5G 移动通信技术主要由韩国电子通信研究院和移动通信制造商（如：三星、LG、爱立信-LG）推动，并受到韩国未来创造与科学部和电信运营商（如：SK 电信、韩国电信 KT、LG U+）的支持。2013 年 5 月 30 日，由上述三家运营商和移动通信制造商联合成立的韩国5G论坛（5G forum KOREA）在首尔召开了全会，会议议题包括2015年的5G标准化和2020年实现商用前景等。到目前为止该论坛举办了一些5G的论坛，并于2015年2月发布了其5G愿景、需求和技术白皮书，确立了核心网和无线网的设计目标。

与韩国类似，日本的5G移动通信技术研究主要通过企业和学术界合作推动。日本主要的电信运营商包括：承担移动数据运营的NTT DoCoMo、KDDI、软银和E-mobile，以及承担个人接入系统的Willcom。其中，NTT DoCoMo是日本5G技术发展的主要推动者，长期参与和推动国际化的5G研究，以推动面向2020年移动通信业务的5G技术发展为目标，目前领导着METIS项目的一个子工作组。为了顺应电信技术国际化、电信和广播的融合化发展趋势，顺应提高无线频谱资源利用率的发展需求，日本邮政省于1995年5月特设成立了日本无线工业及商贸联合会（ARIB）组织。其5G研究内容主要包括：非正交多址、高级天线、更高频段、感知无线电、干扰消除/抑制、C/U面分离、M2M、D2D、SON、超密集网络控制、虚拟化RAN、陆地与卫星通信协作等技术。

IMT-2020（5G）推进组，是由中国工业和信息化部、科技部与国家发展和改革委员会联合成立，为联合产业界对5G需求、频率、技术与标准等进行研究的组织。作为5G推进工作的平台，推进组旨在组织国内各方力量、积极开展国际合作，共同推进5G国际标准发展，其成员主要是国内的电信设备制造商、高校、电信运营商和研究所。中国通信标准化协会（CCSA）无线通信技术工作委员会（TC5）在第33次全会期间成功举办了"面向2020年及未来的5G愿景"研讨会，开始了5G的研究。CCSA TC5主要以WG6为主、WG8为辅展开5G研究工作，并持续关注3GPP、IEEE的演进路线。

目前，IMT-2020（5G）推进组已初步完成了中国国内5G潜在关键技术的调研与梳理，并设立了两个技术工作组：无线技术组和网络技术组，前者侧重无线传输技术与组网技术研究，后者侧重于接入网与核心网新型网络架构、接口协议、网元功能定义以及新型网络与现有网络融合技术的研究，已发布了无线技术白皮书和网络技术白皮书。

《5G无线技术架构》白皮书提出：5G将基于统一的空口技术框架，沿着5G新空口（含低频和高频）及4G演进两条技术路线，依托新型多址、大规模天线、超密集组网和全频谱接入等核心技术，通过灵活的技术与参数配置，形成面向连续广域覆盖、热点高容量、低时延高可靠和低功耗大连接等场景的空口技术方案，从而全面满足2020年及未来移动互联网和物联网业务需求。

《5G网络技术架构》白皮书提出：5G网络将以全新型网络结构及SDN/NFV构建的平台为主要特征，基于控制转发分离和控制功能重构的技术设计新型网络架构，提高网络面向5G复杂场景下的整体接入性能；基于虚拟化技术按需编排网络资源，实现网络切片和灵活部署，满足端到端的业务体验和高效的网络运营需求。

7.2.2　5G的关键技术

有限的网络传送能力和日益增长的业务流量预测之间的差距，推动着学界和产业界积极探索对网络进行重新设计来支持额外流量需求。5G将致力于提供大数据带宽、无线组网能力和信号增强覆盖，以及高质量的个性化用户服务。为了实现这一目标，5G将创新性地整合多种先进技术，如图7-9所示。

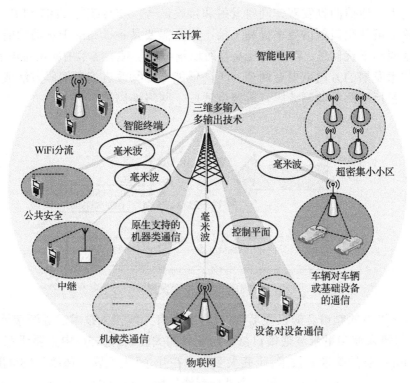

图 7-9　5G 的关键技术

1. 无线传输技术

　　传统的移动通信技术升级换代都是以多址技术为主线，从 1G 的 FDMA、2G 的 TDMA、3G 的 CDMA，到 4G 的 OFDMA，这些多址技术的共性特征是正交，不同用户使用相互正交的传输资源，彼此间没有相互干扰，这些多址技术均可称之为正交多址技术（OMA）。如图 7-10 所示，为了得到更高的峰值速率和频谱效率，5G 系统将采用新型多址接入复用方式，称之为非正交多址接入（NOMA）。在 OMA 中，只能为一个用户分配单一的无线资源，例如按频率分割或按时间分割，而 NOMA 方式可将一个资源分配给多个用户。与 OMA 相比，NOMA 在发送端采用非正交发送，主动引入干扰信息，在接收端通过串行干扰删除技术实现正确解调，虽然接收机复杂度有所提升，但可以获得更高的频谱效率，即：NOMA 的基本思想是利用复杂的接收机设计来换取更高的频谱效率。基于 NOMA 的 5G 无线传输技术创新将更加丰富，包括：新型双工技术、新型多载波技术、新型调制编码技术、毫米波技术、大规模天线技术等。

　　围绕 5G 新的业务需求，业界提出了多种新型多载波技术，主要包括 F-OFDM、UFMC、FBMC、GFDM 等。这些技术主要使用滤波技术，降低频谱泄露，提高频谱效率。传统 LTE 系统的双工方式主要为 FDD 和 TDD 两种模式，其不足之处为：①不能灵活地调整资源，资源利用率不高；②难以满足 5G 的业务需求。未来移动流量将呈现多变特性，上下行业务需求随时间、地点而变化，现有系统固定的时频资源分配方式无法满足不断变化的业务需求。因此，5G 中提出了一些新型双工技术：同频全双工、灵活双工技术。其中：灵活双工技术，可根据上下行业务变化情况动态分配资源，以提高系统资源利用率；全双工技术，在相同的频谱上，通信的收发双方同时发射和接收信号，与传统的 TDD 和 FDD 双工方式相比，从理论上可使空口频谱效率提高 1 倍，但是需要具备极高的干扰消除能力，同时还存在相邻小区同频干扰问题，在多天线及组网场景下，全双工技术的应用难度更大。5G 中的调制编码技术发展的方向主要有两个：①降低能耗；②改进调制编码方法或提出新的调制编码方案，包括链路级调制编码、链路自适应、网络编码等。

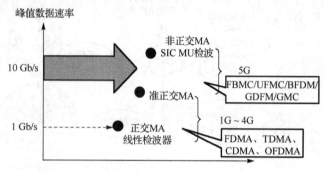

图 7-10　多址技术发展

传统 3GHz 以下的频谱资源已逐渐被占用，且现有无线接入技术已逐渐接近了 Shannon 容量极限，使得厘米波和毫米波通信日益引起业界的关注。目前，5G 中主要研究 30~100GHz 频段、3~10mm 波长的毫米波技术，研究大多集中在几个"大气窗口频率"（35GHz、45GHz、94GHz、140GHz、220GHz 频段）和 3 个"衰减峰"频率（60GHz、120GHz、180GHz）上，5G 候选频段包括：28GHz、38GHz、45GHz、60GHz 和 72GHz 等，除了 60GHz 频段，其他都处于或接近大气窗口。5G 毫米波通信的主要优势包括：①频谱资源丰富、可用频谱较多，如：在 60GHz 频段就有 9GHz 的非授权频谱，超大带宽的无线管道为新一代宽带移动通信奠定了应用基础；②较小的天线尺寸（波长的一半）和天线间隔（波长的一半），使得数十根天线可被放置在 $1cm^2$ 内，从而在基站和终端侧均可在相对较小的空间里获得较大的波束赋形增益；③结合智能相控阵天线，可充分利用无线信道的空间自由度（通过空分多址），从而提升系统容量；④当移动至基站附近时，可自适应地调整波束赋形的权重使得天线波束总是指向基站。与之对应，其主要劣势有：①通信频段高，使得路径传播损耗、植被损耗、降雨损耗和由建筑物引起的穿透损耗较大，不利于服务室内用户；②电磁波趋向于视距（LOS）方向上传播，使得无线链路易被移动物体或行人等遮挡物影响。

大规模天线技术，作为 5G 系统最重要的物理层技术之一，是应对无线数据业务爆发式增长挑战的主要技术，能够很好地契合未来移动通信系统对频谱利用率与用户数量的巨大需求。目前，4G 中支持的多天线技术仅仅支持最大 8 端口的水平维度波束赋形技术，还有较大潜力可进一步大幅提升系统容量。Massive MIMO 和 3D MIMO 是下一代无线通信中 MIMO 演进的最主要的两种候选技术，前者主要特征是天线数目的大量增加，后者主要特征是在垂直维度和水平维度均具有很好的波束赋形的能力，二者研究侧重点不一样，但在实际场景中往往会结合使用，存在一定的耦合性，3D MIMO 可算作是 Massive MIMO 的一种，因为随着天线数目的增多，3D 化是必然的。因此，二者可以看做是一种技术，在 3GPP 中称之为全维度 MIMO（FD-MIMO）。与传统的 2D MIMO 相比，3D MIMO 在其基础上，在垂直维度上增加了一维可利用的维度，对这一维度的信道信息加以有效利用，可以有效抑制小区间同频用户的干扰，从而提升边缘用户的性能乃至整个小区的平均吞吐量。

　　未来的 5G 网络与 4G 相比，网络架构将向更加扁平化的方向发展，控制和转发功能进一步分离，网络可以根据业务的需求灵活动态地组网，从而使网络的整体效率得到进一步提升。因此，5G 无线传输技术，不仅要提供更高的频谱效率、获得更高的传输速率和更可靠的通信质量，还要能够满足 5G 异构密集蜂窝部署的网络需求。

2. 密集蜂窝组网技术

　　面对全球指数级增长的移动数据业务，5G 系统的部署将遇到新的挑战，如：数据速率、移动性支持、体验质量（Quality of Experience, QoE）等。这种情况下，要获得"1000 倍容量增长"，需要网络在提供更快速、更经济高效的数据连接的同时最小化部署成本，即：为了满足预计的数据需求，将需要更多的频谱、更高的频率效率（b/s/Hz/小区）、更高的小区密集度（每 km^2 中更多的小小区数量）。同时，新的基础设施（如：家庭基站或超微蜂窝基站、固定或移动中继）、认知无线电和分布式天线的大规模部署，使得未来的 5G 蜂窝系统和网络更加多样化。在新型的网络环境中，减小小区尺寸可使网络更靠近终端，从而提升网络能效并进一步缩小无线链路的功耗，因此，高密度小小区的部署、增强的小区间干扰管理技术及干扰消除技术的应用，将对 5G 系统的顺利商用打下良好的基础。

　　严格意义上的小小区的定义，指工作在授权频段上的低功率无线接入点。广义上讲，尽管密集部署在基于无线局域网（Wireless Local Area Networks, WLANs）的 IEEE802.11 网络工作在非授权频段，且不确定是否在运营商或服务提供商的管控之下，但它们也可以归为小小区的范围内。现已成熟的 LTE（Long-Term Evolution）网络中的小小区往往也包含了某些 WiFi 的功能。小小区增强是 LTE R12 版本的焦点议题，并且引入了新载波类型（也称为瘦载波）进行辅助。其基本原理是：通过宏小区提供更高效的控制面功能，通过小小区提供高容量和高频谱效率的数据面功能。

　　小小区的类型多种多样，从尺寸和发射功率最小的家庭基站到最大的微基站等，如表 7-2 所示。到目前为止，小小区部署主要集中在：①扩展覆盖、数据分流、室内（住宅、公司）环境的信号渗透；②通过室外和公共区域的小小区部署，解决密集城区中的业务阻塞和更高的 QoE 需求。当前小小区部署的重点在于：有效增强覆盖、数据分流和室内（居民、办公）环境的信号渗透。在美国和韩国，业务拥塞和密集城区对更高 QoE 的需求已经推动室外或公共小小区的部署，将广域覆盖区域内的密集部署小小区推向了一个新的阶段。

表 7-2　小小区的类型

类型	典型部署	同时支持的用户个数	典型功率大小		覆盖区域
			室内	室外	
Femto	主要是住宅和公司场景	家庭：4～8 用户 公司：16～32 用户	10～100mW	0.2～1W	数十米
Pico	公共区域（室内/室外；机场，购物中心，火车站）	64～128 用户	100～250mW	1～5W	数十米
Micro	填补宏蜂窝覆盖空洞的城市区域	128～256 用户	-	5～10W	几百米
Metro	填补宏蜂窝覆盖空洞的城市区域	>250 用户	-	10～20W	数百米
WiFi	住宅，办公室，公司环境	<50 用户	20～100mW	0.2～1W	小于数十米

干扰管理，是部署小小区中被讨论的最多和最广泛的技术挑战。面临室内小区干扰，4G 系统引入使用了小区间干扰协调（Inter-Cell Interference Coordination，ICIC）和增强的小区间干扰协调（Enhanced Inter-Cell Interference Coordination，EICIC）等技术。网络密集化，是满足剧增的网络容量需求的主要方法之一，既可以通过小小区的密集部署来实现，也可以通过大规模 MIMO 或分布式天线系统（Distributed Antenna System，DAS）等多天线系统实现。大规模 MIMO，是一种基于大规模天线阵列的多用户 MIMO，通过在站点中部署大量的天线单元来实现网络密集化，即：使用集中部署的多根天线（最多可以达到几百根）在相同时频上同时服务/空分复用多个用户。由于阵列孔径随着天线个数的增加而变大，阵列分辨率也会增加，这样可以有效地把发送功率集中到目标接收机，因此发送功率可以非常小，从而显著地减小（甚至完全消除）小区内和小区间干扰。

3. 异构虚拟网络技术

由于移动设备密度的增加和典型都市环境中各种无线技术的共存，在 4G 之后的下一代网络需要一种新的架构样式：异构网络（Heterogeneous Networks，HetNets）。HetNets 的基础是不同无线接入技术之间的无缝融合和互操作，目的是在运营商和用户两方面都可以提高系统性能和能量效率。小小区是异构网络的重要组成部分，其目标是提供更高的容量、增加频谱效率和改善用户体验，同时减少传输数据的每比特成本。然而，HetNets 的范围不仅包括小小区，也包括多重网络架构、多层级和多无线接入技术（Radio Access Technology，RAT）。HetNets 可以用来证明不同的通信技术（如：长距离、中距离、短距离）之间不是只有相互竞争的关系，它们也可以协同工作来减少运营商的能耗，同时为用户提供更好的服务质量（Quality of Service，QoS）和 QoE。因此，新一代宽带移动通信系统的演进需要部署基于分布式协作节点的异构密集网络。

传统蜂窝通信仍以集中管理的点到点通信架构为主导架构，为了最大化下行数据可用性、减轻网络侧传输负担，移动台到移动台、设备到设备（M2M、D2D）协作通信方式被采用；基于上下文组网方法的引入和发展，形成了超越 D2D 的所谓"设备-云"的通信模式，开启了云服务领域的新机会，也使得 5G 网络架构进一步走向分布式协作。云，是一个一般化的概念，表征互联网和云计算，通过将更多丰富的内容布置在云端，使客户端设备（PC、服务器、手机）变得轻量化。图 7-11 所示的抽象模型，将有助于服务提供商克服当前业务容量需求不断增长的压力，无须添加物理设备，仍然依靠共享的、虚拟化及分布的组网、计算处理和存储资源池来实现扩容，分布式部署在不同地理位置数据中心的云资源增加了网络冗余度和额外的服务扩展能力。

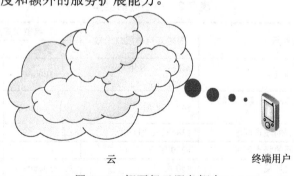

云　　　　　　　　　　　　　　终端用户

图 7-11　概要级云服务概念

如果说云服务的引入，将实现不同模型虚拟地部署在互联网上；那么加速引入软件定义网络（SDN）和网络功能虚拟化（NFV）技术，将为网络提供更大的灵活性和快速反应。SDN，要求将网络控制平面与数据平面解耦，使得通过控制与数据平面的逻辑分离、进而利用软件编程来动态重配置网络转发行为成为可能；NFV，实现多种不同逻辑网络功能的实例化，并使之运行在通用共享的物理基础设施之上，使得网络和服务运营商能够充分挖掘组网和处理资源池化的潜力，以虚拟化的方式创建所需的底层基础设施资源，而不需要部署物理的网络和服务器基础设施。

在 NFV 中，存储、处理业务的网络支持超出了现有云计算能力供应的范畴，从事实上将虚拟化的网络功能扩展到了网络边缘。为此，需要实现网络功能的软件化，并能够独立于底层服务器硬件运行，如图 7-12 所示。首先，在物理资源层，网络运营商出租自身的组网、计算和内存资源，这些硬件资源是一堆无组织、原始的计算和网络实体的聚合；接着，在虚拟基础层，通过资源预留接口，硬件资源可以通过虚拟化执行环境和对应的逻辑命令被请求，进而被映射到相应的物理设备，从而使得硬件资源可以逻辑地聚合成一台或几台虚拟机（用于功能存储和操作的虚拟计算实体）和虚拟网络（按不同路由和业务策略组织的虚拟机间所需的结构化的连接）；然后，在网络虚拟化功能层，通过虚拟化接口允许在虚拟机上部署不同的虚拟化功能。最后，运营商的核心硬件可以在名义上虚拟化成用于计算处理和组网的逻辑结构，不同的业务和功能都可以是虚拟化的。

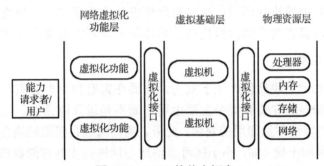

图 7-12 NFV 的基本概念

5G 多样化的业务场景对网络功能提出了多样化的需求，要求 5G 核心网应具备面向业务场景的适配能力，要求针对每种 5G 业务场景，能够提供恰到好处的网络控制功能和性能保证，从而实现按需组网的目标，网络切片技术是按需组网的一种实现方式，如图 7-13 所示。网络切片，是利用虚拟化技术将网络物理基础设施根据场景需求虚拟化为多个相互独立平行的虚拟子网络。每个网络切片按照业务场景的需要和话务模型进行网络功能的定制裁剪，以及相应网络资源的编排管理。一个网络切片可以看做是一个实例化的 5G 核心网架构，运营商可在一个网络切片内进一步对虚拟资源进行灵活分割，并按需创建子网络。网络编排功能，实现对网络切片的创建、管理和撤销。运营商首先根据业务场景需求生成网络切片模板，切片模板包括了该业务场景所需的网络功能模块、各网络功能模块之间的接口，以及这些功能模块所需的网络资源，然后网络编排功能根据该切片模板申请网络资源，并在申请到的资源上进行实例化创建虚拟网络功能模块和接口。基于网络切片的按需组网，改变了传统网络规划、部署和运营维护模式，对 5G 网络的发展规划和运维提出了新的技术要求。

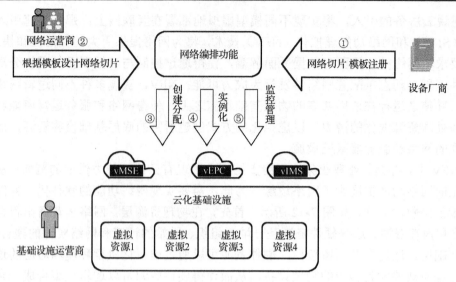

图 7-13　网络切片

网络异构融合、云化、虚拟化的趋势，使得未来通信网络基础设施不仅包括了传感网、互联网、热点、无线、核心网等，还将聚合更多的能力来满足极大增长的业务能力和宽带的要求；使得未来的互联网将不仅仅包括网络、云、存储、设备等，还将是智能应用、服务、交互、体验和数据的执行环境；也使得网络设计方案更节能，网络管理自组织更强，实现网内组网和基础设施共享的虚拟化技术和移动云计算需要更全面的研究。

4．自组织网络技术

目前，接近 80% 的无线流量产生于室内，需要在家庭和小办公室区域中部署大量高密度的小小区，这意味着其安装和维护主要由用户而不是运营商完成。这些室内的小小区必须可自行配置，从而实现即插即用的安装。此外，需要通过自组织网络使小小区可自适应地最小化与邻区的小区间干扰（如：小小区可自治地与网络同步并智能调整其无线覆盖范围）。因此，随着小小区数量的增加，自组织网络能力成为 5G 的另一个重要组成部分。

自组织网络（Self-Organizing Network，SON），让网络以最少的人工介入来最小化网络运营开销，也让不同运营商的不同无线传输系统的共存需求得以实现。为了最小化系统部署、运营和维护成本，SON 最初作为 3GPP R8 的一系列内置属性提出。传统的 SON 方法使用配置管理（Configuration Management，CM）、性能管理（Performance Management，PM）数据，偶尔使用错误管理（Fault Management，FM），所有的这些都需要很多的处理过程，并且需要多个设备商的部署统一，或者针对跟踪信息进行大量的整理和解释，才能获得 SON 的决策值。在 5G 网络中，对 SON 的实现提出了一些新的要求：①小小区和分簇技术被看作标准用例，在基于演进的小小区场景中，必须使用 SON 的自动干扰控制和负载均衡算法；②5G 对 QoE 有着较高要求，要求 SON 能够快速执行网络感知、网络健康检查、算法处理和网络调整等过程，且需要一种更加分布式的 SON 方法，在小区簇和簇之间实现 SON 信息的收集和管理，使得 SON 算法可以在本地及时地被执行；③5G 中的网络将变得更加分散，需要更多地从设备和用户的角度设计 SON 算法，从而使得网络行为更加符合用户满意度的需求。因此，随着 5G 新场景的出现，需要通过具有不同复杂度、容量和配置的宏小区和小小区来构建复杂的异构网络，SON 技术将不再仅仅是参与，而是一种强制性的需求，并将支持动态感知、接入和调整网络，以自动化的方式提供 5G 无缝的无线传输体验。3GPP 在 R12/R13 中提出的 SON 架构，可以解决不同 RAT 和网络层之间诸如乒乓切换这类的问题，而且可演进到一个更通用的混合 SON 系统，进而实现负载均衡、高能效、稳定、多设备商支持、自配置（即插即用）等能力。

移动运营商理想中的 5G 网络，可以实现自配置、自运作及自优化，可以在没有技术专家协助的情况下快速安装基站和快速配置基站运行所需参数，可以快速且自动发现邻区，可以在网络出现故障后自动实现重配置、可以根据无线信道的时变特性自动优化空口上的无线参数等。为了在 5G 系统中可以让用户随时随地地无缝接入互联网并体验看似无限的带宽资源，不可避免地需要一种更高复杂度的 SON 系统，该系统不仅需要提供基础的模块化功能，还需要以动态化的方式对这些功能进行收集、监控和管理，表 7-3 给出了为了实现灵活演进的 5G SON 架构体系所需要的功能和特性。

表 7-3　5G SON 演进需求

5G SON 架构需求	状态
标准化与网络中可用无线技术之间的 SON 3GPP 信息服务	在 3GPP 中推进，替代 LTE 并且需要适应 5G 无线接口
在网络设备提供商之间采用一致的 SON 3GPP 信息服务	需要演进，但是需要运营商在信息请求和报价请求等正常的采购流程中提供更多的支持
建立虚拟化的 SON 架构，使其更加公开、灵活、可升级、可扩展，即虚拟 SON（Virtual SON，V-SON）	新内容
标准化 SON 应用、功能和算法的基本可用数据	新内容
使用 SON 的基本指令来增加、扩展和演进 SON 算法，结合其他可用数据：UE 数据（应用、网络、移动）、云采集信息（社交网络、交通、新闻、天气）	新内容
支持 V-SON 和网络功能虚拟化（Network Function Virtualization，NFV）和软件定义网络（Software Defined Networking，SDN）之间互操作	新内容，可作为 SDN/NFV 研究的扩展
在基站/小小区中或附近部署虚拟机用于安装自配置和自优化的 V-SON 软件	新内容，可根据 SDN/NFV 原理进行演进
定义通用 Metadata 协议，使得 V-SON 和其他 V-X 软件可以交换那些符合 SON 基本集合的 SON 原始和采集的数据： ● 调查 BS、UE、云采集的性能和数据； ● 传递处理前和/或采集后信息到 V-SON 中，以小区簇或一组小区簇的形成； ● 在本地 BS 和相邻 BS 之间的元件管理 CM/PM 接口之间进行互操作，以模拟推算、调整/控制	新内容
使用上面描述的 Metadata 方法把用户上下文 Metadata 和内容 Metadata 传递到 SON 算法中，用来预测需求和优化	积极的研究

5．协作通信技术

在 4G 演进无线技术中，低功耗的微基站（如：femto、pico、WiFi）被部署在宏基站（LTE、WiMAX）的覆盖范围之内，将业务负载分散到不同的基站中以获得更好的资源利用率的同时，利用低功率短距离的无线链路进一步提高网络能量效率，这种宏小区里的中、短距离通信形式进一步引出了节点协作的概念。在此背景下，协作通信在过去 10 年间受到了广泛的关注。

放大转发中继（Amplify-and-Forward，AF）和解码转发中继（Decode-and-Forward，DF）是协作通信中两种最主要的技术。其中：AF，中继节点只是把从源节点接收到的信息进行放大后转发到目的节点，被认为是协作通信中最简单的方式；DF，允许中继节点对接收到的信息进行解码，然后再转发到目的节点，这种策略提供给中继节点的解码转发能力对于5G传输中的协作自适应重传请求（Automatic Repeat reQuest，ARQ）尤为重要，此时若目的节点处发生数据接收失败，则已经正确接收原始信息的相邻中继节点会进行重传。另外，数据交换和双向通信也促进了新技术的产生，如：网络编码（Network Coding,NC）。不同于现有的信源编码、信道编码以及丢包/误包编码策略，NC不仅限于端到端通信，其应用可以贯穿整个网络，数据恢复不再依赖于分组时延或接口连接丢失，而是依赖于能否接收足够的分组；同时，虽然NC通常采用DF策略在中继节点中解码和重编码数据，但是产生新编码分组的中间节点不需要对原有数据进行解码，甚至有限的分组线性子集也能进行编码，这样中间节点可以根据网络条件和拓扑发送分组组合，从而使得系统动态性更高、健壮性更好。

由于在5G系统中，多种无线接入共存且它们之间需要紧密的协作以保持其各自的优势，因此尽管协作通信技术已经在4G系统中广泛研究并应用，在5G系统中仍然需要联合考虑物理层和高层协议栈间的跨层优化设计，并且把协作通信技术应用到新的场景去解决新需求和新问题。

6. M2M\D2D 通信技术

机器间通信（Machine to Machine，M2M），是一类新出现的应用，其一端或双端的用户均为机器。机器类通信将给网络带来两项主要挑战：①需要连接的设备数量机器巨大；②需要通过网络对移动设备进行实时和远程的控制。目前，业界对M2M的重点研究内容主要包括：①分层调制技术；②小数据包编码技术；③网络接入和拥塞控制技术；④频谱自适应技术；⑤多址技术；⑥异步通信技术；⑦高效调制技术。

终端直通技术（Device to Device，D2D），是指邻近的终端可以在近距离范围内通过直连链路进行数据传输的方式，不需要通过中心节点（如：基站）进行转发。D2D技术本身的短距离通信特点和直接通信方式，使其具有如下优势：①较高的数据速率、较低的时延和功耗；②可实现频谱资源的有效利用，获得资源空分复用增益；③能够适应无线P2P等业务的本地数据共享需求，提供具有灵活适应能力的数据服务；④能够利用网络中数量庞大且分布广泛的通信终端以扩展网络的覆盖范围。D2D技术在实际应用中，将主要面临如下几方面的问题：①链路建立概率较低；②资源调度的复杂性和对复用系统小区用户的干扰等；③实时性、可靠性及安全性。对D2D技术进行扩展，即为多用户间协同/合作通信技术（Multiple Users Cooperative Communication，MUCC），是指终端和基站之间的通信，可以通过其他终端进行转发的通信方式。因此，在未来的5G系统中，D2D通信关键技术必然将以具有传统的蜂窝网不可比拟的优势，在实现大幅度的无线数据流量增长、功耗降低、实时性和可靠性增强等方面，起到不可忽视的作用。

5G是面向以物为主的通信，包括车联网、物联网、新型智能终端、智慧城市等，物联网和车联网都是M2M\D2D技术发展的主要驱动力，为5G提供了广阔的应用前景。物联网（Internet of Things，IoT），是新一代信息技术的重要组成部分。作为物物相连的互联网，通过智能感知、识别技术与普适计算等通信感知技术，应用于 5G 网络的融合中。车联网（Internet of Vehicles，IoV），是由车辆位置、速度和路线等信息构成的信息交互网络。作为车车相连的互联网，通过 GPS、RFID、传感器、摄像头图像处理等装置，车辆可以完成自身环境和状态信息的采集；通过互联网技术，所有车辆可以将自身的各种信息传输汇聚到中央处理器；通过计算机技术，车辆的信息可以被分析和处理，从而计算出不同车辆的最佳路线、及时汇报路况和安排信号灯周期。自动驾驶，则是对车联网技术进一步的深入应用。由于车联网对安全性和可靠性的要求非常高，因此 5G 在提供高速通信的同时，还需要满足高可靠性的要求。

7. 其他

除了优化无线接入网外，5G 系统设计还包括以下几方面的考虑：

① 重新设计回传链路以应对不断增长的小小区数量和用户流量；

② 考虑提升能量效率的新方法、设计高能效的宽带移动通信系统，将有利于延长终端的电池寿命；

③ 将云计算用于无线接入网，通过虚拟的资源池管理用户，通过云使应用更靠近用户，从而减少通信时延，进而支持时延敏感的实时控制类应用；

④ 通过网络虚拟化从核心网向无线接入网的推进，使得多个运营商能够共享无线网络设施、降低资本性支出（Capex）和运维支出（Opex），使得有线网和无线网有效聚合，从而提升网络效率。

移动通信系统经历了第一代模拟蜂窝通信系统、第二代数字蜂窝通信系统、第三代宽带移动多媒体通信系统、第四代宽带接入和分布网络通信系统，现在正在向着第五代移动通信系统不断演进发展。虽然 5G 的关键技术和标准还不确定，但 5G 的需求和愿景是明确的，各厂商、运营商等正在对 5G 进行积极的研究和推进。相信随着 5G 技术的发展成熟和 5G 网络在将来逐渐规模化商用和普遍部署，人们实现"无处不在，万物互联"的未来移动通信愿景将变成可能，无人驾驶、车联网、移动高清视频通信等以超高速率、高可靠性通信为基础的新技术将逐渐普及，将给人们的生活带来极大的便利，同时也会极大地改变人们的生活方式。

7.3　天空地一体化网络

1. 卫星通信

1945 年 10 月，英国空军雷达专家 Clarke A.C.在发表的著名论文《Extra-Terrestrial Relays》中提出了利用人造卫星进行通信的科学设想：在赤道轨道上空、高度为 35,768km 处放置一颗卫星绕太阳同步旋转就可实现洲际间通信，在该轨道放置三颗这样的卫星就可实现全球通信，由此揭开了世界卫星通信的序幕。

卫星通信，是指利用卫星作为中继站转发或反射无线电波，以此来实现两个或多个地球站（或手持终端）之间或地球站与航天器之间通信的一种通信方式。换言之，卫星通信是在地球上，包括地面、水面和大气层中的无线电通信站之间，利用人造卫星作为中继站进行的通信。相比于地面通信网络，卫星通信网络在信道环境和拓扑结构等方面存在着明显的差别，主要表现在如下两个方面：①信道方面，高传播时延、高链路误码率、大传播损耗；②拓扑结构方面，空间节点不断运动（非静止轨道卫星）、链路长度和通断关系随时间动态变化。这些特点影响了地面网络解决方案在卫星通信网络中的适用性。

卫星通信的发展历程，大致经历了以下两个阶段：①卫星通信的试验阶段（1954~1964年）；②卫星通信的实用阶段（1964年~今）。如图 7-14 所示，1964 年国际通信卫星组织成立（INTELSAT，International Telecommunications Satellite Consortium），1965 年第一颗商用卫星"晨鸟（Early Bird）"进入静止同步轨道，成为第一代国际通信卫星，INTELSAT-I 简称 IS-I，重量约 40kg，星上有 2 个转发器，通信容量约 240 路电话，地面采用天线口径为 30m 的大型地球站，它是通信卫星进入实用阶段的标志。20 世纪 60 年代末，美国军方首先利用地球静止卫星实现了移动通信，以后逐渐发展到商用，应用最早的是海上移动卫星业务。20 世纪 70 年代初期，卫星通信进入国内通信，地球站开始采用 21m、18m、10m 等较小口径天线，用几百瓦级行波管发射级、常温参量放大器接收机等使地球站向小型化迈进，成本也大为下降。20 世纪 80 年代，卫星通信进入突破性的发展阶段，VSAT（Very Small Aperture Terminal，甚小口径终端）卫星通信系统问世，利用大量小口径天线的小型地球站与一个大站协调工作构成卫星通信网，为大量专业卫星通信网的发展创造了条件，开拓了卫星通信应用发展的新局面。20 世纪 90 年代，引入卫星直接广播话音业务，诸如 Teledesic 的宽带固定卫星业务个人通信系统被提出。1998 年低地球轨道（LEO，Low Earth Orbit）星座被引入手机通信业务，铱（Iridium）系统成为首个支持手持终端的全球低轨卫星移动通信系统。2000~2005 年，引入宽带个人通信，基于 Ka 频段的宽带卫星通信技术发展迅速。

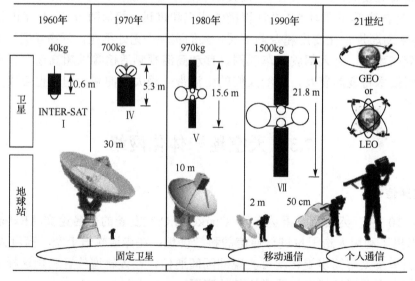

图 7-14　卫星通信的发展历程

2．天空地一体化网络

为了满足信息化社会建设和国防建设的双重需求，需要从陆地、空间、海洋等多个角度提供宽带移动通信服务。美国航空航天局（NASA）、欧洲空间局（ESA）等部门正在加快空间信息网络的研究和部署，通过构建多种轨道的、由多种卫星系统组成的空间基础设施，并与地面网络有机互联，形成天地一体化的综合信息网络，实现各类感知数据的有效综合利用，满足军民各领域的信息化需求。我国在 2000 年 11 月由国务院新闻办公室发表了《中国的航天》白皮书，将空间探索活动的开展和天地一体化网络的建设提高到了国家战略的高度。

（1）我国建立天地一体化网络的必要性

2000 年 11 月，国务院新闻办公室发表的《中国的航天》白皮书首次明确了"大航天"概念，将中国航天的内涵由航天工业拓展为空间技术、空间应用、空间科学三大领域。白皮书确定了中国航天事业远期（此后 20 年或稍后的一个时期）发展目标：空间技术和空间应用实现产业化和市场化，空间资源的开发利用满足经济建设、国家安全、科技发展和社会进步的广泛需求，进一步增强综合国力；按照国家整体规划，建成多种功能和多种轨道的、由多种卫星系统组成的空间基础设施；建成天地协调配套的卫星地面应用系统，形成完整、连续、长期稳定运行的天地一体化网络系统；建立中国的载人航天体系，开展一定规模的载人空间科学研究和技术试验；空间科学取得众多成果，在世界空间科学领域占有比较重要的地位，开展有特色的深空探测和研究。2011 年 12 月，国务院新闻办公室发表的《2011 年中国的航天》白皮书进一步强调：加强对地观测卫星数据共享和综合应用，提高空间数据的自给率，引导社会资源积极发展面向市场的数据应用服务。实施应用示范工程，促进对地观测卫星的广泛应用和应用产业发展。简而言之，就是要充分利用现有的空间信息资源，为国民经济建设和社会发展提供更多更好的服务。

尽管上述各类卫星系统已经得到了广泛的发展，但由于空间技术发展历史过程和各种应用的特殊性等原因，各卫星系统之间自成体系、互不关联的局面逐渐形成；而从未来应用需求角度来看，用户更为需要的是涵盖各类空间传感器的综合信息资源。如果能够有效地克服目前各类卫星系统以单一用户为服务对象的条块分割现象，真正形成空间信息资源的综合利用和共享，并与地面网络实现互联互通，则可以大大提高航天系统和陆地信息网络的整体效益，从而对我国国民经济和社会发展提供立体化、多样化的信息保障。在这一大背景下，有必要对天地一体化信息网络的构建方式及其中涉及的关键问题进行探索和研究。建立天地一体化信息网络的重要意义体现在以下几个方面：①保卫国家安全的需要，支持现代信息化作战，为多军兵种联合攻防提供信息集成与共享，实现快速反应和精确打击；②扩大物联网的感知范围，为生活提供更加丰富的原始信息；③为深空探测等空间科学活动提供通信支撑。

（2）天地一体化网络的研究现状和发展趋势

天地一体化网络，是指通过星间、星地链路将不同轨道、种类、功能的卫星、飞行器及相应地面设施连接在一起，并以某种方式实现信息互通互联，并在此基础上，有效利用空间、陆地、海洋各种传感器获取的感知信息，为各类应用需求提供高效服务的宽带大容量智能化综合网络。简单来说，是以涵盖陆、海、空、天的各类信息资源共享为目的，完成数据收集、处理、传输的新一代军民两用信息化基础设施。该网络的特点包括：①实现陆地、空间、海洋区域的直接感知，获取更为丰富的原始信息；②其网络层在 IP 基础上实现陆地互联网和卫星互联网的互联互通，形成天地一体化的骨干网络，可以为感知层各个部分（陆、海、空、天）获取的信息提供透明的传输通道；③一体化的信息交换及信息处理；④多来源、多功能的信息融合；⑤可实现全球无缝覆盖的唯一途径；⑥高度开放性，接入方便，但是给系统安全性提出了更高的要求；⑦在安全组网中，建立和保持星间链路及星地链路面临一定技术挑战。

国际上对于天地一体化网络的研究于 21 世纪初已经开始。从近年相关研究来看，呈现出全 IP 化、天地一体化和业务综合化几个主要的技术发展趋势。随着地面互联网技术的飞速发展，IP 技术已经成为目前及未来的主要网络传输技术。目前国际上关于航天测控网的研究也倾向于将地面互联网延伸到航天器，实现地面终端用户到航天器的全 IP 连接。在其协议结构中，IP 是核心，也是实现天地互联互通和业务综合管理的关键。近年来，欧美发达国家相继提出了基于 IP 的空间信息综合应用网络构想，并进行了实践，其中较有影响力的研究主要是 ASA 的 OMNI 项目和 VMOC 项目，以及 ESA 的 OPSNET 项目，这些研究可以对建设我国未来天地一体化网络提供借鉴。除了上面提到的研究项目之外，在深空探测通信网络方面，NASA 率先对"行星际互联网络"展开研究，并且从网络构建方法、频率分配规划、传输速率、网络的功能分层结构及采用的协议等方面进行了全方位的研究。因此，未来的天地一体化网络将是一个综合性的星间、星地及地面互联互通的网络系统，凡与航天器有关的数据接收、传输分发、运行控制等资源均应有机整合，信息来源不再局限于一种卫星，服务也不再仅仅对应于一类用户，而是向多种用户提供多种类型的信息，实现信息共享和统筹建设。为了实现天地网络有机融合以及各类系统的互联互通，IP 技术将成为天地一体化网络的框架基础和协议基础，在此基础上，IP 协议体系在空间环境中的适应性调整、天地互联互通、协议转换、航天器移动接入和切换等问题有待进一步地深入研究。

（3）天地一体化网络架构

从网络拓扑来看，天地一体化宽带移动通信网络主要包括：①空间传感器部分；②地面网络部分；③天基传输网络部分，如图 7-15 所示。

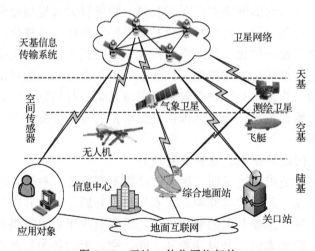

图 7-15　天地一体化网络架构

首先，空间传感器同时具备星地、卫星中继链路，可根据需要选择将感知数据直接下传至地面站，或者经由中继卫星通信网络转发至卫星关口站，并实现接入地面移动互联网。

然后，构建具有多系统空间信息收发和数据融合能力的新型综合地面站及管控中心，实现空间资源的统一管理和利用，建设具有中继下行数据接收和互联网接入功能的多功能关口站。最后，构建和完善天基信息传输网络，实现对低轨航天器、平流层飞艇、航空飞行器等的全天时无缝覆盖，为空间感知层提供低时延、高带宽的数据传输通道，从根本上解决实时性、覆盖率等问题。与地面网络类似，感知层卫星获取的数据接入到传输网络后，由承担交换中心任务的传输层卫星实现信息的汇聚、融合、交换和落地。这样的交换中心可能有一个或多个，由具有较大容量和较强信息处理能力的传送层卫星来实现。由于 GEO 轨位资源有限，信号衰减大，传输时延相对较长，我国未来的天基传输网络可以考虑通过 6～10 颗中轨卫星组网的方式进行构造，星间链路可通过先进的卫星激光通信技术实现。

参 考 文 献

[1] 郭梯云，邬国扬，李建东．移动通信．修订本．西安：西安电子科技大学出版社，2000

[2] 李建东，郭梯云，邬国扬．移动通信．第4版．西安：西安电子科技大学出版社，2012

[3] 杨家玮，张文柱，李钊．移动通信．北京：人民邮电出版社，2011

[4] 啜钢，王文博，常永宁，李宗豪．移动通信原理与系统．北京：北京邮电大学出版社，2005

[5] 吴伟陵，牛凯．移动通信原理．北京：电子工业出版社，2006

[6] Theodore S. Rappaport 著．周文安，付秀花，王志辉等译．无线通信原理与应用．第2版．北京：电子工业出版社，2006

[7] 李仲令，李少谦，唐友喜，武钢．现代无线与移动通信技术．北京：科学出版社，2006

[8] William C．Y．Lee 著，宋维模等译．移动通信工程理论和应用．第2版．北京：人民邮电出版社，2002

[9] 田日才．扩频通信．北京：清华大学出版社，2008

[10] 韩斌杰，杜新颜，张建斌．GSM 原理及其网络优化．北京：机械工业出版社，2009

[11] 廖晓滨，赵熙．第三代移动通信网络系统技术、应用及演进．北京：北京邮电大学出版社，2008

[12] 张平，王卫东等．WCDMA 移动通信系统．北京：人民邮电出版社，2004

[13] 姜波．WCDMA 关键技术详解．北京：人民邮电出版社，2009

[14] 孙宇彤．WCDMA 空中接口技术．北京：人民邮电出版社，2011

[15] http://www.3gpp.org

[16] 王映民，孙韶辉等．TD-LTE 技术原理与系统设计．北京：人民邮电出版社，2010

[17] 孙宇彤．LTE 教程：原理与实现．北京：电子工业出版社，2014

[18] Stefania Sesia, Issam Toufik, Matthew Baker 著．马霓，邬钢等 译．LTE——UMTS 长期演进理论与实践．北京：人民邮电出版社，2012

[19] 王文博，等．宽带无线通信 OFDM 技术．北京：人民邮电出版社，2003

[20] 康桂华．MIMO 无线通信原理及应用．北京：电子工业出版社，2009

[21] 沈祖康，孙韶辉．OFDM/MIMO 系统资源分配与调度．北京：人民邮电出版社，2016

[22] Jonathan Rodriguez, fundamentals of 5G mobile networks[M],Wiley,2016.

[23] 朱晨鸣，王强，李新等．5G：2020 后的移动通信[M]．人民邮电出版社．2016

[24] http://www.ict-ijoin.eu

[25] http://www.metis2020.com

[26] MOTO(2012) Mobile Opportunistic Traffic Offloading. FP7 ICT project. www.fp7-moto.eu/.

[27] PHYLAWS(2012) Physical Layer Wireless Security. FP7 ICT project. www.phylaws-ict.org/.

[28] E3Network(2012) Energy-Efficient E-band Transceivers for the Backhaul of Future Networks. FP7 ICT project. www.ict-e3network.eu/.

[29] MiWEBA(2013) Millimeter-Wave Evolution for Backhaul and Access. FP7 ICT project. www.miweba.eu.

[30] METIS. https//www.metis2020.com/about-metis/project-structure/.

[31] Qualcomm Incorporated, the 1000x data challenge, http://www.qualcomm.com/1000x/.

[32] Hoymann C.,Larsson D., Koorapaty H. and Cheng J.F., A Lean Carrier for LTE. IEEE Communications Magazine, 51(2),2013:74-80.

[33] Damnjanovic A.,Montojo J.,Wei Y. et al., A Survey on 3GPP Heterogeneous Networks, IEEE Wireless Communications Magazine, 18(3),2011:10-21.

[34] Nosratinia A.,Hunter T.E.,and Hedayat A., Cooperative Communications in Wireless Networks, IEEE Communications Magazine, 42(10),2004:74-80.

[35] Laneman J.N.,Wornell G.,Tse D.N.C., An Efficient Protocol for Realizing Cooperative Diversity in Wireless Networks, IEEE International Symposium on Information Theory, 2001:294.

[36] Kramer G.,Gastpar M.,Gupta P., Cooperative Strategies and Capacity Theorems for Relay Networks, IEEE Transactions on Information Theory, 51(9),2005:3037-3063.

[37] Ahlswede R.,Cai N.,Li S.-Y.R. et al., Network Information Flow, IEEE Transactions on Information Theory, 46(4),2000:1204-1216.

[38] 刘功亮，李晖. 卫星通信网络技术[M]. 人民邮电出版社，2015.

[39] 国务院新闻办公室. 白皮书：2011 年中国的航天[Z]. 中国航天，2012，（1）：6-13.